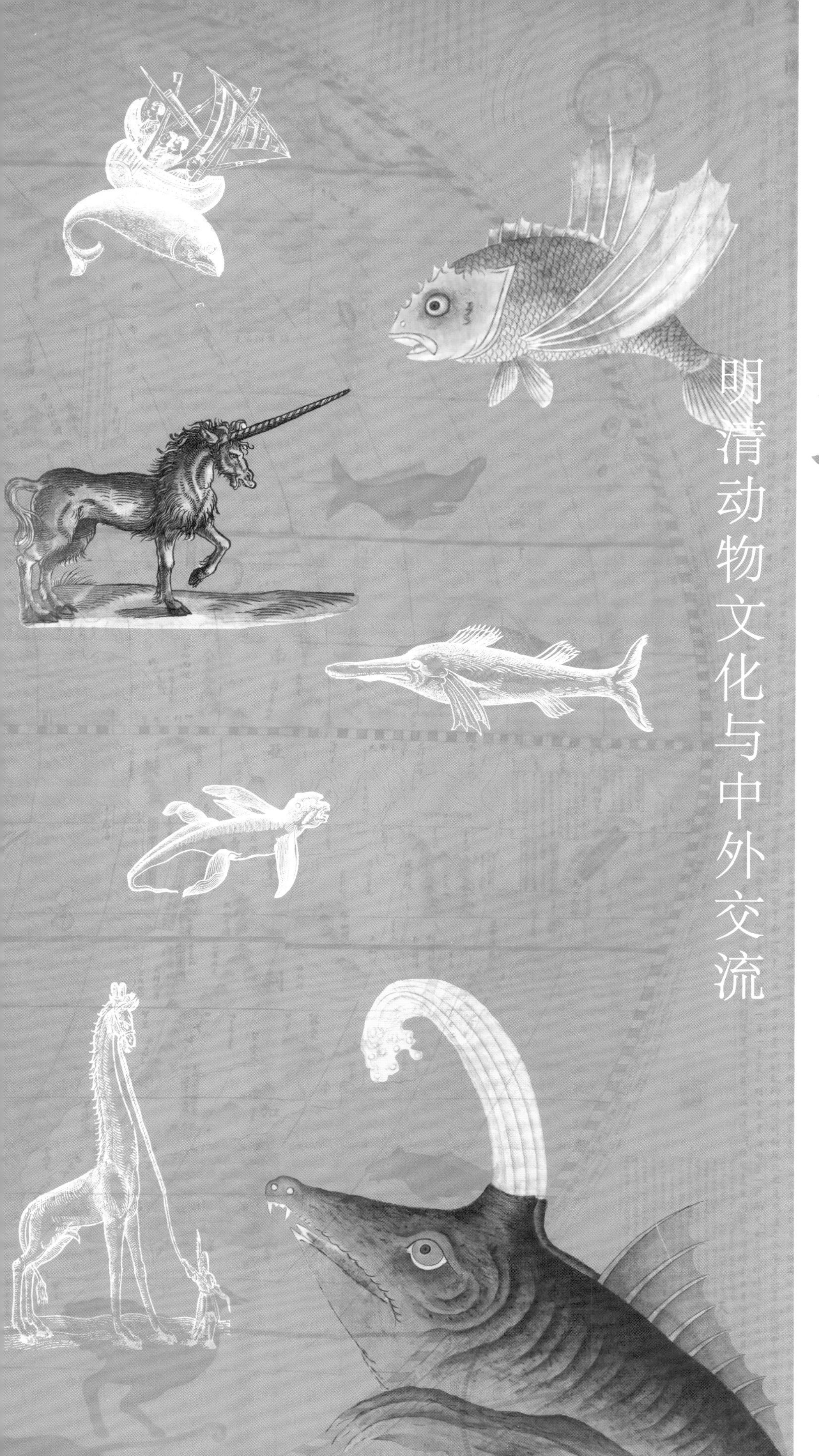

再見異獸

明清动物文化与中外交流

邹振环 著

上海古籍出版社

图书在版编目(CIP)数据

再见异兽：明清动物文化与中外交流 / 邹振环著
. —上海：上海古籍出版社，2021.11（2023.4重印）
ISBN 978-7-5732-0143-0

Ⅰ.①再… Ⅱ.①邹… Ⅲ.①动物—文化交流—中外关系—明清时代 Ⅳ.①Q95②G125

中国版本图书馆CIP数据核字(2021)第239959号

再见异兽：明清动物文化与中外交流

邹振环 著

上海古籍出版社出版发行

（上海市闵行区号景路159弄1-5号A座5F 邮政编码201101）

（1）网址：www.guji.com.cn

（2）E-mail：guji1@guji.com.cn

（3）易文网网址：www.ewen.co

上海颛辉印刷厂有限公司印刷

开本787×1092 1/16 印张17.75 插页21 字数337,000

2021年11月第1版 2023年4月第3次印刷

ISBN 978-7-5732-0143-0

K·3084 定价：118.00元

如有质量问题，请与承印公司联系

目录 | Contents

第二编　明清间耶稣会士与西方动物知识的引入

第三编 典籍中的动物知识与译名

第四编 动物图谱与中外知识互动

序言 | Preface

一、标题释义

本书主标题"再见'异兽'"之兽，指广义的"兽"，泛指狮、象、犀、鹰之类的大型哺乳类、鸟类等珍禽奇兽，乃至各种虫、蛇、鱼、鳖等珍稀爬行类。所谓"异兽"，类似《吕氏春秋》所言："地大则有常祥、不庭、岐母、群抵、天翟、不周，山大则有虎、豹、熊、螇蛆，水大则有蛟、龙、鼋、鼍、鳣、鲔。"高诱认为文中除了"不周"是山，其余皆为不同的动物之名。[①] 古人认为"异兽"包括自然动物，两栖类和鱼类，也传说中的神兽、神话动物，即龙、凤、龟、麟等。"异兽"中还有外来动物，系跨文化交流的产物。《晋书》卷八《穆帝纪》记述升平元年(357)，"扶南竺旃檀献驯象，诏曰：'昔先帝以殊方异兽或为人患，禁之。今及其未至，可令还本土。'"[②]这里的"异兽"一词，是指来自异域，能通人心、服役于人的驯象。"异兽"还因与"益寿"谐音，赋予了明清皇帝们美好的想象，因此在紫禁城里出现了大批异兽的造型，如古代器物中的象鼻瓶、双龙瓶、双凤瓶、鹿头尊等，以异兽作装饰的瓶，亦有异兽瓶、益兽瓶或益寿瓶之别称。

本书书名"再见"有三层不同的含义：一是时空意义上的"再见"。无论从动物史或动物文化史，还是从中外动物文化交流史角度切入，中国都可以划分出三个高潮迭起的重要时期。第一，先秦时期。以黄河流域或黄河流域和长江流域为中心的各域内文化的融会时期，即上古至春秋战国所谓"中国之中国"时期。第二时期，秦汉至隋唐。秦汉时期，从环境史的角度切入，中国曾经有一个动物生存和交流的昌盛阶段，从横贯欧亚大陆的陆上丝绸之路的形成，到隋唐时期陆上丝路由兴旺逐渐走向式微。第三时期，宋元明清。宋元时期海上丝绸之路兴起，中国从"亚洲之中国"进入"世界之中国"的阶段。

---

① 高诱注：《吕氏春秋》卷一三"谕大"，诸子集成本(六)，上海书店，1986 年，页 135。
② 《晋书》，《二十五史》第 2 册，上海古籍出版社、上海书店，1986 年，页 1268。

15 世纪是世界的航海世纪，明初郑和下西洋掀开了海上丝路的新局面。缘此两段与外部世界的接触，外来动物亦频频现身，接续汉唐时代类似“狮子”“大象”“汗血马”等更多的异兽，再次输入中土，这是“再见”的第一层意义。

“再见”的第二层含义是指文本上的“再见”，即本书研究的动物，并非是对环境史上种种自然界里实体动物的考察，而多是讨论文献中的动物，即已经文人和画家再创造的“异兽”之文字或图绘，应该算是实体动物之外的再次表达，系文化上与“异兽”的再次相遇。

“再见”的第三层含义是对符号性动物的再诠释，为间接性或设定的东西，即我们所认识的动物文化，类似黑格尔所言：不是事物第一层直接性的表达，而是其间接反映过来的现象，我们想讨论的不仅仅是其表皮或帷幕，而是在其里面或后面蕴藏的本质。[①] “再见”的第三层含义比较复杂，不是指直接认知的具象的实体动物，而是间接认知的带有符号性的动物。本书所讨论的动物文化，不是如镜面的直接性反射，而是动物世界的另一个奇幻空间。换言之，这是对动物文化的一种再认识和再诠释。[②]

二、时空界定

以年月日的精确计算方法来划分时空阶段，以便反映事物存在和发展的方向，人类最早是用于自然属性的物理坐标系，由此来理解自身在世界中的存在和变化。之后人类也将之用于认识社会文化，以形成更为精确的历史思考。然而，历史发展是在多层、多元和复杂的时空结构展开的，统一的、线性的精确刻度，很难整合到社会属性的制度、信仰、社会生活、文化交流等时空秩序的框架中。有关时空的关联性问题，不同的学者有不同的理解。动物史的思考，同样需要对历史演进作出时空界定。本书主题关涉“动物文化与中外交流”，讨论的时空范围大致在“明初”至“清中期”。本书时间坐标之“明”，是以 15 世纪大航海时代前奏的郑和下西洋为起始点。永乐三年(1405)郑和船队的首航，可以视为全球史研究的一个重要的时间节点和关键线索。[③] “清”的下限大致

---

① 第三层意义的解读受到了黑格尔《小逻辑》的启发，参见黑格尔著、贺麟译《小逻辑》，商务印书馆，1995 年，页 242。

② 即讨论的并非具象的“狐狸”，而是狐狸精。呼延苏《狐狸精的前世今生》(岳麓书社，2020 年)一书不是研究作为一种自然动物原生形态的狐狸，而是辑录《山海经》《搜神记》《聊斋志异》《子不语》《阅微草堂笔记》《太平广记》等数十种古籍中的数百则“狐狸精”故事，讨论狐狸如何从兽到妖、从妖到仙，最后怎样百炼成精。如何谓狐狸精、狐仙、狐神、天狐、狐丹，以及狐之变幻、狐变之术、狐形、狐衣、狐宅，以及奇幻空间等，可以说是一部从历史、心理、宗教等多个角度认真细致探讨狐文化的通史。

③ ［英］约翰・达尔文(John Darwin)著，黄中宪译：《帖木儿之后：1405—2000 年全球帝国史》，野人文化出版社，2010 年；中信出版社，2021 年。

在18世纪的乾隆时期(仅有关长颈鹿译名的一章有内容下延至晚清)。笔者向来不赞成将政治史的重要节点如鸦片战争,作为中国其他任何专门史——文化史、教育史或宗教史的坐标。在历史的长河中,很难如旅途一般,存在一种客观的里程碑。本书特别强调"明清",即从中外交流的角度考察,明初至晚清首先是一个连续不断的时间概念,文化学术不是政治事变,可以由朝廷颁行一道诏令正式开始施行,或一纸禁令而骤然中断。长期以来中国学界多将中英鸦片战争发生的1840年作为近代史的开端,这种由"前近代"迈入"近代"的叙述方式,也被运用到中外交往的历史叙述之中,其分期的标准主要是西力东侵所带来的不平等条约。如果从中外"文明"的大规模相遇,并着眼于中国历史自身的演变轨迹来考察的话,15世纪初的郑和下西洋和16世纪的欧人东来,似乎更合适作为中外交往新阶段的一个坐标。

三、动物文化

动物和人与动物关系史的记载,在中国有着悠久的历史传统。有关动物自然史(Natural history)的描述,如牛羊的历史、狮子或大象的历史,很多还与蓄养和捕猎的历史联系在一起。动物史研究主要是讨论人与动物的关系史(histories of human and non-human animal relations),即研究动物对人类社会和文化的影响,如"虎患"研究、近代租界里随着喜好食牛肉的西人逐渐增多而形成的屠牛问题,以及现代社会某些区域存在的狗肉生意等,这些都曾引发过社会不同人群之间的争执,其间亦有中西知识和文化观念的冲突。历史上人与动物之社会学或文化关系史的研究,近30年来几乎成为欧美和中国学界有关动物史的主流研究。从这些角度切入,且已说出了更多、更有意思的话题,亦可以成为欧美风行一时的文化研究(cultural studies)理论影响和驱动下的广义动物研究(animal studies),这些研究有别于传统生物学(biology)上的动物学(zoology)的研究,属于文化史研究的一个分支,或以为可以称之为"新动物史"研究。

所谓的动物史在欧美学界已经取得了很大的进展,相关的学术成果非常丰硕,研究方法和理论也日益精细复杂,已经出现了智识史(intellectual history)、人文史(humane history)和整体史(holistic history)三种不同的研究路径。[①] 2007年,美国密西根州立大学的社会学教授琳达·卡洛夫(Linda Kalof)出版的通史性专著《观看人类历史中的动物》,以包括绘画、雕刻、影像和叙事文本在内的各种人类文化文本中动物的表征为中

---

① 欧美学界关于动物史的研究,详见陈怀宇《动物与中古政治宗教秩序》(上海古籍出版社,2012年)"导论",该篇脚注中列出了大量西文和日文的研究文献,恕不赘述。

心，揭示了从史前时代到公元 2000 年间人类如何描述、再现动物以及人类与动物的关系。该书采用了传统的欧洲史分期：公元前 5000 年的史前时代、公元前 5000 年到公元 500 年的古代、500—1400 年的中世纪、1400—1600 年的文艺复兴时代、1600—1800 年的启蒙运动时代，以及 1800—2000 年的现代性（modernity）时代。她还与利物浦大学的中世纪史教授布丽吉特·瑞索（Brigitte Resl）合作主编了六卷本通史《动物的文化史》，该书也采取了类似的历史分期，每一卷都围绕象征主义、狩猎、驯化、娱乐、科学、哲学和艺术这七个主题，探讨相应历史时期内动物在人类社会和文化中不断变化的角色。①

动物有记忆，动物有自己的语言，动物会把自己的生活经验代代相传，动物有自身的文化行为。本书探讨的动物文化，不是动物的文化行为，而是以研究人类与动物的关系为出发点。马逸清在《中国虎文化》序言中指出："动物文化，是指具有动物形象和内容的文化，它是人们按照动物的外部形态和生态特点，并依据人类生活和生产活动的需要塑造的诸多社会文化现象，这包括和动物有关的语言文字、书法绘画、文学、美术、音乐舞蹈、宗教信仰、民族习俗等等，这些和动物有关的文化，无论精神的或者是物质的，都是人们根据社会生活的需要创造的。"②简言之，动物文化是人类改造动物的成果在物质、精神和制度等方面的体现，亦属人文学科和社会科学的研究范围。

与动物打交道曾是先民生活的主要内容，心智的发展，尤其是先进狩猎工具的使用和组织化制度的出现，使得人类对抗动物的能力大大提高。人们在与动物的长期交往过程中，创造了丰富灿烂的动物文化。尤其是农业革命之后，人类开始懂得种植和驯养。驯养技术的广泛使用，使人类获得了控制其他动物的能力。桀骜不驯的狼成了忠

① 陈怀宇：《历史学的"动物转向"与"后人类史学"》，《史学集刊》2019 年第 1 期。最近 30 年来欧美的动物史研究逐渐兴起，学者称其为史学的"动物转向"，是多种思想和学术传统以及社会现实所产生的合力所促成的结果。其中包括近代蓬勃发展的自然史，欧美学者关注对自然界动植物的科学观察和分类，并探求其对人类历史发展的影响。传统的动物史有从 20 世纪中叶以来逐渐发达的科技史的角度，特别是生物学、医学、现代农业科技中动物所扮演的极为重要的角色。而当代史学中的所谓动物史，受到 20 世纪七八十年代以来的史学"文化转向"的影响，同时也是动物权利运动以及环保运动等社会政治思潮影响下的产物。动物史研究的取向，致力于研究动物在人类历史发展过程中所体现出来的能动性，强调动物的史学主体性，其目标是将动物视为与人类平等的历史创造者和参与者。陈怀宇：《动物史的起源与目标》，《史学月刊》2019 年第 3 期。同期该刊物还载有沈宇斌《全球史研究的动物转向》，该文指出近 30 年来动物史（人与动物的关系史）研究，在欧美学界得到了很大发展，动物研究已经从边缘进入到欧美史学界的主流。全球史领域的动物转向，致力于从全球史视野下重新审视人与动物的互动关系，以及从动物的角度来反思全球史的书写。2019 年 6 月在河南大学黄河文明与可持续发展研究中心的支持下，在开封举行了以生态和文明为主题的动物研究跨学科工作坊。2020 年第 4 期《澳门理工学报》推出由陈怀宇主持的"动物研究专题"，发表了相关研究，其中有陈怀宇《从生物伦理到物种伦理：动物研究的反思》、沈宇斌《人与动物和环境："同一种健康"史研究刍议》、庞红蕊《面容与动物生命：从列维纳斯到朱迪斯·巴特勒》三文。中国的动物史、动物伦理和动物哲学等研究，也渐趋形成热点，但既有的研究重视动物史理论和海外的研究，对国内的动物史和动物文化史关注较少。

② 汪玢玲：《中国虎文化》，中华书局，2007 年，马逸清序言，页 9。

贞不贰的狗；旷野里的野猪成了圈栏里的家猪；原野上奔走的野牛和野马，被套上了羁绊，关到了狭小的畜栏内，开始了终生的劳役；失去天空的鸿雁成了人类求婚的礼品；离开了山野的原鸡，也成了满足人类口腹之欲的白洛克和九斤黄。甚至象这样的庞然大物，也成了人类的运输工具，在战争中起着一种巨型战车的作用。中国古代文献记载了数量可观的动物资源，其中珍藏着古人对动物的认识和研究，成为保存和探究动物文化的重要资料。动物文化与人类的生产生活、心理思维、宗教信仰等都有着密不可分的关系，研究历史上的动物文化为研究历史提供了一个独特的角度。人类温饱之余有了闲情逸致，他们把狮子、老虎捕来，不再吃它们的肉，而是看着这些昔日的山林之王在假山洼水之间徘徊；把孔雀和鸳鸯关入大笼，让人们观赏它们如何在人类面前继续求偶炫耀、谈情说爱；把野外的画眉和鹦鹉放入笼中，让它们继续欢快地鸣唱。人类从中获得了山林野趣，而帝王则满足于一种世事祥和、祥瑞征兆的心理安慰。在漫长的相处过程中，人类在动物身上寄寓了自己太多的情感，创造出了丰富的动物文化。许多动物已经不再是动物本身，而成了观念动物。[①]

“动物文化”一词，最早可能出现在1996年4月7日《北京纪事》刊载的李向阳《动物文化沙龙》一文，不过细读该文，似乎重心在“文化沙龙”(又称“动物文化圈”)一词。就目前所知，首先注意到“动物文化”内涵的，主要是一批研究跨文化交际中“动物词”文化涵义和中外动物“文化词”互译的学者。在汉语表述中，较早在学术论文题名上使用“动物文化”一词的，可能是李君文、杨晓军合著的《东西方动物文化内涵的差异与翻译》(《天津外国语学院学报》2000年第2期)，但该文还是主要在讨论动物文化词汇的翻译。大约21世纪前10年后期，“动物文化”受到了历史学界的注意，宗丽丽《试论先秦文献中的动物文化与文化动物》(华中师范大学“历史文献学”2009年硕士论文)，是较早讨论动物文化史的学位论文。该文的第一部分首先提出了“动物文化”和“文化动物”两个概念，尝试从一种较为准确的定义入手，来给研究动物文化的相关名词“正名”；其次，将文化动物以文化学、生物学相结合的标准进行分类，把先秦文献记载的动物分为“真实动物”和“虚幻动物”两类。

动物文化是指人类以不同的媒介来塑造人类社会需要的动物形象，动物即是人类的食物、药物、饰物，也是人类智慧和行为模式的来源、驱邪避祟的保护神，是人类话语中最常用的符号，甚至是地位的象征。人与动物的交互作用，被编织在一起，成为一种有生命的织品。“动物文化”范围的内涵和外延迄今都还比较模糊，但笔者认为至少可以包括如下5个方面：

---

① 陈水华：《动物文物与动物文化》，来自“浙江考古”微信公众号，2020年04月24日。

1. 文化动物与动物崇拜。驯养动物以作食材，以供观赏，在中国古代已有数千年的历史，从皇家动物园的设置到近现代各大中城市兴建的公共动物园，为民众提供了文化休憩娱乐之所，也丰富了动物文化。动物文化中包含有“文化动物”，如中国的龙，现有的研究将之视为雷电现象的物化；而凤凰则是太阳的物化，殷人曾视凤鸟为其祖先的神灵。对于这些自然界中不存在的、传说中的动物，或称之为“神话动物”“神化动物”“精灵动物”，[①]亦称为“观念动物”或“文化动物”。[②] 古人把动物尊奉为神加以崇拜，是原始宗教中的一种普遍现象，龙、凤、饕餮、麒麟、天禄、辟邪就是这些动物的代表。由于这些动物常常来无影去无踪，先民们无法看清它们的真实面目，所以这些动物的形象和图案最早出现时往往只有一个大致的、抽象的外形，后来出于具象化的需要，才慢慢演变为具有多个动物特征的混合体。20 世纪 80 年代在安阳出土的鸟骨中，除了鸡骨外，另有孔雀、秃鹫、雉的骨头，其中最多的是猛禽鸷鸟，显然与古人的动物崇拜密切相关。[③] 至今尚存在于青海省黄南藏族自治州同仁县隆务河畔年都乎村土族群众中的“跳於菟”，即“跳老虎”，就是一种古老而又极富生命力的动物崇拜的文化遗存。土族继承和保留了古羌部族“崇虎”、以虎为图腾的遗俗，古羌部族认为老虎可以去驱鬼逐邪，给人们带来新一年的吉祥和平安。为什么古人崇拜动物？崇拜哪些动物？崇拜它们什么？在中国几千种动物中，为何狮、虎、豹等被崇拜，类似牛、羊、猪、犬、鸡、鸭等普通的常见家畜却较少被神化而受到崇拜呢？这些都是颇值得研究的问题。

2. 动物意象及其历史演变。意象是融入了主观情意的客观物象，或者是借助动物物象表现出来的主观情意。因受其独特的历史地理因素、社会文化习俗、思维方式及价值观念的影响，不同的民族文化有着不同的客观物象，即使是相同的动物客观物象也会产生不同的主观情意。因此，往往会形成具有相对独特含义的动物意象，积淀着浓厚的民族智慧和历史文化因素。意象会演变和转化，特别是在跨文化中外交流中，拥有丰富内涵的动物文化意象的互译可谓重中之重。不同动物如龙、蛇、马、羊等，所代表的文化寓意，在不同民族、不同时代可能存在很大的差异。以中西方为例，中国古人视狗为低贱的象征，西方则视之为忠诚的代表；羊在中国人心中寓意吉祥温顺，西方尤其是英国，则认为羊生性淫荡邪恶；中国人听到猫头鹰叫认为是不吉利的象征，是个凶兆，西方则把猫头鹰视作智慧的化身。白蛇在不同历史阶段的文明系统中呈

---

① 汪玢玲：《中国虎文化》，马逸清序言，页 10。

② 文化动物也包括“畏兽”，如晋郭璞《山海经传》中所提及的“嚣兽”（一种善于投射的长臂猿）、“駮马”（一种长着虎齿虎爪的马，白身黑尾，头生独角，音如击鼓，铿锵有力，经文说它可以辟除兵灾）、“孟槐”（即猛槐，一种红毛豪猪）和“强梁”（衔蛇操蛇，其状虎首、人身、四蹄、长肘）。与郭璞同时的王廙绘有《畏兽画》，类似于《历代名画记》所记《妖怪图》《瑞应图》等，古人认为畏兽图像有辟邪功能。饶宗颐：《〈畏兽画〉说》，载氏著《澄心论萃》，上海文艺出版社，1996 年。

③ 侯连海：《记安阳殷墟早期的鸟类》，《考古》（1989 年 10 月）265 期，页 942—947。

现出不同的样态，在中国的白蛇传说中，她是美丽和正义的象征，而在基督教西方文明传说中，白蛇却扮演着不光彩的角色。在道教修炼文化的背景下，白蛇又成为修炼思想的体现，产生了蛇精、蛇妖、蛇仙等概念动物。[①] 这种动物的观念化和符号化有时甚至达到泛滥的程度，如中国传统文化中出现的以"鹿"代"禄"，以"蝠"代"福"，以"喜鹊"和"鹌鹑"寓意"喜庆"和"平安"，猴骑在马上寓意"马上封侯"，鹭站在芙蓉边上寓意"一路荣华"，等等。

3. 动物在东西方文化历史中的不同作用。在全球关联的动物史研究中，动物的名称与形象被用于表达政治的概念。世界历史上都有通过献贡特殊的动物，作为沟通宗主国和藩属国之间政治信息的一种载体，使得鸟兽多成为确认其合法地位的象征物。动物与政治与外交活动的交集，形成一种特殊的政治叙事，生成了政治或民族的诉求。克罗斯比（Alfred W. Crosby）1972 年出版的全球史经典《哥伦布大交换：1492 年以后的生物影响和文化冲击》（*The Columbian Exchange: Biological and Cultural Consequences of 1492*）以及 1986 年出版的《生态帝国主义：欧洲的生物扩张，900—1900》（*Ecological Imperialism: the Biological Expansion of Europe, 900—1900*）两书中都讨论了随着欧洲殖民者来到美洲的那些旧大陆的动物（包括猪、牛、羊、狗和马）、植物与病菌，改变了当地的生态环境，增强了殖民者对美洲土著的军事优势，在征服美洲的过程中起到了重要作用。安德森（Anderson）2004 年推出的《帝国的生物：家畜如何改变早期美洲》（*Creatures of Empire: How Domestic Animals Transformed Early America*）更是进一步阐释了旧大陆家畜对美洲的征服和改造作用，以及它们与欧洲殖民者和土著之间的互动关系。在"动物征服美洲"之外，也有从文化和象征层面入手，探讨动物与欧洲帝国主义关系的研究。如哈利瑞特·瑞特佛（Harriet Ritvo）1987 年完成的欧美动物史研究的开创性著作《动物财产：维多利亚时代的英国人和其他动物》（*The Animal Estate: the English and Other Creatures in the Victorian Age*）一书，其中有两章专门讨论英国动物园的"海外动物"，以及英国殖民者对当地大型野生动物的狩猎，认为英帝国的全球殖民过程中对殖民地动物的捕获、展示和杀戮，有助于建构、强化英帝国的帝国形象和统治权威。[②] 动物还经常在旗帜、徽章和纹饰上作为团结的象征。另外，动物被认为具有灵性的力量，中国历史上佛教和道教的动物观念，影响了国人关于动物的描

---

① 美国哈佛大学东亚语言文明系罗靓博士在其即将出版的英文学术新著 *The Global White Snake*（密歇根大学出版社，2021 年）以三个时段结合三个主题讨论白蛇的跨界旅行，她将白蛇的旅行划分为三个场域加以讨论，即英文世界中的白蛇重塑、白蛇在东亚各国的多向旅行、华文文学白蛇叙事中的众声喧哗。罗靓指出，白蛇跨界旅行研究有三个非常重要的主题：第一，性别与物种、媒介与政治的交互作用，轮回（transmigration）与蜕变（metamorphosis）成为现实的常态；第二，爱与同情成为独立于物种的特质，成为对"人性"概念本身的叙事与哲学挑战；第三，白蛇叙事被用来推进多元化、先锋化、与政治性的诉求。

② 沈宇斌：《全球史研究的动物转向》，《史学月刊》2019 年第 3 期。

述、修饰和书写的方式。

4. 动物词汇、译名与符号。动物词汇是最早进入人类词汇系统的词类之一。如虎是兽中之王，力大威猛，使人产生一种勇敢、强悍、威武的联想，汉语中把勇将喻为虎将，把勇猛善战的人喻为虎胆英雄，而勇猛健壮、精力充沛的年轻人常被称为小老虎。马作为我国古代重要的交通工具和作战工具，在古代人民心目中具有较高的地位，出现了许多与马相关的词语，如天马、神马、龙马、千里马、识途马、兵强马壮、横戈跃马、金戈铁马、一马当先、万马奔腾、龙马精神、马到成功、老骥伏枥志在千里等。羊因为汉语所特有的谐音这种语言形式，羊与“祥”谐音，因而在汉文化中是吉祥幸福的象征，古人认为羊是充满灵性的动物，驯良的羊给中国人的印象就是温和、善良的。成语中的“羊”多指弱者，如羊质虎皮、羊落虎口、待宰羔羊等。近代以来随着西方文化的传入，羊又多了另一层含义，如迷途羔羊、两脚羊、替罪羊。而老鼠形象猥琐，偷窃成性，使人产生恶感，成语贼眉鼠眼、鼠目寸光、鼠窃狗偷、鼠肚鸡肠等比喻，都是从老鼠的形象和特征入手来比喻多种小人的形象。动物译名也逐渐具有了文化色彩，反映着不同民族的文化特征，表现为动物译名文化内涵意义间的巨大差异，需要从概念意义和文化内涵意义两个层面，来讨论中外跨文化交流过程中动物译名之间的转换关系，对译动物名，需要建立在对不同文化认知的基础之上。对不同文化相似性和差异性的认知，有助于避免不同文化的差异所引发的交际障碍，保证跨文化交流的顺利进行。在不同的文化系统中，动物作为象征符号，也会产生截然不同的意义，如历史上被视为蛮夷的边缘地区少数民族，或没有接受中华文化的族群，其命名经常是加了反犬旁的歧视性称谓，如“獛”“狛”等。人类经常以动物自我比喻和比喻他人，如皇帝自称“真龙天子”，吃苦耐劳者自比“老黄牛”，胸怀大志者自诩“鸿鹄”；将猛将喻为“虎贲”，将有才干的人称为“千里马”，指称妖媚女为“狐狸精”，把独霸一方的作恶者视为“地头蛇”，见风使舵的人称作“变色龙”，外表和善而内心凶狠的人比喻为“笑面虎”，随声附和者称作“应声虫”，恩将仇报的人喻为“白眼狼”，话多且常说令人讨厌之语者称作“乌鸦嘴”，不劳而获的人喻为“寄生虫”。动物的意象不仅用于比喻个人及其品性，也用于指称国家或党派，如俄罗斯被称为“北极熊”，英国被称为“约翰牛”，法国被称为“高卢鸡”，美国被称为“山姆鹰”；美国的共和党和民主党被称为“象”“驴”等。至今仍有新创造的动物词语，如能给群体带来活力的“鲇鱼效应”；将极其罕见的、出乎人们意料的风险称为“灰犀牛”；将难以预测且不寻常的事件称为“黑天鹅”，两概念正好互相补足；而把在一定范围内普遍存在、破坏力较强，且很难做出预测的事件称为“大白鲨”，如战争和传染病。“大白鲨”不同于“黑天鹅”，“黑天鹅”事件完全无法预测，破坏力很强，发生的概率极低；亦不同于“灰犀牛”，“灰犀牛”事件以较大概率发生，破坏力较强，但是可以预测，比如地球变暖、珍稀动物濒临灭绝。

5. 动物文献和动物图绘、饰物。在漫长的历史长河中,人类留下了许许多多动物文献和大量的动物图绘。动物文献如帛书《相马经》《相犬经》,宁戚的《相牛经》,师旷撰、晋张华注《禽经》,敦煌古藏文写卷中的《疗马经》《治马经》《医马经》《相马病经》《明堂灸马经》《骆驼经》《疗驼经》等。此外,还有范蠡的《养鱼经》,元人俞宗本《纳猫经》,明人周履靖的《相鹤经》,黄省曾的《鱼经》《兽经》,以及题和菟撰、写作年代不详的《解鸟语经》等。动物文献还包括动物文学(寓言)。动物图绘除了岩画和壁画,陶瓷、青铜器、石器、玉器、木器、服饰、书画,以及其他器物上动物图绘外,还有大量的动物纹饰,如仰韶文化中的动物纹饰,鸟纹是商末周初青铜器最主要的装饰图案,有所谓"小鸟纹""大鸟纹""长尾鸟纹",以及少量的"鸱枭纹"。[①] 动物图纹也逐渐抽象化和符号化,成为人类创造的特殊的动物形象,它们常常游离于动物本体之外,成为人类观念的寄托。[②] 或甚至成为人类战争中的武舞饰物,周武王在伐商的《尚书·牧誓》中"尚桓桓,如虎如貔,如熊如罴";而《尚书·益被》中的"击石拊石,百兽率舞",显示出周人在这些征战中,敲击着石器,扮演着各种虎、熊等动物助战的实况,文中的虎、貔、熊、罴之类的"百兽率舞",亦可能是武舞中舞者所戴的假面饰物而跳的拟兽舞姿。[③] 动物图绘还包括近世盛行的动物博物画。[④]

"动物文化"的概念内涵与外延至今仍然模糊,根植于人类动物观念的变化,又源于环境的变迁和社会的发展,其产生的背景异常复杂,渗透了自然科学和人文学科的诸多因素。动物文化的脉络,仍是一个尚未得到充分认识的领域。

四、中外交流

"交流"并非人类所独有,动物也有自己的交流,很多动物是依靠气味来进行互相的交流。人类的交流方式比任何动物都要复杂,交流也较之更为充分。惟有人类,才能借助动物实现"文化交流"。中国古籍中没有"交流"一词,只有"交接"与"交通",《墨子·尚贤中》有:"外有以为皮币,与四邻诸侯交接。"[⑤]《史记·魏其武安侯列传》中有:"诸所与交通,无非豪杰大猾。"[⑥]这里都是交往之意。"交流"最初可能是物理学上的一个外

---

① 陈公柔、张长寿:《殷周青铜器上鸟纹的断代研究》,《考古学报》1984年卷74第3期,页265—286。

② 关于纹章中的动物寓意物,参见张旭《高贵的象征:纹章制度》,长春出版社,2016年,页91—98。

③ 汪宁生:《释"武王伐纣前歌后舞"》,《历史研究》1981年第4期;杨华:《〈尚书·牧誓〉新考》,《史学月刊》1996年第5期。

④ 德国画家阿尔布雷希特·丢勒在1515年画的木刻版画印度犀牛,荷兰药剂师艾尔伯特·瑟巴于1734年画的九头蛇,美国动物学家丹尼尔·奎尔·艾略特1873年绘制的美丽极乐鸟,都属于具有标志性意义的博物画。

⑤ 孙诒让撰:《墨子间诂》,"诸子集成"本(四),上海书店,1986年,页29。

⑥ 《史记》卷一〇七,《二十五史》第1册,上海古籍出版社、上海书店,1986年,页315。

来词，后来被延伸到了社会科学和人文学科。“交流”一词运用于社会科学的领域比较晚，因为 20 世纪 40 年代仍在采用“交通”一词，如方豪的《中西交通史》。“交流”和“传播”在英文中是同一个词：communication，如大众传播学即 mass communication，跨文化传播学即 intercultural communication。Communication 含义比较复杂，在中文中有传播、交流、沟通、交际、通讯、交通等多种译法，其基本含义是“与他人分享共同的信息”。这个词在中世纪就出现了，它来自拉丁语，词根 common，与共产主义 communism 的词根相同，含义是共有、共同的意思。“交流”最简单的解释应该就是指信息、知识、思想和感情的发送和交换。国内外对交流一词也有一百多种定义，大致可以归为“说服派”和“共享派”两种。笔者将之定义为：交流是一种双边或多边的影响行为的过程，实际上也是文化在空间上从一地扩散到另一地的过程；在这个过程中，一方有意向地将物品或信息通过一定的媒介和路径传递给意向所指的另一方，以期唤起特定的反应或行为。文化交流是一个全方位的立体网络式的交流，不同地区、不同国家和不同民族所创造的文化，不能仅仅局限在人类的器物、制度、观念、语言等几大层面，也包含着与之密切相关的动物文化。交流应该是互相的传播与借用，在人类不同文化的交流中，动物文化也是重要的构成。

“中外交流”的方式属跨文化交流，同文化交流是指编码基本一致的同一文化系统中的交流，如中国本土动物文化之间的交流；跨文化交流是指编码完全不同的文化间的交流，跨文化的中外交流，常常是两种全然不同的文化意蕴与话语系统的交流，因此跨文化的交流一般都需通过解码人——编译者。编译者是把接受到的信息进行不同程度的解码处理，信息解码后的意义，与发送者的原意会产生偏差，有增加、减少或变形。在解码的过程中，编译者的语言能力、运作方式（是个人独译，还是两人口述笔译式的合作，如明清间耶稣会士与中国学者的合作），都会对解码过程产生不同的影响。中外交流的基本元素可以是具象的东西，如不同类型的动物、动物文献、动物石刻、动物纹饰等；也可以是抽象的信息，如动物文化中的知识、观念、名词等，这是交流和传播得以进行的最基本的要素，或是交流和传播的灵魂。中外交流中接受信息的主体有不同的层面与层次，可以是个人（读者）、群体（学会）、组织或国家。如元代周边国家向元朝皇帝献贡大象；孟加拉国将长颈鹿作为贡品，献贡给明王朝永乐大帝，两者都在国家的层面。最初国家间的动物献贡、政府间的动物外交、动物商贸往来、动物知识的传授、个人有关动物的演讲、动物书籍的翻译、有关动物的文件往来等，都可以成为传播媒介。中外动物文化的交流有在“器物”层面的接受，也有“义理”层面的。“器物”的层面是通过物化形式的动物，有直接的观赏性，在不同文化交流中具有较强的通约性，要比心理认知的“义理”层面的动物文化，如动物伦理、动物信仰和对动物价值观的认知，更容易接受。前者较之后者在交流的速度和规模上也相对容易和迅速。动物也是一种重要的文化载体，一种异域的动物、一张异兽的图绘或一本有关珍禽的书籍，都会产生重要的影响。譬如清初西方传教士据西方典籍编译成《狮子说》，就对中国人的动物知识产生了重大的影响。如何识别和认识外来的动物文化，也是中外文化交流中的一项重要的课题。

动物文化是多元化的瑰丽多彩世界的一部分，全世界珍禽异兽的交流，不断地自异域引进新的动物以及动物知识，是中外动物文化交流史的题中应有之义。目前的中外文化交流史，尚未系统地揭示这一主题，本书的完成，于此会有一定的开创性意义。

五、研究综述

动物史和动物文化交流史并非一个成熟的研究领域，但这并不意味着就没有相关的学术成果。相反，关于这一范围的不同部分的研究，已为我们建构这一研究领域提供了重要的基础。以动物史为题的通论性或专题性著作，多是从科技史、动物地理和环境史的角度切入。最早的研究或可上溯到章鸿钊的《历史时期中国北方大象与犀牛的存在问题》(《中国地质学会志》1926 年第 5 期)、法人德日进和杨钟健合著的《安阳殷墟之哺乳动物群》(《中国古生物志》丙种第 12 号第一册，实业部地质调查所，1936 年)、杨钟健与刘东生合著的《安阳殷墟之哺乳动物群补遗》(《中国考古学报》第四册，商务印书馆，1949 年)等。

20 世纪 80 年代，有若干普及性的动物史读物，如谭邦杰的《中国的珍禽异兽》(中国青年出版社，1985 年)和《世界珍兽图说》(科学普及出版社，1987 年)。90 年代最为突出的成果有郭郛、英国李约瑟(Joseph Needham，1900—1995)、成庆泰合著的《中国古代动物学史》(科学出版社，1999 年)，这是目前所知有关 1900 年以前中国动物学的产生和发展最为系统、全面的一部总结性中国动物学通史。该书分十四章，讨论中国古代自然地理和古代动物区系、中国动物种类的兴衰、动物分类系统的发展，和关于分类学的哲理基础、中西方动物分类学的比较，以及动物的行为、动物遗传学、动物物候学和动物地理学等。动物地理研究的代表是何业恒撰著的《湖南珍稀动物的历史变迁》(湖南教育出版社，1990 年)，这是以湖南一省的空间为限，研究对象包括哺乳类、鸟类、爬行类、两栖类和鱼类。之后他又分门别类地写出《中国珍稀动物历史变迁丛书》五种，有论述大熊猫(又称貘、貊、貔)、金丝猴(又称猓然、金丝狨、狨、猱)、长臂猿、亚洲象、野生犀牛、麋鹿、野马、白暨豚等 32 种珍稀兽类的《中国珍稀兽类的历史变迁》(湖南科学技术出版社，1993 年)，其中特别梳理了华南地区方志里所载大熊猫的资料，提出大熊猫在 19 世纪初期逐渐在广东地区绝迹；《中国虎和中国熊的历史变迁》(湖南师范大学出版社，1996 年)梳理了六种虎和四种熊；《中国珍稀兽类(Ⅱ)的历史变迁》(湖南师范大学出版社，1997年）一书研究了165种珍稀动物的变迁，按时间先后顺序梳理了华南地区方志里记载的穿山甲、水獭、大灵猫、小灵猫、金猫、豺、貉、苏门羚、竹鼠、黄猄的相关资料；《中国珍稀鸟类的历史变迁》（湖南科学技术出版社，1994年）探讨了褐马鸡、黑鹳、绿孔雀、丹顶鹤等31种珍稀鸟类；《中国珍稀爬行类两栖类和鱼类的历史变迁》（湖南师范大学出版社，1997年）复原了马来鳄、扬子鳄、鳄蜥、蟒蛇、玳瑁、鼋、大鲵、中华鲟、文昌鱼等55种珍稀动物的分布变迁。百余万字的六种专著构成了一整套蔚为壮观的珍稀动物研究系列，揭示了珍稀动物分布变迁的完整面貌，堪称中国历史动物地理学的奠基之作。[①] 从科技史角度研究历史上动物的还有文焕然等人的《中国历史时期植物与动物变迁研究》（重庆出版社，1995年）、文榕生《中国珍稀野生动物分布变迁研究》（山东科学技术出版社，2009年）。单篇论文则不胜枚举，如曾昭璇的《试论珠江三角洲地区象、鳄、孔雀灭绝时期》[《华南师院学报》（自然科学版）1980年第1期]、侯连海《记安阳殷墟早期的鸟类》（《考古》1989年10月号）、高梁《黄河流域大型水生动物古今谈》（《农业考古》1997年第1期）、汤卓炜《中国北方原始牛历史地理分布的再认识》（《农业考古》2020年第3期）等。近期较重要的研究有侯甬坚等编的《中国环境史研究》第三辑《历史动物研究》（中国环境出版社，2014年）。[②] 上述论著多是从环境科学和历史地理角度研究历史上的动物。

中国学界（包括大陆与港台）动物文化史的研究，最初是以札记的方式呈现的，如钱锺书在浩瀚的文献中清理中外动物文化史的若干史实，这一点几乎不被学界注意。大约1972—1975年间，钱锺书利用古今中外多种语言文献互证之法完成的《管锥编》，其中烛幽索隐，有大量的讨论涉及历史上的动物文化，如《毛诗正义》"鸱鸮·鸟有手"，《左传正义》"宣公十二年·困兽犹斗""昭公二十二年·雄鸡自断其尾"，《史记·田单列传》"神师火牛"，读《焦氏易林》"坤·龙虎斗""豫·虎为蝟伏""离·三狸搏鼠""大壮·穷鸟""萃·老狐多态""渐·雉兔逃头"等，都涉及动物文化。读《太平广记》就更多了，如卷四"月支献猛兽"，将《仙传拾遗》与张华的《博物志》，以及古罗马普林尼的《自然志》"剧相类"的部分，以及亚历山大征印度见巨犬的故事互相印证；[③] 卷三九"狗为龙"、卷四六〇"鹦鹉救火"等，《太平广记》卷四六六"以大鱼或巨龟为洲"曾排比了中国古籍中的"言洲乃大鱼"或"言洲为大蟹"的传说。[④] 严可均（1762—1843）

① 张伟然：《独辟蹊径 为霞满天——略述何业恒先生对于中国历史地理研究的贡献》，《历史地理》第15辑，上海人民出版社，1999年；又见氏著《学问的敬意与温情》，北京师范大学出版社，2018年，页57—70。

② 该书是侯甬坚师生历史时期动物研究的论文选，主要从环境史变迁和人与动物的关系史的角度切入，选取历史时期中国境内的大象、老虎、犀牛、熊、狮子、羚牛、鹿、海东青等为研究对象，对其生活习性、地理分布、数量增减、生存状态变化予以分析，是一部历史上动物的演化史、人类与动物关系史的专题研究。

③ 钱锺书：《管锥编》（二），中华书局，1979年，页643—644。

④ 同上书，页829。

《全上古三代秦汉三国六朝文》中，也有《全三国文》卷七四“象之为兽”、《全晋文》卷一五一“比目鱼与比翼鸟”等。他以同中寻异或化异为同的方式，考订了历史上很多动物资料。

20世纪70年代，方豪撰写的《中西交通史》中有诸多章节讨论中外动物文化的交流史，如该书第一编第三章《先秦时代中国与西方之关系》中有“北路传入中国之伊兰动物纹艺术”一节，讨论了周代由马与骑术引入的带钩佩物，以及位于南俄撒马提亚帝国西徐亚人的动物型饰品，这些来自西域的灵鸟和灵兽动物题材的自西徂东，深受中国汉族人喜爱，出现在壁画和雕刻上，也见之壶或其他器物的握柄上。[①] 第一编第八章《汉通西域之其他效果》第二节“战马之补充与马种之改良”，讨论了汉武帝时代的大宛汗血良马，使中国的马种得到改良；[②]第四编第五章第二节“最早译入汉文之西洋动物学书籍”专门叙述了利类思编译的《狮子说》和《进呈鹰说》，简要涉及了《狮子说》的版本问题。[③] 方豪的研究方法属基本史料的清理，并以追溯史源为特色。

以中国历史上动物文化为题的通论性著述有马玉堃的《中国传统动物文化》（科学出版社，2015年），该书主要探讨动物在中国文化中的各种现象，研究动物在中国传统文化中所起到的独特作用。全书分七章，分别从动物是人类生存与文明的物质基础、中国人的原始动物崇拜、动物与中国传统祭祀文化、动物与中国原始崇拜对象的形象、动物作为中国早期文明的符号标志、动物与中国传统象征文化、中国传统文化的神圣动物等方面展开论述。之前有一本题目非常切合中国动物文化史主题的著述，即萧春雷所著《文化生灵——中国文化视野中的生物》（百花文艺出版社，2001年），可惜翻开内容一看，基本上是一部通俗性动物文化随笔，类似动植物小词典词目的写法，但用辞典的要求来衡量，词条篇幅虽不短，但因为缺乏准确的释例，所用材料也没有出处，大多内容没有什么参考价值。

文化动物的研究以龙为突出，如何新的《说龙》（香港中华书局，1989年），作者在此书基础上又完成了《谈龙说凤——龙凤的动物学原型》（时事出版社，2004年），认为上古所谓龙的真相是指鳄鱼、蜥蜴一类的爬行动物，凤凰的原型是大鸵鸟。另外还有罗二虎的《龙与中国文化》（三环出版社，1990年），系“龙文化大系丛书”之一。全书分《起源之谜》《远古图腾》《神秘饕餮》《人的觉醒》《渺渺仙境》《帝王与龙》《魂兮永宁》《佛界人间》《龙与中国语言词汇》九章。该书在材料上受何新《说龙》的影响，在写法上则模仿李泽厚《美的历程》。刘志雄、杨静荣著《龙的身世》（商务印书馆，1992年），讨论龙的起

---

① 方豪：《中西交通史》（上），岳麓书社，1987年，页51—56。
② 同上书，页114—119。
③ 方豪：《中西交通史》（下），页790—794。

源、形成，龙的宗教与政治，龙的绘画、文学与民俗，也是关于龙的比较全面的研究论著。有关中国龙的研究论著可谓汗牛充栋，但大多系通俗性的介绍，不少属于互相抄撮的资料汇编，①满足学术研究规范的论著极为有限。施爱东《中国龙的发明：16—20 世纪的龙政治与中国形象》（三联书店，2014 年）一书堪称首次突破类似以水济水的循环，该书整体上探讨以“龙形象”为代表的中国从近古到近代的政治观念与文化困境。龙是和中国古代帝王政治密不可分的形象，也是自 16 世纪传教士入华以来向海外不断演绎、变形的民族符号，最终成为国家象征。在“龙”前冠以“中国”二字，实在是近现代中西文化冲突下的产物。作者将有关龙的研究放到中西动物文化交流史和比较史的框架下进行深入的分析，从中西冲突出发，直面不同时期西方视野中不同的龙形象问题。研究对象从龙扩展到对“四灵”的研究，有萧兵的《龙凤龟麟：中国四大灵物探究》（华中师范大学出版社，2014 年）。

关于中外动物文化交流史的单篇论文，在各类杂志上多有刊载。这一领域的领先者有蔡鸿生的《狮在华夏——一个跨文化现象的历史考察》（王宾、阿让·热·比松主编：《狮在华夏——文化双向认识的策略问题》，中山大学出版社，1993 年，页 135—150）、《哈巴狗源流》（《东方文化》1996 年第 1 期，页 81—85）等文。蔡鸿生认为在西域文化和华夏文化的交叉点上，狮子的历史命运带有两极化的特点：一方面，作为西域贡品，狮子只有观赏性而无实用性，难以养殖和调习，自唐代至明代多次出现“却贡”的事例，被官方拒之境外；另一方面，狮子作为瑞兽形象，长期与中国“灵物”共居显位，遍布通都大邑和穷乡僻壤，并向文化生活各个领域扩散，成为民间喜闻乐见的吉祥的象征。狮子在中国的历史上，对于研究文化传播过程中物质和精神两种体系的转换，以及外来文化与本土文化的融合，都有非常典型的意义。因此，他认为对狮子在华夏的历史应作两面观：从贡品史看，狮子作为“西域异兽”没有任何实用价值，难免遭受一连串的冷遇：却贡、遣返或老死于虫蚁房中；而从民俗史看，经过华夏文化的陶冶，狮子形象大放异彩，变成“四灵”（龙凤麟龟）的同伴，取得了在形、神两方面的中国气派，因而既受民间喜爱，也可登大雅之堂。历代中国人所赞赏的，并非狮子的实体，而是狮子的精神，近代中国的勃兴即被喻为“睡狮”的觉醒。唐代从西域引进的新物种，还有所谓“拂林狗”和“康国猧子”，即后世的哈巴狗。历经唐宋、元、明、清，它从王朝贡品到民间宠物的演变，是通过本土化和商品化的途径实现的。从史籍的诗文和笔记中，爬梳出历代哈巴狗的 21 个异名，说明自李唐以来世人甚爱猧子的秘密，就在一个“趣”字：此犬虽无补于国计

① 另有王大有《中华龙种文化》（中国时代经济出版社，2006 年）、王笠荃《中华龙文化的起源与演变》（气象出版社，2010 年）等。

民生，却具有常犬所无的观赏价值，为中国人的精神生活增添了新的乐趣。到了大航海时代，又经过澳门输入“洋舶小犬”，从这时起，西洋狗就与西域狗前后辉映了。这些论文中，既有中国古代神话传说中的神兽考辩，如《中国独角兽的神话功能》[《华人月刊》(曼谷)1998年第23期，页59—63]，也有古代名马称号的考证，如《唐代汗血马“叱拨”考》(《东方文化》1998年第2期，页71—73)。而后者也引发了对于古代名马称号的进一步探讨，如芮传明《古代名马称号语原考》(《暨南史学》2002年11月第1辑)、罗新《昔日太宗拳毛騧——唐与突厥的骏马制名传统》(《文汇学人》2015年5月15日)以及陈恳与罗新的商榷之文《叱拨·什伐·忽雷——也谈唐代马名中的外来语》(《文汇学人》2015年6月23日)。

稍后有杨德渐和陈万青的《中国古代海洋动物史研究》(《青岛海洋大学学报》第30卷，2000年4月第2期)、张广达《唐代的豹猎——文化传播的一个实例》(载荣新江主编《唐研究》第7卷，北京大学出版社，2001年，页177—204)、党宝海《蒙古帝国的猎豹与豹猎》(《民族研究》2004年第4期)等。王颋《西域南海史地研究》(上海古籍出版社，2005年)这一专题论文集中，也有多篇涉及动物史和中外动物文化交流史，如《伟观陈锦——东方娱乐“斗鸡”传考》《条支大雀——中国中近古记载中的大型走禽》《凤薮丽羽——海外珍禽“倒挂鸟”考》《豹现开纪——明代“祥瑞”之兽“驺虞”考》《芦林吼兽——以狮子为“贡献”之中、西亚与明的交往》等。作者勤于发掘新材料，资料价值较高，但问题意识明显不足。与之前的若干动物史著作相比，莽萍等人的《物我相融的世界：中国人的信仰、生活与动物观》(中国政法大学出版社，2009年)一书，从中国古人如何看待动物和应对自然万物出发，解读了中国人的动物观。而陈怀宇《动物与中古政治宗教秩序》(上海古籍出版社，2012年)一书，探讨了中古时期动物在政治、宗教秩序建构中所起到的作用，第一章讨论初唐时期佛教僧人对动植物的分类，第二章分析南北朝隋唐佛教文献中十二生肖形象和意义的变化，第三章探究有关驯虎的叙事及其意义，第四章讨论中古佛教文献中动物名称的变迁，第五章为世界史视野下的猛兽与权力，第六章商讨九龙的形象在中古文献中的流变。作者结合了文化社会史与宗教史的研究取径，将动物史的研究扩展至世界史的大脉络中，在众多中国动物史研究读本中别具一格。

关于欧亚动物文化交流史的论著颇引人注目。一是尚永琪《莲花上的狮子：内陆欧亚的物种、图像与传说》(商务印书馆，2014年)，以狮子影像东来之路为主要线索，将雄猛的狮子与宁静的莲花相牵，将智慧与慈悲相连，讲述欧亚文化交流中宽厚相容的一面。他还撰有《狼头纛与古代草原民族的狼裔传说考》(《形象史学研究》，人民出版社，2016年)、《欧亚大陆视阈中的中国古代相马术》(《丝路文明》第1辑，上海古籍出版社，

2016年)、《欧亚文明中的鹰隼文化与古代王权象征》(《历史研究》2017年第2期)等。二是陈晓伟《图像、文献与文化史：游牧政治的映像》(河北大学出版社,2017年),该书中有多篇讨论动物与游牧政治的关系,如第三章《海青擒天鹅：辽金元春猎制度与北族行国政治》,其中第一节"《元世祖出猎图》及相关图像所见海东青形象"、第二节"海东青的狩猎习性及其驯养"、第三节"'海青击天鹅'与柳林春猎";第四章《马负文豹：元朝豹猎与秋狝制度》,第一节"《元世祖出猎图》及其游猎文化特征"、第二节"马驮驯兽类型之分析"、第三节"'马负文豹'文化史溯源"等。上述成果都尝试把动物图像的研究放到欧亚大陆更为宏阔的全球史的互动网络之中,讲述一个东西方的动物交流的史事。

还有一些关于专题动物的著述,如关于虎及其与人类关系的研究,系统的著作有汪玢玲《中国虎文化研究》(东北师范大学出版社,1998年),汪氏在该书基础上又进一步充实、调整章节,2007年由中华书局出版《中国虎文化》一书,全书分为十四章:《虎崇拜的深远渊源》《青铜器中虎文化结晶》《虎图腾崇拜与虎神话》《东北崇虎与中原文化的渊源》《宗教与虎文化》《古今民间崇虎习俗》《干支、虎与十二生肖》《伏虎史话》《老虎传奇故事》《虎典与虎谚》《虎画与虎工艺》《中国虎崇拜与美洲虎文化的渊源关系》《朝鲜半岛虎的传说》《虎文化跃向新的阶梯》。之后汪玢玲还完成了《东北虎文化》(吉林人民出版社,2010年),提示了萨满教与虎文化之间的关联。可以说,汪氏以一人之力开创了中国的虎文化学。[①] 其他还有王晖的《麒麟原型与中国古代犀牛活动南移考》(《中国历史地理论丛》2008年第2期),李淑玲、马逸清的《中国鹿文化的始源与演变》[《东北农业大学学报》(社会科学版)2009年第5期],两文转变了以往科技史的研究视角,讨论鹿文化的形成与演变、鹿与人类生活的关系和社会文化现象以及鹿文化发展的前景。宋胜利等人在《中国鹿文化试析》(中国畜牧业协会编:《2011中国鹿业进展》,中国畜牧业协会,2011年)中,提出鹿文化的发展经历了由自然物到人格化、由人格化向神化、由神化到产业化和科学化的演变过程;鹿文化涵盖华夏各类人群,成为长寿、吉祥、幸福、健康的象征。

有关马文化的研究亦有许多成果,如张跃进的《"天马"小考》(《东南文化》1986年第1期)、王立《汗血马的跨文化信仰与中西交流——〈汗血马小考〉文献补证》(《文史杂志》2002年第5期)、刘宏英《元代诗文中的天马集咏》(《北方民族学院学报》2014年第1期)、张建伟《天马西来与元代天马歌咏》(《中原文化研究》2021年第2期)等。侨居比

① 过伟:《开创中国的虎文化学——读汪玢玲〈东北虎文化学〉》,《东北史地》2010年第6期。其他还有冯庆华、巴图尔·买合苏提的《中国"虎"意象文化背景探析——由〈中国虎〉谈起》,《伊犁师范学院学报》(社会科学版)2009年第3期。

利时的林瓔博士完成的中英双语的专著《天马》(外文出版社,2002 年),虽然算不上是关于马的深度研究,但其资料整理工作还是颇有意义的。《紫禁城》杂志编辑部编《神龙别种：中国马的美学传统》(故宫出版社,2014 年)颇具特色,这是一本汇集了大学者写的小文章。[①] 刘文锁《骑马生活的历史图景》(商务印书馆,2014 年)是一部简要的马的进化与驯化史,人类历史画卷上各种与马相关的器具欣赏、文化典藏、驯化考古、艺术作品的趣谈,是一部以马为主角的中外交往的历史。

关于鱼类文化研究的论文有陶思炎《中国鱼文化的变迁》(《北京师范大学学报》1990 年第 2 期)。殷伟、任玫编著的《中国鱼文化》(文物出版社,2009 年),作为动物文化史普及性和趣味性读物,颇令人瞩目。陈万青、谢洪芳、陈驰、肖建良编著的《海错溯古：中华海洋脊椎动物考释》(中国海洋大学出版社,2014 年)一书,对中国古代海洋动物资料,作了较为系统的清理。有关中国历史上动物崇拜的研究有刘一辰《论中国古代白色动物崇拜的文化内涵》[《淮海工学院学报》(社会科学版)2017 年第 12 期]。

狩猎动物和动物表演史,也是动物文化史的重要构成。相关的重要著作有李理《白山黑水满洲风——满族民俗研究》(台北历史博物馆,2012 年)第五章《满族射猎与采集》讨论射猎作为一种生活方式的主要形式、射猎与满族经济的关系、骑射与治国练兵、皇室贵族的狩猎活动;骑射与八旗制度的关联;大清列帝的弓马骑射,以及射猎中鹰、犬的使用、满族皇帝的“木兰秋狝”等。叙述古人驯兽役畜的马戏史也有若干种,如王峰的《马戏：没有边疆的世界》(中国文联出版社,1997 年)、韦明铧的《马戏丛谈》(福建人民出版社,1998 年),韦明铧还在《马戏丛谈》一书的基础上编写了《动物表演史》(山东画报出版社,2005 年;百花文艺出版社,2015 年再版)。《马戏：没有边疆的世界》《马戏丛谈》《动物表演史》三书均讨论动物的驯养,属中国马戏艺术史较早的著述,其中摘录和整理了不少古籍中关于马戏的资料,可惜缺少完整的注释,编纂类型属于通俗读物。

与本书研究直接相关的主要有如下成果：马顺平《豹与明代宫廷》(《历史研究》2014 年第 3 期);杨永康《百兽率舞：明代宫廷珍禽异兽豢养制度探析》(《学术研究》2015 年第 7 期);张箭《下西洋所见所引进之异兽考》(《社会科学研究》2005 年第 1 期),该篇是首次将动物交流放入郑和下西洋的框架下来讨论;周运中的《鹤驼与阿拉伯马——明初海外入华异兽考》(中国航海日组委会办公室、上海海事大学编：《中国航海文化论坛》第一辑,海洋出版社,2011 年),氏著《郑和下西洋新考》(中国社会科学出版

① 全书分为“汗血骏骨”“掣电倾城”“龙性难驯”三部分,内容包括《汉代的骏马》(赵超)、《汉马出神境》(秦伟)、《画杀满川花——画马异事的神秘和超越》(衣若芬)、《马有灵且美——中国古典传统中的马》(徐晋如)、《马与战争》(马未都)、《马、骑射与满族人》(沈一民)、《龙马杂说》(王戈)、《龙马的历史进化》(李艳茹)、《他者的目光——郎世宁写实骏马的背后》(聂崇正)等。

社，2013年)的第九章第二节“郑和下西洋所见异兽八种考”，接续了张箭的研究，对长颈鹿、占城国野水牛、满剌加国黑虎、溜山国马鲛鱼、阿丹国青花白驼鸡、番鸡、鹤鸵(食火鸡)、占城国樱桃鸡等作了比较细致的分析。也有从全球史背景下切入，展开对动物形象的研究。如李零《“国际动物”：中国艺术中的狮虎形象》(《万变：李零考古艺术史文集》，三联书店，2016年)，认为虎是典型的亚洲动物，狮是典型的非洲动物，虎属于典型的中国动物，而狮子则是一种外来动物，中国人是借老虎认识狮子，它是从波斯和中亚输入中国，输入后就变成了瑞兽，也带有想象色彩，天禄、辟邪是中国化的翼狮。作者认为狮子入华引进了两个国际艺术：一个是舞狮，另一个是门口蹲狮，这两种艺术都是纯粹的西方艺术，到中国后落地生根，所以这是一种国际艺术。程方毅《明末清初汉文西书中“海族”文本知识溯源——以〈职方外纪〉〈坤舆图说〉为中心》[《安徽大学学报》(哲学社会科学版)2019年第6期]一文则从博物学角度追溯了汉文西书中关于海洋动物的西方知识资源。姜鸿《科学、商业与政治：走向世界的中国大熊猫(1869—1948)》(载《近代史研究》2021年第1期)一文，亦从近代西人博物学兴起的角度，分析物种知识的产生和流行，以及在商业、生态和政治文化方面所引发的跨国连锁反应，讨论大熊猫作为博物学兴起后被重新“建构”的新物种。

台湾学界的研究成果虽较之大陆为少，但研究广度和深度令人瞩目，或从博物学角度，或从美术史角度，或两者结合，时有创见。如陈元朋《传统博物知识里的“真实”与“想象”：以犀角与犀牛为主体的个案研究》(《台湾政治大学历史学报》2010年33期)、马雅贞《清代宫廷画马语汇的转换与意义——从郎世宁的〈百骏图〉谈起》(《故宫学术季刊》27卷，2010年春季3期)、黄心怡《有鸟有鸟在清宫：从金昆〈有鸟诗意册〉看宝亲王的政治意图和自我呈现》(台湾师范大学硕士论文，2013年)等，其中尤以张之杰和赖毓芝两位的研究为突出。张之杰从动物学史、科学史和艺术史三者结合的角度，撰写了《〈职贡图〉中的鹦鹉》《狮乎？獒乎？——从元人画〈贡獒图〉说起》《猎豹记——古画中找猎豹》《哈剌虎剌草上飞》《中国犀牛浅探》等，[①]虽有些文章属通俗性、趣味性的介绍，但问题意识非常突出。赖毓芝所撰《从杜勒到清宫——以犀牛为中心的全球史观察》(《故宫文物月刊》2011年11月344期，页68—80)、《图像、知识与帝国：清宫的食火鸡图绘》(《故宫学术季刊》2011年冬季号第29卷第2期，页1—76)、《清宫对欧洲自然史图像的再制：以乾隆朝〈兽谱〉为例》(《“中研院”近代史研究所集刊》2013年6月第80期，页1—75)、《知识、想象与交流：南怀仁〈坤舆全图〉之生物插绘研究》等，篇篇堪称动物文化史研究领域的

① 上述文章均收录张之杰的论文集《科学风情画：科学与美术的邂逅、知性与感性的交融》，台湾商务印书馆，2013年。

经典之作。赖氏是最早注意利用《兽谱》，并首次从全球史的角度来考察《兽谱》，并以《鸟谱》中的若干动物为重点的，她在德国汉学家魏汉茂(Hartmut Walravens)《德国知识：南怀仁神父〈坤舆图说〉一书中所载外国动物的附录》(科隆，1972年)一文考证的基础上，进一步指出《坤舆全图》等动物图文，除了利用格斯纳的《动物志》(*Historia animalium*)之外，还利用了亚特洛望地(Ulisse Aldrovandi)的《动物志》和17世纪出生于波兰的医生与学者詹思顿(Johannes Johnstone，或 Jan Jonston，1603—1675)出版于1650—1653年间的《自然志》(*Historiae Naturalis*)。[①] 并具体考证出《坤舆全图》中的"苏""狸猴""恶那西约""获落""鼻角"等，都与格斯纳的《动物志》相关联。

国外的中国动物史和动物文化的专题研究也颇为出彩。最早的研究或许可以追溯到1928年美籍德国学者劳费尔(Berthold Laufer, 1874—1934)撰写的《历史与艺术中的长颈鹿》(*The Giraffe in History and Art*)，该书中有涉及中国文献与艺术中的长颈鹿，收入了阿拉伯人的贡麒麟图、回教徒贡麒麟图、1485年所画麒麟图以及中国的木刻版贡麒麟图等。[②] 1935年美国学者波普(Clifford H. Pope)在《中亚博物》上发表了《中国爬行动物：龟、鳄鱼、蛇、蜥蜴》(The Reptiles of China: Turtles, Crocodilians, Snakes, Lizards, *Scientific Books: Natural History of Central Asia*, Vol.10, New York, pp. 1-60)。荷兰著名汉学家高罗佩(Robert Hans van Gulik, 1910—1967)的《长臂猿考：一本关于中国动物学的论著》(*The Gibbon in China: An Essay in Chinese Animal Lore*, E. J. Brill，1967)一书，作者通过长时间亲身饲养长臂猿的经历，澄清了中国古人对猿的三大认知误区，对三千年来中国文学、图像中的猿意象博观约取，横跨文学、史学、动物学和艺术学等领域，提炼出中国士人崇猿的渊源与理念，以及长臂猿在中国文化史上的地位，以及人、猿关系的变迁。[③] 从中外动物文化交流的角度切入，要提及美国汉学家薛爱华(Edward Hetzel Schafer，1913—1991)的《撒马尔罕的金桃：唐朝的舶来品研究》(*The Golden Peaches of Samarkand: A Study of T'ang Exotics*, 1963)，他撰写的单篇论文有《鹿的文化史》(Cultural History of the Elaphure, *Sinologica*, Vol.4, 1956, pp.250-274)、《中国上古与中古时期的战象》(War Elephants in Ancient and Medieval China, *Oriens*, Vol.10, 1957, pp.289-291)、《中古中国的鹦鹉》(Parrots in Medieval China, *Studia Serica Bernhard Karlgren Dedicata*, Copenhagen, 1959, pp.271-282)

---

① Yu-chih Lai, Images, Knowledge and Empire: Depicting Cassowaries in the Qing Court, *Transcultural Studies*, No. 1 (2013), pp.7-100. 赖毓芝：《知识、想象与交流：南怀仁〈坤舆全图〉之生物插绘研究》，董少新编：《感同身受——中西文化交流背景下的感官与感觉》，复旦大学出版社，2018年，页141—182。

② Berthold Laufer, *The Giraffe in History and Art*, Chicago: Field Museum of Natural History, Leaflet 27, 1928.

③ [荷兰]高罗佩著，施晔译：《长臂猿考》，中西书局，2015年。

等，他还用札记体形式撰写了《黄鹂与丛林鸣禽》(The Oriole and the Bush Warbler)、《中国的乌鸦》(A Chinese Chough)、《蛾与烛》(The Moth and the Candle)、《蛟人的想象》(A Vision of Shark People)等，收录于《薛爱华汉学论文集》(*Schafer Sinological Papers*)。以象征南方的一个最具代表性的意象朱雀作为书名的《朱雀：唐代的南方意象》(*The Vermilion Bird: T'ang Images of the South*，1967)，书中有大量篇幅讨论所谓的"南方"即南越，包括岭南(广、桂、容、邕四管)和安南之地的动物。其中第十一章专门讨论"动物"，包括无脊椎动物、鱼与蛙、爬行动物、龙及同类、哺乳动物、鸟类等，利用唐人诗文创作、生活习俗以及历史文献，论及南方人(尤其土著)的宗教、风土、名物等。

还有一些专题论著，如英国胡司德(Roel Sterckx)的《古代中国的动物与灵异》(*The Animal and the Daemon in Early China*，Albany：State University of New York Press，2002；2016年江苏人民出版社出版蓝旭的中译本)。该书对战国、两汉文献作了细致解读，考察古代中国关于动物的文化观念，分析动物观与人类自我认识的联系，探讨动物世界在圣贤概念和社会政治权力概念中所扮演的角色。作者指出，古代中国对人在诸多物种乃至天地间地位的认识，深受动物观的影响，并就这种影响展开具体阐述，认为古代中国的世界观并未执意为动物、人类和鬼神等其他生灵勾画清晰的类别界线或本体界线，而是把动物界安放在有机整体和诸多物种的相互关系之中。整体中的生灵万类，既有自然的一面，又有文化的一面；彼此关系是互相影响，互相依赖，浑然一体。英国伊懋可(Mark Elvin)《大象的退却：一部中国环境史》(*The Retreat of the Elephants: An Environmental History of China*，New Haven：Yale University Press，2004.有梅雪芹等中译本，江苏人民出版社，2014年)，分为模式、特例、观念三大部分，包括《地理标识和时间标记》《人类与大象间的三千年搏斗》《森林滥伐概览》《森林滥伐的地区与树种》《战争与短期效益的关联》《水与水利系统维持的代价》等十二章，被誉为西方学者撰写中国环境史的奠基之作。美国托马斯·爱尔森著、马特译《欧亚皇家狩猎史》(社会科学文献出版社，2017年)该书不仅讨论古代到19世纪的中东、印度、亚洲中部，也讨论了先秦至清朝作为中国政治文化组成部分的皇家狩猎，如皇家狩猎场上林苑等，分析皇家狩猎与当地生态环境的紧密联系，指出皇室狩猎被理解为一种隐蔽的军事训练，还是军队组织和军事战术改革创新的来源，在国际交往中组织良好的狩猎活动，常被用于训练军队、展示军事实力和传达外交理念等。不过该书作者受汉文史料理解能力所限，有些解读存在明显的错误，如认为嫪毐掌控秦国国家事务的决定权是因为管理马车、马匹和狩猎场。[①]

① [美]托马斯·爱尔森著，马特译：《欧亚皇家狩猎史》，社会科学文献出版社，2017年，页139—140。该书附有关于欧亚动物史和狩猎史的大量西文参考文献，颇便检索。

探讨中国动物史的集体著述，还有德国普塔克(Poderich Ptak)所编的《传统中国的海洋动物》(*Marine Animals in Traditional China*, Harrassowitz Verlag · Wiesbaden, 2010)和胡司德、薛凤等编的《中国历史中的动物：从远古到1911年》(Roel Sterckx, Dagmar Sch fer and Martina Siebert eds., *Animals Through Chinese History: Earliest Times to 1911*, Cambridge University Press, 2019)。[①]

不难见出，上述海内外有关中国动物文化史的研究，已有了丰厚的积累，提供给学界很多新知识和解释中外动物文化交流史研究的重要资源，揭示了若干新的研究方法。比较中西学者的论著，中国学者的史料积累相对丰富，侧重于来龙去脉的学术考索，而受西方学术训练的学者，比较强调理论框架的构建，侧重于在一个有限的篇幅内进行宏大历史场景的描述，追求问题解释的深刻性。有关中国动物史的研究，成果主要集中在科技史和环境史的领域；明以前的研究，成果相对丰富，明清以来的动物史和动物文化史研究，则略显薄弱。明清动物文化史的考察，需要一个全球史的角度，动物文化交流本身又是一面多角度的棱镜，它折射出中国文化的诸多问题，也留下了许许多多可以从中外文化交流史视域进一步深入展开讨论的面相。

首先，本书讨论作为明清中外动物文化交流的重要开端，即郑和下西洋期间形成的动物文献的资料来源，分析其中所述及的各种动物的意象及其象征意义。通过郑和下西洋等有关长颈鹿、狮子、海洋动物等珍禽异兽的献贡，揭示官方和民间知识人如何通过有关域内和域外动物的意象，呼应了传统祥瑞动物的记述，迎合了传统王朝有关异兽瑞应的政治趣味。

其次，需要通过辨识关于明清中外动物文化知识的生成、互动、传播与影响，阐明西方耶稣会士汉文西书中传输了哪些重要的新的海陆动物知识点？这些动物知识文本的编译，依据了哪些西文原本？动物图文通过哪些渠道进入中国？输入的新知对中国读者产生了怎样的重要影响？

再者，明清时期动态的动物知识交互场域中的知识个体——来自不同文化系统的

---

① 阿根廷学者豪尔赫·路易斯·博尔赫斯(Jorge Luis Borges, 1899—1986)1957年写了一本名著，题为《幻想动物学手册》(*Handbook of Fantastic Zoology*)，1967年改书名为《想象的动物》(*The Book of Imaginary Beings*, Viking Adult, 2005年)，书中主要谈论人类想象中五花八门的动物，既论及古希腊神话中的仙女与妖兽，也有关于阿拉伯故事《天方夜谭》中翱翔的巨鹏与飞马，同时也有中国的文化动物，如龙、凤凰、麒麟，包括了数种闻所未闻的奇鸟异兽。福柯在《词与物》的序言中引述了博尔赫斯书中依据的一部中国古代百科全书(*Heavenly Emporium of Benevolent Knowledge*)，提出了一些奇怪的动物分类法，如皇帝所有的动物、进行防腐处理的动物、驯顺的动物、乳猪、鳗螈、传说的动物、流浪狗、包括在目录分类中的动物、发疯似的烦躁不安的动物、数不清的动物、浑身绘有十分精致的驼毛的动物，另外还有刚刚打破水罐的动物、远看像苍蝇的动物，等等。([法]米歇尔·福柯著，莫伟民译：《词与物：人文科学的考古学》，上海三联书店，2020年，页1—2)这一中国百科全书的蓝本，笔者无法从书名及书中的分类法判断系何种文献，应该是博尔赫斯根据《古今图书集成》等若干辗转西译的内容重新杜撰的。

西方传教士和中国知识人，[①]在合作编译动物汉文西书和绘制动物图谱的过程中，如何贯彻各自不同的理念？采用了怎样的编绘策略？中国不同阶层的知识人，无论是宫廷画师还是民间画师，在具体绘制动物图谱的过程中，如何借助特殊的词汇、术语、观念和思想，参与构造动物文化著述的生成过程？

最后，明清中外动物文化交流的过程中，外来动物知识进入中国，如何与本土知识进行对话和互动？哪些外来的动物知识被接纳或拒绝？为什么有些外来动物知识会被采借和挪用，另一些则被放弃？

上述这些问题，都是本书需要着重展开探析的问题。

六、本书结构

全书除导论和全书结语外，正文分四编十一章。第一编“郑和下西洋与中外动物知识”，收录关于郑和下西洋与明初“麒麟外交”和以郑和下西洋为内容编撰的《西洋记》的动物意象两章。郑和下西洋研究中涉及中外动物文化交流的篇文较为有限，本书开篇第一章《郑和下西洋与明初的“麒麟外交”》将郑和下西洋分为第一至第三次、第四至第七次两个阶段，活动区域由第一阶段的东南亚和南亚，拓展到第二阶段的西亚和东非地区。与郑和七下西洋直接有关的海上“麒麟贡”约有七次，均出现在第二阶段，之后出现的麒麟贡也与下西洋有着紧密的关联。或以为第四至第七次下西洋地域上的拓展，与“麒麟贡”直接有关。永乐大帝在总结历朝外交思想的基础上，将自己在东亚国际体系中实践的经验和理论，施行于南海西洋。郑和下西洋起初有寻找失踪的建文帝和打击流亡的反朱棣的残余势力之目的，但之后渐渐演变为搜寻奇兽异物、保护南中国海的航道安全、在南洋宣扬国威和与非属国进行外交的需要。明初通过“麒麟外交”履行的一系列邦交礼仪，深化了天下意识和华夷观念。“麒麟外交”仪式不仅仅为了演示给本土成员，同时也有吸引周边国家及南洋和东非国家加入天朝宗藩朝贡联盟的政治目的，以确立明朝的中华朝贡体系的中心地位。

---

① 学界对明清间汉文西书中国合译者的作用及其与传教士互动的专门研究，所见有限。此一时期参与中外合作编译的中国知识人，可以分出士大夫阶层的徐光启、李之藻、杨廷筠等“儒家基督徒”和作为“天主教儒者”的李九功、陆希言等一般士人阶层。钟鸣旦《杨廷筠——明末天主教儒者》（社会科学文献出版社，2002 年）和肖清和《天儒同异：清初儒家基督徒研究》（上海大学出版社，2019 年）两书关于这一问题已有论及，但仍有进一步深入讨论的余地。不同阶层的中国知识人在编译过程中所起的不同作用，既有的研究尚未充分予以揭示。与作为主译者——西方传教士合作译书的中国合作者，大多不懂西文，在选择原本、确定翻译策略和译述方法等方面，多处于被动的地位。即便如此，也有稍懂西文的中国士大夫，如王徵在编译汉文西书过程中，仍会与西方传教士有着积极的双向互动，《远西奇器图说录最》一书在术语编译和图像的处理等方面所呈现的“本土化”特色，即为显例。参见邹振环《晚明汉文西学经典：编译、诠释、流传与影响》（复旦大学出版社，2011 年）相关章节。

第二章《沧溟万里有异兽：〈西洋记〉动物文本与意象的诠释》。《三宝太监西洋记通俗演义》记录了郑和下西洋在准备时期以及所到域外之处的种种动物。《西洋记》中的动物文本有着复杂的来源，其中的动物意象同样折射出明朝某种普遍的国人心理和集体意识。本章从历史学和博物学的角度切入，以《西洋记》中的动物文本作为主要的分析对象，首先讨论小说中域内、域外动物记述的资料来源，其次分析其中所述及的各种动物的意象及其象征意义，以及通过小说中海洋动物、狮子等珍禽异兽的献贡，揭示以罗懋登为代表的民间小说家，如何通过有关域内和域外动物的意象，呼应了传统祥瑞动物的记述，迎合了传统王朝国家有关异兽瑞应的政治趣味。

第二编"明清间耶稣会士与西方动物知识的引入"主要讨论明末清初西方耶稣会士及其编译的地理学汉文西书，收录《明末清初输入中国的海洋动物知识：以西方耶稣会士的地理学汉文西书为中心》《殊方异兽与中西对话：利玛窦〈坤舆万国全图〉中的海陆动物》《南怀仁〈坤舆全图〉及其绘制的美洲和大洋洲动物图文》，以及《康熙朝"贡狮"与利类思的〈狮子说〉》四章。

第三章《明末清初输入中国的海洋动物知识——以西方耶稣会士的地理学汉文西书为中心》。中国古代缺乏比较自觉的海洋意识，本土文献中有关海洋地理知识的介绍也相对有限。中国传统文献中关于大型海洋动物的记述，多混杂着浓厚的神话传说色彩，或多与占符灵验相比附。明清间地理学汉文西书主要有《坤舆万国全图》《职方外纪》《坤舆全图》和《坤舆图说》，这些承载异域动物知识的汉文西书不仅最早向中国人传输了欧洲的世界地理学说，包括地心说、地圆说、五大洲观念和五带知识，还介绍了大量欧人地理大发现以来关于海洋动物的新知识，并且将这些海洋动物的新记述与亚里士多德时代的西方传统相勾连，从而为中国人带来了大航海时代以来建立起来的新知识传统。这些地理学汉文西书中有关"龙""飞鱼"等都有共同观察和不同表达，动物知识间的交流与互动，存在一种复调与合奏的关系。深海里的恶鱼、仁鱼和人鱼等知识的传播等，也为19世纪中国人重新认识海洋世界提供了重要的知识资源。

第四章《殊方异兽与中西对话：利玛窦〈坤舆万国全图〉中的海陆动物》。利玛窦《坤舆万国全图》熔铸了中西知识系统，是首幅由欧洲学者绘制的汉文世界地图，在中国和周边地区的地理知识表达的准确性和丰富性方面，远远超过了同时代欧洲人绘制的世界地图，属于当时最高水平的世界地图。该图不仅最早向中国人介绍了欧洲的世界地理学说，包括地心说、地圆说、五大洲观念和五带的知识，也通过"复合图文"的形式，传送了若干大航海时代以来的海陆动物知识。《坤舆万国全图》也是晚明通过地图文本中的动物绘像，创造了汉文地图文献绘制新形式的最早尝试。本章讨论《坤舆万国全图》刊本及其彩绘本中如何着力描述新大陆动物及其与亚、欧、非旧大陆动物之间的知识互动；在动物知识输入的过程中，利玛窦又是如何利用“殊方异兽”的不同象征与隐喻，隐秘地宣传其基督教观念。笔者还着力通过该图的文字与图像，与传统中国文献和同时代耶稣会士汉文地理学西书，如《职方外纪》和《坤舆图说》的对比，揭示利玛窦如何通过《坤舆万国全图》的海陆动物记述，实现了与中国文化人的知识互动和对话。

第五章《南怀仁〈坤舆全图〉及其绘制的美洲和大洋洲动物图文》。比利时耶稣会士南怀仁在清初先后完成了《坤舆全图》《坤舆图说》等一系列重要的地理学著述，本章从大航海时代中西动物知识交流的角度，着重分析了《坤舆全图》中以“复合图文”之形式描绘的美洲和大洋洲地区的动物，指出作为传教士编译者的南怀仁是如何沿着利玛窦和艾儒略传送多元文化观之思路的基础上，译介了大航海时代后出现的西方动物学新知识，以及这些动物在后来清宫图像绘制系谱，如大型百科全书《古今图书集成》与18世纪乾隆朝摹绘《兽谱》中的衍化与变异，指出南怀仁是如何成功地找到了在基督教文化背景下传送较之《坤舆万国全图》和《职方外纪》更具说服力的异域动物知识，并在介绍西方动物知识特点的基础上，有效地回应了中国的传统动物学。

第六章《康熙朝“贡狮”与利类思的〈狮子说〉》。中国古代不乏从政治和文学角度描摹狮子的作品，但直至清初仍没有讨论这一动物的专门文献。伴随着康熙十七年的贡狮活动而出现的利类思的《狮子说》，是第一部从动物知识的角度讨论狮子的汉文文献，也是一篇欧洲“狮文化”的简明百科全书。利类思试图通过《狮子说》传播西方的动物文化，特别是基督教动物知识；并从基督教传播的角度切入，试图打破佛教文献中关于狮子与佛教的联系；又通过质疑历史上陆路贡狮的可靠性，企图在中国开创基督教系统叙述狮文化的新传统。笔者通过《狮子说》与亚里士多德《动物志》中有关狮子内容的比对，指出利类思《狮子说》中提及的“亚利”，并非如方豪所说的为“亚特洛望地”，更有可能是指“亚里士多德”。

第三编“典籍中的动物知识与译名”，收录《澳门纪略·澳蕃篇》中的动物知识、东亚世界的“象记”和“长颈鹿”译名本土化历程三章。第七章《“化外之地”的珍禽异兽：“外典”与“古典”“今典”的互动——〈澳门纪略·澳蕃篇〉中的动物知识》。该文重点讨论《澳门纪略》“澳蕃篇”中的“禽之属”“兽之属”“虫之属”和“鳞介之属”几个部分。通过对其中若干外来动物的分析，指出该书在清中期“内诸夏而外夷狄”的观念占学界主流的风气下，编者注意选择运用西方来华耶稣会士撰写的汉文西书作为基本资料，以“外典”与“古典”“今典”的沟通和互动，致力于寻找中西知识谱系的相通之处。《澳门纪略》首次借助传统方志分类容纳异域动物新知识，建构了对西方动物的认识谱系，对于国人理解西方文化的统一性和多样性具有积极的意义。《澳门纪略》的“澳蕃篇”提供了在澳门多元文化背景下若干外来动物知识大交汇的历史叙述，印证了澳门作为一种多样化和多元性的复合意象。

第八章《东亚世界的“象记”》。本章尝试讨论元代文献中的“象记”与“白象”情结、越南人黎崱《安南志略》中的“象记”、明清笔记文献中的“象房”“驯象”与“浴象”、《热河日记》中的《象记》，以及日本文献中的“象之旅”等，重点在分析明清笔记文献中的“象房”“驯象”与“浴象”记录、韩人朴趾源《热河日记》中的“象记”和日人大庭脩著《江户时代日中秘话》一书第七章《象之旅》两篇札记，以通过东亚世界有关象的文献，展示在一个山川相连、一衣带水的历史和文化上彼此认同的共同空间里，曾经有过怎样的象文化叙述，以及如何借助象文化来阐述民族意象，在东亚地区所形成的大象空间的转运史和知识传播史。

第九章《音译与意译的竞逐：“麒麟”“恶那西约”与“长颈鹿”译名本土化历程》。本章清理了明清以来的“麒麟”“恶那西约”，以及“支列胡”“知拉夫”“支而拉夫”“及拉夫”“吉拉夫”“直猎狐”“奇拉甫”“吉拉斐”“知儿拉夫”等音译名，以及“高脚鹿”“长颈怪马”“鹿豹”“长颈高胫兽”“刚角兽”“豹驼”“长颈鹿”等意译名之间的竞逐，指出翻译作为一种跨语际的实践，动物译名同样包含着中国人对异域文化的丰富想象，而无论是异化式音译还是归化式意译所创造的新词，一定是包含着关于两种文化不同变化的思想，包含着译者对中西两种文化资源的引述、挪用和占有。笔者主要讨论外来动物名词的命名法，分析明清时期不同的翻译群体是如何通过长颈鹿这一动物的不同译名，来寻找能更为充分地传达长颈鹿特点和秉性的不同译法。这一艰难的译名命名过程，记录了自然史中长颈鹿这一动物是如何跨越东西社会地理边界，进入不同的社会文化空间的概念世界，所形成的不同文化群体的不同选择，反映出译名无论是采用音译还是意译，都是对西方动物知识在中国本土化历程的回应。

第四编“动物图谱与中外知识互动”，收录《〈兽谱〉中的“异国兽”与清代博物画新传统》和《〈清宫海错图〉与中外海洋动物的知识与画艺》两篇。第十章《〈兽谱〉中的“异国兽”与清代博物画新传统》。中国绘画史多讨论山水画、文人画的写意传统，以鸟、兽、虫、鱼为主题的博物画未受到学界的足够重视。乾隆二十六年(1761)完成的《兽谱》，系以内容知识性与多样性而非艺术性取胜的博物画，由宫廷画家余省和张为邦所作，乾隆皇帝敕命大学士傅恒等八位重臣对其中的动物逐一添加汉文和满文注释。清宫《兽谱》共分 6 册，每册 30 幅，共 180 幅，其中有 12 幅系外来异国兽，分别为“利未亚狮子”、“独角兽”、“鼻角”(犀牛)、“加默良”(避役)、“印度国山羊”、“般第狗”(河狸)、“获落”(貂熊)、“撒辣漫大辣”(蝾螈)、“狸猴兽”(负鼠)、“意夜纳”(鬣狗)、“恶那西约”(长颈鹿)、“苏兽”(出现在美洲的一种想象的动物)。本章分析了这些异国兽与《坤舆图说》的“异物图说”以及之前《坤舆全图》图文的关联，指出了《兽谱》中的外来“异国兽”所显示出的异域影响，这种影响不仅表现在绘画题材和内容上，也显示在吸收并融入西洋绘画光影技巧上。以《兽谱》为代表，清代开创的将动物作为绘画主题的博物画，不仅融合了古今中西的多元样式，也为中国博物画开拓了汲取包括文艺复兴以来欧洲新知识的多种文化的新传统。

第十一章《〈清宫海错图〉与中外海洋动物的知识与画艺》。“海错”一词，是中国古代对于种类繁多的海洋生物、海产品的总称。新近出版的“故宫经典”系列丛书之一《清宫海错图》，不仅有栩栩如生的海物图画，也有图谱作者对每一种生物、物产所作的细致入微的观察、考证与描述，是清宫所藏五部表现海洋生物、飞禽、走兽等动物题材的画谱里唯一一部出自民间画师聂璜之手的画谱，也是中国现存最早的一部关于海洋生物的科学博物画谱。本章通过《海错图》及其作者聂璜、“麻鱼”“井鱼”与《西方答问》《西洋怪鱼图》、日本人善捕的“海鳝”、《海错图》中在中外鱼文化的系谱中是如何回应“飞鱼”和“人鱼”的，指出该书的记述范围不仅超过了“康熙百科全书”《古今图书集成》“博物汇编・禽虫典”的“异鱼部”，也较之《闽中海错疏》《然犀志》《记海错》等对海洋动物的记述为丰富。在《海错图》中，图谱作者通过“复合图文”的形式，不仅详细回应了传统中国古籍中关于海洋动物的知识，也与承载着新知识的汉文西书《西方答问》《职方外纪》和《西洋怪鱼图》等进行了互动和对话，堪称中国海洋动物绘画史绝无仅有之作。

本书四篇十一章内容均与“明清动物文化与中外交流”这一主题相关，可以视为一部大致按时代先后呈现动物文化交流史的专题研究。本书并非旨在提供一个明清中外动物文化交流史的基本脉络，全书虽有一个统一的主题，但时空并不全面，还缺少很多重要的内容。笔者设计的基本框架，是按专题来梳理明清中外动物文化交流的若干个案，拟分别围绕郑和下西洋展开的动物交流、外来传教士与中西动物知识的交流、汉籍文献的动物文化和词汇、清代动物图谱与中外交流四个面相。笔者尝试在充分占有相关专题资料的基础上进行重点文本的解读，希望能做到以点带面，典型剖析，突出重点，彼此呼应，兼顾明清中外动物交流史的不同侧面，小题大做，有所不为，避己所短，详人之略，略人所详，将明清中外动物文化交流史的若干具体问题，整合到中国动物史研究的脉络之中层层推进，尝试变平面的资料罗列为纵深的开掘。

第一编　郑和下西洋与中外动物知识

图 1—1《天妃经》全名《太上说天妃救苦灵应经》，一卷，刻于明永乐十八年（1420），是跟随郑和下西洋的僧人胜慧在临终时命弟子用他所遗留的资财，发愿刻印的。《天妃经》的卷首插图，整幅图由六面相连接而成。

采自王伯敏主编《中国美术全集·绘画编·版画卷》，上海人民美术出版社，1988 年，30 图。

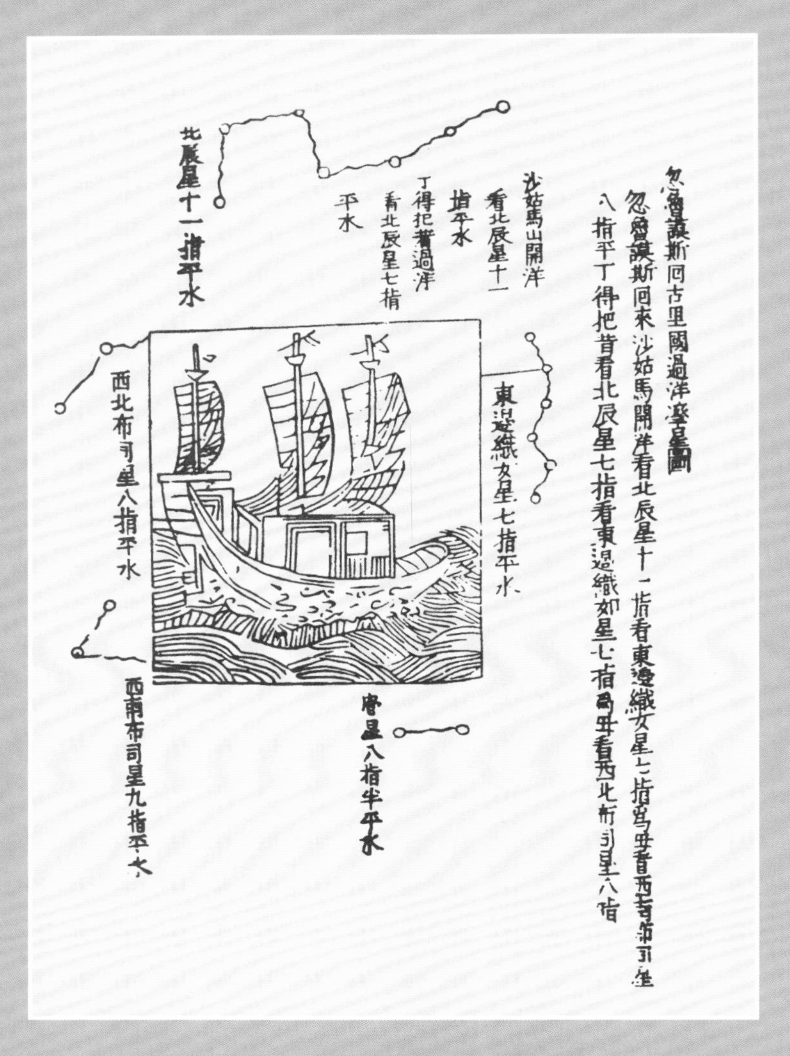

图 1—2 《郑和航海图》（局部）

采自福建省人民政府新闻办公室编《郑和下西洋》，五洲传播出版社，2005 年，页 86。

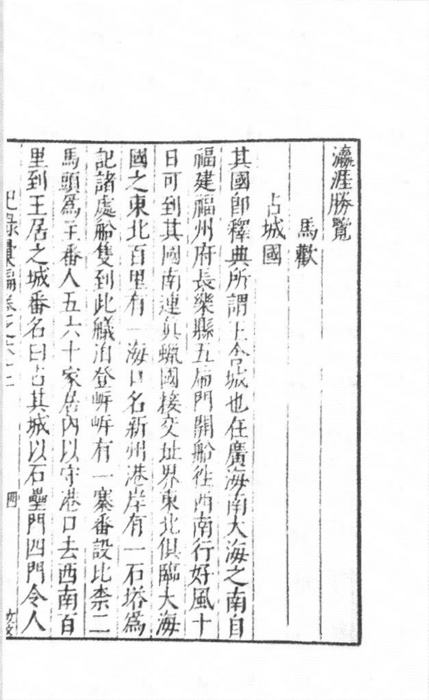

瀛涯勝覽

馬歡

占城國

其國即釋典所謂王舍城也在廣海南大海之南自福建福州府長樂縣五虎門開船往西南行好風十日可到其國南連真蠟國接交趾界東北俱臨大海國之東北百里有一海口名新州港岸有一石塔爲記諸處船隻到此艤泊登岸岸有一寨番設比奈二馬頭爲主番人五六十家居內以守港口去西南百里到王居之城番名曰占其城以石壘門四門令人

图 1—3《瀛涯胜览》书影

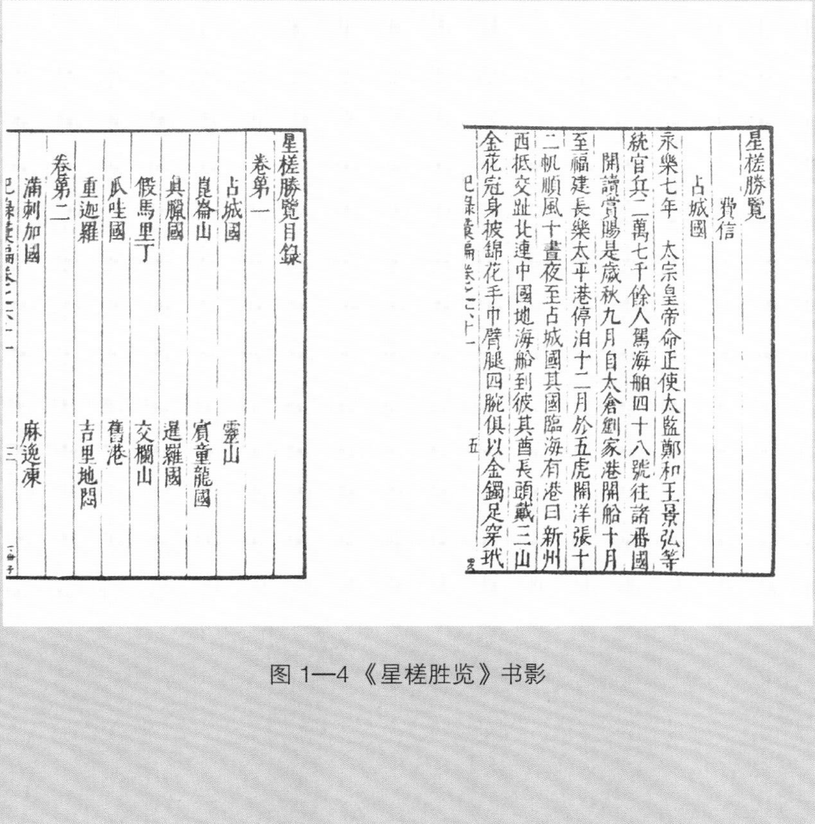

星槎勝覽目錄

卷第一

占城國　靈山

崑崙山　賓童龍國

真臘國　暹羅國

假馬里丁　交欄山

爪哇國　舊港

重迦羅　吉里地悶

卷第二

滿剌加國　麻逸凍

星槎勝覽

費信

占城國

永樂七年　太宗皇帝命正使太監鄭和王景弘等統官兵二萬七千餘人駕海船四十八號往諸番國開讀賞賜是歲秋九月自太倉劉家港開船十月至福建長樂太平港停泊十二月於五虎開洋張十二帆順風十晝夜至占城國其國臨海有港曰新州西抵交趾北連中國他海船到彼其酋長頭戴三山金花冠身披錦花手巾臂腿四腕俱以金鐲足穿玳

图 1—4《星槎胜览》书影

图 1—5 朱权（1378—1448）约于 1430 年所编《异域图志》中的“福鹿”

图 1—6 土耳其猎人捕猎了一头长颈鹿，16 世纪

采自［法］埃里克·巴拉泰等著、乔江涛译《动物园的历史》，台湾好读出版有限公司，2007 年，页 16。

图 1—7 驯兽师将一头长颈鹿从苏丹送往美泉宫，1828 年绘制

采自 [法] 埃里克 · 巴拉泰等著、乔江涛译《动物园的历史》，台湾好读出版有限公司，2007 年，页 118。

图 1—8 威廉 · 希斯（William Heath，1794—1840）《“鹿豹”或一个新爱好者》，手工上色蚀刻法

采自 [英] 艾莉森 · E. 怀特著、胡阳潇潇译《野兽出没——大英博物馆的动物版画》，中国青年出版社，2016 年，页 97。

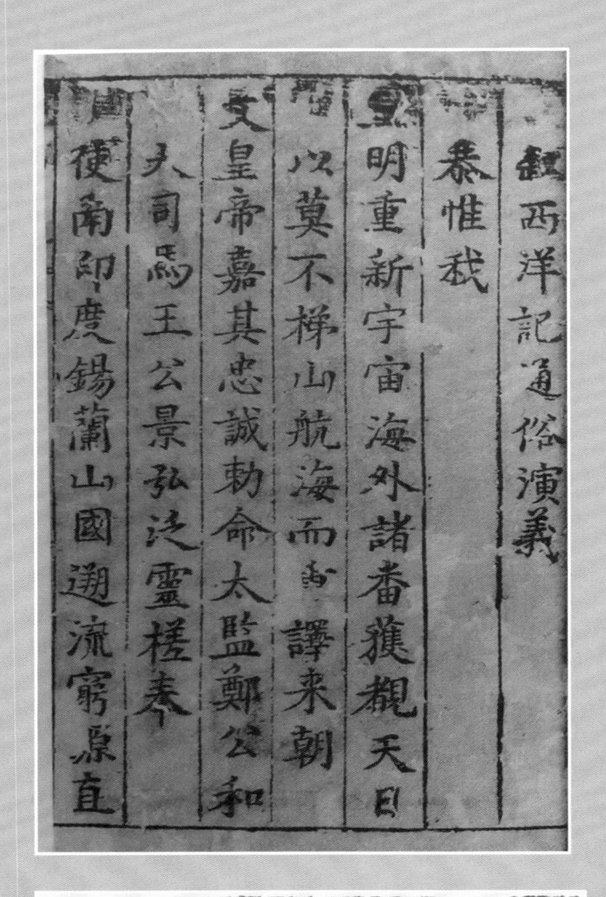

敍西洋記通俗演義

恭惟我

皇明重新宇宙海外諸番獲覩天日

以莫不梯山航海而至譯來朝

文皇帝嘉其忠誠勅命太監鄭公和

大司馬王公景弘泛靈槎奉

國使南印度錫蘭山國遡流窮原直

图 1—9　罗懋登《三宝太监西洋记通俗演义》（简称《西洋记》）书影

图 1—10　罗懋登《西洋记》中的郑和像

图 1—11 南京大报恩寺琉璃塔部分残余

采自经典杂志编著《海上史诗：郑和下西洋》，台北经典杂志，1999 年，页 18。

图 1—12　郑和下西洋 600 周年纪念邮票

第一章
郑和下西洋与明初的"麒麟外交"

郑和下西洋(图1-1)时期是明朝官方主导的海上丝绸之路面向世界的一个重要的时代,在这一时代中国正在成为东方世界一个有力的符号,不仅展示了以中国为中心的东亚朝贡圈与亚洲其他各国、非洲若干国家交往的宏大场面,也为这个世界即将被充分探索和透彻了解做了技术上的准备。[①] 20世纪70年代初李约瑟就指出,郑和船队的航海探险愈发展,向外扩展的范围愈大,搜集宝石、矿产、草木、禽兽、药材等天然奇珍异宝的任务就愈重要,让诸邦君主承认他们的朝贡国地位一事就愈退居次要地位,而寻查失踪的皇帝一事则变得似有若无了。[②] 确实,郑和下西洋与亚洲和非洲国家的交往,不仅是政治和经济上的,更多体现在文化交往上,其中也包含着动物的交流,而在诸多动物之中,麒麟(长颈鹿)是特别突出的一种,这一动物似乎可以放在外交和文化的视野中来讨论。关于"长颈鹿"入华的问题,早在1928年美国学者劳费尔(Berthold Laufer)就撰有《历史与艺术中的长颈鹿》(*The Giraffe in History and Art*,常任侠将之译为《麒麟在历史上与艺术中》),该书究竟是在讨论麒麟还是长颈鹿,读者看法不一。全书讨论了古埃及的长颈鹿、非洲地区的长颈鹿、长颈鹿在阿拉伯与波斯、中国文献与艺术中的长颈鹿、在印度的长颈鹿,以及长颈鹿在古代、在君士坦丁堡,在中世纪、文艺复兴时期和19世纪,收入了阿拉伯人的贡麒麟图、回教徒贡麒麟图、1485年所画麒麟图以及中国的木刻版贡麒麟图等。[③] 关于郑和下西洋与长颈鹿关系的讨论,20世纪40年代有常

---

① 笔者将郑和下西洋视为大航海时代的前奏,参见邹振环《郑和下西洋是"大航海时代"前奏》,载《中国海洋报》2014年9月15日第3版;邹振环:《郑和下西洋与明人的海洋意识——基于明代地理文献的例证》,收入时平主编《海峡两岸郑和研究文集》,海洋出版社,2015年,页12—21。

② [英]李约瑟著,汪受琪译:《中国科学技术史(第四卷):物理学及相关技术(第三分册土木工程与航海技术)》,科学出版社、上海古籍出版社,2008年,页539。

③ Berthold Laufer, *The Giraffe in History and Art*, Chicago: Field Museum of Natural History, Leaflet 27, 1928.

任侠的《明初孟加拉国贡麒麟图》，[①]21 世纪的重要研究有张之杰《永乐十二年榜葛剌贡麒麟之起因与影响》(《中华科技史学会会刊》2005 年 1 月第八期，页 66—72)、《郑和下西洋与麒麟贡》(《自然科学史研究》2006 年 4 期，页 384—391)，陈国栋《东亚海域一千年：历史上的海洋中国与对外贸易》(山东画报出版社，2006 年，页 81—101)一书也有相当篇幅论及郑和船队与长颈鹿。近期讨论这一问题的有赵秀玲的《明沈度序本〈瑞应麒麟图〉研究》，该文指出《瑞应麒麟图》在其看似荒诞不经的追求背后，有着深刻的社会政治因素，它的产生与发展带有一定的趣味性和政治意图，作为职贡的一种形式见证了明代国家间的交流互动。[②]

"麒麟贡"作为职贡的一种形式，如何见证了明初国家间的外交活动与动物知识的交流互动，郑和下西洋与"麒麟贡"有着怎样一种关系，上述研究均未阐述清楚。本章尝试分析郑和下西洋与永乐朝从南亚及东非地区引入中华的长颈鹿之间的关联，借助传统史书、随郑和使团出行者的记录、民间笔记描述、士人赋赞和其他图文资料，围绕异兽呈现、物灵政治、动物外交三条路径，力图阐述郑和下西洋与明朝在亚洲和非洲诸国的"贡麒麟"的活动，对于明政府在非藩属国家形塑中华天朝中心主义的外交作用，以及在中华藩属域内通过对长颈鹿的"麒麟"诠释来强化政权统治的意义。

一、异兽呈现：郑和下西洋与海上七次"麒麟贡"

郑和下西洋大致可以分为两个阶段，第一个阶段共计三次，即永乐三年(1405)六月至永乐五年(1407)七月、永乐五年(1407)十二月至永乐七年(1409)八月、永乐七年(1409)十二月至永乐九年(1411)六月，主要是出使东南亚和南亚地区。郑和第一次出使，率领士卒二万七千八百余人，修造长四十四丈、宽十八丈的大船六十二艘。郑和携带永乐大帝诏谕诸国的敕书，并持有颁赐各国王的敕诰和王印，又携带大量金银、铜钱，运载大批货物作为赏赐。郑和经南海入西洋，途经苏门答剌、阿鲁(亚鲁)、旧港(三佛齐国)、满剌加(麻六甲)、小葛兰(奎隆)，1407 年到达印度半岛西海岸的古里国。郑和到古里后颁赐诰、印，赏给冠服，并在古里立碑，称"刻石于兹，永垂万世"。郑和此次出使途经旧港时，广东商人陈祖义据地从事海盗活动，劫夺贡使，郑和擒陈祖义回朝，由明成祖处死。郑和出使的两年间，南海诸国继续遣使入贡。[③]

第二个阶段是第四至第七次，即永乐十一年(1413)十一月至永乐十三年(1415)、永

① 常任侠：《明初孟加拉国贡麒麟图》，《故宫博物院院刊》1982 年第 3 期。
② 赵秀玲：《明沈度序本〈瑞应麒麟图〉研究》，《西北美术》2017 年第 2 期。
③ 《明史》卷三〇四《郑和传》，《二十五史》第 10 册，上海古籍出版社、上海书店，1986 年，页 8621。

乐十五年(1417)春至永乐十七年(1419)七月、永乐十九年(1421)正月至永乐二十年(1422)八月、宣德六年(1431)十二月至宣德八年(1433)七月。活动地区由第一阶段的东南亚和南亚,拓展到第二阶段的西亚和东非地区。明成祖对南海西洋诸国的共享太平之策,获得了巨大的成功。郑和等前三次下西洋完成了预定的使命,但明朝的船队到达西洋最远之国,大概只是印度半岛西岸的古里。1413年冬,明成祖再命郑和率领船队开始了第四次更远的航行。其中宦官少监杨敏率一支船队往榜葛剌(孟加拉)国,吊唁其国王之丧,封授新王。1414年郑和统领舟师到达忽鲁谟斯(今伊朗霍木兹岛),赐给国王及诸臣锦绮彩帛等物。1415年郑和归国途中经苏门答剌,苏门答剌国王宰奴里阿比丁向明朝申诉部落贵族苏斡剌领兵作乱。郑和领兵擒拿苏斡剌,于永乐十三年七月押解其回京师,达到了“诸番振服”的效果。永乐十四年十一月,非洲东南海岸的木骨都束(今译摩加迪沙)、卜剌哇(今索马里境)及著名回教国、西域贸易中心阿丹(今也门亚丁)等国,随忽鲁谟斯朝贡。(图1-2)

郑和七下西洋及与之直接有关的海上“麒麟贡”前后大约有七次。两个阶段的划分不仅在于其所到达的区域不同,与本章有关的海上“麒麟贡”均出现在第四至第七次,之后出现的麒麟贡,也与郑和下西洋有着紧密的关联。或以为第四至第七次下西洋在地域上的拓展,与“麒麟贡”直接有关。①

时　间	与郑和下西洋的关系	长颈鹿输出国或地区	今所在位置	贡品来源的形式	备　注
永乐十二年(1414)	第四次下西洋期间	榜葛剌国	孟加拉国	贡品	新国王赛勿丁遣使进贡
永乐十三年(1415)	第四次下西洋期间	麻林国	肯尼亚的马林迪	贡品	
永乐十五年(1417)	第五次下西洋期间	阿丹国	阿拉伯半岛,也门首都亚丁 Aden 一带	贡品	

① 关于郑和下西洋与长颈鹿关系的讨论,详见张之杰《永乐十二年榜葛剌贡麒麟之起因与影响》,载《中华科技史学会会刊》2005年1月第8期,页66—72;张之杰推测榜葛剌所贡麒麟未到中国之前,消息可能已传至郑和船队,于是郑和才决定西进波斯湾,寻求麒麟等奇兽异宝。郑和此行永乐十三年回国,如不能带回麒麟岂不大失颜面!因此他以为永乐十年(1412)榜葛剌的长颈鹿入贡影响深远,郑和第四次出使西进至波斯湾,以及永乐十三年(1415)麻林贡麒麟,都可能与之有关。陈国栋也有类似的看法,称:“第四次航海原来预定的最西目的地为忽鲁谟斯。可是郑和却在该地派遣另一支分䑸造访东非。这个突如其来的举动为的是一个简单的目的——取得长颈鹿和说服当地的统治者随同长颈鹿到中国朝贡。”(陈国栋:《东亚海域一千年:历史上的海洋中国与对外贸易》,山东画报出版社,2006年,页93)张之杰另外还有《郑和下西洋与麒麟贡》,《自然科学史研究》2006年4期,页384—391;陈国栋:《东亚海域一千年:历史上的海洋中国与对外贸易》,页81—101。笔者统计出的次数与上述两位有异,详细分析另文专述。

（续　表）

时　间	与郑和下西洋的关系	长颈鹿输出国或地区	今所在位置	贡品来源的形式	备　注
永乐十九年(1421)	第六次下西洋期间	阿丹国	同上	非贡品	郑和派周姓太监购买
宣德六年(1431)	第七次下西洋期间	天方国	今红海东岸，指沙特阿拉伯境内的麦加	非贡品	郑和分派使者购买
宣德八年(1433)		苏门答腊		贡品	郑和下西洋三使其国影响的结果
英宗正统三年(1438)		榜葛剌国	孟加拉国	贡品	再次献贡，系明朝最后一次“麒麟贡”

清初利用明朝政府官方大量档案所修的《明史》中保留了若干郑和下西洋和南海西洋贡麒麟的史料，第一次“麒麟贡”是永乐十二年(1414)榜葛剌国新国王赛勿丁，遣其大臣把济一进贡了一头长颈鹿。① 这一轰动性的事件迅速促发了永乐十三年(1415)东非的麻林国(一说是肯尼亚的马林迪，一说是坦桑尼亚的基尔瓦·基西瓦尼)“与诸蕃使者以[麒]麟及天马、神鹿诸物进，帝御奉天门受之，百僚稽首称贺”。② 永乐十五年(1417)春，以郑和为首的官兵数万人船队第五次下西洋，据福建长乐县现存郑和等立《天妃之神灵应记》碑石的记载：“永乐十五年统领舟师往西域，其忽鲁谟斯国进狮子、金钱豹、大西马。阿丹国进麒麟，番名祖剌法，并长角马哈兽；木骨都剌束国进花福鹿，并狮子。卜剌哇国进千里骆驼，并驼鸡。爪哇国、古里国进麋里羔兽。若乃藏山隐海之灵物，沈沙栖陆之伟宝，莫不争先呈献。”③郑和在前引两碑记中都称此行是“往西域”。大约自苏门答剌、锡兰，经回教国之溜山(今马尔代夫群岛)，径西航向木骨都剌束等国，再北航至阿丹、忽鲁谟斯，然后东返古里、柯枝，再循旧路经苏门答剌回国。永乐十七年(1419)七月，郑和第五次下西洋班师回朝，随同有前来进贡的忽鲁谟斯、阿丹、木骨都剌束、卜剌哇、古里、爪哇等国使臣，以及所贡献的长颈鹿、狮子、金钱豹等珍奇动物。明成祖命群臣在奉天门观赏，文臣纷纷作诗祝贺。永乐十五年(1417)至永乐十七年(1419)，郑和下西洋促发的阿丹国(今在阿拉伯半岛，也门首都亚丁 Aden 一带)“贡麒麟”是有记载的第三次。④

永乐十九年(1421)正月，明成祖迁都北京。永乐十九年(1421)至永乐二十年

① 严从简撰，余思黎点校：《殊域周咨录》卷一一“榜葛剌”，中华书局，1993 年，页 386。
② 《明史》卷二三六《外国传》，《二十五史》第 10 册，页 8702、8703。
③ 郑鹤声、郑一钧编：《郑和下西洋资料汇编》(上)，海洋出版社，2005 年，页 19。
④ 元代以来阿丹一直是东西航海贸易的重要口岸，对运输种种货物往来的印度船舶，征收赋税甚巨；对输出货物亦征赋税，如从阿丹运往印度的战马、常马及配以双鞍之巨马，为数甚众。印度马价甚贵，贩马而往者获利甚厚，缘印度不养一马。冯承钧译：《马可波罗行纪》，上海书店，1999 年，页 468。

(1422)郑和第六次下西洋,完成了第四次所谓的"麒麟贡"。有意思的是这次带回的麒麟并非源自非藩属国家的进贡,而是郑和船队派周姓太监到"阿丹",即位于也门和索马里之间的一片阿拉伯海水域亚丁湾(英文: Gulf of Aden;阿拉伯语: خليجعدن;索马里语: Khaleejka Cadan)购买的。马欢《瀛涯胜览》(图 1-3)"阿丹国条"称:"永乐十九年……分䑸内官周等驾宝船三只到彼……王即谕其国人,但有珍宝许令贸易。"于是郑和一行在彼处买到珊瑚树、珊瑚枝五匮,金珀、蔷薇露、麒麟、狮子、花福鹿、金钱豹、鸵鸡、白鸠之类。"其狮子身形似虎,黑黄无斑,头大口阔,尾尖毛多,黑长如缨,声吼如雷。诸兽见之,伏不敢起,乃兽中之王也"。[①] 巩珍《西洋番国志·阿丹国》也有类似记载:"永乐十九年(1421),上命太监李充正使,赍诏敕往谕旨。李□到苏门答剌国,令内官周□□□等驾宝船三只往彼。王闻即率大小头目至海滨迎入,礼甚敬谨。开诏毕,仍赐王衣冠。王即谕其国人,凡有宝物俱许出卖。此国买到猫精一块重二钱许,并大颗珍珠、各色鸦鹘等石,珊瑚树高二尺者数株,枝柯为珠者五柜,及金珀、蔷薇露、麒麟、狮子、花福鹿、金钱豹、驼鸡、白鸠之类。"[②]郑和第五次下西洋,促使自苏门答剌以西至忽鲁谟斯,共有十六国使臣携带各种宝物赴京朝贡祝贺,其中包括 1419 年来朝未归的使者。阿丹以北、阿拉伯半岛东南岸的回教国祖法儿则是第一次随阿丹使臣来明。1421 年明成祖命郑和等率领舟师第六次下西洋,护送十六国使臣回国。郑和到达南海一带,似未再西行,各国使臣由舟师分队分头护送。太监李克率领的舟师送阿丹国使臣至苏门答剌后,命宦官周某率船三艘送至其国。明成祖在位时期,先后六次派遣郑和率舟师出使南海西洋以至西域诸国,远至今西亚与东非,见于记载的所经国度多至三十余地,在古代中国的对外关系史和航海史上都是罕见的壮举。

购买长颈鹿的活动在郑和第七次下西洋过程中还有持续,宣德五年(1430)郑和曾分派使者往"天方国"(今红海东岸,指位于沙特阿拉伯境内的麦加),《明史》称:"宣德五年,郑和使西洋,分遣其侪诣古里。闻古里遣人往天方,因使人赍货物附其舟偕行。往返经岁,市奇珍异宝及麒麟、狮子、驼鸡以归。其国王亦遣陪臣随朝使来贡。宣宗喜,赐赉有加。"[③]马

① 马欢原著,万明校注:《明钞本〈瀛涯胜览〉校注》,海洋出版社,2005 年,页 80—84。"䑸"早见于唐人于邵(713—793)之《送刘协律序》:"南海有国之重镇。北方之东西,中土之士庶,䑸连毂击,合会于其间者,日千百焉。"此处囿于对仗,以"䑸""毂"并举,以喻车船。至北宋真宗时期(968—1022)张君房编《云笈七签》收录一则道教感应故事,称"同䑸三船,一已损失,二皆危惧",以三艘船为一"䑸"。宋代文献中或有"䑸"作船队解。元代"䑸"字在文献中出现的次数更频繁,朱晞颜(字名世)曾于至元辛卯(1291)年间,随漕船泛海至燕京,所撰《鲸背吟集》录诗 30 余首中有 4 首提及"䑸"字,皆指由数目不等的船只所组成的船队。"万舰同䑸"指全体船只聚集一处,泊于海中。而诗中的"前䑸""后䑸"为运送漕粮的船队在行进途中组成的较小的船队,彼此以灯火为信号保持联系。"分䑸"则指因目的地不同,将以规模较大的船队分散成若干支小船队(邱轶皓《䑸(Jūng)船考——13 至 15 世纪西方文献中所见之"Jūng"》,《国际汉学研究通讯》2012 年 6 月第 5 期,页 329—338)。

② 巩珍撰,向达校注:《西洋番国志》,中华书局,2000 年,页 36。

③ 《明史》卷三三二《西域传四》,《二十五史》第 10 册,页 8723。

欢《瀛涯胜览》称："往回一年，买到各色奇货异宝、麒麟、狮子、驼鸡等物，并画天堂图真本回京。其天方国王亦查使人将方物跟同原去通事七人，贡献于朝廷。"[①]《西洋番国志》也称"天方国"："宣德五年，钦奉朝命开诏，遍谕西海诸番，太监洪保□分䑸到古里国。适默伽国(天方)有使人来，因择通事等七人同往，去回一年。买到各色奇货异宝及麒麟、狮子、驼鸡等物，并画天堂图回京奏之。其国王亦采方物，遣使随七人者进贡中国。"[②]这是第五次"麒麟贡"，可见明宣宗与明成祖一样，对麒麟同样有着特别的兴趣。

从上述所引用的这些随使出行者的第一手记录可以发现，动物贡品中，虽也有花福鹿、金钱豹、驼鸡、白鸠等其他动物的贡献和购买，但获得"麒麟"，总是放在首位的。而且有意思的是，虽然长颈鹿是通过"市"即买卖获取的，但在黄省曾《西洋朝贡典录》等文献中都是喜欢将"贸采之物"的长颈鹿列入"朝贡之物"麒麟的名目。该书中关于永乐中期的"阿丹国"写道："其贸采之物，异者十有二品：一曰猫睛之石，二曰五色亚姑，三曰大珠，四曰珊瑚支，五曰金珀，六曰蔷薇露，七曰麒麟，八曰狮子，九曰花福鹿，十曰金钱豹，十一曰驼鸡，十二曰白鸠。……其状如虎，元质而无纹，巨首而阔唇，其尾黑，长如缨，其吼如雷。百兽见之，伏不敢起者，其名曰狮子。"[③]

郑和下西洋结束后"麒麟贡"仍在持续。宣德八年(1433)苏门答腊还有"麒麟贡"，这是因为郑和三使其国，以后"比年入贡，终成祖世不绝"。[④] 这是第六次"麒麟贡"。同时《明史·宣宗纪》也记述了同年陆上的"西域贡麒麟"。[⑤] 据笔者所查，似乎明朝最后一次"麒麟贡"是在英宗正统三年(1438)，是由郑和下西洋时首次入贡的榜葛剌贡献的。[⑥] 因此，可以说，除去宣德八年(1433)的西域"麒麟贡"，与郑和下西洋直接有关的海上"麒麟贡"有七次之多。

最有意思的是，随着郑和下西洋的结束，长颈鹿作为"麒麟贡"也成了历史。1438年明朝最后一次"麒麟贡"之后，整个清朝再没有一次从"诸番"引进过长颈鹿。在15世纪，从遥远的东非到北京这一漫长的海陆旅途中，七次将长颈鹿引进到天朝，郑和船队究竟是采用何种技术手段运送这一"异兽"，至今仍是一个谜。[⑦] 整个清朝没有进行过

① 马欢原著，万明校注：《明钞本〈瀛涯胜览〉校注》，海洋出版社，2005年，页99—104。

② 巩珍撰，向达校注：《西洋番国志》，页46。

③ 黄省曾撰，谢方校注：《西洋朝贡典录》，中华书局，2000年，页114。或以为在"阿丹国"贸采的应该是非洲狮，因为亚洲狮的鬃毛略短，毛色显黄颜色，尾缨也少有黑色者。

④ 《明史》卷三二五《外国传》，《二十五史》第10册，页8699。

⑤ 《明史》卷一〇《宣宗纪》，《二十五史》第10册，页7800。

⑥ 《明史》卷一〇《英宗前纪》，《二十五史》第10册，页7801。

⑦ 不少技术史家无视顾起元《客座赘语》、罗懋登《三宝太监西洋记通俗演义》以及《明史·郑和传》中关于宝船尺度大小的记述，质疑周世德根据南京宝船厂发现的大舵杆对宝船大小所作的推论，在并无多少根据的情况下假设传统文献中所载郑和宝船数目字为误写或长宽尺度颠倒。(韩振华：《论郑和下西洋船的尺度》，载氏著《航海交通贸易研究》，香港大学亚洲研究中心，2002年，页250—307)而郑和下西洋前后七次海上"麒麟贡"，足以证明明朝曾经有着非凡的海上船舶航运能力，远非今日揣度所能想象。

“麒麟外交”的原因，除了清初政府外交理念与明初不同之外，似乎还包含着技术条件的限制，长途运送动物需要相当大体量的船只，特别是大型狮、虎类动物。1517年葡萄牙开往罗马的一艘船在热那亚附近沉没，船上就载有一头犀牛。1770年法国东印度公司开往洛里昂的船上，装载了两只老虎，并随船运载了三四百只绵羊和大批饲料。[①] 直至20世纪20年代，运输大型动物要多收一张头等舱票，原因还是食物。如要运送一只印度象，必须同船装载2 000公斤干草、1 200支香蕉、500根甘蔗和400头绿白菜。即使到了19世纪后期，随着航运能力的提高，动物运输量有了极大的增加，从1866年到1886年，卡尔·哈根贝克共出口了大约700只豹、1 000只狮子、400只老虎、1 000头熊、800只鬣狗、300头大象、79头犀牛(70头来自印度、爪哇和苏门答腊，9头来自非洲)、300头骆驼、150头长颈鹿、600只羚羊、数万只猴子和数千条鳄鱼、蟒蛇和巨蟒(他的公司以此见长)，以及10万多只鸟。但据1894年12月18日刊的《小马赛人》(Le Petit Marseillais)的报道，这种业务的营业额单在马赛港就高达566 000法郎。[②] 晚清端方在德国考察动物园时还讨论过如何在海上长途运送长颈鹿的问题，由于未能解决海上运送的资金和技术问题，结果在1906年未能成功地为万牲园引入长颈鹿这一动物。

二、物灵政治：作为盛世瑞兽的文字与图像记忆

“麒麟”，也可以写作“骐麟”，简称“麟”，是中国古人幻想出来的一种独角神兽，按照《尔雅》的记述，麟的形状类似鹿或獐，独角，全身生鳞甲，尾象牛。[③]《史记·司马相如传》“上林赋”：“兽则麒麟。”《史记索隐》称张揖曰：“雄为麒，雌为麟，其状麇身牛尾，狼蹄一角。”[④]以为麒麟之雄性称麒，雌性称麟。这是以天然的鹿为原型衍化而来的神奇动物，具有趋吉避凶的含义，被尊为“仁兽”“瑞兽”。中国人对麒麟的崇拜由来已久，《孟子·公孙丑》称：“麒麟之于走兽”如同“圣人之于民”，“出于其类，拔乎其萃”。[⑤] 东汉王充《论衡·讲瑞篇》亦称：“麒麟，兽之圣者也。”[⑥]中国古代常把“麟体信厚，凤知治乱，龟

① [法] 埃里克·巴拉泰等著，乔江涛译：《动物园的历史》，好读出版有限公司，2007年，页18—19。

② 同上书，页117。

③ 郭璞注，邢昺疏：《尔雅注疏》卷一〇“释兽”第十八记述类似“麟”的独角兽至少有两种：一，“麠，大麃，牛尾，一角”，注疏称：“汉武帝郊雍得一角兽，若麃，然谓之麟者，此是也。”二，“麐，麕身，牛尾，一角”，注疏称：“麐，瑞应，兽名孙炎，曰灵兽也。京房《易传》曰：麐，麕身，牛尾，狼额，马蹄，彩，腹下黄，高丈二。”陆机疏云：“麟，麕身，牛尾，马足，黄色，圆蹄，一角，角端有肉。”台湾中华书局“四部备要”本，1977年。

④《史记》卷一一七，《二十五史》第1册，页332。

⑤ 中华书局编辑部编：《十三经注疏》，中华书局，1980年，页2686。

⑥ 王充撰：《论衡》，“诸子集成”本(七)，上海书店，1986年，页169。

兆吉凶，龙能变化”的麟、凤、龟、龙四兽并称，号为“四灵”，而麟又居“四灵”之首。这一灵兽的出现，往往是与盛世联系在一起，所谓有王者则至，无王者则不至。[①]《春秋》哀公十四年“春，西狩获麟”，射杀麒麟被视为是周王室将亡的预兆。[②] 民间一般称麒麟是吉祥神宠的灵兽，有主太平、长寿，并有麒麟送子之说。因此，麒麟也可分为送子麒麟、赐福麒麟、镇宅麒麟，麒麟在民间风水中类似万金油，具旺财、镇宅、化煞、旺人丁、求子、旺文等作用，各方面都可以使用。“凤毛麟角”“麟吐玉书”，都是古人由麒麟引申出的文化赞语。

至于真正的麒麟究竟是何形状，其实古人亦不得而知。汉代《麒麟碑》《山阳麟凤碑》以及陕西绥德汉墓画像石上面的麒麟纹，汉代砖上的麒麟图案与马和鹿的样子相似，头生一角，角上有圆球或三角状物，以表示角为肉质角。江苏徐州贾旺的东汉画像石中更清晰地刻画了数头神态各异的长颈鹿形象，都是躯高颈长、似鹿非鹿、身被纹彩、头生肉角、尾如牛尾的动物。此外，在徐州茅村汉墓的画像石中也有与长颈鹿形象相近的麒麟画面。魏晋南北朝时期，陵墓雕刻艺术复兴，除了继承汉代石刻的雄浑气势以外，更加注重吸收印度、希腊、波斯的艺术因素，这些外来因素也赋予了麒麟形象更为丰富的内容。这一时期的陵墓石雕分为石道神柱、石碑、石兽三种，石道神柱与希腊神殿石柱风格同出一辙，而石兽则以麒麟、天禄、辟邪为主。此时的石刻注意了左右对称的特点，并形成了一定的制度，陵前的石兽或双角，或单角，肩上或腿部均雕刻有翼，通称为“麒麟”。宋武帝刘裕初宁陵、齐武帝肖颐景安陵、齐景帝肖道生修安陵前的石麒麟，都是中国古代雕刻艺术吸收外来艺术因素而成的代表之作。如果说汉代麒麟形象与鹿类相近，那么魏晋南北朝的麒麟形象多为头长一角、狮面、牛身、尾带鳞片、脚下生火，与狮、豹的形象更为接近。[③]

早先出现在古代其他器物上的麒麟形象，或为古人根据自己的幻想创造出来的虚幻动物，原是想把龙的飞翔、马的奔腾和鱼鳞的坚固等优点合而为一，所以麒麟是建立在幻想基础上的，有着更多的美好寓意；或象征威猛，以符合能人志士的形象，于是一些能人志士就喜欢将麒麟通过各种方式表达出来，以此来展现自己威猛无敌的形象。中国古代传说中盛世有“麒麟”出，这是国泰民安、天下太平的吉兆，但是这个时代往往只是百姓心中的向往，谁也没见过这种古籍中形容为鹿身、牛尾、独角神兽的模样，甚至一直有人怀疑这一动物存在的真实性。典籍中关于长颈鹿的记载，最早可能出自晋代李

① 《春秋公羊传》“哀公十四年”曰：“麟者，仁兽也。有王者则至，无王者则不至。”中华书局编辑部编：《十三经注疏》，页 2352—2353。
② 朱天顺：《中国古代宗教初探》，上海人民出版社，1982 年，页 105、107。
③ 许秀娟：《麒麟形象的变迁与中外文化交流的发展》，《海交史研究》2002 年第 1 期。

石所著《续博物志》，记录非洲索马里沿岸拨拔力古国出产异兽，身高一丈余，颈长九尺。宋代赵汝适著的《诸蕃志》中，称非洲长颈鹿为“徂蜡”：“状如骆驼，而大如牛，色黄，前脚高五尺，后低三尺，头高向上，皮厚一寸。”[①]但该书并未将长颈鹿与麒麟联系起来。

第一次“麒麟贡”，是永乐十二年(1414)榜葛剌国新国王赛勿丁进贡的一头长颈鹿，引发了朝野轰动，因为中国人从未亲眼目睹过这一形态和习性的动物。百官们虽然稽首称贺，不过当时朝野对长颈鹿究竟属何种动物均很难确定，或称“锦麟”“奇兽”，或称“金兽之瑞”。《天妃灵应之记碑》中称“麒麟”“番名祖剌法”，系阿拉伯语“Zurāfa”的音译，郑和的随员费信所著《星槎胜览》(图 1－4)称“阿丹国”作“祖剌法，乃‘徂蜡’之异译也”。[②] 而“徂蜡”可能是索马里语“Giri”的发音，将之与“麒麟”对应，实在是郑和及其随员或朝臣们聪明的译法，这一音、意合译词很反映中国文化的特点，即将动物与祥瑞之兆联系在一起，给动物赋予人事的褒贬，由此，这一动物译名弥漫着中国典雅的品质，可以说是赢得了一种翻译上的诗意表达，富含情感内涵，迎合士大夫的期待视野，当然也是翻译者对于皇权的认可。“麒麟”的译词也成了“权力转移”中的一个例证。[③]

由于明朝官方对于郑和下西洋的材料没有有效保存，甚至认为“旧案虽有，亦当毁之以拔其根”，因此造成目前所见的官方文献的记载多比较简略。特别是到了明末，官方的“郑和记忆”逐渐进入失忆状态，清前期留在官方系统中的权威资料，主要就是乾隆时期张廷玉等撰的《明史》。而我们所知的关于郑和下西洋的民间记忆主要保存在使团随行人员马欢《瀛涯胜览》、[④]费信《星槎胜览》[⑤]和巩珍著《西洋番国志》之中，[⑥]其中马欢《瀛涯胜览》和巩珍《西洋番国志》有若干关于贡麒麟的记录。如马欢的《瀛涯胜览》在“忽鲁谟斯”一条就记述：“国王将狮子、麒麟、马匹、珠子、宝石等文物并金叶表文，差头目跟同回洋宝船，进献朝廷。”[⑦]称：“麒麟前两足高九尺余，后两足约高六尺，长颈，抬头

---

① 赵汝适撰，杨博文校释：《诸蕃志校释》，中华书局，2000 年，页 102。

② 同上书，页 103—104。

③ 参见本书第九章。

④ 马欢，字宗道，自号会稽山樵，浙江会稽(今绍兴)人，通晓阿拉伯语，以通译番书的身份，先后参加了第四、六、七三次的郑和远航，先后访问过亚洲、非洲的 20 多个国家和地区，在鲸波浩渺、历涉诸邦的同时，他注意采摭世人鲜知的海外世界，将各地疆域道里、风俗物产及历史沿革等，编次成帙，名曰《瀛涯胜览》，为这几次远航留下了珍贵的文字资料。参见万明《马欢〈瀛涯胜览〉源流考》，载马欢原著、万明校注《明钞本〈瀛涯胜览〉校注》，页 1—28。

⑤ 费信，字公晓，江苏昆山人。先后四次随郑和下西洋，任通事之职。1412 年随奉使少监杨敏等前往榜葛剌开读赏赐，促发了 1414 年榜葛剌国王“麒麟贡”。费信笃志而好学，每到一地，即伏案运笔，叙缀篇章，将诸番的人物、风土、出产及光怪奇诡之事记录下来，集成《星槎胜览》前后两集：前集为作者亲眼目睹之事，后集是采辑传译之闻。堪称是《瀛涯胜览》的姊妹篇，具有很高的文献价值。参见郑鹤声、郑一钧编《郑和下西洋资料汇编》(上)，页 72—73。

⑥ 巩珍，生卒年不详，号养素生，明朝应天府人，以从军升为幕僚。明宣德六年(1431)至宣德八年(1433)被提拔为总制之幕(相当于秘书)随郑和下西洋。宣德九年(1434)著《西洋番国志》一书，记述了郑和船队所经过的 20 个国家的风土人情。

⑦ 马欢原著，万明校注：《明钞本〈瀛涯胜览〉校注》，页 98。

颈高丈六尺，首昂后低，人莫能骑。头生二短肉角，在耳边。牛尾鹿身，蹄有三跲，匾口，食粟豆面饼。”[①]巩珍《西洋番国志》记载“忽鲁谟厮”在永乐中期，“国王修金叶表文，遣使宝舡，以麒麟、狮子、珍珠、宝石进贡中国”。[②]

长颈鹿这一动物译名“麒麟”，可以向世人表示因为大明上有仁君，才有此瑞兽的到来。明成祖自然非常高兴，令画师沈度作麒麟图，并作《瑞应麒麟颂并序》。献上“麒麟颂”的还有杨士奇、李时勉、金幼孜、夏原吉、杨荣等诸大臣，《瑞应麒麟诗》汇编起来厚达十六册之多。杨士奇有《西夷贡麒麟早朝应制诗》称：“天香神引玉炉熏，日照龙墀彩仗分。阊阖九重通御气，蓬莱五色护祥云。班联文武齐鹓鹭，庆合华夷致凤麟。圣主临轩万年寿，敬陈明德赞尧勋。”[③]永乐十三年（1415），麻林国贡麒麟，大臣夏元吉撰《麒麟赋》，其序文：“永乐十二年秋，榜葛剌国来朝，献麒麟。今年秋麻林国复以麒麟来献，其形色与古之传记所载及前所献者无异。臣闻麒麟瑞物也，中国有圣人则至。昔轩辕时来游于囿，成康之世见于圃，是后未之闻也。今几岁之间而兹瑞再至，则圣德之隆，天眷之至，实前古未之有也。宜播之声诗，以传示无极。”[④]

盛世贡麒麟也见于民间文献，如明《五杂组》中描述的麒麟形象，亦为长颈鹿：“永乐中曾获麟，命工图画，传赐大臣。余常于一故家见之。其全身似鹿，但颈特长，可三四尺耳。所谓麕身、牛尾、马蹄者近之。与今所画（按这是指传统的麒麟图画），迥不类也。”[⑤]明祝允明《野记》“四”中说：“先公说：正统中在朝，每燕享，廷中陈百兽。近陛之东西二兽，东称麒麟，身似鹿，灰色，微有文，颈特长，殆将二丈，望之如植竿。其首亦大概如羊，颇丑怪，绝非所谓麋身牛尾，有许文彩也。乃永乐中外国所献。”[⑥]“颈特长，殆将二丈”虽不免夸张，但此兽无疑是长颈鹿。

法国学者阿里·玛扎海里的《丝绸之路——中国—波斯文化交流史》中指出明朝经常有携带“奇兽”的使节，更像是一个流动的马戏团或杂技团。他们经常护送鸵鸟、猞猁狲和经过狩猎训练的豹子入朝，最多的还是中国人很难见到的狮子。明朝沿袭东汉和唐朝的旧例而怀有极大的兴趣接受这些笨重的贡物，并赏赐中国的丝绸、大隼等中国土产。在紫禁城中有一个辽阔的万牲园，里面饲养了非常多的动物，“有数百头各国国王进贡的狮子”。由此也激起了许多儒家学者的反对，但是他们的抗议却徒劳无益，因为对于明王朝来说，这是一个有关威望的简单问题。[⑦] 通过观赏异域进贡的奇兽形象，

---

① 马欢原著，万明校注：《明钞本〈瀛涯胜览〉校注》，页 84。
② 巩珍撰，向达校注：《西洋番国志》，页 44。
③ 严从简撰：《殊域周咨录》卷一一“榜葛剌”，页 386。
④ 郑鹤声、郑一钧编：《郑和下西洋资料汇编》（中），页 746。
⑤ 谢肇淛撰：《五杂组》，上海书店出版社，2001 年，页 168。
⑥ 转引自郑鹤声、郑一钧编《郑和下西洋资料汇编》（中），页 743。
⑦ ［法］阿里·玛扎海里著，耿昇译：《丝绸之路——中国—波斯文化交流史》，新疆人民出版社，2006 年，页 10。

建立起对于政治权威的认同感和畏惧感，包括政治上层以及普通民众，使他们在观赏这一异兽的过程中，因为个体对于自然界动物秩序的感受也参与其中，逐渐构建出一种对于政治权威的恐惧感和敬畏感。这种象征，不仅仅存在于政治上层所设定的典章制度的层面，对普通民众的观念和行为也有很多触动、影响、规劝和震慑。[①] 明代中叶，皇帝确实有一个满是珍禽异兽的“御苑”，夏原吉《夏忠靖公集》卷三有对这一规模不小的“万牲园”的描述：

> 洪熙乙巳秋仲，赐观内苑珍禽奇兽，应制赋诗：
> 爰开禁籞集廷臣，少肆余闲阅奇蓄。时维秋仲天气清，纤尘不起香风轻。
> 虞官囿宰杂遝进，珍禽瑞兽纷纭呈。狻猊侧居真雄猛，钩爪金毛睛炯炯。
> 彩球戏罢拂霜髯，百兽潜窥敢驰骋。须臾玄鹿来轩墀，丰肌黪黰犹乌犀。
> 若非食野沾煤雨，应是寻泉堕墨池。双羊继出仍珍美，腹若垂囊背如砥。
> 煌煌宝辔经笼头，轧轧朱轮低载尾。花阴大小霜姿猿，金环约项声隆然。
> 盘旋倏忽作人立，何殊雪洞飞来仙。又看福鹿并神鹿，毛质鲜庞实灵物。
> 羚羊缓步苍苔边，修角撑空亦奇独。柙中玉鼠洁且驯，朱樱贯目脂涂唇。
> 想应窃饵琼芝足，故着银袍觐紫宸。驼鸡耸立谁其侣，骈趾青瞳高丈许。
> 或时振翼将何如，志在冲霄学鹏举。……
> 徘徊重睹花斑鸡，冠丹颊翠衣裳缁。是谁巧把晴空雪，散作身章若缀瑧。
> 载欣载美双鸠鸟，质傅铅花光皎皎。雄雌并立清飙前，贞静幽闲一何好。[②]

文中提及的“毛质鲜庞”之灵物“神鹿”，或指“长颈鹿”。

明代“麒麟贡”的记忆不仅通过文字文献进行塑造，也通过图像文献来重新建构。能够有机会见到“御苑”珍禽异兽的朱元璋的第十七子宁献王朱权（1378—1448），约于1430年编成《异域图志》一书，1489年由广西地方官金铣主持刊行。该书宽19厘米，长31厘米，共计200单页，已有缺损。该书后附的《异域禽兽图》有14单页，共14幅图，即据其亲眼所见异域进贡的动物描绘而成，依次为鹤顶（犀鸟）、福鹿（图1-5）、麒麟、白鹿、狮子、犀牛、黄米里高、金线豹（金钱豹）、哈剌虎剌（狞猫）、玄豹（黑豹）、马哈兽、青米里高、米里高、阿苹羊（肥尾羊）。该书1609年曾经收入《万用正宗不求人全编》，但流传甚少。[③] 目前所知存世一本，现藏英国剑桥大学图书馆。

---

① 陈怀宇：《动物与中古政治宗教秩序》，上海古籍出版社，2012年，页36。

② 夏原吉：《夏忠靖公集》卷三，《北京图书馆古籍珍本丛刊·集部·明别集类》第100册，书目文献出版社，1998年，页670下，671上、下。

③ 文中所谓“米里高”为郑和下西洋时古里所进的“麋里高兽”，即印度蓝牛。参见张箭《下西洋所见所引进之异兽考》，《社会科学研究》2005年第1期。

永乐十二年九月吉日，榜葛剌贡使晋见永乐帝，献上长颈鹿，皇帝大悦，诏宫廷画师、翰林院修撰沈度绘制麒麟图，并将《瑞应麒麟颂》以工笔小楷誊录在图上。这幅《明人画麒麟图沈度颂》轴，现藏台北故宫博物院，为榜葛剌所贡麒麟确为长颈鹿留下最真实的记录。麒麟是一种传说的瑞兽，据说只有太平盛世才会出现，沈度在《瑞应麒麟颂》的序中称："永乐甲午秋九月，麒麟出榜葛剌国，表进于朝，臣民集观，欣喜倍万。臣闻圣人有至仁之德，通乎幽明，则麒麟出。……"在颂文中，更是极尽歌功颂德之能事："于赫圣皇，乃武乃文。……惟十二年，岁在甲午。西南之陬，大海之浒。实生麒麟，身高丈五。麋身马蹄，内角膴膴。文采焜耀，红云紫雾。趾不践物，游必择土。舒舒徐徐，动循矩度。聆其和鸣，音协钟吕。仁哉兹兽，旷古一遇。照其神灵，登于天府。群臣欢庆，争先快睹。岐凤鸣周，洛龟呈禹。百万斯年，同声鼓舞。臣职词林，篇章莫补。稽首颺言，颂歌圣主。"[①]该图中国历史博物馆藏有摹本。

南京徐俌(1450—1517)夫妇墓出土的官服上，有一件"天鹿补子(形为长颈鹿)"，补子是补缀于品官补服前胸后背之上的一对织物，明代亦被称作"花样"。补子的构图颇具规律性，通常为方形或圆形，以禽鸟纹或瑞兽纹为主题纹样，四周间或有云纹，下有海水江崖纹。明代花样禽鸟纹多以"喜相逢"的形式成对出现，而瑞兽纹则单独出现。此件纹样以麒麟为主题，四周有云纹，下幅有海水江崖纹，属于典型的明代花样的构图方式。"天鹿"即为"麒麟"，所以"天鹿补"应该就是麒麟补。据《明史·舆服志》记载，洪武二十四年(1391)规定，官吏所着常服为盘领大袍，胸前与背后各缀一块方形补子，为示"上下有别，贵贱分等"，文官绣禽，武官绣兽。一至九品所用禽兽尊卑不一，藉以辨别官品："公、侯、驸马、伯服绣麒麟、白泽。文官一品仙鹤，二品锦鸡，三品孔雀，四品云雁，五品白鹇，六品鹭鸶，七品瀏鶒，八品黄鹂，九品鹌鹑，杂职练鹊……武官一品、二品狮子，三品、四品虎、豹，五品熊罴，六品、七品彪，八品、九品犀牛、海马。"[②]明代服饰制度中，并无关于天鹿纹补的规定。《中国古代服饰史》和《中华五千年文物集刊·服饰篇》认为，"天鹿补子"是宫中内臣的应景之作。亦有学者认为"天鹿补子"是"赐服"，"天鹿"即为"麒麟"，所以"天鹿补"应该就是麒麟补。而从制度来看，麒麟补为公、侯所穿用。南京徐俌夫妇墓的墓主人徐俌十六岁袭魏国公，其墓中出土麒麟补，正好与制度相合。[③]

笔者所述的"物灵"并非仅仅指动物有灵，而是尝试说明在古代中国的文化语境中，动物不仅仅包括今天意义上的自然动物，也包含幻想出来的动物，如龙、凤、四灵等。

① 《明人画麒麟图沈度颂》轴刊，台北故宫博物院编：《故宫书画图录》第9册，台北故宫博物院，1992年，页345；参见郑鹤声、郑一钧编《郑和下西洋资料汇编》(中)，页743。

② 《明史》卷六七《舆服志》，页7952—7953。

③ 包铭新、李晓君：《"天鹿锦"或"麒麟补"》，载《故宫博物院院刊》2012年第5期。

“物灵政治”是指古代的动物大多与神鬼和精怪联系在一起，幻想出来的动物是以自然动物为基础的，但幻想出来的动物大多具有某种超自然的“德性”，因此往往具备灵异性而高于自然动物，不仅可以转化为人形，且往往与政治统治相关联，在国人的政治生活中扮演着重要的角色。“长颈鹿”原本并非是“麒麟”的原型，但因为“物灵政治”的需要，麒麟借形长颈鹿，成为明朝“物灵政治”的一个基础。①

三、“麒麟外交”：明朝天下/国家的意义

“外交”一词在中国古代就有对外交往的涵义，如指人臣与外国私相交往、勾结。《春秋谷梁传·隐公元年》：“寰内诸侯，非有天子之命，不得出会诸侯；不正其外交，故弗与朝也。”范宁集释注：“天子畿内大夫有采地谓之寰内诸侯。”②《礼记·郊特牲》：“为人臣者无外交，不敢贰君也。”郑玄注：“私觌是外交也。”③《韩非子·有度》：“忘主外交，以进其与。则其下所以为上者薄矣。交众与多，外内朋党，虽有大过，其蔽多矣。”王先慎集释：“与，谓党与也。”④不过，在相当长的时期里，中国历代王朝都不承认有对等交往的国家，亦无独立主管外交事务的中央官署。其实西方也是从 1648 年《威西发里亚和约》(*Peace of Westphalia*)以后，一统帝国的理想在欧洲完全破灭，各国主权平等的理论盛行，各国才依次建立起外交部的组织。⑤ 现代“外交”一词译自英语 Diplomacy，与内政相对，指称国与国之间的交往、交涉，是一个国家、城市或组织等在国际关系上的活动，其目的在于建立能够满足彼此需求的关系，如互派使节、进行谈判和会谈。一般来说外交是国家之间通过外交官就和平、文化、经济、贸易或战争等问题进行协商的过程体系。今词义见于 1693 年赖布列所使用的 Diplomaticus 及 1726 年杜蒙所使用的 Diplomatigus，指外交文件，1796 年柏克尔正式使用 Diplomacy，成为今天“外交”一词的起源。⑥

动物外交曾经是政权与政权之间沟通的重要手段，奇异动物在古代世界就是国与国之间象征联盟、屈服或和平条约的礼物。亚历山大大帝及其继承者的希腊人，就对大型猫科动物和大象产生了兴趣，或以为他们是受到了波斯人的影响，也认识到了外交关

① 杜正胜的《古代物怪之研究——一种心态史和文化史的探索(上)》(载《大陆杂志》第 104 卷第 1 期，页 1—14)一文由近代残存的物怪观念上溯，论古代的山川物怪，推测“物”的语源，站在中国传统脉络下讨论古代“物”义的转折变化，指出与“物”密切相关的“德”的概念，此二概念与古代政权统治有着密切的关系。

② 中华书局编辑部编：《十三经注疏》，页 2366。

③ 同上书，页 1447。

④ 王先慎集释：《韩非子》，“诸子集成”本(五)，上海书店，1986 年，页 22。

⑤ 王曾才：《中国外交史话》，(台北)经世书局，1988 年，页 26—27。

⑥ 高殿均：《中国外交史》，(台湾)帕米尔书店，1952 年，页 1—2。

系和力量象征的交互影响。古罗马那些最富有的公民多喜欢饲养奇异鸟类，因为这是一种至高地位的象征。他们会在自己的庄园附近建起鸟舍、鱼塘和食草动物栏、临时性的猛兽栏——有些用于在表演前囚禁猛兽。当时在罗马已经有了向私人出售猛兽的市场。罗马皇帝也会在狩猎和庆典时使用受过训练的大型猫科动物，让它们套辔拉车以强调君主的权力、神性和对最凶残的自然生物的支配。这些传统中或有靠外交赠礼、战争掠夺和对野生动物的有组织捕猎来维持的。① 早在公元前 86 年凯撒凯旋之时，带着上万埃及俘虏和各色珍奇宝物回到罗马，人们惊奇地看着一座"塔"在移动，这座"塔"就是长颈鹿。这头动物后来放进罗马斗兽场，被狮子咬得粉碎，西罗马帝国也随着凯撒的被刺杀而灭亡了。公元 6 世纪前后，这类动物搏斗表演已经在罗马绝迹。8 世纪的查理曼大帝恢复了罗马传统，接受了东方君主送给他的几只动物，养了一头大象和一些珍稀鸟类(孔雀、雉和鸭子)。13 世纪的两西西里王国(Two Sicilies)，国王弗雷德里克二世(Frederick Ⅱ)的宫廷里也已出现了历史上第一个像模像样的动物园。他养着用于狩猎或游行仪式的骆驼、单峰驼、大象、大型猫科动物、猴子、熊、瞪羚和一只长颈鹿。在文艺复兴时期的罗马，各路王公贵族向教皇们进献了无数动物，梵蒂冈小庭院里的动物园已经发展到了巅峰，罗马的红衣主教也会在他们的庄园里饲养动物。亚、欧、非之间，会献上作为象征联盟、屈服或和平条约的动物礼物，如：1514 年，葡萄牙国王献给教皇利奥十世一头大象和一头雪豹，以示承认神圣罗马教廷在 1493 年为各国划定的新疆域线；1515 年柬埔寨国王、1534 年鄂图曼帝国给法兰西一世分别以动物作为外交礼物送给葡萄牙国王和法兰西一世；1591 年，法国国王亨利四世把一头大象献给了英国女王。直至 1682 年，已与法国签订了 6 年期和平条约的摩洛哥大使，给凡尔赛的女王卧室里献上了一头雌虎，作为他们的外交礼物之一。这头虎温顺得像条小狗，任由宫女们随意抚摸。②

15 世纪至 16 世纪初、中期，在热那亚、比萨、威尼斯、马赛、里斯本、安特卫普等几个地中海与东方贸易的重要港口也相继成了动物进出口的重镇。而长颈鹿仍作为外交礼品在亚、非、欧之间流动着。继永乐十二年(1414)榜葛剌国新国王赛勿丁首次贡麒麟的 24 年后，英宗正统三年(1438)榜葛剌再次贡麒麟，不产长颈鹿的南亚榜葛剌为何能屡屡进贡长颈鹿呢？研究者认为，这和当时的国际形势、海上贸易有关。在大航海时代之前，阿拉伯人控制了东西方海上贸易，他们的单桅三角帆帆船除了载运一般货物，还将阿拉伯半岛和索马里的马匹输往印度，甚至将缅甸和斯里兰卡的大象运往印度。单桅三角帆帆船既然能够载运马匹和大象，阿拉伯人把长颈鹿从其部分占据的东非载运

---

① [法] 埃里克·巴拉泰等著，乔江涛译：《动物园的历史》，页 13。
② 同上书，页 13—15。

到同样信奉伊斯兰教的榜葛剌当然不成问题。榜葛剌国王赛勿丁所献的这头长颈鹿，是埃及、叙利亚地区外族奴隶建立的伊斯兰教政权马穆鲁克王朝（Sulala Mamalik，1250—1517，亦译“马慕禄克王朝”或“马木鲁克王朝”）苏丹（阿拉伯语：سلطان，Sulṭān，指在伊斯兰教历史上一个类似总督的官职）巴斯拜送给赛勿丁的礼物。而之所以要送这份礼物，是为了求助。（图 1 - 6）14 世纪，马穆鲁克王朝内部腐败，战斗方式相对落后，由此渐渐衰落，而此时蒙古人和奥斯曼土耳其人崛起，开始不断对马穆鲁克人发起攻击。在这种情势下，马穆鲁克苏丹不得已开展“长颈鹿”外交，除了派出使节赴帖木儿“贡麒麟”外，也向部分东方国家如榜葛剌赠送长颈鹿，因为该国气候炎热，适合非洲动物的生长。（图 1 - 7）1486 年埃及马穆鲁克布尔吉王朝苏丹卡特巴（al-Ashraf Qaitbay）也送给意大利佛罗伦萨的主人洛伦佐 · 美第奇（Lorenzo de' Medici）一头长颈鹿，这是意大利人时隔 1 000 多年后在看见来自东方的丁香、锡兰肉桂和瓷器的同时，也见到了来自非洲的长颈鹿。长颈鹿一登陆欧洲就成为令人瞩目的焦点，法国皇后安妮也想获得这头长颈鹿，但被洛伦佐 · 美第奇拒绝了。美第奇为这头长颈鹿举办了盛大的游行庆典，让长颈鹿走过长长的街道，它的头几乎与周围建筑上的塔楼一样高。一位名为安东尼奥 · 科斯坦佐（Antonio Costanzo）的诗人写道：它对着每一位探出窗外的人昂着头，那是在至少十一尺高的地方，人们觉得自己在看一座移动的塔，它面对人群宁静之极，它在享受目光。佛罗伦萨人颇感兴奋，因为这意味着自己城邦地位的重要性足以影响地域的政治局势。[①]（图 1 - 8）

在古代相当长的历史时期里，中国政治谱系存在着两条不同的线索，即天下/国家两个系统：广义的天下观支配着中国朝野都坚持的天朝中心主义，所谓的天下意识和华夷观念也成为政治上普遍王权的理论基础；另一条线索是来自分封制的诸侯国，是一个有限王权的世界。因此，中国的外交传统中存在着二重结构。这也是“外国”这一概念首见于《汉书》，并在《旧五代史》中列出《外国传》的基础。10 世纪左右，随着宋人海洋意识的增强，开始有了不再将中国之外的国家简单地归为“藩属”的观念，这也是后来明朝官方对外政策指导理念的来源之一。明朝能够顺利地与西亚、东非等非藩属国家打交道，正是缘于天下/国家两个系统广义的天下观念。明太祖的外交观念不是建立在广义的天下观上，而是建立在国家观上，体现了明朝明显的疆界意识和从传统普遍王权

① 常任侠：《论明初榜噶剌国交往及沈度麒麟图》，载《南洋学报》1948 年第 5 卷第 2 期；沈福伟：《中国与非洲——中非关系二千年》，中华书局，1990 年，页 338—351；［瑞典］林瑞谷（Erik Ringmar），Audience for a Giraffe：European Expansionism and the Quest for the Exotic（长颈鹿的观者：欧洲扩张主义和寻求异国情调的任务），*Journal of World History*，17：4，December，2006，pp.353 - 397；［美］Marina Belozerskaya，*The Medici Giraffe：and Other Tales of Exotic Animals and Power*（美第奇家族的长颈鹿：及其他奇异动物的故事与权力），New York：Little Brown and Co，2006，pp.87 - 129。

的帝国“天下”逐步走向有限王权的“国家”理念的转变征兆。明太祖正是基于有限王权的认识，明确意识到在中国之外，有着无数稳定的独立国家，因此决定不再将外国视为中国的领土可以随意征伐，并多次表示不干预外国的内部事务，愿意与外国在朝贡的名义下，形成中国与外国使节交往的国际关系。① 明成祖永乐大帝就曾在平等的基础上与中亚帖木儿帝国的皇帝沙哈鲁·伯哈德打过交道。②

永乐时期的“麒麟外交”，是这一天朝中心主义支配下的天下/国家外交思想的外化。“贡麒麟”之所谓“贡”即由下献上，“贡物”一般是进献给中国皇帝的物品。同时，这也是一个意义模糊的词汇，“贡”涵盖的范围非常广泛，从皇帝向周边外族正常收取的税收，到藩属进献的物品，即使那些并不承认中国皇权的远国统治者呈送的外交礼品，甚至使团在域外购买的物品，如长颈鹿和狮子，亦可以在中国官方文献和民间文献中作为贡品来书写。郑和第四、五、六这三次下西洋都有一个重要的任务，就是进一步督促南洋和非洲诸国进行“麒麟贡”。如果沿途西洋各国无意上贡长颈鹿，那就得自行购买这一贡物，七次“麒麟贡”中目前可考的，至少有两次是通过购买获得这一奇兽的。可见这一贡物强调的不是其中的经济作用，而是礼仪的功能，即寓意了统治的合法性和有效性。周边外族政权是通过这种动物外交来显示自身的合法性，中央政府则是通过来自殊方异兽的新奇贡品，显示自己统治的有效性。其意义表现在“贡者”就是顺者，“不贡者”即抗拒者。生存在中国藩属国之外的忽鲁谟斯、阿丹、天方国，都是不同政治实体的小国，或许它们原本没必要通过贡物来确立自己的统治，但基于自身安全的多重考虑，认识到与明朝政府的“麒麟外交”，可以视为一种灵活的外交策略，将长颈鹿作为一种外交符号，充当自己与中国之间关系的润滑剂。而明朝政府则以这一形神兼备的“活麒麟”，作为一种物灵的特殊文化象征，与不少亚非国家寻找彼此共同的利益和文化上的相互契合点。

外交是相对于内政而言，是一个国家以和平手段处理对外事务，制定对外政策，派遣使团解决争端，从而实现国家利益的最大化。但一个政权也往往通过外交的成败，来实现对国内政治统治的合法性和政略实施的有效性。通过明朝“麒麟外交”所履行的一系列邦交礼仪，可以在明政府与周边藩属国统治者之间继续贯彻天下意识和华夷观念，“麒麟外交”仪式也有向远夷国家示威并吸引他们加入天朝宗藩朝贡联盟的政治目的。更重要的目的，则是借助远方诸国的献贡，演示给朝内、朝外的本土成员观看，宣示仁君与瑞兽之间的物灵政治，以全方位地确立明朝中华朝贡体系中心的地位，强化明朝政府

① 万明：《明代外交观念的演进》，载氏著《明代中外关系史论稿》，中国社会科学出版社，2011年，页181—213。

② ［美］约瑟夫·F·弗莱彻：《1368—1884年间的中国与中亚》，［美］费正清编，杜继东译：《中国的世界秩序：传统中国的对外关系》，中国社会科学出版社，2010年，页199—239。

统治的政治基础。

郑和下西洋的“寻宝”和亚非诸国“献宝”共同构成了明朝“麒麟外交”的基础，“麒麟外交”之所以能一度成立，是由中国与亚非诸国多因素合力推动的：一、明朝采取了一种面向亚非诸国的开放的胸怀，愿意与不属于藩属国的“远国”结成朝贡的关系；二、亚非一些“远国”也愿意在朝贡贸易的框架下，利用长颈鹿作为与明朝交往的政治资源和文化资源；三、明朝有利用盛世象征的瑞兽麒麟，来巩固王权和塑造正统，建立自身政权权威性和合法性的需求。

四、本章小结

郑和下西洋与动物文化以及动物外交，放到明朝和亚非世界整个外交活动的场景下来讨论，就可以发现这一动物交流的历史记忆，大致可以通过作为依据明代郑和下西洋的官方资料编纂的《明史》、郑和下西洋的若干史籍和通番碑刻资料以及作为民间记忆的笔记小说，特别是通过对明朝士人文集中有关贡麒麟的赋赞、图文的清理，展示这一动物输入中华，对于拓展明政府与所谓西洋动物文化的交往以及外交活动的意义，并进而可以通过明朝“贡麒麟”的外交活动，见出随着明朝中期郑和下西洋的终止而引发的明朝外交活动的衰微。

外交是相对于内政而言，是一个国家以和平手段处理对外事务，制定对外政策，派遣使团解决争端，从而实现国家利益的最大化。明成祖的对外观念是在总结历朝外交思想的基础上，将之在东亚国际体系中实践的经验和理论，施之于西洋、南海。郑和下西洋起初可能是为了寻找失踪的建文帝，和打击流亡的反朱棣的残余势力，但之后渐渐演变为主要是利用宝船搜寻各种奇兽宝物、保护南中国海的航道安全、宣扬国威和与非属国进行外交的需要。

何芳川曾言：长颈鹿的进献，已经脱离了它本身物的意义，成为一种精神的东西，它象征着一个理想的实现、一种境界的达到、一项功业的满足。长颈鹿的来华，成为一种政治文化。其文化内涵，都指向当时的国际关系体系——华夷秩序。[①] 明朝这一时期的外交不仅存在于中国与属国之间，还存在于与非属国之间，如何处理民族国家形成之前诸国间的外交，是永乐大帝着力思考的问题。郑和下西洋旨在建立超越东亚文化圈之外的又一套独特的体系，而“麒麟外交”正好符合了明朝这一理念。通过“麒麟外交”履行的一系列邦交礼仪，可以在明朝与非属国之间继续贯彻天下意识和华夷观念，

① 何芳川：《中外文明的交汇》，香港城市大学出版社，2003年，页63。

“麒麟外交”仪式不仅有向周边藩属国家和远夷国家示威，也有吸引他们加入天朝宗藩朝贡联盟的政治目的。而更重要的目的，是借助远方诸国的献贡，演示给朝内、朝外的本土成员观看，宣示仁君与瑞兽之间的物灵政治，以全方位地确立明朝中华朝贡体系中心的地位，强化明朝政府统治的政治基础。

第二章

沧溟万里有异兽:《西洋记》动物文本与意象的诠释

罗懋登[①]的《三宝太监西洋记通俗演义》(图 1-9)(别题《三宝开港西洋记》,简称《西洋记》),是晚明一部以明永乐、宣德年间郑和、王景弘出使三十余国的经历为框架,并掺杂种种奇闻异事的神魔小说。中国古代小说中对绝域事物有着相当丰富的想象,它反映了古人对更广大的域外空间所存在事物的好奇,也为后世通过小说来诠释异域事物奠定了一个想象的文学基础。作为一部着意描绘降妖伏魔的小说,自然离不开各种动物形象的刻绘,其中有多处记录了郑和下西洋在准备时期以及所到域外之处的种种动物,这些动物有的属于真实的世界,有的属于幻想的世界。(图 1-10)

意象是历史上不同民族认识自然和社会的一种文化符号。意象不是一般的形象,而是心灵主体与客观自然融为一体的表达和体验,意象赋予客观自然事物以生命和情感。自然意象中包含着动物意象,即在不同文化语境下,人们会赋予动物特殊的认识和情感,由动物产生不同的文化联想,并赋予动物以文化意义。学界关于动物意象和文学作品中动物意象的讨论,早在 20 世纪 90 年代就有学者撰写过相关论文,如李正民、曹凌燕《中国古典小说中的狐意象》(载《山西大学学报》1994 年第 2 期,页 63—66)是较早一篇通过解读《聊斋》等古典小说中的狐意象,来讨论最初的动物意象何以上升为古典小说中反复出现的原型意象;岳泓《〈诗经·小雅·鹿鸣〉"鹿"意象阐释》(载《山西大学师范

① 罗懋登,1517 年 2 月 4 日出生,卒年未详,字登之,号二南里人、行隐四郎,明万历年间江西省东部抚河上游的南城县南源村人,曾创作《香山记》传奇,注释过丘濬的《投笔记》,并为《西厢记》《拜月亭》《琵琶记》作过音释。郑闰先生在道光丙午年(1846)豫章堂罗氏重修的族谱《罗氏宗谱》四卷残本中找到了罗懋登的新资料,宗谱中称其另有一个号为"行隐四郎",出生于"明正德丁丑正月十四午时"[参见道光丙午年(1846)重修《罗氏宗谱》,姚吉福堂刊本]。从宗谱上可以得知,罗懋登没有获得过任何功名。郑闰推测罗懋登在南京可能是三山街书肆的抄写工,也许可以解释他为何会一生读了各种杂书。参见郑闰《〈西洋记〉作者罗懋登考略》,载时平、[德]普塔克编《〈三宝太监西洋记通俗演义〉之研究》,*Maritime Asia* 23,Harrassowitz Verlag,上海郑和研究中心,2011 年,页 15—22。

学院学报》1999年第4期，页41—48）也是较早研究《诗经》中动物意象的论文，其他还有徐秋明《杜甫笔下的动物意象》（载《社科与经济信息》2001年第10期，页131—133）。2004年，复旦大学“中国现当代文学”专业靳新来完成了博士论文《“人”与“兽”的纠葛——鲁迅笔下的动物意象》。[①] 而研究明清小说中动物意象的论著相对较少，笔者所见的有马月明《〈醒世姻缘传〉中的狐意象研究》（暨南大学硕士论文，2012年6月）。

蔡亚平的《郑和下西洋与明代小说〈三宝太监西洋记通俗演义〉——跨越文学、历史语言学科的研究成果综述》一文就小说类型及其文史内涵、小说材料和史料价值、小说作者与版本史研究、小说人物虚实的研究、语言学视角下的研究、海洋文化与文史研究等六个方面对《西洋记》的研究进行了回顾，目前没有看到从动物意象的角度切入《西洋记》的研究。[②] 细细辨析，前贤的论著中亦有若干从文化意象角度的零星讨论，如德国普塔克的《〈西洋记〉中的白鳝精》一文就讨论了郑和船队航行时的大威胁——白鳝精，出行和归航结果均利用了张天师的力量，作者文中也对白鳝精做了若干意象化的处理。[③] 陆树崙、竺少华也指出过《西洋记》的第五十一回有借在满剌伽国的“虎”变人的对话，引申出“满南京城里”有较之满剌伽虎还要更狠些的“吃人不见血”的“座山虎”；以及第七十回通过《病狗赋》里“世上人情不如狗”“人情不似狗情久”的议论，来抨击腐败丑恶的现实，认为那些峨冠博带的官员们，都是人面兽心的东西。[④] 英娜通过《西洋记》第八十四回“引蟾仙师露本相，阿丹小国抗天兵”，述及皈依佛道的白牛如何驾驭修行几百年而略有神通的青牛。以上均涉及了一些动物意象的问题。[⑤]

中国古代小说，乃至于各种文史记述中有关动物意象有着许多丰富的诠释，这些诠释和想象所形成的影响久远之系谱，最早可以追溯到所述多为各地山川神灵物怪《山海经》诞生的时代，其特点是以中国为天下的中心，在明清往往更鲜明地体现出“华夷之辨”的观念。这些小说文献多将中国以外的世界描绘成离奇和诡异的地方，那里生存着各种奇形

---

① 近年来有不少研究《诗经》《庄子》和唐诗中的动物意象的成果，如曹志亮《〈诗经〉鸟意象研究》（山东师范大学硕士论文，2012年5月）；刘丽华《论〈庄子〉中动物意象的价值蕴涵》（载《学术交流》2011年第12期）、石睿涵《论〈庄子〉中动物意象的思想意蕴》（《六盘水师范学院学报》2017年第4期），两文前后讨论的话题非常相似，奇怪的是后文竟然未提前文；黄建辉《唐诗马意象研究》（漳州师范学院硕士论文，2008年5月）、孟思瑶《唐代文学中马的文化释读》（西北大学中国古代文学硕士论文，2012年6月），后文在思路和取材方面与前文有很高的相似度。近期有两篇研究唐代小说的动物意象，一为张瑞芳《唐前仙道小说中的变化法术与动物意象》（《南京师范大学文学院学报》2016年第3期），一为余红芳《白法调狂象，玄言问老龙——唐诗动物骑乘意象与宗教信仰关系研究》[《成都理工大学学报》（社会科学版）2017年第4期]。

② [加拿大] 陈忠平主编：《走向多元文化的全球史：郑和下西洋（1405—1433）及中国与印度洋世界的关系》，三联书店，2017年，页330—355。

③ Roderich Ptak, Vom WeiBen Aalgeist oder Baishan jing，载时平、[德] 普塔克编《〈三宝太监西洋记通俗演义〉之研究》，*Maritime Asia* 23，页119—138。

④ 陆树崙、竺少华：《前言》，罗懋登撰：《三宝太监西洋记通俗演义》（上），上海古籍出版社，1985年，页13—14。下凡引用该书，均简称《西洋记》。

⑤ 英娜：《〈西洋记〉的文学书写与文化意蕴》，陕西理工学院中国古代文学专业硕士论文，2012年，页42—44。

怪状的动物,如“犬戎国”“狗国”,以及民“状如犬”之类的说法。自上古以来,中国与域外世界就有着动物知识的交流,特别是东汉开始,中国与印度文化的接触中,传统的道教又混杂着另一个异文化渊源的佛教。15世纪郑和下西洋吹响了大航海时代的前奏,[①]16世纪欧人东来,世界进入全球化时代,西方世界异化的动物意象,包括异域真实世界的动物,以及幻想世界的动物,也随着西方传教士的东来纷纷进入中国,带来了令国人闻所未闻的海洋动物,以及中世纪欧洲某些异域传说的人鱼和怪物等,引发了国人有意思的讨论。

动物意象折射出人类的心理和集体意识,并深入文学艺术而成为读者一种普遍的审美意象。中国古典小说中出现过许多异类幻化为动物意象,它们大多渗透着中国传统宗教信仰与文化思维方式,构成中国传统审美意象的一部分,揭示这一动物意象,对于我们了解小说文学,乃至中国象征文化的演变和发展的内在规律,具有重要价值。关于文学中的动物意象,以往多从小说美学的角度加以讨论,而本章则从历史学和博物学的角度切入,以《西洋记》中的动物文本作为主要的分析对象,首先讨论小说中域内域外动物记述的资料来源,其次分析其中所述及的各种动物的意象及其象征意义,以及通过小说中有关海洋动物、狮子等珍禽异兽的献贡,揭示以罗懋登为代表的民间小说家,如何通过有关域内和域外动物的意象,呼应了传统祥瑞动物的记述,迎合了传统王朝国家有关异兽瑞应的政治趣味。

一、文本究原:《西洋记》中的动物描述的资料来源

《西洋记》有着两重空间,一是静态的文本空间,即文本呈现的文字和图像的内容;一是动态的意义空间。关于《西洋记》一书中所述诸事的文本空间所据资料,历来就有很多讨论。早在1929年向达在《小说月报》上发表有《关于三宝太监下西洋的几种资料》一文,指出所述外国诸事以《瀛涯胜览》为主要材料。他还特别指出,该书第五十回和第五十一回讲到苏门答腊“黄虎化人和龟龙的事”,第七十三回木骨都束国尊者戏虎,第七十九回忽鲁谟斯博戏中的猴戏、羊戏,均来自《瀛涯胜览》。他亦指出,《西洋记》所据还有其他资料,如第二十回李海遭风遇猴精等,是来自陆采的《治城客论》。[②] 赵景深在向达研究的基础上进一步梳理《西洋记》的资料来源,并仔细比对了神鹿、鹤顶鸟、火鸡、竹鸡、草上飞、斗羊、麒麟等动物描叙的资料来源。[③] 关于《西洋记》中域内域外动物

---

① 邹振环:《郑和下西洋与明人的海洋意识——基于明代地理文献的例证》,时平主编:《海峡两岸郑和研究文集》,海洋出版社,2015年,页12—21。

② 向达:《唐代长安与西域文明》,三联书店,1987年,页560—561。

③ 赵景深:《三宝太监西洋记》,载氏著《中国小说丛考》,齐鲁书社,1983年,页264—295。

文本的来源，似有进一步探寻即进行“文本究原”的可能。

首先是《西洋记》中有关域内“马”文本的记叙，书中第十六回“兵部官选将练师　教场中招军买马”中，描述太仆寺领了皇帝买马的旨意，遍寻天下名马。不旬日之间，这些名马已经齐备：“飞龙、赤兔、骏骧、骅骝、紫燕、骕骦、啮膝、瑜晖、麒麟、山子、白蚁、绝尘、浮云、赤电、绝群、逸骠、騄骊、龙子、麟驹、腾霜骢、皎雪骢、凝露骢、照影骢、悬光骢、决波騟、飞霞骠、发电赤、奔虹赤、流金张、照夜白、一丈乌、五花虬、望云骓、忽雷驳、卷毛驺、狮子花、玉骕骝、红赤拨、紫叱拨、金叱拨；就是毛片，也不是等闲的毛片，都是些布汗、论圣、虎喇、合里、乌赭、哑儿爷、屈良、苏卢、枣骝、海骝、栗色、燕色、兔黄、真白、玉面、银鬃、香膊、青花。”[①]

小说中马的种类，最早可以上溯到公元前200年冒顿单于以40万骑兵围刘邦于平城（今山西大同），其时曾以马的颜色分类编队，西方白马、东方青龙马、北方乌骊马、南方骍马。[②]“腾霜骢、皎雪骢、凝露骢、照影骢、悬光骢、决波騟、飞霞骠”，最早可能出典于《旧唐书·铁勒传》，称蒙古高原西北部的匈奴别种骨利干，于贞观中遣使入朝“献良马十匹”，“太宗奇其骏异，为之制名，号为十骥：一曰腾霜白，二曰皎雪骢，三曰凝露骢，四曰悬光骢，五曰决波騟，六曰飞霞骠，七曰发电赤，八曰流金騧，九曰翱麟紫，十曰奔虹赤”。[③]对比高明（约1305—约1371）的《琵琶记》第十出《杏园春宴》有提到马的颜色和名称，两者极为相似，如问：“有甚颜色的？”答曰：“布汗、论圣、虎刺、合里、乌赭、哑儿爷、屈良、苏卢、枣骝、栗色、燕色、兔黄、真白、玉面、银鬃、绣膊、青花。正见五花散作云满身，万里方看汗流血。”又问：“有什么好名儿？”答曰：“飞龙、赤兔、騕褭、骅骝、紫燕、骕骦、啮膝、逾晖、骐麟、山子、白羲、绝尘、浮云、赤电、绝群、逸骠、騄骊、龙子、驎驹、腾霜骢、皎雪骢、凝露骢、照影骢、悬光骢、决波騟、飞霞骠、发电赤、流金騧、翔麟紫、奔虹赤、照夜白、一丈乌、九花虬、望云骓、忽雷驳、卷毛騧、狮子花、玉逍遥、红叱拨、紫叱拨、金叱拨。正是青海月氏生下，大宛越賧将来。”[④]两段文字中名马名字的排列顺序也基本一致。罗懋登熟悉明代戏曲，其本人也创作戏曲，小说中“马”文本很可能主要采自《琵琶记》。

关于域外动物的描述，是《西洋记》的重要特色之一。如该书第六十一回描述了古俚国国王献上的贡品中有“草上飞一只（兽名，形大如犬，浑身似玳瑁斑猫之样，性最纯善，惟狮、象等恶兽见之，即伏于地下，此乃兽中之王也）、黑驴一头（日行千里，善斗虎，一踔而毙）”。[⑤]第七十八回讲述祖法儿国献上的动物贡品有：“驼鸡十只（即鸵鸟，高七尺，色

① 《西洋记》（上），页205—206。
② 林幹：《匈奴史》，内蒙古人民出版社，1979年，页2。
③ 《旧唐书》卷一九九《铁勒传》，《二十五史》第5册，上海古籍出版社、上海书店，1986年，页4120。
④ 高明撰：《琵琶记》，中华书局，1958年，页39。
⑤ 《西洋记》（下），页792。引文括号中的文字，为原著小说中的双行夹注，下同。

黑,足类骆驼,背有肉鞍,夷人乘之,鼓翅而行,日三百里,能啖铁。一曰鸵鸟)、汗血马二十匹(本国颇黎山有穴,穴中产神驹,皆汗血)、良马十匹(头有肉角数寸,能解人语,知音律,又能舞,与鼓节相应)。"[①]第七十九回讲述宝船经过"忽鲁谟斯"(Hormuz),国王所献呈的计有:"狮子一对,麒麟一对,草上飞一对,名马十匹,福禄一对(似驴而花纹可爱),马哈兽一对(角长过身),斗羊十只(前半截毛拖地,后半截如剪净者,角上带牌,人家畜之以斗,故名),驼鸡十只。"[②]

上述《西洋记》的这几段文字内容提及的几种重要的动物,如"斗羊""草上飞"和"驼鸡"等,都有所本。考察马欢《瀛涯胜览》"忽鲁谟斯国"条称:"一等斗羊,高二尺七八寸,前半截毛长拖地,后半身皆净。其头面似绵羊,角弯转向前,上带小铁牌,行动有声。此羊快斗,好事之人喂养在家,斗赌钱物为戏。又出一等兽,名'草上飞',番名'昔雅锅失'。有大猫大,浑身俨似玳瑁斑猫样,两耳尖黑,性纯不恶。若狮、豹等项猛兽见他,即伏于地,乃兽中之王也。"[③]类似记述也见之巩珍《西洋番国志》:"一种斗羊,高二尺七八寸,前半身毛长拖地,后半身皆剪。其头颇如绵羊,角弯转向前,挂小铁牌,行则有声。此羊善斗,好事者养之,以为博戏。又有兽名草上飞,番名'昔雅锅失',似猫而大,身玳瑁斑,两耳尖黑,性纯不恶。若狮、豹等猛兽见之皆伏于地,乃百兽之王也。"[④]

关于驼鸡,马欢书中述及"祖法儿国"亦有记载:"山中亦出驼鸡,土人捕捉来卖。其鸡身扁,颈长如鹤,脚长高三四尺,每脚只有二指,毛如骆驼,吃绿豆等物,行似骆驼,以此名为驼鸡。"[⑤]《西洋记》一书中提及的"福禄一对(似驴而花纹可爱)",可能也是出自马欢《瀛涯胜览》,其中阿丹国有"福鹿",即"福禄":"如骡子样,白身白面,眉心细细青条花起满身至四蹄,条如间道如画青花。"[⑥]福鹿(驴)即今斑马。

《西洋记》第八十六回记述阿丹国贡献的动物最多,有:"麒麟四只(前两足高九尺余,后两足高六尺余,高可一丈六尺,首昂后低,人莫能骑,头耳边生二短肉角),狮子四只(似虎,黑黄无斑,头大口阔,声吼如雷,诸兽见之,伏不起),千里骆驼二十只,黑驴一只(日行千里,善斗虎,一踬而虎毙),花福禄五对,金钱豹三对,白鹿十只(纯白如雪),白雉十只,白鸠十只,白驼鸡二十只(如白福禄),绵羊百只(大尾无角),却尘兽一对(其皮不沾尘,可为褥,价亦高),风母一对(似猿,打死,得风即活,若以菖蒲塞鼻,则

---

① 《西洋记》(下),页1009—1010。

② 同上书,页1023—1024。

③ 马欢原著,万明校注:《明钞本〈瀛涯胜览〉校注》,页98。

④ 巩珍撰,向达校注:《西洋番国志》,页44。万明接续向达的注释,称:"番名'昔雅锅失'为波斯语 siyāhgōš 的对音,义为黑耳,是山猫(lynx)的一种。"参见马欢著、万明校注《明钞本〈瀛涯胜览〉校注》,页99。张箭称"草上飞"系猞猁,参见氏著《下西洋所见所进之异兽考》,载《社会科学研究》2005年第1期。

⑤ 马欢原著,万明校注:《明钞本〈瀛涯胜览〉校注》,页79。

⑥ 同上书,页84。

死不复活矣）。”[①]“麒麟”和“狮子”的资料也见之马欢《瀛涯胜览》：“麒麟前二足高九尺余，后两足约高六尺，长颈，抬头高一丈六尺，首昂后低，人莫能骑。头生二短肉角在耳边，牛尾鹿身，蹄有三跲，匾口，食粟豆面饼。其狮子身形如虎，黑黄无斑，头大口阔，尾尖毛多，黑长如缨。声吼如雷，诸兽见之，伏不敢起，乃兽中之王也。”[②]这一段描述中的动物特征和数字，都与《西洋记》几乎完全吻合。天方国呈送的动物贡品有：“麒麟一对，狮子四对，草上飞一对，驼鸡五十只，橐驼一百只，羚羊一百只，龙种羊十只（以羊脐种土中，溉以水，闻雷而生，脐属土中，刀割必死，俗击鼓惊之，脐断，便行啮草，至秋可食，脐内复有种），却火雀一对（似燕，置火中，火灭，其雀无伤，因浴沙水受卵，故能然），狻猊一对（生七日，未开目时，取之易调习，稍长则难驯伏，以其斤为琴弦，一奏余弦皆断；取一滴乳，并他兽乳同置器中，诸乳皆化为水），名马五十匹（高八尺许，名为天马）。”[③]名马“高八尺许，名为天马”一句，显然来自《星槎胜览》卷四“马有八尺高者，名为天马”。[④] 关于“风母一对（似猿，打死，得风即活，若以菖蒲塞鼻，则死不复活矣）”一句，则来自罗日褧《咸宾录·南夷志》卷六“真腊”：“风母，似猿，打死得风即活，惟以菖蒲塞其鼻则死，不复生矣。”[⑤]

根据上述动物文本的记述，我们不难用比对的方法，确定罗懋登描述的域内“马”动物文本，除了可能有来自正史如《旧唐书》外，主要来自《琵琶记》等小说戏曲；域外动物所用的材料主要来自随郑和下西洋使行人员的笔记，如《瀛涯胜览》《星槎胜览》《西洋番国志》，少数可能来自《咸宾录》等。罗懋登采撷的材料非常广泛，举凡朝野史料、流行小说戏曲，多有关注，这些文献资料中利用最多的，是随同郑和下西洋的通事马欢的《瀛涯胜览》，可见罗懋登还是非常懂得采用第一手文献的重要性。《西洋记》引用文献的方式，一是直接引用，如照抄《瀛涯胜览》《星槎胜览》《咸宾录》等，经常是将原有文献中的解释，作为小说的双行夹注；二是综合改写，如改写高明的《琵琶记》、陆采的《治城客论》等，正如陈洪所指出的：《西洋记》第八十四回中青牛变白牛、白牛脱牛身、最终归空寂的脱化得道，系改写自宋代普明禅师的《牧牛图颂》。[⑥]

二、神骏非凡显天威：文本中的“天马”

在讨论其静态文本与其他文本之间的关联之后，我们还需努力尝试将《西洋记》文

① 《西洋记》（下），页 1105—1106。
② 马欢原著，万明校注：《明钞本〈瀛涯胜览〉校注》，页 84。
③ 《西洋记》（下），页 1112—1113。
④ 费信撰：《星槎胜览》，中华书局，1991 年，页 23。
⑤ 罗曰褧撰：《咸宾录》，中华书局，2000 年，页 142。
⑥ 陈洪：《结缘：文学与宗教——以中国古代文学为中心》，北京师范大学出版社，2009 年，页 345。

本背后的意象诠释出来,进行所谓静态和动态文本空间的重构。人与动物的生活交织在一起,大自然具有神圣性,作为大自然一部分的动物,也会作为图腾等崇拜的对象,人们会在动物身上寻找力量和智慧,自然的动物也会被人类赋予某种灵性和神性,获得许多象征意义。

《西洋记》第十六回"兵部官选将练师　教场中招军买马"称永乐大帝下了圣旨:"征进西洋,还用精兵十万,名马千匹。"太仆寺正是领了"万岁爷"买马的旨意,遍寻天下名马。罗懋登笔下一些"生长出入黄金门"的名马,自然不是"等闲的马",如"赤兔"为永乐大帝的战骑之一。永乐大帝文治武功成绩斐然,南征北战驾驭过很多优秀的战马,堪称"马上皇帝"。有八匹骏马陪伴他大半辈子在北方过着戎马征战的生涯,因此他有模仿唐太宗在陵墓中绘刻战马的举措,在他和仁孝文皇后徐氏(徐达之女)合葬的位于北京市昌平区天寿山南麓的长陵中绘刻了此八骏图。陵旁祭殿两侧有享殿,"长陵八骏"石刻就列置其中,八匹骏马的名称:一是龙驹,二是赤兔,三是乌兔,四是飞兔,五是飞黄,六是银褐,七是枣骝,八是黄马。所表现的八匹骏马或作奔驰状,或作站立状,或为武士为马拔箭的场面,其鞍、鞯、镫、缰绳等,都逼真地再现了明代战马的装饰,象征明成祖所经历的最主要的八大战役。[①] 其中的"赤兔",据说永乐大帝骑乘该马战于白沟河,马步行中箭,由时任都指挥亚失铁木儿拔出。[②] 很多马都有出典,如"忽雷交驳",是传说中一种形似马却能吃虎豹的怪兽,类似西方的独角兽,吼声如雷,能吃虎豹,典出自《山海经》。《西洋记》中提及三种"叱拨",据南宋李石《续博物志》卷四记载,唐天宝中,大宛进汗血马六匹:一曰红叱拨,二曰紫叱拨,三曰青叱拨,四曰黄叱拨,五曰丁香叱拨,六曰桃花叱拨。刘迎胜认为此处提到的六匹汗血马番名中的"叱拨",是唐代流布甚广的外来词,源于中古波斯语 asp,意为"马",至宋代尚有人使用。[③]

马不仅是中国文化中最富象征意义的动物,也是军事文化的重要符号。自商周以来的数千年间,马匹不仅是重要的驮畜,在中原地区也是牵引战车的主要战争工具,驰驱战车的马堪称世界史舞台上首见的复杂利器。骑兵和战车出现之后,以空前的速度

---

① 明人黄瑜《双槐岁钞》提及"长陵八骏",称有《长陵八骏图》,可能是当时的画家所绘。画作上有成化年间学士刘定之的歌咏。永乐大帝有唐太宗的风范,每次战斗都身先士卒,所骑之马多中箭受伤。《长陵八骏图》的手卷据说被切割成两半,1576 年万历皇帝在皇家的收藏中再次发现这幅画卷,仅仅剩下四匹战马的形象。参见宋后楣著,朱洁树、徐燕倩节译《中国古代马画中的符号与诉说》,载《东方早报·艺术评论》2014 年 1 月 27 日第 4—8 版。作者为美国辛辛那提美术馆亚洲部主任,该文系其所著《译解的信息:中国动物画中的符号语言》一书的节译。

② 黄瑜《双槐岁钞》称:"《太宗八骏图》,其一曰龙驹,战于郑村坝,乘之中箭,都指挥丑丑拔。其二曰赤兔,战于白沟河,乘之中箭,都指挥亚失铁木儿拔。其三曰乌兔,战于东昌,乘之中箭,都督童信拔。其四曰飞兔,战于夹河,乘之中箭,都指挥猫儿拔。其五曰飞黄,战于藁城,乘之中箭,都督麻子帖木儿拔。其六曰银褐,战于宿州,乘之中箭,都督亦赖冷蛮拔。其七曰枣骝,战于小河,乘之中箭,安顺侯脱火赤拔。其八曰黄马,战于灵壁,乘之中箭,指挥鸡儿拔。"参见刘文锁《骑马生活的历史图景》,商务印书馆,2014 年,页 119—120。

③ 刘迎胜:《古代东西方交流中的马匹》,载《光明日报》2018 年 1 月 15 日第 14 版。

移动，军事机动力大大增强，使原先被认为是军事屏障的缓冲地带，不再成为军事防御的障碍。策马飞舆——骑乘马匹和驾驭战车被视为一个国家实力的代表，也是国家之间的重要威慑力之一。

罗懋登罗列了如此之多奇奇怪怪的各种战马的名称：飞龙、骏騕、骅骝、紫燕、骕骦、啮膝、踰晖、麒麟、山子、白蚁、绝尘、浮云、赤电、绝群、逸骠、騄骊、龙子、麟驹、腾霜骢、皎雪骢、凝露骢、照影骢、悬光骢、决波騟、飞霞骠、发电赤、奔虹赤、流金騌、照夜白、一丈乌、五花虬、望云骓、卷毛蜗、狮子花、玉骕骝、红赤拨、紫叱拨、金叱拨；就是毛片，也不是等闲的毛片，都是些布汗、论圣、虎喇、合里、乌赭、哑儿爷、屈良、苏卢、枣骝、海骝、栗色、燕色、兔黄、真白、玉面、银鬃、香膊、青花等，甚至还列出安放这些战马的马厩，称"就是马厩，也不是等闲的马厩，都是些飞虎、翔麟、吉良、龙骐、驺駼、駃騠、騊鸾、六群、天花、凤苑、荒豢、奔星、内驹、外驹、左飞、右飞、左方、右方、东南内、西南内"。[①] 其中不少选中的名马，曾经"入为君主驾鼓车，出为将军静边野"，大多是用颜色来命名的，如"真白""赤电""一丈乌""兔黄""青花"等，中国传统有以马的毛色来分类编队，甚至划分战区，这些马的名字也是古代牧马行阵过程的遗蜕，是将古代陆上战阵延续至海上。郑和每次率领庞大的船队，都有浩浩荡荡的马船，即将陆地"流星般"的骑兵力量延续到海上，成为郑和船队的威力之一。

这一段文字的最后部分，罗懋登安排了"一阕《天马歌》为证"，诗曰：

> 汉水扬波洗龙骨，房里堕地天马出。
> 四蹄蹀躞若流星，两耳尖流如削竹。
> 天闲十二连青云，生长出入黄金门。
> 鼓鬃振尾恣偃仰，食粟何以酬主恩。
> 岂堪碌碌同凡马，长鸣喷沫奚官怕。
> 入为君王驾鼓车，出为将军静边野。
> 将军与尔同死生，要令四海无战争，千古万古歌太平！[②]

天马是人们心目中带有羽翼的神马，据说汉武帝元鼎四年(公元前113年)，在今敦煌附近的渥洼湖泽中有天马跃出。天马让人们想起了天穹中驰骋飞翔的神马，无垠的天穹和变化莫测的自然界让古人充满了好奇和向往，认为那里是种种能飞翔的神奇动物的居处。天马既表达了古人的美好祈愿，也展现了他们对雄强宏大的生命力量的赞美。[③]

---

① 《西洋记》(上)，页205。
② 同上书，页203—206。
③ 赵超：《汉代的骏马》，《紫禁城》杂志编辑部编：《神龙别种：中国马的美学传统》，故宫出版社，2014年，页15—35。

据《史记·大宛列传》，张骞出使西域，在给汉武帝的报告中，盛陈大宛名特产，特指称大宛"多善马，马汗血，其先天马子也"。后又有使者夸赞其马，并言最善者在大宛贰师城。武帝急于得善马，曾派人持千金及金马以请宛王贰师城善马，遭到拒绝。于是，汉武帝派贰师将军李广利，率数万专门之师，直趋贰师城，取得善马。据说汉使看到这种善马在高速奔驰后，肩膀会慢慢鼓起，流出像鲜血般的汗水，感到奇怪，汉郊祀歌描写道"沾赤汗，沫流赭"，便以"汗血马"名之。[①] 武帝见这些马高大雄壮，奔跑迅速，十分高兴，并赐名"天马"，写下了《西极天马歌》："天马来兮从西极，经万里兮归有德。承灵威兮降外国，涉流沙兮四夷服。"天是至高无上、统治一切、无所不能的具有人的意识与感情的实体，天马的美名是将上天的人格意志和受命于天的马神的那种驾驭神奇的威力，组合在一起，具有无限的感召力。[②]

在许多文化中，马象征着蓬勃的生命力，寓意着高贵、速度、自由和完美。马常常作为太阳神或天神的坐骑或化身出现在神话故事中，马总是和征服者的力量联系在一起，传统的君主塑像，无论中外，都喜欢表现君主骑马的雄姿。不同色彩的骏马，如白马、黑马、金马，都具有不同的象征意义。[③]《西洋记》以如此之多骏马的各种名称，如同在世界之大洋中掀起了阵阵巨浪，宣示着明朝军事风起云涌的峥嵘力量。可以说，郑和下西洋携带的"风驰电掣"之骏马，是希望将陆地骑射的优势，通过大船跨海航行的"秀肌肉"，唱响"承灵威兮降外国，涉流沙兮四夷服"的颂歌，来达到"要令四海无战争，千古万古歌太平"的目标。

三、跨境异兽呈祥瑞：外来动物贡品的种类

《西洋记》一书中有大量对来自南洋、印度和非洲动物的描述，如第六十一回描述了"古俚国"国王献上的贡品中有"形大如犬，浑身似玳瑁斑猫之样"的"草上飞"，这是一种"性最纯善，惟狮、象等恶兽见之，即伏于地下"的兽中之王；也有"日行千里"的黑驴，"善斗虎，一踢而虎毙"。[④] 第七十八回讲述"祖法儿国"献上的动物贡品中有国人从未见过的"高七尺，色黑，足类骆驼，背有肉鞍，夷人乘之，鼓翅而行"的驼鸡，其实就是鸵鸟，不过罗懋登转述了马欢书中所述的传闻，即驼鸡"日三百里，能啖铁"。第八十六

① 有专家认为，汗血马之所以会流出血汗，主要是因为它身上寄生着一种多乳头丝状虫，这种寄生虫在马体，皮肤会泛血丝，与汗珠相互辉映之下，就会呈现出淡红色。参见[日]本村凌二著、杨明珠译《马的世界史》，(台北)玉山社，2004年，页98。

② 林璎：《天马》，外文出版社，2002年，页46。

③ [英]米兰达·布鲁斯-米特福德、菲利普·威尔金森著，周继岚译：《符号与象征》，三联书店，2013年，页54。

④ 《西洋记》(下)，页798。

回记述阿丹国贡献的动物最多，有“前两足高九尺余，后两足高六尺余，高可一丈六尺，首昂后低”的麒麟，有“似虎，黑黄无斑，头大口阔，声吼如雷，诸兽见之，伏不起”的狮子，以及“似猿，打死，得风即活”的风母。[①] 天方国呈送的动物贡品中有一种所谓“龙种羊”，“以羊脐种土中，溉以水，闻雷而生，脐属土中，刀割必死，俗击鼓惊之，脐断，便行啮草，至秋可食，脐内复有种”。另外有一种“火雀”，“似燕，置火中，火灭，其雀无伤，因浴沙水受卵，故能然”；有狻猊一对，据说“生七日，未开目时，取之易调习，稍长则难驯伏。以其斤为琴弦，一奏余弦皆断。取一滴乳，并他兽乳同置其中，诸乳皆化为水”。[②]

上述记述的所贡动物，都着力于其奇特性，如形大如犬的草上飞，包括狮子、大象在内的群兽见之即伏于地下，与国人所述狮子为兽中之王的常识不同。日行千里的黑驴，竟然能与虎搏杀，甚至一蹄而能毙虎。所谓“前两足高九尺余，后两足高六尺余，高可一丈六尺，首昂后低，人莫能骑。头耳边生二短肉角”的麒麟，无疑就是长颈鹿，对于中国人来说，这是前所未见过的非洲动物，甚至被认为引发了郑和下西洋第四至第七次的赴非洲寻找长颈鹿的“麒麟外交”；[③]所描述的狮子不是中国人通常所见过的善舞的狮子，而是真正的百兽之王：“似虎，黑黄无斑，头大口阔，声吼如雷，诸兽见之，伏不起。”而在相当长的时期里，马是国际外交活动中的国礼，从古希腊时代到奥斯曼帝国时期，突厥文化礼尚往来中就有“独重马匹”的传统，因此苏丹会将阿拉伯战马当作国礼，赠送给欧洲国家的一些元首，如 1802 年由奥斯曼帝国的苏丹将一匹白色阿拉伯雄马维齐尔赠予拿破仑，成为拿破仑的爱驹，此后随拿破仑南征北战。[④] 最有意思的是，罗懋登也记述了诸番进贡的各种马，有“头有肉角数寸，能解人语，知音律，又能舞，与鼓节相应”的良马，[⑤]还有著名的“汗血马”。这种马与中原习见的蒙古马差异明显，身长体高，四肢较之于先前出现在中国的马都要壮硕和结实，且速度、耐力兼备，是极为优良的战马。“汗血马”即当年汉武帝数次向大宛遣使，最终派遣李广利两次率军征讨所获的“天马”。有专家考证，出土于我国甘肃武威的铜奔马即著名的“马踏飞燕”，其原型就是来自大宛的汗血宝马。汗血马的引进数量毕竟有限，而以良种西域名马与蒙古土种马杂交可使后代改良性状。汉以后，汗血马仍然不断输入中原。[⑥] 或称为中外“骏马外交”的一部分，郑和下西洋促使祖法儿国所献被誉为“神驹”的“汗血马”

---

① 《西洋记》(下)，页 1105—1106。
② 同上书，页 1112—1113。
③ 参见本书第一章。
④ 1826 年维齐尔以 33 岁高龄去世，之后被制作成标本，今藏于法国军事博物馆。陆益峰：《“动物外交官”活跃于国际舞台》，《文汇报》2018 年 6 月 14 日第 8 版。
⑤ 《西洋记》(下)，页 1009—1010。
⑥ 刘迎胜：《古代东西方交流中的马匹》，载《光明日报》2018 年 1 月 15 日第 14 版。

亦是例证之一。[①]

输入域外动物，在中国有着悠久的传统。异国动物传入中国在明初扮演着重要的角色，郑和的船队究竟如何把这些作为贡品的动物，如长颈鹿、狮子等，通过漫长的海上航行运往中国，至今仍是一个谜。

四、江洋动物寓艰险：海洋动物的意象

海洋变化莫测，代表着一种无意识的混沌状态。在中国先民的观念中，深不见底的大海并非浪漫和温和的蓝色世界，而是一片蛮荒无际、昏晦凶险之域，海上暴风雨随时会涌起致死的波涛，对于所有不同类型的船只带来的影响都是巨大的。海洋中孕育着种种艰难，是风暴波涛致人死命的阴森可怖之地。狂风呼啸、奔腾咆哮的巨涛，如同脱缰的野马，疯狂地扑向船队的巨浪，仿佛是要把船只撕裂的怪兽，使古人对海洋充满了茫然不可知的敬畏恐怖的心理。古人往往将大海视为神灵和异兽恣意狂欢的舞台，庄子就将海视为与冥界相连的神祇和灵兽活跃的世界。《庄子·逍遥游》中有："北冥有鱼，其名为鲲。鲲之大，不知其几千里也；鲲化而为鸟，其名为鹏。鹏之背，不知其几千里也；怒而飞，其翼若垂天之云。是鸟也，海运则将徙于南冥。南冥者，天池也。"《庄子·秋水》篇中也记录了黄河河伯冯夷和北海海神之间的答问。[②]郑和船队的宝船虽在当时的世界可谓无与伦比，但在浩渺的海洋中仍如同一片飘摇的树叶。罗懋登在《西洋记》中也写道，海上虽有"风清气朗"，但更多时候还是"乌天黑地，浪滚涛翻"。[③] 作者同样喜欢以动物来寓意海上的艰难凶险，如称"涛声裂山石"的海上处处都有"鱼龙负舟起""涛翻六鳌背""猥与海怪对"等语句，来寓意海上艰难航行的惊悚场面。[④]

海洋中想象的动物，在《西洋记》中经常被寓意着航行途中的困厄和苦难，如第十九回"白鳝精闹红江口，白龙精吵白龙江"中，就写郑和宝船行至红江口，有很多妖精兴风作浪，郑和道："兵过红江口，铁船也难走。江猪吹白浪，海燕拂云鸟。虾精张大爪，鲨鱼

---

① "汗血宝马"是土库曼斯坦的民族骄傲和国家象征，土库曼斯坦是世界上唯一一个将马的形象置于国徽中的国家。作为中土友好的象征，土库曼斯坦分别在 2000 年、2006 年和 2014 年先后将三匹汗血宝马作为国礼赠送给中国。此外，土库曼斯坦曾向英国、法国、俄罗斯等多国领导人赠送过汗血宝马，"骏马外交"成为土库曼斯坦对外关系的重要一环。"骏马外交"至今仍流行，如作为马背上的国家，蒙古国也常常将蒙古马作为国礼赠送给他国。2014 年蒙古国赠予中国两匹纯种蒙古马。2016 年印度总理莫迪访问蒙古国时获赠一匹良马。而新加坡总理李显龙也曾在蒙古获赠一匹褐色良马，由于马儿身上印有一颗星星，他为其命名为"淡马锡之星"。陆益峰：《"动物外交官"活跃于国际舞台》，《文汇报》2018 年 6 月 14 日第 8 版。

② 王先谦注：《庄子集解》，"诸子集成"本（三），上海书店，1986 年，页 1—2、99—108。

③ 《西洋记》（上），页 283。

④ 同上书，页 266—267。

量人斗。白鲭趁波涛，吞舟鱼展首。日里赤蛟争，夜有苍龙吼。苍龙吼，还有个猪婆龙在江边守；江边守，还有白鳝成精天下少。”罗懋登还用了以下拟人化的处理：

> 原来姓江的是个江猪，姓鄢的是个海燕，姓夏的是个虾精，姓沙的是个鲨鱼，姓白的是个白鳝，姓口天的是个吞舟鱼，姓朱的是个猪婆龙，身上花的是条赤蛟，项下有麟的是条苍龙，长子是条白鳝。天师谢了天神，骂道：“孽畜敢无礼！”即时亲自步出船头，披了发，仗了剑，问道：“水族之中何人作吵？”只见江水里面，大精小怪，成群结党，浮的浮，沉的沉，游的游，浪的浪，听见天师问他，他说道：“管山吃山，管水吃水。你的宝船在此经过，岂可只是脱个白罢？”天师回转玉皇阁，对着三宝老爷说了。老爷转过帅府宝船，吩咐杀猪杀羊，备办香烛纸马，祭物齐备了，方才请到天师。天师带了徒弟，领了小道士，念的念，宣的宣，吹的吹，打的打，设醮一坛。祭祀已毕，那些水神方才欢喜而去。只是一个白鳝神威风凛凛，怪气腾腾，昂然在于宝船头下，不肯退去。天师道：“你另要一坛祭么？”只见他把个头儿摇两摇。天师道：“你要随着我们宝船去么？”只见他又把个头儿摇两摇。天师道：“左不是，右不是，还是些甚么意思？”猛然间计上心来，问他道：“你敢是要我们封赠你么？”只见他把个头儿点了两点。天师道：“我这里先与你一道敕，权封你为红江口白鳝大王，待等我们取宝回来，奏过当今圣上，立个庙宇，置个祠堂，叫你永受万年之香火。”只见白鳝精摇头摆尾而去了。这些水怪风憩浪静，宝船自由自在，洋洋而行。①

海洋是人们寻求远方海岸的通道，对于航海家来说，它既需要航海者的勇气，也需要航海者的忍耐力。那些水神、猪婆龙、赤蛟、苍龙、白鳝神、白蛇精等奇异的怪兽，都是海洋中自然力的神话意象，现实世界中海洋里各种凶暴、艰险的化身。《西洋记》中的“天师”作为“当今圣上”在海洋施行王权的代表，在与神灵的交锋中，他或以“万年之香火”来笼络，或借助神权的“庙宇”和族权的“祠堂”之力，来征服这些神奇的海中怪兽。海洋象征着威胁、破坏与重生的力量，对于一个像罗懋登那样有着丰富想象力的小说家，海洋的象征意义也总是和死亡、超自然的力量相联系，是一个由古怪神仙、精灵、怪物统治的海洋王国。上述这一段《西洋记》中的“航海异事”，罗懋登也是以浪漫主义的想象和手法，描绘了水族世界中“大精小怪，成群结党，浮的浮，沉的沉，游的游，浪的浪”的各种古灵精怪。无边无际的浩瀚大海，时而平静，时而暴戾，巨大的海浪、暴风骤雨，幽灵岛、船难和海盗，以及各种具有可怕进攻性的海洋鱼类，如

① 《西洋记》(上)，页245—246。

令人战栗的毒蛇、凶暴的虎鲨及能置人于死地的海蛇,使海洋成为人们最恐惧的深不可测之地。

五、万国贡物拜冕旒:奇兽象征的盛世瑞应

罗懋登在《西洋记》第八回中还有一段关于永乐登基时万方来朝贡献珍禽异兽之辉煌场面的描绘:"万岁爷登基,用贤如渴,视民如子,励精图治,早朝晏罢。"作者以一首诗为证:"圣人出,格玄穹。祥云护,甘露浓。海无波,山不重。人文茂,年谷丰。声教洽,车书同。双双日月照重瞳。但见圣人无为,时乘六龙,唐虞盛际比屋封。"①之后是万方朝贡品的展示,首先就是异域奇兽的青狮、白象、紫骝马、羱羊、白鹦鹉和孔雀等动物贡品描述,称永乐皇帝看到了各种祥瑞的贡品,以及跪在午门之内的一拨非"中朝文献之邦"的异人,他们"头上包一幅白氎的长布,身上披一领左衽的衣服,脚下穿一双犛牛皮的皮靴,口里说几句侏离的话"。鸿胪寺报名道:"外国洋人进贡。"传宣的问道:"外邦进贡的可有文表么?"洋人的通事说道:"俱各有文表。"传宣的说道:"为甚么事来进贡?"洋人通事说道:"自从天朝万岁登龙位之时,天无烈风暴雨,海不扬波,故此各各小邦知道中华有个圣人治世,故此赍些土产,恭贺天朝。"这些贡物"有青狮、白象、名马、羱羊、鹦鹉、孔雀,俱在丹陛之前",于是"龙颜大悦",传宣命令:"一国挨一国,照序儿进上来,我和你传达上。"②

头一个是西南方哈失谟斯国差来的番官番吏,进上一道文表,贡上一对青狮子。这狮子:金毛玉爪日悬星,群兽闻知尽骇惊。怒向熊罴威凛凛,雄驱虎豹气英英。已知西国常驯养,今献中华贺太平。却美文殊能尔服,稳骑驾驭下天京。

第二个是正南方真蜡国差来的番官番吏,进上了一道文表,贡上四只白象,这白象:惯从调习性还驯,长鼻高形出兽伦。交趾献来为异物,历山耕破总为春。踏青出野蹄若铁,脱白埋沙齿似银。怒目禄山终不拜,谁知守义似仁人。

第三个是西北方撒马儿罕国差来的番官番吏,进上了一道文表,贡上十匹紫骝马,这紫骝马:侠客重周游,金鞭控紫骝。蛇弓白羽箭,鹤辔赤茸鞦。发迹来南海,长鸣向北州。匈奴今未灭,画地取封侯。

第四个是正北方鞑靼国差来的番官番吏,进上了一道文表,贡上了二十只羱羊。这羱羊形似吴牛,角长六尺五寸,满嘴髭髯,正是:长髯主簿有佳名,羵首柔毛

---

① 《西洋记》(上),页 101。
② 同上书,页 105—106。

似雪明。牵引驾车如卫玠，叱教起石羡初平。出郊不失成君义，跪乳能知报母情。千载匈奴多牧养，坚持苦节汉苏卿。

第五个是东南方大琉球差来的番官番吏，进上了一道官表，贡上一对白鹦鹉。这白鹦鹉：对对含幽思，聪明忆别离。素衿浑短尽，红嘴漫多知。喜有开笼日，宁惭宿旧枝。白应怜白雪，更复羽毛奇。

第六个是东北方奴儿罕都司差来的番官番吏，进上了一道表文，贡上一对孔雀。这孔雀：翠羽红冠锦作衣，托身玄圃与瑶池。越南产出毶毨美，陇右飞来鞴瀫奇。豆蔻图前频起舞，牡丹花下久栖迟。金屏一箭曾穿处，赢得婚联喜溢眉。[①]

上述每种动物都象征了一个国家或地区，西南方所贡的一对青狮子象征了西域的臣服；正南方真蜡国所贡的白象象征了南海的归顺；西北撒马儿罕国贡上的十匹紫骝名马，象征了北狄的屈服；正北方贡上羱羊的鞑靼国，象征了东北亚的藩属国；东南方所贡白鹦鹉的大琉球和东北方所贡孔雀的奴儿罕都司，都象征了东海世界的藩属国，多一种珍禽异兽也就是多一个臣服的国家和地区，珍禽异兽的贡献在明初的朝贡体系中有着不可替代的作用。永乐大帝热衷于万国来朝，通过郑和下西洋积极招徕远人臣服，而臣服的一个标志就是进贡珍禽异兽。因此明朝宫廷充斥着各种珍禽异兽，蓄养各类动物始于迁都北京后，主要设在西苑及南海子，蓄养数量以万计。[②] 内府诸司管辖有百兽房、百鸟房、豹房、狮子房、鹰房、狗房、獐鹿房、猫儿房、天鹅房、杂鸽房、虫蚁房等，珍禽异兽的种类和规模都在迅速膨胀，朝仪活动都有各种异兽参与，以此来显示威仪，宣扬教化。[③] 这些供宫廷贵族观赏的异兽，还会集中公开展示，并命大臣作诗赋歌颂，以彰显国威。这种情形，多出现在永乐、宣德时期，明朝国力鼎盛、对外交流频繁之时。如忽鲁谟斯等国之金钱豹、驼鸡，占城之大象，西域之狮子，乃至国内贡进之驺虞，就陈列于丹墀，令文武大臣、四方使节共同观赏，并命文臣作文纪念。[④]

贡献珍禽奇兽的仪式，彰显了“中华有了圣人治世”，不仅仅为了演示给本土成员观看，各国纷纷携带异兽“献中华贺太平”，同时显示了周边国家被吸引加入天朝宗藩朝贡联盟的政治效应。（图 1－11）《西洋记》展示万国朝贡的盛况，立意在显扬明王朝的声威，因此，宝船一路历尽艰险，大体上也是按照所谓“有中国才有夷狄，中国为君为父，夷狄为臣为子”的观念，来铺展“安远抚夷”、威慑海外的故事。

① 《西洋记》(上)，页 105—107。

② 据嘉靖七年内官监太监郭绅的报告，天顺、弘治、正德三朝宫廷蓄养禽兽，总数多达两万只以上。严从简：《殊域周咨录》卷一—“吐蕃”，页 376。

③ 杨永康：《百兽率舞：明代宫廷珍禽异兽豢养制度探析》，《学术研究》2015 年第 7 期。

④ 金幼孜：《金文靖集》卷六之《瑞应麒麟赋》《狮子赋金》《瑞象赋》《驼鸡赋》《黄鹦鹉赋》《瑞应驺虞颂》等，《景印文渊阁四库全书本》第 1240 册，台湾商务印书馆，1983 年，页 683—689、694。

六、本章小结

诠释和理解不同，理解是基于读者的文化立场去认识一个文本的意思表达，诠释是希望把作者和读者的经验整合在一起，形成一个新的“视野的交融”。

罗懋登生活的年代是明朝正日益走向衰弱的时代，自然灾害频仍，国内水旱饥馑，饥民群起掠食和兵变频繁。16世纪初葡萄牙势力东来，不断在广东沿海进行骚扰活动，万里海疆不时出现到处横行的欧人舰船。而明中后期国势寖微，边防松懈，嘉靖年间(1522—1566)沿海倭患日炽。嘉靖二十年(1541)至四十年(1561)，倭患骚扰沿海达于高潮。南方沿海一带，倭寇浙江，大掠舟山、象山，流劫温、台、宁、绍间。被称为海贼的汪直又勾结倭寇侵犯江、浙一带。1555年倭寇四出纵掠，北犯淮扬诸府，东扰通州、海门；流掠乍浦、海宁、崇德、德清、昆山、苏州、常熟，出入太湖流域，甚至深入歙县、绩溪、旌德、泾县，两犯南京。[①] 其时寓居江南一带的罗懋登，不能不强烈感受到国势的衰微。特别是万历十九年(1591)明朝获悉日本遣使朝鲜，谓欲假道攻明，辞甚狂悖。次年便大举进攻朝鲜，陷釜山，分道北进。朝鲜宣祖请救于明，五月，日军已经陷开城，抵平壤。明军由李如松率领前往援救，结果败于碧蹄馆，朝鲜有失，朝野震动。生活在此一背景下的罗懋登，不能不对这些海事危机表现出特殊的关注，罗懋登在《西洋记》叙言中写道：“今者东事倥偬”，“当事者尚兴抚髀之思乎”！“东事倥偬”显然不仅仅是指1591年的抗倭援朝之战，事实上泛指明末各地的海疆危机。[②]《西洋记》不是罗懋登关于个人生活的记忆，而是把自己对于国势衰微的忧虑，投射在下西洋的故事里，以郑和的西征讽刺当朝的颟顸无能，把重振国威的期望写入《西洋记》，将现实和想象的各种动物，融入千奇百怪的意象，着意于建构起宣扬法力无边的中华天朝的国威。

日本学者中野美代子曾从旅行文学的角度讨论过中国的海洋文学，认为中国尽管有漫长的航海史，但外洋航海却不发达，海的作用主要体现在作为防卫周围蛮族入侵的天然屏障，因此中国人不曾对海洋抱有任何罗曼蒂克的情调，缺乏类似欧洲那样浪漫的海洋文学。即使属于陆地旅行文学的《大唐西域记》之类，也因没有关于遭遇各种困难的详细描写而“似一幅缺乏精深透视之图画的旅行文学”。原因是，中国历史上除了郑和之外，其余全部属于“内陆型”的旅行家。[③] 其实这一分析未必精准，中国古代陆地旅

---

① 张维华主编：《郑和下西洋》，人民交通出版社，1985年，页69—71。

② 邹振环：《〈西洋记〉的刊刻与明清海防危机中的“郑和记忆”》，《安徽大学学报》(哲学社会科学版)2011年第3期。

③ ［日］中野美代子著，刘禾山译：《从小说看中国人的思考样式》，成文出版社，1977年，页1—14。

行文学，如《洛阳伽蓝记》《大唐西域记》中不乏具有丰富想象力的书写，中国传统关于海洋动物的记述不如陆地动物丰富，传世的宋本郭璞的《尔雅音图》关于陆地动物的描述，较之水下动物的描述要丰富。该书《释鱼》第十六描述的均为江河中的鱼类，所谓"鲨鮀"实在也是池塘里的"吹沙小鱼"。[①] 而《三宝太监西洋记演义》则是中国海洋文学的一朵奇葩。

在相当长的时期里，由于科技知识发展水平的局限，海洋成为阻隔国人了解未知世界的天然屏障，郑和七下西洋第一次以远洋航海的形式打破了这种屏障，中外之间的交往为明清小说家提供了丰富的想象空间。《西洋记》描写了数十个国家与地区，其中可考的国家有爪哇、古俚、苏门答剌、柯枝、大葛兰、小葛兰等，更多的是不可考的或虚中带实的，如金莲宝象国、宾童龙国、罗斛国、女儿国等。郑和下西洋是一场不同国家和地区间人员、朝贡货物以及大规模运输船舶工具所进行的跨洲际的国家来往，也为外来动物的长距离迁徙、传播和扩散，创造了有利的条件。这一航海和寻找异域动物的壮举，促发了明朝国家间的一场动物大交流，民间有关郑和驯服猛兽为南洋当地人民造福的传说，[②]都为《西洋记》中现实和想象的动物描述，提供了丰沛的素材。从《西洋记》中动物意象的建构来看，既有于史有据者，也有凭空虚构者。书中很多域内和域外的动物都带有"隐喻性"，即作者将无形的思想和观念赋予了可感知的动物和想象的神兽。

如果说史著是"以文运事"，那么小说就是"因文生事"，郑和下西洋随行人员马欢的《瀛涯胜览》和费信的《星槎胜览》是"以文运事"，根据有事生成的故事撰写出来的文字。当部落、国家、族群或集体需要寻找一种对过去某一时期的历史记忆，使之有助于增强族群或集体的生存能力和维护集体的合法性时，就会出现一种对于集体记忆的利用，使族群和集体成员获得激励的力量，并由此产生自豪感。这种历史记忆的利用，包括对英雄人物、神话和精灵的塑造，也包括对各种自然和非自然的动物意象的诠释。罗懋登是一位善于将真切的生命体验转换为富有思想内涵之意象的小说家，《西洋记》通过借助《瀛涯胜览》《星槎胜览》等若干史料笔记，"因文生事"，其中有大量的动物意象的诠释和文学书写，来描述历史过程中中国与南洋、南亚与东非诸国如何通过动物的交流，以处理中国与藩属及非藩属朝贡国之间紧张关系的一种策略和路径。

萨义德"后殖民理论"有一个观点：一种文化总是通过塑造一个与自身对立并低于

① 郭璞撰：《尔雅音图》，台湾商务印书馆，1977年，页217—234。
② 南洋地区流传有郑和具有驯服南洋鳄鱼、马来虎等猛兽的神功；郑和在马六甲还与鳄鱼直接对话，警告其不能吃唐人，以及留下了"郑和鱼"（大伯公鱼）的故事。参见曾玲主编《东南亚的"郑和记忆"与文化诠释》，黄山书社，2008年，页59、84。

自身的文化影像，来确定自身为中心的价值与权力秩序并认同自身。按照萨义德的理论，每个时代和社会都重新创造自己的“他者”。因此，自我身份或“他者”身份绝非静止的东西，而在很大程度上是一种人为建构的历史、社会、学术和政治过程。[①] 罗懋登提供了有关本土性的天马和域外麒麟、狮子等各种动物意象之诠释，所谓“假天马而言情，托异兽而寓意”，[②]也符合了同一时代读者的共同心愿。小说中的动物有“记实性”和虚诞不经的描写，反映了当时中国人对异域的认知水平。从这一角度看，罗懋登的用意则是借助本土和异国动物想象，在小说中营造一种特定的环境，以展示纯写实之描写不易获得的矛盾态势，从而使情节冲突、人物关系和动物意象等，奇特地表现在文学空间之上，给读者以强烈的印象。（图 1－12）

① ［美］萨义德著，王宇根译：《东方学》“后记”，三联书店，1999 年，页 426—427。

② 《星槎胜览》一书中也有类似的表达，如天方国“期国王臣深感天朝使至，加额顶天，以方物狮子、麒麟贡于廷”。费信撰：《星槎胜览》，页 23。

第二编　明清间耶稣会士与西方动物知识的引入

第三章

明末清初输入中国的海洋动物知识

——以西方耶稣会士的地理学汉文西书为中心

16—18世纪，随着大航海时代欧人东来，以动物知识传播为媒介，打开了地方—国家—全球等诸多层面在文明与权力相遇和冲突的历史画面。东西知识、文化碰撞、渗透、隔阂与涵化。随着探险者、贸易商、传教士、自然史学者、绘图家、艺术家、工程师等来到中国，逐渐形成了一条联系美洲大陆、亚洲、非洲和欧洲的动物通道，将知识、生态环境以及依赖于这些的地理、政治、文化、思想进行全球性的整合，挑战了既有的动物知识体系，改变了世界不同文化的知识系统，重构动物知识与人、地方、历史、文化的新联系。

明清间与海上动物相关的地理学汉文西书，以利玛窦的《坤舆万国全图》、艾儒略的《职方外纪》、南怀仁的《坤舆全图》和《坤舆图说》几种为突出。这些为明清两朝宫廷典藏的汉文西书，不仅最早向中国人介绍了欧洲的世界地理学说，包括地心说、地圆说、五大洲观念和五带的知识，也介绍了若干海洋动物知识。在海洋动物学知识的传送方面，《坤舆万国全图》《职方外纪》和《坤舆图说》的某些内容，既有明显的继承关系，也有些许新增补，这些输入的海洋动物知识带来了地理大发现之后有关海洋动物等多方面的新内容。本章拟在前人相关研究的基础上，[①]以上述《坤舆万国全图》《职方外纪》《坤舆全图》和《坤舆图说》中有关西方海洋动物知识的输入，以及这些传入的有关大航海时代海洋动物的新知识，与中国传统有哪些重要的互动，作一个初步的分析。

---

① 关于中国古代海洋动物史，2000年4月《青岛海洋大学学报》第30卷第2期刊有杨德渐和陈万青的《中国古代海洋动物史研究》，海外有德国普塔克(Poderich Ptak)所编的《传统中国的海洋动物》(*Marine Animals in Traditional China*, Wiesbaden: Harrassowitz Verlag, 2010)，但这些研究都未涉及明末清初西方耶稣会士输入的海洋动物知识。

一、承载异域动物知识的地理学汉文西书

意大利耶稣会士利玛窦(Matteo Ricci，1552—1610)彩绘本《坤舆万国全图》，以南京博物院所藏摹绘本影响为最。原是六幅屏条，拼接连合成一图，而今装裱为一整幅，纵168.7厘米，通幅横380.2厘米。① 利玛窦在全图说明中曾指出："其各州(洲)之界，当以五色别之，令其便览。"南京博物院所藏摹绘本的地图色彩并未用五色来区别五大洲，大体只用了三色：南北美洲和南极洲呈淡淡的粉红色，亚洲呈淡淡的土黄色，欧洲、非洲则近乎白色，少数几个岛屿的边缘晕以朱红色。山脉用蓝绿色勾勒，海洋用深绿色绘出水波纹。利玛窦在说明中称："天下五总大洲用朱字。万国大小不齐，略以字之大小别之。其南北极二线昼夜长短平二线，关天下分带之界，亦用朱字。"洪业认为这个彩绘本是万历三十六年(1608)诸太监的摹绘本，其中的船只、奇鱼、异兽是"从他处摹抄来的"。② 曹婉如等文章认为太监是不敢擅自加上去的，太监在宫中也弄不到这些图画，因此利玛窦的原图上应该是有动物的。③ 维也纳奥地利国家图书馆所藏绘本与1602年李之藻刊本大小基本一致，其中亚洲黄色、欧洲深红、非洲深蓝、美洲紫色、南极洲灰色；赤道、子午线涂成黄色，南北极圈、回归线及部分铭文涂成红色。④ 这倒与利玛窦所说的该图"其各州(洲)之界，当以五色别之"完全吻合，也许维也纳藏本才是利玛窦的原本。《坤舆万国全图》彩绘本所选择的陆地动物有犀牛、白象、狮子、鸵鸟、鳄鱼和有翼兽等8头，均为当时中国罕见的动物，带有珍稀性，主要绘在第五大洲墨瓦蜡泥加上。墨瓦蜡泥加属于当时欧洲学界尚未完全了解的所谓南方大陆，即今澳洲和南极大陆。陆上动物并不产于南极洲，绘在那里主要还是有点缀图中空白的作用。而绘在各大洋里有各种体姿的海生动物，同样也非国人所常见的鲇鱼和鳜鱼等类。出现在彩绘本中的15头鲸鱼、鲨鱼、海狮、海马、飞鱼等，(图2-1)都是传统中国民俗生活中"年年有余"的吉祥《鱼乐图》中全然没有的形象。

意大利耶稣会士艾儒略(Jules Aleni，1582—1649)《职方外纪》和比利时耶稣会士南怀仁(Ferdinandus Verbiest，1623—1688)的《坤舆图说》两书，是《四库全书》收录的两种重要的地理学著作，关于两书已有不少的专门研究。⑤《职方外纪》是在杨廷筠的

---

① 曹婉如等：《中国现存利玛窦世界地图的研究》，《文物》1983年第12期。
② 洪业：《考利玛窦的世界地图》，《禹贡》第5卷(1936年)第3、4期合刊。
③ 曹婉如等：《中国现存利玛窦世界地图的研究》，《文物》1983年第12期。
④ 李孝聪：《欧洲收藏部分中文古地图叙录》，国际文化出版公司，1986年，页1。
⑤ 关于《职方外纪》主要研究成果有：谢方《艾儒略及其〈职方外纪〉》(《中国历史博物馆馆刊》1991年总第15—16期)，霍有光《〈职方外纪〉的地理学地位与中西对比》(《自然辩证法通讯》1995年第1期，又《中国科技史料》1996年17卷第1期)，[意]德保罗(Paolo DE TROIA)《中西地理学知识及地理学词汇的交流：艾儒(转下页)

协助下完成的，天启三年(1623)秋天付梓。明刊本原署名“西海艾儒略增译，东海杨廷筠汇记”。“汇记”是指文字加工润饰，所谓“订其芜拙”，使文字显得比较儒雅，合乎中国读者的阅读习惯。据李之藻《刻职方外纪序》，《职方外纪》成书于天启三年(1623)夏天，刻印于是年秋天。但目前所见的明刻本只有《天学初函》本和闽刻本。《天学初函》本即今天我们通常所用的五卷本。闽刻本为六卷本，除原书各序外，增加了叶向高的序，且冠于各序之首。序中说：“此书刻于淛中，闽中人多有索者，故艾君重梓之。”谢方推测该版本为天启五年(1625)艾儒略入闽后至天启七年(1627)叶向高逝世前翻刻的，它的祖本为艾儒略从浙江带去的原刻本，因此，此闽刻本在时间上要比崇祯二年(1629)前李之藻所刻《天学初函》本要早。闽刻本的翻刻者王一锜妄将原书的五卷本改为六卷，即将原书最后一节《墨瓦蜡尼加总说》提出来，再加上一篇翻刻者写的《书墨瓦蜡尼加后》作为附录，成为卷五，而原来的卷五则变成了卷六。北京国家图书馆还藏有明版《职方外纪》五卷本的单刻本和日本抄本六卷本各一种。清代《职方外纪》曾被多种丛书收录，有乾隆时的《四库全书》本、嘉庆时张海鹏的《墨海金壶》本、道光间钱熙祚的《守山阁丛书》、光绪浦氏辑《皇朝藩属舆地丛书》本，以及后来商务印书馆的《丛书集成》据《守山阁丛书》的影印本。目前公认整理得最好的版本系1996年中华书局出版的编入“中外交通史籍丛刊”的谢方校释本，该书是以北京图书馆馆藏明刻《天学初函》本五卷本为底本，校以原柏林寺书库所藏的明刻六卷本，并以其他各版参校。有前言、序跋九篇、地图七张、正文五卷。全书33 000字，前言概述艾儒略其人、全书由来及版本综述。序跋悉数收入历代各家版本序跋、小言等，有艾儒略、杨廷筠、李之藻、瞿式谷、许胥臣、叶向高六篇序言，以及熊士旂跋和庞迪我、熊三拔的《奏疏》，按年份排在书前。地图内容为《万国全图》《北舆地图》《南舆地图》《亚细亚图》《欧罗巴图》《利未亚图》及《南北亚墨利加图》。正文为职方外纪卷首及亚细亚、欧罗巴、利未亚、亚墨利加、四海说五卷。全书有详细的校释，并附有地名索引。

南怀仁的《坤舆全图》是木刻版的着色彩图(也有彩绘绢本)，分成8条屏幅，左右两条屏幅是关于自然地理知识的四元行之序、地圜、地体之圜、地震、人物、江河、山岳等文

(接上页)略〈职方外纪〉的西方原本》(《或问》2006年第11期)、《17世纪耶稣会士著作中的地名在中国的传播》(任继愈主编：《国际汉学》第15辑，页238—261)，邹振环《晚明汉文西学经典：编译、诠释、流传与影响》第八章《艾儒略与〈职方外纪〉：世界图像与海外猎奇》(页255—288)。关于南怀仁《坤舆图说》的研究，大陆地区有霍有光《南怀仁与〈坤舆图说〉》，载氏著《中国古代科技史钩沉》，陕西科学技术出版社，1998年，页176—195；崔广社：《〈四库全书总目·坤舆图说〉提要补说》，《图书馆工作与研究》2003年第1期。其他相关研究有日本鲇泽信太郎《南怀仁的〈坤舆图说〉与〈坤舆外纪〉研究》，《地球》1937年27卷第6期；以及台湾地区林东阳的博士论文。关于该书中的“七奇图说”研究有：[日]内田庆市：《中国人关于“罗得岛巨人像”的描绘》，《或问》2005年第10期；邹振环：《〈七奇图说〉与清人视野中的“天下七奇”》，中国社会科学院近代史所、比利时鲁汶大学南怀仁研究中心编，古伟瀛、赵晓阳主编：《基督宗教与近代中国》，社会科学文献出版社，2011年，页499—529。

字解说；中间六条屏幅是两个半球图，各占三幅，上下两边也有若干文字解说，如风、海之潮汐、气行、海水之动等。美洲大陆部分为东半球，位于右；欧亚大陆部分为西半球，位于左。两个半球采用的是圆球投影。经线每10度一条，本初子午线为通过顺天府的子午线，东西半球的经线统一划分。纬线以赤道为零点，每10度一条纬线，有南北纬之分。五大洲构成了地图的主要部分。值得特别提出的是图中有不同种类的海陆动物34头，其中海上动物13头、陆上动物21头。东半球计有海马、海豹、鲸鱼、美人鱼，墨瓦蜡泥加洲上画有"独角兽"、"获落"(貂熊)、"狮子"、"意夜纳"(鬣狗)、"大懒毒辣"(毒蜘蛛)、"鼻角"(犀牛)、"喇加多"(鳄鱼，附"应能满")、"恶西那约"(长颈鹿)，"新阿兰地亚"上画有"无对鸟"；西半球有飞鱼4头、剑鱼1头、海狮1头、不同姿势游动喷水的"把勒亚鱼"(鲸类)4头，西半球的墨瓦蜡泥加洲上画有"苏其"(智利松鼠猴)、"撒辣漫大辣"(德国巨型雪纳瑞犬)、"般第狗"、火鸡、山羊、"加默良"(变色龙)、"狸猴兽"，南亚墨利加洲上画有"骆驼鸟"、蛇、"喜鹊"，还有多艘欧洲的帆船。第二幅和第七幅的下端标有"康熙甲寅岁日躔娵訾之次"和"治理历法极西南怀仁立法"，可见该图应该是在1674年的立春之次完成的。

《坤舆图说》是南怀仁在1674年完成的《坤舆全图》的基础上增补而成的著作。《坤舆全图》和《坤舆图说》孰前孰后的问题，是学界不断在讨论的一个未成定论的问题。樊洪业在《耶稣会士与中国科学》中写道："南怀仁于1674年绘制并刊行了《坤舆全图》，此图是对利玛窦世界地图的改进和补充，是在中国第一次把世界地图绘成两个半球图。为了解说这幅图，他还撰写了《坤舆图说》。"①樊氏显然认为《坤舆图说》是为了解说同年所刻的《坤舆全图》而完成的著作。澳大利亚学者王省吾《澳大利亚国家图书馆所藏彩绘本——南怀仁〈坤舆全图〉》一文系统讨论了彩绘本《坤舆全图》，明确指出南怀仁是先撰写《坤舆图说》，而后有《坤舆全图》。② 吴莉苇也同意《坤舆图说》原是作为南怀仁为康熙制作的《坤舆全图》之解说而出现的，但她无法解释为什么对欧洲同胞的新成果已有相当了解的南怀仁在编纂《坤舆图说》时，却采用艾儒略的很多旧说。于是她推导出的结论是：或许南怀仁无法参考更新的欧洲文献，或许南氏并不愿及时介绍这些新

① 樊洪业：《耶稣会士与中国科学》，中国人民大学出版社，1992年，页151。这一见解为后来很多学者沿用，如崔广社还以《坤舆图说》比照《坤舆全图》所刊入的图说文字，认为在论述某些地理地貌和天体宇宙、人物风土等自然现象的形成时，两者的文字内容基本相同或一致，据此得出《坤舆图说》是为解说同年绘制《坤舆全图》的结论。崔广社：《〈四库全书总目·坤舆图说〉提要补说》，载《图书馆工作与研究》2003年第1期。崔广社等还在《南怀仁〈坤舆全图〉的文献价值》[《河北大学学报》(哲学社会科学版)2006年第5期]一文中称："图说部分包括图像和文字，遍布全图。这部分内容，在《坤舆全图》刊行当年，南怀仁又结集成书印行，名为《坤舆图说》。"认为南怀仁出版印行此书的目的很明确，就是向国人解说《坤舆全图》，让世界了解中国，反映了其绘制《坤舆全图》的初衷，书中内容与《坤舆全图》中的释文、图说相吻合。

② 王省吾：《澳大利亚国家图书馆所藏彩绘本——南怀仁〈坤舆全图〉》，《历史地理》第14辑，上海人民出版社，1998年8月，页211—224。

文献；鉴于艾儒略作品的畅销性，南怀仁认为艾儒略的旧说比较适合中国人接受的文本，因此没有必要节外生枝增补新材料。认为如果是后一种原因，则隐隐可见清初耶稣会士适应政策趋于保守的同时，知识传教路线也有收缩态势，其主观上愈加想把工作重心转移至布道。①

文澜阁《钦定四库全书》收入的《坤舆图说》是目前研究中比较通行的一个版本，该书收录《四库全书·史部十一·地理类十》“外纪之属”。笔者曾发现和收集了与之密切相关的《坤舆格致略说》的抄本和康熙甲寅（1674年）刻本，②以及载有徐光启孙子徐尔觉序的康熙丙辰（1676年）刻本和抄本，将之互相对校，并与编入“指海”丛书的《坤舆图说》进行对校分析，辨明了南怀仁《坤舆格致略说》《坤舆图说》《坤舆全图》三者间的关系：《坤舆格致略说》完成得最早，是编制《坤舆全图》的资料准备，南怀仁《坤舆全图》的绘制几乎是与编纂《坤舆图说》一书同时进行的，即在编绘《坤舆全图》的基础上，于同年还增补完成《坤舆图说》二卷，《坤舆图说》可以视为《坤舆格致略说》一书的修订本，三者刊行的时间都标注为康熙十三年（1674）。③

《坤舆图说》分上下两卷，无序跋，无目录，前有该书提要。全书31 000字左右，上卷内容依次列为地体之圜、地圜、地球两极必对天上南北两极不离天之中心、地震、山岳、海水之动、海之潮汐、江河、天下名河、气行、风、云雨、四元行之序并其形、人物，共计14条。下卷内容依次为亚细亚州、印第亚、百儿西亚、鞑而靼、则意兰、苏门答喇、爪哇、渤泥、吕宋、木路各、日本、阿尔母斯、地中海诸岛，欧逻巴州、以西把尼亚、拂郎察、意大理亚、热尔玛尼亚、拂兰地亚、波罗泥亚、翁加里亚、大泥亚诸国、厄勒祭亚、莫斯哥未亚、地中海诸岛、西北海诸岛，利未亚州、厄日多、马逻可—弗撒—亚非利加—奴米第亚、亚毗心域—莫讷木大彼亚、西尔得—工鄂、井巴、福岛、圣多默岛—意勒纳岛—圣老楞佐岛，亚墨利加州、南亚墨利加—白露、伯西尔、智加、金加西蜡，北亚墨利加—墨是可、花地—新拂郎察—瓦革了—农地、鸡未腊—新亚泥俺—加里伏尔泥亚、西北诸蛮方、亚墨利加诸岛，墨瓦蜡泥加（亦名玛热辣泥加）；四海总说、海状、海族、海产、海舶。“海舶”一节以“行至大洋中，万里无山，岛则用罗经以审方。审方之法，全在海图，量取度数，即知舶行至某处，离某处若干里，了如指掌”。接着为23幅奇异动物图，在动物图前有一段小序：“墨瓦蜡泥加州为南极周围大地，从古航海者未曾通进其内地，未获知其人物、风

① 吴莉苇：《明清传教士对〈山海经〉的解读》，《中国历史地理论丛》第20卷2005年7月第3辑。
② 《坤舆格致略说》分“坤舆”和“格致”两部分，“坤舆”目录为：坤舆图说、亚细亚、欧逻巴、利未亚、亚墨利加、墨瓦蜡尼加、五大洲总说七个部分；“格致”目录为：四元行之序并其形、气行、地球两极必对天上两极、地圜、地体之圜、地震、人物、山岳、江河、海之潮汐、风、雨、云。
③ 邹振环：《南怀仁〈坤舆格致略说〉研究》，荣新江、李孝聪主编：《中外关系史：新史料与新问题》，科学出版社，2004年，页289—304。

俗、山川、畜产、鸟兽、鱼虫等何如，故怀仁所镌坤舆图至南极周围空地，内惟绘天下四州异兽奇物数种之像而已。”①(图 2 - 2)之后为 1 幅海舶图，最后为“七奇图说”8 幅，称：“上古制造宏工，纪载有七，所谓‘天下七奇’是也。”②《坤舆图说》中 32 幅插图均先图后说，均为《坤舆格致略说》所无。笔者曾就南怀仁《坤舆图说》以及至今尚存的布劳世界地图中的“七奇图”进行过详细的比对，指出布劳世界地图先后有多种不同尺寸的图幅：51.1×60.5 cm(1635 年)、101.6×76.2 cm(1645 年)、121.9×91.4 cm(1645 年)等不同的版本。该地图上端绘有维纳斯和动物等 6 幅图画，从左至右分别用拉丁文表注为 LUNA(月亮)、MERCURIUS(水星)、VENUS(金星)、SOL(太阳)、MARS(火星)、JUPITER(木星)、SATURNS(土星)；左边 4 幅裸体男女画从上到下依次标注为 IGNIS(火)、AER(气)、AQUA(水)、TERRA(土)四元素；右边也以 4 个人物和背后的自然景色，从上到下分别表达了 VER(春)、ASTAS(夏)、AUTUMNUS(秋)、HYEMS(冬)四季。下端 7 幅画从左到右依次为巴比伦空中花园、罗得岛太阳神像、埃及金字塔、摩索拉斯陵墓、以弗所阿耳忒弥斯神庙、奥林匹亚宙斯像、埃及法罗斯灯塔，布劳世界地图的次序与《坤舆全图》的次序完全一致。③

明末清初天主教士之间似乎有一个互为合作组成的学术网络，即使不是同一时空，彼此之间也还是通过文献存在着某种知识传承或互动。裴化行认为明末活跃在菲律宾的多明我会教士高母羡刻苦学习中文，使用的材料有耶稣会士罗明坚的《教理问答》(即《天主实录》)。④ 而从高母羡《中国文化见闻录》一文可见，高母羡是研读过罗明坚之书的。他在文中这样写道：“此位耶稣会神父，撰成一中文天主教义著作。述天主创造以及天主降世等故事。此书余现有收藏，并曾经逐字逐句阅读，余自此书得益甚多，并借此而自著汉文论述。该书[出版]一五八四年，在中国坊间均可购得，该书又辩论中国民间诸种不合理之信仰……”⑤可以推断，高母羡应该不同程度吸收了罗明坚《天主实录》的编撰方法和特点，如一些用词上采用中国人与传教士问答的形式，使用“天主”“实录”等术语。耶稣会士的《坤舆万国全图》《坤舆全图》和《坤舆图说》中鱼类图文明显互为关联，亦存在某种传承性的叙述，后者对前者的修改亦为了使深海中所潜藏的动物之记述更神秘或更具说服力。《职方外纪》中没有动物绘像，而彩绘本

① 《坤舆图说》卷下，《景印文渊阁四库全书》第 594 册，页 776。

② 同上书，页 789。

③ 文中所据威廉姆·布劳《世界地图》，载日本神户市立博物馆编《古地图セレクション》，2000 年版，页 78；参见拙文《〈七奇图说〉与清人视野中的“天下七奇”》，中国社会科学院近代史所、比利时鲁汶大学南怀仁研究中心编，古伟瀛、赵晓阳主编：《基督宗教与近代中国》，页 499—529。

④ [法] 裴化行著，管震湖译：《利玛窦评传》，商务印书馆，1993 年，页 467。

⑤ 潘贝欣：《高母羡〈辩正教真传实录〉初步诠释》，王晓朝、杨熙南主编：《信仰与社会》，广西师范大学出版社，2006 年，页 153—173。

《坤舆万国全图》和《坤舆全图》上有许多陆上和海洋动物。现有的研究大多认为，利玛窦汉文世界地图是依据原籍德国的比利时著名地图学家奥代理（A. Ortelius，1527—1598，又译奥尔特利尤斯）1570 年刊印的世界地图，该图上有一艘三桅船和三头海洋动物，其蓝本来自一部大型地图集《地球大观》（*Theatrum Orbis Terrarum*）。这些看似零星的知识又相互关联，使南怀仁《坤舆全图》在海洋动物绘像上，与《坤舆万国全图》有若干继承关系。

这一互为合作的交流网络，还体现在明清间耶稣会士有关龙的认识和互动上。如利玛窦在《坤舆万国全图》的“满剌加”右海中有注文称：“满剌加地常有飞龙绕树，龙身不过四五尺，人常射之。”①这一记述虽非常简短，含义非同一般。“满剌加”属于中国的藩属国“暹罗国属国”，②却经常有“飞龙绕树”，特别是“飞龙”一词，在中国古代多被认为是能够居于尊贵地位而大有作为的圣人。利玛窦精通五经，不会没有读过《周易·乾卦》“飞龙在天，利见大人”的爻辞，他也一定敏锐地意识到中国龙与皇帝之间的微妙关系，在描述小小的“满剌加”这一动物，却不惜使用“飞龙”一词，恐怕有很深的用意，这与我们在澳门大三巴上所见的“圣母踏龙头”的中文铭文和图像之用意，③可谓不谋而合。而为中国人绘制的中文世界地图中，说明作为藩属国的“人”，也有力量可以去射杀中国崇拜的神物“飞龙”，其中所包含的一些不便直接言说的解构中国皇权的隐晦思想和意义，颇耐人寻味。高一志（Alfonso Vagnoni，约 1566—1640，初名王丰肃）的《空际格致》一书中也有专文讨论“飞龙”，称：“地出之气，不甚热燥密厚，冲腾之际，忽遇寒云，必退转下，乃其旋回之间，必致点燃，而成龙腾之象。又因其气上升之首本清洁，其退回时点燃之象，犹龙吐火而旋下之尾。又为寒云所逼，因细而蜿蜒，犹龙尾。然俗以为真龙，谬矣。”④这一段以“飞龙”为题的内容，旨在讨论气象学上的“水龙柱”，实际上是以气象学知识打破中国人所谓“飞龙卷水”或“祠龙祈雨”的神话，认为所谓“真龙”根本不存在。这一记述与利玛窦将神圣的“飞龙”被蕃地人所屠，属异曲同工之举。或许利玛窦之后有不少耶稣会士，意识到直接用“飞龙”一词挑战皇权的含义过于明显，于是倾向于不直接挑战中国这一神圣的权威，而是通过否认“真龙”存在的知识基础，来质疑“龙”作为皇权存在的真实性依据。如明崇祯年间艾儒略入闽传教后，撰有《口铎日抄》，记有十一年七月（1638 年 8 月）五日，有中国信徒尝以“雨由龙致”的传说请教于他，而他对龙的真实性表示怀疑：“中邦之龙，可得而见乎？抑徒出之载籍传闻也？”中国信徒李九标称：

---

① 朱维铮主编：《利玛窦中文著译集》，复旦大学出版社，2007 年，页 208—209。

② 黄衷撰：《海语》卷一“满剌加”，台湾学生书局，1984 年，页 10。

③ 澳门大三巴石刻右侧第二方石板上有七首龙，上有祈祷的圣母，右边刻有“圣母踏龙头”的中文铭文。图像见顾卫民《基督宗教艺术在华发展史》，上海书店出版社，2005 年，页 233。

④ 高一志：《空际格致》，吴湘相编：《天主教东传文献三编》（二），台湾学生书局，1984 年，页 926—927。

“载而传者多，若目则未之见也。”他明确表示：“人又目所亲见者，尚未敢实信，其右矧目所未见，而敢定其右无乎？且中邦之言龙也，谓其能屈伸变化，诧为神物。敝邦向无斯说，故不敢妄对耳。”[①]南怀仁《坤舆图说》卷上的“地震”条也称：“或问地震曷故？曰：古之论者甚繁，或谓地含生气自为震动，或谓地体犹舟浮海中遇风波即动，或谓地体亦有剥朽，乃剥朽者裂分全体而坠于内空之地，当坠落时无不摇动全体而致声响者。又有谓地内有蛟龙或鳌鱼转奋而致震也。凡此无稽之言，不足深辩。”[②]也对所谓“蛟龙或鳌鱼转奋而致震”进行批驳，认为是属于“无稽之言”。

二、奇异“飞鱼”的共同观察和不同表达

15—16 世纪的大航海时代和贸易的扩张使欧洲收获了越来越多的奇异动物知识，“奇异(exotique)”一词首次出现在法文文献里是在 16 世纪，形容的是来自遥远异域的事物。法国文学家拉伯雷(Francois Rabelais)可能是第一个使用这个词的人，1552 年他这样描写梅达摩锡岛(Medamothi)港口区的市场：有“各种各样的画，各种各样的织毯，各种各样的野兽、鱼、鸟和其他来自远方的奇异商品”，这些商品是商人们从亚洲和非洲带来的。英语中的“奇异”(fantastic)一词可能首次出现于 16 世纪后期，从 1645 年开始，它的涵义扩展到了来自其他大陆的植物或动物上。在 1650 年，遥远的异域本身也被冠上了“奇异”二字。16 世纪，欧洲贵族阶级对珍奇动物的兴趣日益浓厚，从植物群到动物群，从标本到鲜活的生物，他们对自然界的奇景奇物也越来越感到好奇。[③] 可能利玛窦也是受到 16 世纪欧洲这一文化趣味的影响。《坤舆万国全图》有两处记述了海洋异兽，一是在北欧部分的海域，称有一种“长尺许”的海洋动物“周身皆刺而有大力，若贴船后，虽顺风不能动”，[④]估计是一种类似章鱼的海洋动物。章鱼属于软体动物门头足纲八腕目(Octopoda)，又称石居、八爪鱼、坐蛸、石吸、望潮、死牛，因章鱼有 8 个腕足，又名八爪鱼(英文名 octopus)，同属海洋软体动物。八腕目为头足类软体动物的通称，但严格意义上仅指章鱼属(Octopus)动物，最大的可长达 5.4 米，腕展可达 9 米。章鱼从头部伸出有肉质吸盘的腕，腕力很大，大部分章鱼用吸盘沿海底爬行，但有时也有可能“贴船”，而造成船负重太大，即使“顺风不能动”。

《坤舆万国全图》在“利未亚”北部的大西洋海面有一段关于“飞鱼”的描述，这是耶稣会

---

① [意]艾儒略：《口铎日抄》，[比利时]钟鸣旦(Nicolas Standaert)、杜鼎克(Adrian Dudink)编：《耶稣会罗马档案馆明清天主教文献》第七册，利氏学社，2002 年，页 551—552。

② 《景印文渊阁四库全书》第 594 册，页 736—737。

③ [法]埃里克·巴拉泰等著，乔江涛译：《动物园的历史》，页 24。

④ 朱维铮主编：《利玛窦中文著译集》，页 214。

士汉文西书中关于海洋动物最早的细致叙述："此海有鱼善飞，但不能高举，掠水平过，远至百余丈。又有白角儿鱼，能噬之。其行水中，比飞鱼更远，善于窥影，飞鱼畏之，远遁，然能伺其影之所向，先至其所，开口待啖。海滨人尝以白线[练]为饵，飘扬水面，□为飞鱼捕之，百发百中。烹之，其味甚美。"①文中所谓"白线[练]"，就是用一种白色的挂网。利玛窦肯定了解很多海洋动物，但《坤舆万国全图》却仅仅重点介绍"飞鱼"一种，笔者认为原因可能有二：一是，有翼的鱼类总会让人感到新奇；二是，中国文献中也有不少关于"飞鱼"的描述。②

艾儒略在《坤舆万国全图》的基础上撰写了《职方外纪》，更突出了所谓的奇异性。艾氏力图通过介绍众多奇事、奇物、奇人、奇兽等，不仅在风俗、制度、伦理层面，也在文化景观和文化制度上来介绍欧洲的文明，以便让中国士人折服。该书卷五《四海总说》"海族"中也描述了这一神奇的"飞鱼"："仅尺许，能掠水面而飞。又有白角儿鱼，善窥其影，伺其所向，先至其所，开口待啖，恒相追数十里，飞鱼急，辄上人舟，为人得之。舟人以鸡羽或白练飘扬水面，上着利钩，白角儿认为飞鱼跃起，吞之，便为舟人所获。"③很明显，《职方外纪》在书写这一段"飞鱼"文字时是参考过《坤舆万国全图》的。之后《坤舆图说》又抄录了《职方外纪》关于"飞鱼"的文字："海中有飞鱼，仅尺许，能掠水面而飞。狗鱼善窥其影，伺飞鱼所向，先至其所，开口待啖，恒追数十里，飞鱼急，辄上舟，为舟人得之。"④飞鱼长相奇特，又称"燕儿鱼"，头小而尖，身体细长，呈流线型。其胸鳍特别大而长，占全身总长的三分之二，可以延伸到尾部，当它展开时为腹部面积的两倍。胸鳍基部的肌肉相当发达，尾鳍呈叉形，下尾叶较长，有助于跳跃，或者就是所谓"起飞"之原动力。所谓"起飞"其实是滑翔，飞鱼过着群体的生活，大多分布在印度洋及太平洋的赤道和热带水域。当受到惊吓或碰到敌害追击时，它们会以最快的速度突破海面，与水面完全平行，此起彼伏，连续多次破水凌空作等高之滑翔，像织布的长梭，又宽又长的一直延伸到尾部，特别发达的两鳍展开时就像鸟儿展翅飞翔，每次滑翔距离平均可达 50 米，顺风时可到达百米以上；飞行高度可达 5—6 米，最高可达 12 米。飞行的绝招也使它们避免了各种海中天敌的追逐。每年四到六月份产卵时，飞鱼会结集成群，洄游到沿岸附近产卵。渔民根据飞鱼的习性，把许许多多几百米长的挂网放在其产卵的必经之路，重重叠叠的渔网使飞鱼如同游进了密密的马尾藻林，在网中产卵。⑤ 这里叙述了"飞鱼"和

① 朱维铮主编：《利玛窦中文著译集》，页 215。
② 如《广古今五行记》有："齐盐官县石浦有海鱼，乘潮来去，长三十余丈，黑丝无鳞，其声如牛。土人呼为'海燕'。"转引自李昉《太平广记》卷四六五，哈尔滨出版社，1995 年，页 4174。
③ [意] 艾儒略原著，谢方校释：《职方外纪校释》，中华书局，1996 年，页 150—151。
④ 《坤舆图说》卷下，《景印文渊阁四库全书》第 594 册，页 786。《坤舆图说》中的文字还收入《古今图书集成·博物汇编·禽虫典》第 150 卷"异鱼部"(《古今图书集成》第 527 册，叶十一)。
⑤ 毕南开、庄健隆：《鱼在江湖》，(台北)中华交通基金会，2006 年，页 261—265；朱立春主编：《动物世界》，中国华侨出版社，2010 年，页 342。

“白角儿鱼”两种海洋鱼类，利玛窦和艾儒略所使用的“白角儿鱼”一词，应是拉丁文 Pike 音、意合译名，《坤舆图说》中将之改为意译名“狗鱼”（图 2－3）。这一北半球寒带到温带里广为分布的淡水鱼，口像鸭嘴，大而扁平，下颌突出，是淡水鱼中性情最凶猛残忍的肉食鱼，除了袭击别的鱼外，还会袭击蛙、鼠或野鸭等。狗鱼，行动异常迅速、敏捷，每小时能游 8 公里以上。同时，狗鱼还有着极为灵敏的视觉，这样就使其能非常迅速地感受到猎物的到来。平时多生活于较寒冷地带的缓流的河汊和湖泊、水库中，喜游弋于宽阔的水面，也经常出没于水草丛生的沿岸地带，以其矫健的行动袭击其他鱼类。狗鱼捕食时异常狡猾，每当狗鱼看到小动物游过来时会耍花招用肥厚的尾鳍使劲将水搅浑，把自己隐藏起来，一动不动地窥视着游过来的小动物，达到一定距离就突然将其一口咬住。[①]

以利玛窦为代表的西方耶稣会士地理学汉文西书中都有关于“飞鱼”的描述，原因还在于有翼的“飞鱼”最早见之《尔雅·释鱼》，唐朝段式成《酉阳杂俎》中已经有飞鱼的记载：“飞鱼，朗山浪水有之。鱼长一尺，能飞，飞即凌云空，息即归潭底。”[②]明朝广泛流传的《山海经》中也记有“飞鱼”，宋本郭璞的《尔雅音图》则绘有多种有翼鱼类。“飞鱼”一词还频繁地出现在明朝文献中，如杨慎的《异鱼图赞》卷二就有“飞鱼”，称：“飞鱼身圆长丈余，登云游波形如鲋，翼如胡蝉翔泳俱。”万历年间胡世安的《异鱼图赞补》中记有一种“海燕鱼”：“鱼有海燕，大小种殊。声如牛者，矫然潮驱，以寸计者，阴雨翔区。”是说该鱼长约五寸，阴雨天则飞起。[③] 成书于万历丙申年（1596）的屠本畯[④]《闽中海错疏》是明代一部记述我国福建沿海各种水产动物形态、生活环境、生活习性和分布的著作。该书中也有“飞鱼”的描述：“头大尾小，有肉翅，一跃十余丈。”[⑤]几乎可以和同时或稍后的中国其他学者著述中类似的记述相比较。渔民在飞鱼产卵的必经之路，设置重重挂网以捕捉飞鱼，在古代亦有记述。如李时珍《本草纲目·鳞部》第四十四卷“文鳐鱼”一条写道：

---

① 张玉玲“狗鱼属”，《中国大百科全书·生物学》，中国大百科全书出版社，1992 年，页 424；参考 http://baike.baidu.com/view/14285.htm，2010 年 1 月 20 日检索。

② 段成式撰，方南生点校：《酉阳杂俎》，中华书局，1981 年，页 164。

③ 赖春福、张詠青、庄棣华编：《鱼文化录》，（基隆）水产出版社，2001 年，页 17、42—43。

④ 屠本畯，字田叔，自称憨先生，浙江鄞县人。历任太常寺典簿、礼部郎中、辰州知府，明万历年间（1573—1620）任福建盐运司同知。屠本畯廉洁自持，生平喜好读书，自称：“生长明州，盖波臣之国，而海克与居，海物惟错，类能谈之。”（自叙）《闽中海错疏》是他入闽任职后，应当时在京任太常少卿余寅要求写的。全书分上、中、下三卷。上、中卷为鳞部上、下；下卷为介部，共记载福建海产动物，如黄尾、金鲤、鲫鱼、乌鱼、对虾和蟹等 200 多种（包括若干淡水种类）。内容包括动物的名称、形态、生活习性、地理分布和经济价值等。编排上将性状相近的种类归在一起以反映它们间的亲缘关系，这包含了现代生物分类中科、属概念的萌芽，在当时世界上是较为先进的。中国古代文献中的“鲨”多是指“淡水鰕虎鱼”。屠本畯在黄衷《海语》所记“鱼鲫之鲨”和“虎头鲨”二种“海鲨”的基础上，扩大为 12 种鲨：虎鲨、锯鲨、狗鲨、乌头、胡鲨、鲛鲨、剑鲨、乌髻、出入鲨、时鲨、帽鲨、黄鲨，注意它们相异的个体特征，在分类排比上加以区别并在按语中指出“鲨之种类不一，皮肉皆同，唯头稍异”，突出以头部特征为区分比较的重点。该书对近代生物学研究和海洋水产资源的开发，有一定参考价值。参见屠本畯等撰《蟹语·闽中海错疏·然犀志》，商务印书馆，1939 年，页 3—4。

⑤ 《蟹语·闽中海错疏·然犀志》，页 16。

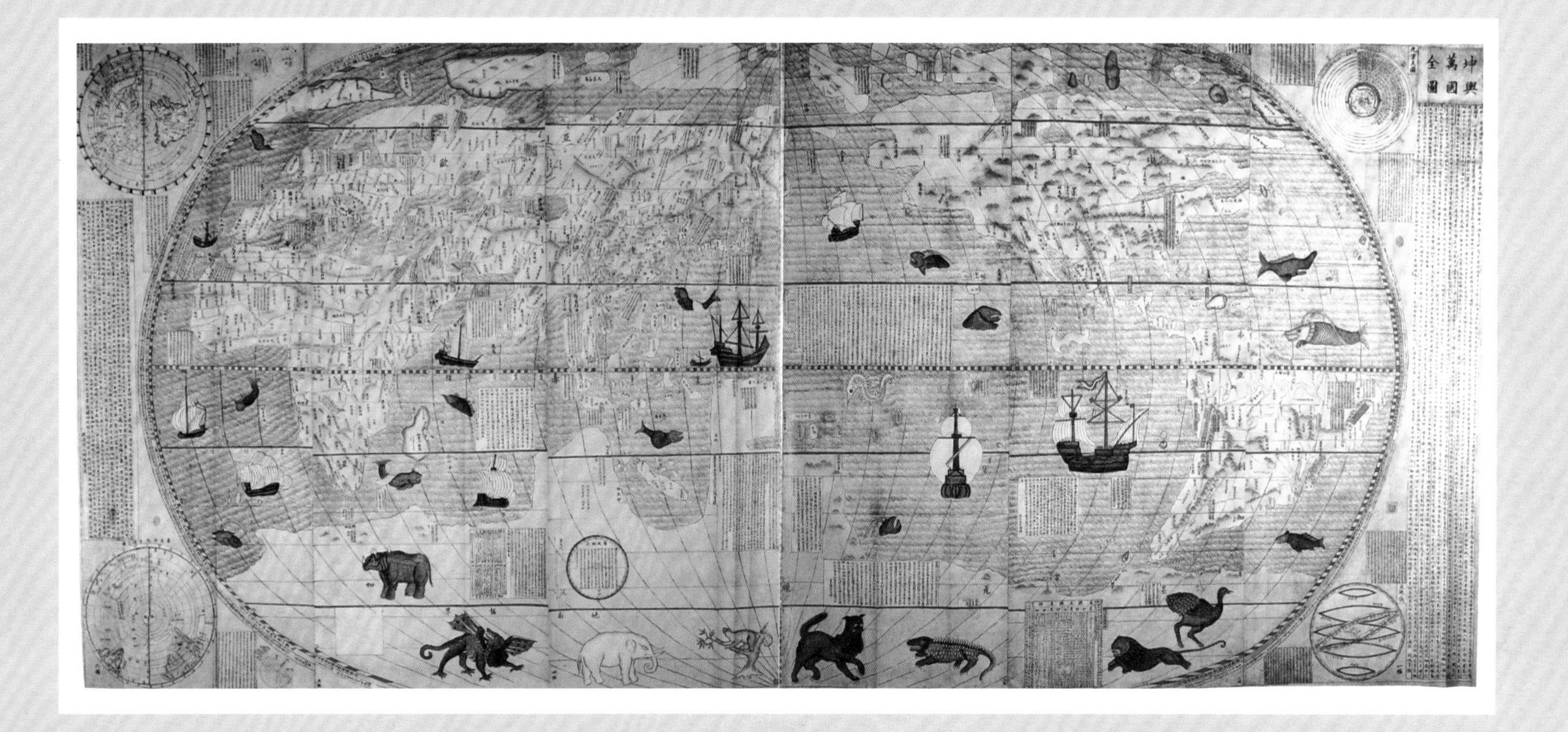

图 2—1 《坤舆万国全图》，南京博物院藏

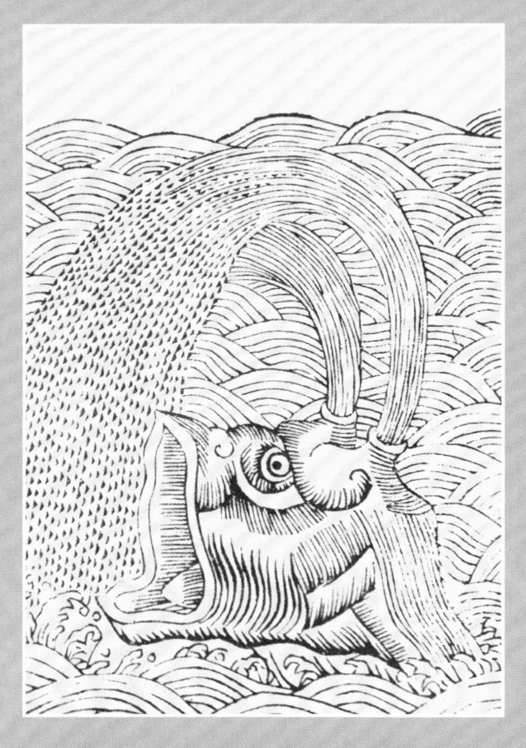

图 2—2 《坤舆图说》中的把勒亚鱼

图 2—3 《坤舆图说》中的飞鱼和狗鱼

图 2—4 《海图》中袭击海舶的“普里斯特”
采自［美］约瑟夫·尼格著，江然婷、程方毅译《海怪：欧洲古〈海图〉异兽图考》，北京美术摄影出版社，2017 年，页 98—99。

图 2—5 《海图》中描绘的海蟒袭击船只
采自［美］约瑟夫·尼格著，江然婷、程方毅译《海怪：欧洲古〈海图〉异兽图考》，北京美术摄影出版社，2017 年，页 113。

图 2—6 《坤舆万国全图》彩绘本局部，南京博物院藏

图 2—7 《坤舆万国全图》彩绘本局部，南京博物院藏

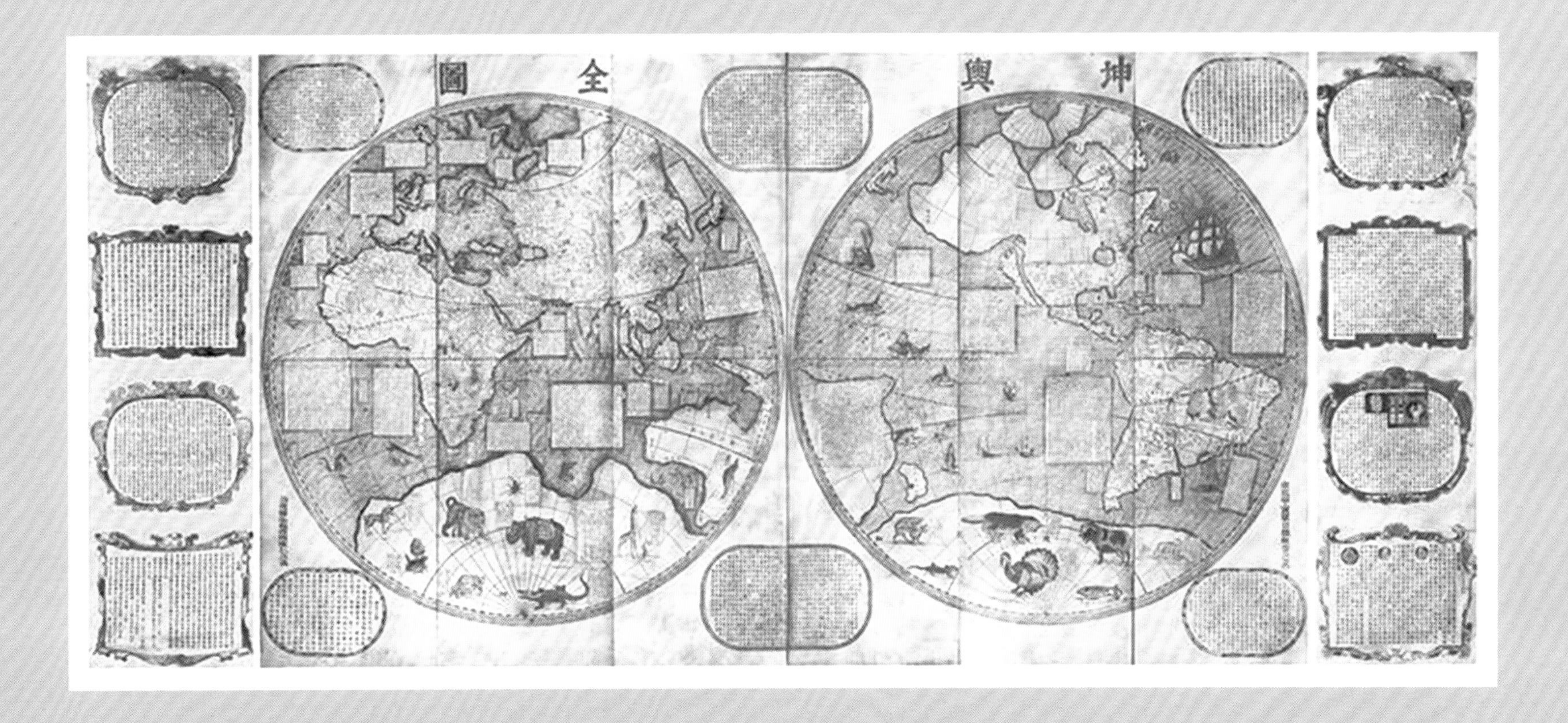

图 2—8 《坤舆全图》彩绘本

1925 年天津工商大学购得南怀仁《坤舆全图》，现藏于河北大学图书馆。

图 2—9 南怀仁《坤舆全图》彩绘本局部，日本神户博物馆藏

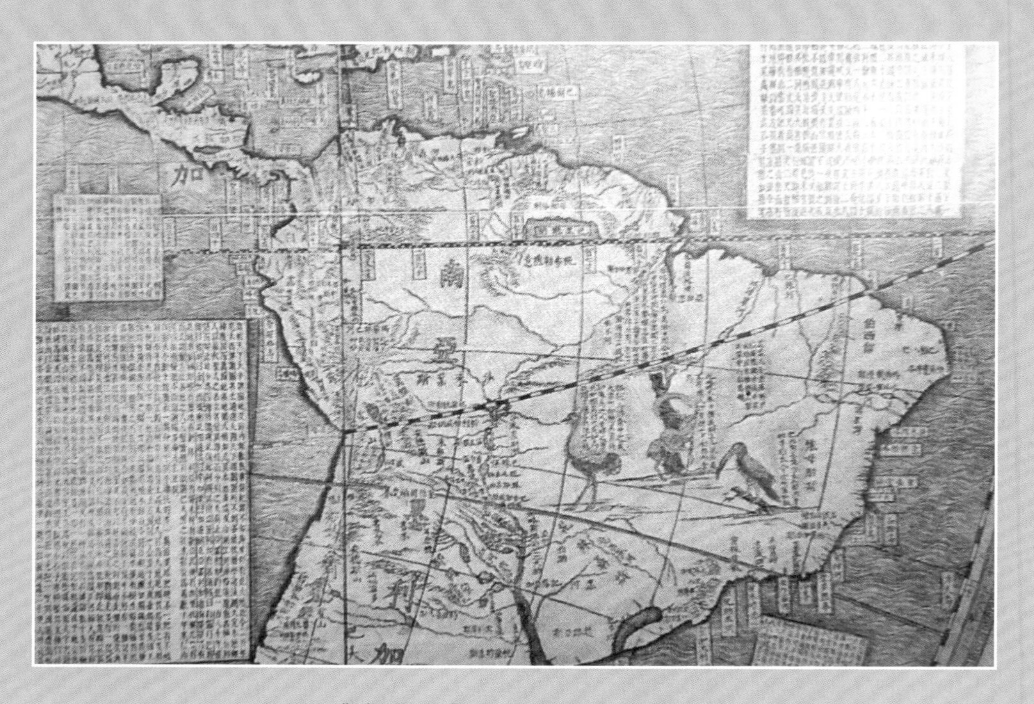

图 2—10 《坤舆全图》彩绘本局部，河北大学图书馆藏

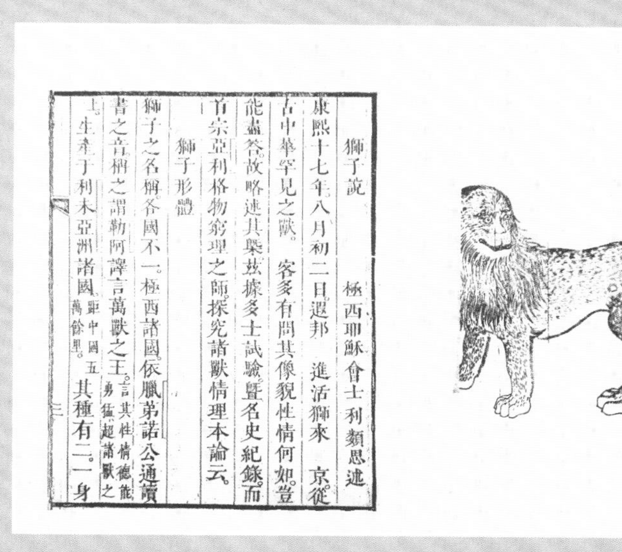

獅子說　　極西耶穌會士利類思述

康熙十七年八月初二日，遐邦進活獅來京。從古中華罕見之獸。客多有問其像貌性情何如，豈能盡答？故略述其槩，兹據多士試驗暨名史紀錄，而首宗亞利格物窮理之師，探究諸獸情理本論云。

獅子形體

獅子之名稱，各國不一。極西諸國依臘第諾公通讀書之音，稱之謂勒阿，譯言萬獸之王。言其性情德能勇猛，超諸獸之上。生產于利未亞洲諸國，距中國五萬餘里。其種有二，一身

三

图 2—11 利类思《狮子说》书影

图 2—12《贡狮图》

中国嘉德四季第三十一期拍卖会中国书画（八）2012 年 10 月。

图 2—13《皇都积胜图》局部

明代嘉靖末年到万历前期佚名创作的绢本设色画，现藏于中国国家博物馆。画中描绘的是中国明代北京城商业繁荣、贸易发达的景象。画面中皇都北京盛况空前，各个城门巍峨耸立，画中人物形形色色，有农夫、工匠、商人、官员、士兵、艺人等等，涉及各行各业。画面上人物众多，有人抬两个大笼子从广安门进入南城，笼中有老虎和狮子。护行的骑马者穿着奇装异服，显然是外国来朝贡的使臣。

“生海南，大者长尺许，有翅与尾齐。群飞海上，海人候之，当有大风。《吴都赋》云‘文鳐夜飞而触纶’，是矣。按西山经云：观水注于流沙，多文鳐鱼。状如鲤，鸟翼鱼身，苍文白首赤喙。常以夜飞，从西海游于东海，其音如鸾鸡。”[①]《重纂福建通志》称：“飞籍鱼，疑是沙燕所化，两翼尚存。渔人夜深时悬灯以待，结阵飞入，舟力不胜，灭灯以避。”清末郭柏苍的《海错百一录》称：“飞鱼，头大尾小有肉翅，善跳连跃十余丈，福州呼鲱鱼。……亦称‘燕子鱼’，又名‘海燕鱼’。”[②]这些中国学者的记述都着重于其飞行的特点和发出的声音，并将之与“燕子”或“海燕”相联系，认为“飞鱼”是“海燕鱼”，“是沙燕所化”，显然缺乏科学依据。[③] 比较上述这些文献，利玛窦等耶稣会士地理学汉文西书中关于“飞鱼”的描述，呈现出的书写似乎要更详细、更科学一些，两者之间究竟存在着怎样一种互动关系，还有进一步讨论的余地。

三、远洋航海中令人恐惧的鱼类

鱼作为一种水生的动物，是中国传统文化经济结构中的一个重要组成部分，也是古人物质生活的来源之一，在人们的生活中占有极其重要的地位，同时鱼文化也是传统文化中一种特殊的文化现象。鱼文化不仅大量出现在中国大传统的朝礼国律和皇家建筑，以及宫廷的金银饰件和鱼钥骨器等方面，在小传统的庶民生活中的婚丧习俗、瓷器织绣、砖雕装饰、家具图案、文具玩物、灯盏印染、年画剪纸、歌舞故事、歌谣传说等方面都广泛使用鱼纹。作为生殖信仰和物阜祈盼的图腾崇拜，道教的八卦以阴阳鱼为内核，也是被赋予驱祟之功，鱼类符号多作为辟邪消灾的守护神和表示阴阳载易、善化长生的吉祥意义，很少有将鱼作为一种凶暴的形象。[④] 即使是鲸鱼等海洋动物，也是突出描述其巨大和神奇，而较少刻画其凶暴。如明朝杨慎《异鱼图赞》对“鲸”的描述：“海油鱼王，是名为鲸。喷沫雨注，鼓浪雷惊。日作明月，精为彗星。”“东海大鱼，鲸鲵之属。大则如山，其次如屋。将死岸上，身长丈六。膏流九顷，骨充栋本。明月之珠，乃是其目。”[⑤]

《职方外纪》和《坤舆图说》则不同，“海族”中除了介绍神奇的鱼类，还有不少关于海洋动物作为令人恐惧的形象的描述。巨大的鲸鱼有时会被误认为是岛屿，如《职方外纪》“海族”记述道：“有海鱼、海兽大如海岛者，尝有西舶就一海岛缆舟，登岸行游，半晌，

---

① 李时珍撰：《本草纲目》第四册，人民卫生出版社，1982 年，页 2476。清李调元《然犀志》中特别指出所谓“飞鱼，一名文鳐。生海南，大者长尺许，有翅与尾齐，群飞海上，便有大风”。参见赖春福、张詠青、庄棣华编《鱼文化录》，页 80。

② 郭柏苍撰：《海错百一录》，载《续修四库全书 · 子部 · 谱录类》，上海古籍出版社，2002 年，页 545。

③ 丘书院：《我国古书中有关海洋动物生态的一些记载》，《生物学通报》1957 年 12 月号，页 27—29。

④ 陶思炎：《中国鱼文化的变迁》，《北京师范大学学报》1990 年第 2 期。

⑤ 赖春福、张詠青、庄棣华编：《鱼文化录》，页 27。

又复在岸造作火食，渐次登舟解维，不几里，忽闻海中起大声，回视向所登之岛已没，方知是一鱼背也。”[①]艾儒略的这一段记述，显然是来自15、16世纪的欧洲文献，如15世纪中叶的一幅热那亚地图上有这样的注记：“该海域人称‘三月之海’。其中有巨鱼，但被船员误认作岛屿，停泊休憩于其上，扎营、生火取暖，但不料灼伤大鱼。大鱼游动下潜至深海，船员无暇逃遁，皆葬身海底。”[②]1513年版的《皮瑞·雷斯地图》上也有将小船系在鲸鱼旁，注记称在远古时期，一位叫圣布伦丹的牧师在七大洋上航行，他登上鲸鱼背，以为这是一篇旱地，于是在鲸鱼背上生火，鲸鱼背受热，猛地一头扎入海中，人们赶紧爬上小舟，仓皇登船逃走。[③] 这种将海兽误认为海岛的故事，在欧洲流传甚久，最早出现在亚历山大大帝致亚里士多德的书信中，后来又出现在《巴比伦塔木德》(*Babylonian Talmud*)和《一千零一夜》中，流传甚广。在奥劳斯·马格努斯介绍《海图》的卷帙浩繁的著述《北方民族简史》中亦有大段“关于在鲸背上系锚”的描写：

> 这种鲸鱼的皮表如同海边的沙砾，因此它从海上浮起，露出背部时，海员常常以为它是一座岛屿，完全没联想到别的东西。怀着这样的错觉，海员在此着陆，往鱼背上打桩，用来系着他们的船舶。接着，他们取出肉食，生火烹饪。直到最后，鲸感觉到背上火的灼热，潜入海底。在它背上的水手，除非他们能通过船上抛出的绳索自救，否则会因此溺亡。这种鲸鱼，与我之前提到的利维坦和普里斯特一样，有时候会将吸入的海水喷出，喷出的水云瞬间使得船舶倾覆。当风暴从海上升起时，他会浮出水面，在这骚动与风暴中，他庞大的吨位会让船只沉没。有时候他的背上带着泥沙，当风暴来临时，海员们会为找到陆地而欣喜若狂。于是在错误的地点抛锚止航，以为身处安全之处。殊不知待他们升起篝火，鲸一经察觉，便迅速潜入深海，人船并获，拖入海中，除非锚锭损坏了，才可能幸免于难。[④] (图2-4)

不难见出，《职方外纪》都留下了大航海时代西文地图等文献的很多特征。1544年赛巴斯强·敏斯特(Sebastian Münster，1488—1552)用德文撰写的《世界志》(*Cosmographia*，

---

① 《职方外纪校释》，页150。这一条记述可与唐朝刘恂所撰《岭表录异》相比照，《岭表录异》记述过一种叫“海鳅鱼”的动物：“即海上最伟者也。其小者亦千余尺。吞舟之说，固非谬矣。每岁广州常发铜船过安南货易。北人偶求此行，往复一年，便成斑白云。路经调黎(地名，海心有山，阻东海，涛险而急，亦黄河之西门也)深阔处，或见十余山，或出或没，篙工曰：非山岛，鳅鱼背也。双目闪烁，鬐鬣若簸朱旗。危沮之际，日中忽雨霡霂。舟子曰：此鳅鱼喷气，水散于空，风势吹来若雨耳。及近鱼，即鼓船而噪，倏尔而没去(鱼畏鼓，物类相伏耳)。交趾回人，多舍舟，取雷州缘岸而归，不惮苦辛，盖避海鳅之难也。乃静思曰，设使老鳅瞋目张喙，我舟若一叶之坠眢井耳，为人宁得不皓首乎?’”刘恂撰，鲁迅校勘：《岭表录异》卷下，广东人民出版社，1979年，页28—29。

② ［美］切特·凡·杜泽著，王绍祥、张愉译：《海怪：中世纪与文艺复兴地图中的海洋异兽》，北京联合出版公司，2018年，页48。

③ 同上书，页74—75。

④ Olaus Magnus，1998，p.1108. 转引自程方毅《明末清初汉文西书中“海族”文本知识溯源——以〈职方外纪〉〈坤舆图说〉为中心》，《安徽大学学报》(哲学社会科学版)2019年第6期。

又译《宇宙志》)一书中也谈及有大如海岛的鲸鱼:“有时川原见到鲸鱼时,会误认为岛屿,于是抛下锚,陷于险境。”[①]这种被船员误认为岛屿的鲸鱼被一些学者称为“岛鲸(Island whale)”,[②]可能是指“巨海龟”,又称“古巨龟”,它们生活在 6 700 万年前(晚白垩纪),个头巨大,身体全长可达 4 米。四肢十分发达,呈桨状,适合在水中游泳,以植物为食。巨海龟是一种体型巨大的古代海生爬行动物,主要分布于美国东南部。巨海龟是晚白垩纪美洲最常见的动物,以当时动物的普遍体型来看,并不是什么很夸张的动物。其实在工业文明生产前,仍然有很大的海龟,1492 年哥伦布船队抵达古巴附近时,一艘船被大海龟撞击,当时的航海日志记载,那只海龟,目测有一吨重。古海龟是个慢性子,它的大多数食物都漂动在海平面附近。它除了在海床上冬眠外,几乎不需要深潜,多栖息于热带海域的中上层,有时可进入近海和港湾中。或说有一种大海牛,是巨大的海洋哺乳动物,后为在俄国工作的德国博物学家斯特拉(Georg Wilhelm Steller, 1709—1746)命名为“斯特拉海牛”(Steller's sea cow)。大海牛长达 7—9 米,估计最大的海牛重达 3 500 公斤,群居海中,在岸边啃食潮线附近接近海面的大型藻类为主食,似乎不会潜水,在水面上可以看到它们的背或半个肚子,退潮时它们会游向海里,涨潮时它们又回到海滩。1741 年斯特拉发现后写道:“通常我们和它们如此接近,甚至拿根棍子就可以打到它们……它们一点都不怕人类,当它们想要在水面上休息时,它们会躺在靠近小海湾边的安静海面上,随着浪漂动。”[③]由于大海牛只将部分身躯埋入水中,加上活动范围接近岸边,行动又慢,从来不叫,因此容易被误以为是小岛。[④]

《职方外纪》中特别描述了一批远洋航海中对海舶构成危害的鱼类:“海中族类不可胜穷。自鳞介外,凡陆地之走兽,如虎狼犬豕之属,海中多有相似者。……鱼之族一名‘把勒亚’,身长数十丈,首有二大孔,喷水上出,势若悬河,每遇海舶,则昂首注水舶中,顷刻水满舟沉。遇之者亟以盛酒巨木罂投之,连吞数罂,俯首而逝。浅处得之,熬油可数千斤。”[⑤]这一段也见之《坤舆图说》的“异物图说”,同样的文字还收入《古今图书集

---

① 该书 1550 年出版拉丁文第一版。[美]根特·维泽(Günther Wessel)著,刘兴华译:《世界志》(*Von Einem, der Daheim Blieb, Die Welt Zuentdecken*),(台北)漫游者文化事业股份有限公司,2008 年,页 153。

② 同上;Joseph Nigg, 2013, p.104。

③ [英]卡鲁姆·罗伯茨(Callum Roberts)著,吴佳其译:《猎杀海洋——一部自我毁灭的人类文明史》(*The Unnatural History of the Sea*),我们出版,2014 年,页 34—38。最后一头大海牛在 1768 年被捕杀。

④ 最有趣的是在钱锺书《管锥编》读《太平广记》卷四六六也曾经排比了中国古籍中的“言洲乃大鱼”或“言洲为大蟹”的传说,前一则出现在《西京杂记》卷五刘歆难杨雄,后一则出现在《异物志》。《金楼子·志怪》篇称:“巨龟在沙屿间,背上生书目,如渊岛。尝有商人,依其采薪及作食。龟被灼热,便还海,于是死者数十人。”《生经》卷五第三五称:“有一龟王,游行大海,时出水际卧,其甚广长,边各六十里。有贾客从远方来,谓是高陆之地。五百贾客车马六畜有数千头,各止顿其上,炊作饮食,破薪燃火。龟王身遭火烧,驰入大海。贾谓地移,悲哀呼嗟……”同时比较了《天方夜谭》中航海人误以为鲸背为小岛,登览而遭灭顶之灾的故事为互证。钱锺书:《管锥编》(二),页 829。可惜钱氏未注意到《职方外纪》的记述以及所据的蓝本。

⑤ [意]艾儒略原著,谢方校释:《职方外纪校释》,页 149。

成·博物汇编·禽虫典》第150卷“异鱼部”(《古今图书集成》第527册，叶十)。所谓“把勒亚鱼”是鲸鱼拉丁语“balaena”的音译，[①]它们中的大部分种类生活在海洋中，仅有少数种类栖息在淡水环境中，体形同鱼类十分相似，均呈流线型，适于游泳，所以俗称为鲸鱼，但这种相似只不过是生物演化上的一种趋同现象。因为鲸类动物具有胎生、哺乳、恒温和用肺呼吸等特点，与鱼类完全不同，因此属于哺乳动物。早在古希腊时代，亚里士多德在《动物学》一书中专门讨论过包括鲸类中类似于海豚者的水生动物的肺呼吸的喷水方式。[②] 但很长时期里人们对鲸鱼的外形认知大多是不准确的，如比利时安特卫普的大詹恩·萨德勒(Jan Sadeler the Elder，1550—1600)仿德克·巴伦德兹(Dick Barendsz，1534—1592)的作品《约拿与鲸鱼》，叙述了圣经故事中，上帝以风暴惩罚不服从神旨的先知约拿，同船的船员把约拿抛到海里，以平息上帝差遣来救约拿的鲸鱼。其中鲸鱼的外形并不写真，可见当时画家都未曾见过真实的鲸鱼，直至1598—1602年间，荷兰版画记录中才有见鲸鱼尸体被冲上沙滩的事件。[③] 但彩绘本《坤舆万国全图》和《坤舆全图》中却有若干比较接近真实的鲸鱼绘像。

另外还有两种所谓的“海魔”：“有兽形体，稍方，其骨软脆，有翼能鼓大风以覆海舟，其形大如岛。又有一兽，二手二足，气力猛甚，遇海舶辄颠倒播弄之，多遭没溺，西舶称为海魔，恶之甚也。”[④]这里艾儒略描述的两种海魔，也见之敏斯特的《世界志》，该书记有一种大型海怪，被称为皮斯特雷(Pistres)或菲瑟德(Phisseder)，它竖起身子，从大海中窜起，朝船吹气，让船沉没或翻覆。还有一种可怕的海怪是一种长达两百或三百尺的蛇，会缠住大船。[⑤] (图2-5)用现代眼光看这两种大型海洋动物，可能都是指巨型的鱿鱼。传说中的巨型鱿鱼的长度可达到18—21米，长度超过一辆公共汽车。鱿鱼有十个巨大而长有吸盘的手臂，称为“触手”。科学家曾经捕获到长度达6.09米的雄性鱿鱼。[⑥]“其骨软脆，有翼能鼓大风以覆海舟”中的“翼”可能是指巨型鱿鱼的触手。鱿鱼的身子是环绕着头部与头长成一体的，因此有“形大如岛”之感。从头部伸出有肉质吸盘的触手，很像人的“二手二足”，鱿鱼的腕力很大，所以有“气力猛甚，遇海舶辄颠倒播弄之”的说法。《职方外纪》“海族”中另外所记一种名为“薄里波”：“其色能随物变，如附土则土

---

① 金国平《〈职方外纪〉补考》一文认为“把勒亚”来自葡萄牙语“Baleia”之对音。参见氏著《西力东渐：中葡早期接触追昔》，澳门基金会，2000年，页114—119。西班牙语作“ballena”，也与之比较接近。

② [古希腊]亚里士多德著，吴寿彭译：《动物学》，商务印书馆，2010年，页341—342。

③ 邓海超主编：《神禽异兽》，香港艺术馆，2012年，页194。

④ [意]艾儒略原著，谢方校释：《职方外纪校释》，页150。

⑤ [美]根特·维泽(Günther Wessel)著，刘兴华译：《世界志》(*Von Einem, der Daheim Blieb, Die Welt Zuentdecken*)，页152—153。

⑥ [美]尼可拉斯·魏德编，孙桦等译：《鱼》，(台北)知书房2002年，页237—250。

色，附石则如石色。”[①]章鱼将水吸入外套膜，呼吸后将水通过短漏斗状的体管排出体外。大部分章鱼用吸盘沿海底爬行，但受惊时会从体管喷出水流，从而迅速向反方向移动。遇到危险时会喷出墨汁似的物质，作为烟幕。有些种类产生的物质可麻痹进攻者的感觉器官。普通章鱼广泛分布于热带及温带海域，栖于多岩石海底的洞穴或缝隙中，喜隐匿不出。主要以蟹类及其他甲壳动物为食。该种被认为是无脊椎动物中智力最高者，又具有高度发达的含色素的细胞，故能极迅速地改变体色，变化之快亦令人惊奇。亚里士多德《动物学》中也说过：“章鱼在捉取游鱼时，自身颜色变得像所在的石块颜色一样；遇到任何危险，它也立即改变颜色。有些人说乌贼也会弄同样的狡狯；他们说乌贼能使自己颜色变得与所在场合的颜色一模一样。其他鱼类能变色如章鱼者惟有角鲛。”[②]

《职方外纪》还描述有一种“剑鱼”：“其嘴长丈许，有龉刻如锯，猛而多力，能与把勒亚鱼战，海水皆红，此鱼辄胜。以嘴触船则破，海船甚畏之。”[③]《坤舆图说》的文字记载与之几乎相同，同样的文字还收入《古今图书集成·博物汇编·禽虫典》第150卷“异鱼部”(《古今图书集成》第527册，叶十一)。“剑鱼”一词已见之唐朝段成式《酉阳杂俎》续集卷之八：“剑鱼，海鱼千岁为剑鱼。一名琵琶鱼，形似琵琶而喜鸣，因以为名。虎鱼，老则为蛟。江中小鱼化而蝗而食五谷者，百岁为鼠。”[④]

剑鱼(Xiphias gladius；swordfish)，又称“剑旗鱼”“旗鱼舅”，箭状长吻是剑鱼攻击和捕食的主要武器，因此亦称“箭鱼”，是一种大型的掠食性鱼类。剑鱼分布于全球的热带和温带海域。全长可超过5米，体重可达675公斤。特征是长而尖的吻部，是剑鱼全长的约三分之一。以乌贼和鱼类为食。虽然剑鱼体型庞大，但其游速可达每小时100公里，是海中游速最快的鱼类之一。剑鱼生活在热带和亚热带大洋的上层，是一种异常凶猛的鱼类，以鱼和头足类海洋动物为食，如虾、枪乌贼等，每年的一月为其生殖季节。剑鱼游泳能力极强，速度极快，它一般在水表层洄游，有时露出背鳍，有时跃出水面。剑鱼游泳时不成群，它飞出海面爆发力极强，经常冲出海面以剑状上颌攻击大型鲸类和鱼类，英国的军舰曾经被剑鱼击沉，英国自然博物馆中还保存着被剑鱼击穿的半米厚的甲板。[⑤]

《职方外纪》“海族”和《坤舆图说》“异物图说”中关于鲸鱼袭击海舶的文字，都表明大航海时代已经跨越了近海航行，而展现了远洋航海过程中所遇到的深海鱼类，三段画面都有着血腥的描述：“把勒亚鱼”“见海舶则昂首注水舶中，顷刻水满舶沉。遇之者以

① ［意］艾儒略原著，谢方校释：《职方外纪校释》，页149。
② ［古希腊］亚里士多德著，吴寿彭译：《动物学》，页450—451。
③ ［意］艾儒略原著，谢方校释：《职方外纪校释》，页149。
④ 段成式撰，方南生点校：《酉阳杂俎》，页278。
⑤ 朱立春主编：《动物世界》，页395。

盛酒巨木罂投之，连吞数罂，俯首而逝”；“狗鱼善窥其影，伺飞鱼所向，先至其所，开口待啖，恒追数十里，飞鱼急，辄上舟，为舟人得之”；“剑鱼嘴长丈许，有龃刻如锯，猛而多力，能与把勒亚鱼战，海水皆红，此鱼辄胜。以嘴触船则破，海船甚畏之”，活灵活现地呈现出海洋中所潜藏的威力和远洋航海中遇到的危险。可见当时关于鲸鱼的记述中有不少海上船舶遭到鲸鱼袭击的例子，也叙述了船员如何对付这种海洋动物袭击的方法，留下了大航海时代文献的特征。同时，通过在这些危险的境域下船员感受到的上帝的力量，来宣扬天主无所不在的伟力。如《职方外纪》就记述过一种无名称鱼类：“一鱼甚大，长十余丈，阔丈余，目大二尺，头高八尺，其口在腹下，有三十二齿，齿皆径尺，颐骨亦长五六尺。迅风起，尝冲至海涯。一鱼甚大，且有力，海舶尝遇之，其鱼竟以头尾抱船两头。舟人欲击之，恐一动则舟必覆，惟跪祈天主，须臾解去。”[①]这里记述的可能是蓝鲸（学名：Balaenoptera musculus），这是一种巨大的海洋哺乳动物，蓝鲸被认为是已知的地球上生存过的体积最大的动物，16 世纪哥德人奥劳斯·马格努斯在 1555 年的《北方民族简史》中记录蓝鲸总长达 300 英尺，相当于 90 米长，或以为是误记，应该是 30 米，它的力量大得惊人，“它的身体活像一座巨大的山”。[②] 面对海洋中种种危险时向上帝祈祷是当时很多文献中常见的表述，如敏斯特《世界志》也有类似的记述：“风从四面八方吹来，然后突然止息，船只成了浪涛的玩物。船员们缆绳绑住自己，以免落海，而船上的一切全都断裂破碎；他们大声哭诉，向上帝祈祷，哀求怜悯。”[③]艾儒略的这段叙述强调了“惟跪祈天主，须臾解去”，主要目的恐怕是利用远洋航海中袭击船舶的令人恐惧的鱼类来阐明天主的力量。

美国学者科尔宾（Alain Corbin）曾经细致地描述了西方人如何从恐惧海洋到拥抱海洋的过程，他认为深受基督教影响的西方文化中，海洋让人联想到《圣经》中的大洪水，而大洪水是上帝用以惩罚人类的工具，海洋是各类妖怪居住的地方，因而是危机四伏的异域。17 世纪中叶起，海洋探索的发展与海洋地理学的兴起和海洋知识的积累，使得海洋不再像之前那样充满危险和神秘，文艺复兴时代的人文主义学者和画家也不断在海洋中寻找灵感，渐渐使西方人对海洋的恐惧有了根本的转变。[④] 而利玛窦、艾儒略和南怀仁来华期间，正是西方处在从恐惧海洋到拥抱海洋的过程转变之前，因此《坤舆万国全

---

① ［意］艾儒略原著，谢方校释：《职方外纪校释》，页 149。

② ［英］卡鲁姆·罗伯茨（Callum Robert）著，吴佳其译：《猎杀海洋——一部自我毁灭的人类文明史》（*The Unnatural History of the Sea*），页 240—241。

③ ［美］根特·维泽（Günther Wessel）著，刘兴华译：《世界志》（*Von Einem, der Daheim Blieb, Die Welt Zuentdecken*），页 254。

④ Alain Corbin, *The Lure of the Sea: The Discovery of the Seaside in the Western World, 1750 - 1840*, Translated by Jocelyn Phelps. Berkeley and Los Angeles: University of California Press, 1994, pp.2 - 3、7、18、39.

图》特别是《职方外纪》和《坤舆图说》，留下的不少是西方世界所描绘的恐惧的鱼类。

鱼类作为一种水生动物，是中国传统文化经济结构中的一个重要组成部分，也是古人物质生活的来源之一，在人们的生活中占有极其重要的地位。同时鱼文化也是传统文化中一种特殊的文化现象，中国的鱼文化经常是与“年年有余”“金玉满堂”“富贵有余”等形成一种美好的联想。而关于鱼类动物的记载又多混杂着浓厚的神话传说色彩，如龙、神龟、大鲛鱼、鲸鱼、北海大鱼、吞舟大鱼、剑鱼等海族异类，很多记载掺杂着类似南朝梁任昉的异闻琐记《述异记》、唐代戴孚所作的神怪小说集《广异记》、郑常撰笔记小说《洽闻记》等奇事异物的描写。所谓“巨鱼横奔，厥势吞舟”，巨鱼之出，又多与占符灵验相比附，类似“鲸鱼死，彗星合”“海精死，彗星出”的记述在纬书中就更多了。[①] 即使少数关于鲸鱼等海洋动物的记述，也是突出描述其巨大和神奇，而较少刻画其凶暴。如明朝杨慎的《异鱼图赞》对“鲸”的描述：“海有鱼王，是名为鲸。喷沫雨注，鼓浪雷惊；目作明月，精为彗星。”“东海大鱼，鲸鲵之属。大则如山，其次如屋。时死岸上，身长丈六。膏流九顷，骨充栋木。明月之珠，乃是其目。”[②]这些与欧洲文献中关于海洋中恐怖鱼类的描述形成了鲜明的对照。

四、大航海时代拟人化的鱼故事

唐朝刘恂所撰记述岭南异物异事的《岭表录异》中已有关于鳄鱼的记述：“其身土黄色，有四足，修尾，形状如鼍，而举止趫疾。口森锯齿，往往害人。南中鹿多，最惧此物。鹿走崖岸之上，群鳄嗥叫其下，鹿怖惧落崖，多为鳄鱼所得，亦物之相慑伏也。故李太尉德裕贬官潮州，经鳄鱼滩，损坏舟船，平生宝玩、古书图画，一时沉失，遂召舶上昆仑取之。但见鳄鱼极多，不敢辄近，乃是鳄鱼窟宅也。”[③]

《职方外纪》和《坤舆图说》都用相当的篇幅介绍了这一令人毛骨悚然的动物。鳄鱼，葡萄牙语 crocodile，拉丁语 crocodilus；拉丁学名 Crocodylussiamensis，英文名称 Siamese crocodile，主要生活在热带到亚热带的河川、湖泊、海岸，而湾鳄则主要生活在海湾里或近海。《职方外纪》写道：“名‘剌瓦而多’，长尾，坚鳞甲，刀箭不能入。足有利爪，锯牙满口。性甚狞恶，入水食鱼，登陆，人畜无所择。百鱼远近皆避。第其行甚迟，小鱼百种尝随之，以避他鱼吞啖也。其生子，初如鹅卵，后渐长，以至二丈。每吐涎于

① 倪浓水：《中国古代海洋小说与文化》第六章，海洋出版社，2012 年，页 210—238；王子今、乔松林：《〈汉书〉的海洋纪事》，《史学史研究》2012 年第 4 期。
② 赖春福、张詠青、庄棣华编：《鱼文化录》，页 27。
③ 刘恂撰，鲁迅校勘：《岭表录异》卷下，页 27。

地，人畜践之即仆，因就食之。凡物开口皆动下颏，此鱼独动上腭，口中亦无舌。冬月则不食物，人见之却走，必逐而食之；人返逐之，彼亦却走。其目入水则钝，出水极明。见人远则哭，近则噬之，故西国称假慈悲者为'剌瓦而多哭'。独有三物能制之：一为仁鱼，盖此鱼通身鳞甲，惟腹下有软处。仁鱼鬐甚利，能刺杀之。一为'乙苟满'，鼠属也，其大如猫，善以泥涂身令滑，俟此鱼开口，辄入腹，啮其五脏而出，又能破坏其卵。一为'杂腹兰'，香草也。此鱼最喜食蜜，养蜂家四周种'杂腹兰'，即弗敢入。"[①]《坤舆全图》在东半球墨瓦蜡泥加洲画有鳄鱼，《坤舆图说》的"异物图说"文字记述为："[利未亚州东北]厄日多国产鱼，名喇加多。约三丈余，长尾，坚鳞甲，刀箭不能入，足有利爪，锯牙满口，性甚狞恶。色黄，口无舌，唯用上腭食物。入水食鱼，登陆每吐涎于地，人畜践之即仆，因就食之。见人远则哭，近则噬。冬月则不食物。睡时尝张口吐气。有兽名'应能满'，潜入腹内啮其肺肠则死。'应能满'大如松鼠，淡黑色，国人多畜之以制焉。"同样的文字还收入《古今图书集成·博物汇编·禽虫典》第150卷"异鱼部"(《古今图书集成》第527册，叶十)"厄日多国"，今译埃及。金国平认为《职方外纪》所述"杂腹兰"是葡萄牙语azafrão或西班牙语azafrān的对音，原指番红花，即"姜黄"，主要分布在欧洲、地中海及中亚等地，是一种常见的香料，气特异，微有刺激性，味微苦，可能鳄鱼不喜欢这种气味，所以远远逃遁。而"剌瓦而多"是葡萄牙语lagarto之译音，今作"蜥蜴"，但在中古葡语中以此泛称"鳄鱼"。[②] 南怀仁"异物图说"中的"喇加多"应是同一来源。

两书中描述的可能是非洲的尼罗鳄或湾鳄，属于一种爬行动物，由于能像鱼一样在水中嬉戏，故而得名鳄鱼。鳄鱼属脊椎类爬行类，分布于热带到亚热带的河川、湖泊、海岸中。鳄鱼科属很多，现存的鳄鱼类有恒河鳄、短吻鳄、尖鼻鳄、暹罗鳄、马岛鳄、古巴鳄、泽鳄、广鼻鳄、扬子鳄等20余种，其性情大都凶猛暴戾，幼年喜食鱼、蛙等小动物，成年则捕食大型动物。其代表性主体鳄鱼——湾鳄，是鳄形目鳄科的一种，分布于东南亚沿海直到澳大利亚北部。湾鳄生活在海湾里或近海，全长5—6米，重近1吨，最大达7米1.6吨，是现存最大的爬行动物。鳄鱼凶猛不驯，成年鳄鱼经常在水下，只有眼、鼻露出水面。鳄鱼的视觉、听觉都很敏锐，外貌笨拙其实动作十分灵活，受惊立即下沉。午后多浮水晒太阳，夜间目光明亮。[③] 在人们的心目中，鳄鱼就是"恶鱼"，一提到鳄鱼，人们就会想到血盆大口、尖利的牙齿，以及全身坚硬的盔甲。传说中的鳄鱼在吃人之前会流下虚伪的眼泪，《职方外纪》"海族"一篇所谓"见人远则哭，近则噬，故西国称假慈悲者为'剌瓦而多哭'"中"剌瓦而多哭"，即"鳄鱼的眼泪"，此可能是汉文文献中最早出现的关于这一西方谚语

---

① ［意］艾儒略原著，谢方校释：《职方外纪校释》，页150。
② 金国平：《〈职方外纪〉补考》，《西力东渐：中葡早期接触追昔》，澳门基金会，2000年，页114—119。
③ 杜亚泉主编：《动物学大辞典》，香港文光图书有限公司，1987年影印本，页2616—2621。

的汉语译语。其实鳄鱼通常是在陆地上待了较长时间后才开始通过舌上分泌液，而不是眼泪来排泄盐分的，由于是从一层透明的眼睑——瞬膜后面分泌出来，因此有鳄鱼的眼泪一说。两书讲述制服鳄鱼的只有“应能满”或译“乙苟满”，谢方认为即艾儒略所说的“乙苟满”，得名不详，疑为河狸鼠，似鼠而略大，水陆两栖，产于南美洲。[①] 河狸鼠，拉丁文为 rat Beaver，意大利语为 Beaver rat，葡萄牙语和西班牙语均为“Beaver rato”，河狸鼠以植物根、茎、枝叶为食，也食软体动物，未见危害鱼类。晨昏采食，亦见白天活动，是一种可以散放池塘进行野养的动物。河狸鼠身上或携带多种传染性疾病的病毒，传染给人类、家畜会导致其死亡，或能通过咬啮鳄鱼传染这种致命病毒而致鳄鱼死亡。

《职方外纪》记有一种“仁鱼”，不仅能杀死残忍的鳄鱼，而且“西书记此鱼尝负一小儿登岸，偶以鬐触伤儿，儿死，鱼不胜悲痛，亦触石死。西国取海豚，尝取仁鱼为招。每呼仁鱼入网，即入，海豚亦与之俱。俟豚入尽，复呼仁鱼出网，而海豚悉罗矣。”[②]金国平认为“仁鱼”为“人鱼”，传说中雌性美人鱼称“人鱼”。[③] 但前述仁鱼“通身鳞甲，惟腹下有软处，仁鱼鬐甚利”，能刺杀鳄鱼，显然不是美人鱼，此“仁鱼”可能属于海豚之一种。“海豚”，拉丁文 delphinus，属于哺乳纲鲸目齿鲸亚目海豚科，通称海豚，是体型较小的鲸类，共有近 62 种，海豚科成员大多体型较小，包括体型最小的鲸类，以鱼或软体动物为食，也有些体型较大，可以捕食其他海兽。海豚科从外形上可以区分称长喙、短喙和无喙的，背上多数有背鳍，也有少数无背鳍。海豚是一种本领超群、聪明伶俐的海中哺乳动物。其大脑是海洋动物中最发达的，人的大脑则占本人体重的 2.1%，海豚的大脑则占它体重的 1.7%。海豚的大脑由完全隔开的两部分组成，当其中一部分工作时，另一部分充分休息，因此，海豚可终生不眠。关于海豚仁慈的传说早在亚里士多德时代就有记述，亚氏写道：“于海洋鱼类中许多有关海豚的故实均指陈它本性善良，在太拉（Tarento，今意大利太伦托）与加里亚附近以及其他地方均流传有海豚对于孩童特别亲爱的事迹。故事又说起，一条海豚在加里亚外海受伤而被渔获，一群海豚跟近了港内，尽是守候在那里，直等到渔人们放走了那被捞住的海豚，大群才离去港口。小海豚群后常跟着有一条大海豚保护着它们。有一回，人们见到一群大大小小的海豚，其中有两条相隔不远，他们由于怜悯，共同扛着一条死去的海豚游泳，免得它下沉而为某些贪暴的鱼类所残食。”[④]

《职方外纪》记有一种名为“斯得白”的大鱼：“长二十五丈，其性最良善，能保护人。

① ［意］艾儒略原著，谢方校释：《职方外纪校释》，页 152。
② 同上书，页 149。
③ 金国平：《〈职方外纪〉补考》，《西力东渐：中葡早期接触追昔》，页 114—119。
④ ［古希腊］亚里士多德著，吴寿彭译：《动物学》，页 475—476。李时珍《本草纲目》“鳞部”第四十四卷“海豚鱼”条也有类似记载：“海豚生海中，候风潮出没，形如豚，鼻在脑上作声，喷水直上，百数为群。其子如蠡鱼子，数万随母而行，人取子系水中，其母自来就而取之。”李时珍：《本草纲目》第四册，页 2466—2467。

或渔人为恶鱼所困，此鱼辄往斗，解渔人之困焉，故国法禁人捕之。”[①]可能也是海豚的一种。“海豚救人”的故事传说历史悠久，它们不但会将溺水者托出水面；遇上鲨鱼袭击人类时，也会挺身而出、见义勇为，因而古代人已将海豚视为灵性的动物、人类的朋友。[②]“斯得白”可能是当年艾儒略所见或所闻海上关于救人之鱼而记下的。海豚的聪明、热情、友善和救人的品质，使其赢得了“水手之友”的美称。海豚是基督教象征艺术中最常见的鱼，在基督教动物象征中，海豚象征基督。由于海豚是靠回声定位来判断目标的远近、方向、位置、形状甚至物体的性质，因此据说海豚不仅会营救落水的水手，还会引领迷失航向的船只进入海港。早期基督教徒认为具有这些特征的海豚与基督之间存在着某种相似性，海豚营救的是绝望之中的溺水者，基督拯救的是精神上触礁落水的灵魂，进而导引教众顺利通过诱惑和迫害，得到最后的拯救。[③]

这些地理学汉文西书注意到了人类与鱼之间的紧密联系，如《职方外纪》记载：“有能游水最捷者，恒追执一大鱼名‘都白狼’而骑之，以铁钩钩入鱼目，曳之东西走，转捕他鱼。”[④]金国平考证“都白狼”为葡萄牙语 tubarão 的译音，即鲨鱼。[⑤]鱼类还对地名的命名产生过影响，如《职方外纪》记有一名为“拔革老”的地方，“本鱼名也。因海中产此鱼甚多，商贩往他国恒数千艘，故以鱼名其地”。[⑥]金国平认为“拔革老”为古葡萄牙语 bacalhao 的对音，西班牙语作 bacalao，“拔革老”即今鳕鱼，葡萄牙语称纽芬兰岛为 Terra Nova 或 Terra de Bacalhao，即今鳕鱼之地。[⑦]

《职方外纪》和《坤舆图说》中都提到了“海女”和“海人”。《职方外纪》卷五《四海总说》“海族”也有关于人鱼的描述：“又有极异者为海人，有二种，其一通体皆人，须眉毕具，特手指略相连如凫爪。西海曾捕得之，进于国王，与之言不应，与之饮食不尝。王以为不可狎，复纵之海，转盼视人，鼓掌大笑而去。二百年前，西洋喝兰达地(今译荷兰)曾于海中获一女人，与之食辄食，亦肯为人役使，且活多年，见十字圣架亦能起敬俯伏，但

---

① [意]艾儒略原著，谢方校释：《职方外纪校释》，页 149。

② 海上确实有能拯救人类的鱼类。据说老挝也有一种会救人的鱼，名为“湄公鳊鱼”，长约 50 厘米，呈大刀状，背鳍柔软，尾巴宽阔。扁扁的身型就像一把大铡刀。喜欢成群结队地在水面扁着身子嬉戏，它们尤其喜欢玩托物逐浪的游戏。当湄公扁鱼发现水面上有物体落水沉浮时，它们就会聚在一起，用身体托起漂浮物推向岸边。物体过重时，湄公鳊鱼就会用尾巴拍打水面，向同伴发出信号，请求增援，收到信号的同伴就会很快赶来协同作战。很久以前湄公河两岸的人们就利用湄公扁鱼的这种习性，抛下一些物体，然后在岸边撒网捕捞。一旦发现有人落水或者船只遇难，湄公扁鱼会立即用尾巴拍击水面，通知同伴集合，然后成群结队地游向落水者，用身体将落水的人或船只托出水面，并游向岸边，直至落水的人脱险才悄然离去。当地人称它们为“救人鱼”。20 世纪初，老挝政府把湄公鳊鱼列为国家一级保护动物，老挝人也自觉地拒食湄公鳊鱼，渔人们打鱼时无意捕到了湄公鳊鱼，也会小心翼翼地及时放生。邵火焰：《“救人鱼”的生存智慧》，《思维与智慧》2012 年第 10 期。

③ 丁光训、金鲁贤主编，张庆熊执行主编：《基督教大辞典》，上海辞书出版社，2010 年，页 236。

④ [意]艾儒略原著，谢方校释：《职方外纪校释》，页 127。

⑤ 金国平：《〈职方外纪〉补考》，《西力东渐：中葡早期接触追昔》，页 117。

⑥ [意]艾儒略原著，谢方校释：《职方外纪校释》，页 134。

⑦ 金国平：《西力东渐：中葡早期接触追昔》，页 118。

不能言。其一身有肉，皮下垂至地，如衣袍服者然，但着体而生，不可脱卸也。二者俱可登岸，数日不死。但不识其性情，莫测其族类，又不知其在海宅于何所。似人非人，良可怪。""有海女，上体直是女人，下体则为鱼形，亦以其骨为念珠等物，可止下血。二者皆鱼骨中上品，各国甚贵重之。"[①]南怀仁《坤舆图说》的"异物图说"中将"海女"称为"西楞"，还分出"男鱼"和"女鱼"，称："大东洋海产鱼，名西楞。上半身如男女形，下半身则鱼尾。其骨能止血病，女鱼更效。"[②]"人鱼"，葡萄牙语 sereia，西班牙语 sirena，拉丁语 syreni，似乎都接近于"西楞"的发音。"西楞"可能与神话传说中的海伦有关。所谓人鱼，一般被认为是传说中的水生生物，通常人鱼的样貌是上半身为人的躯体或妖怪，下半身是鱼尾，欧洲传说中的人鱼与中国、日本传说中的人鱼，在外形和性质上迥然不同，有时也与"美人鱼"的外形有所分别。传统说法美人鱼以腰部为界，上半身是女人，下半身是披着鳞片的漂亮鱼尾，整个躯体既富有诱惑力，又便于迅速逃遁。1531 年有人在波罗的海捕获了一条人鱼，并将它送给波兰国王西吉斯蒙德作为礼物，宫廷中所有的人都曾见过，据说人鱼只活了三天。1608 年英国航海家亨利·赫德逊曾声称发现了人鱼："今天早上，我们当中有人从甲板眺望，看见一条人鱼……从肚脐以上，她有女性般的背部和胸部。正当他们说看见她时……她潜入海里，他们看见她的尾巴，像海豚一样的尾巴，长着鲭鱼般的斑点。"[③]人鱼的声音通常像其外表一样，具有欺骗性。人鱼一身兼有诱惑、虚荣、美丽、残忍和绝望的爱情等多种特性，像海水一样充满神话色彩，代表了人与水、海洋的密切关系。或以为是将人鱼与海牛（manatee）这一大型水栖草食性哺乳动物混为一谈了。海牛可以在淡水或海水中生活，外形呈纺锤形，颇似小鲸，但有短颈，与鲸不同。海牛的尾部扁平略呈圆形，外观犹如大型的桨；而儒艮的尾巴则和鲸类近似，中央分岔。这些动物都给人鱼的神话故事增添了素材。美人鱼在中西文化中均有描述，中国典籍中的记载可上溯到《山海经》，其中关于人鱼的叙述堪称海洋人鱼记述的滥觞。如《山海经·北次三经》称："又东北二百里，曰龙侯之山，无草木，多金玉。决决之水出焉，而东流注于河。其中多人鱼，其状如鳑鱼，四足，其音如婴儿，食之无痴疾。"[④]郭璞注："或曰，人鱼即鲵也，似鲇而四足，声如小儿啼，今亦呼鲇为。"按经中所记人鱼凡数十见，如《山海经·海内东经》："陵鱼人面，手足，鱼身，在海中。"[⑤]《洽闻记》中的"海人鱼"称人鱼"皆为美丽女子"之类，[⑥]

① ［意］艾儒略原著，谢方校释：《职方外纪校释》，页 151—152。
② ［比利时］南怀仁著，河北大学历史学院整理：《坤舆全图》，河北大学出版社，2018 年（引文标点，引者均有改动。以下凡是引用《坤舆全图》，均采用该本，简称《坤舆全图》整理本），页 79—81。这段文字，还收入《古今图书集成》"博物汇编·禽虫典"第 150 卷"异鱼部"（《古今图书集成》第 527 册，叶十）。
③ 邓海超主编：《神禽异兽》，香港艺术馆，2012 年，页 25。
④ 袁珂校译：《山海经校译》，上海古籍出版社，1985 年，页 66。
⑤ 同上书，页 240。
⑥ 转引自李昉等编《太平广记》卷四六四，页 4167。

则是神话演变之结果。南怀仁不会不注意到中国古代文献中关于这种“上半身如男女形，下半身则鱼尾”属于变异动物的介绍，与独角兽、长颈鹿一般，都是在强调其少见或与出乎常态知识之物的特点。也许他在《坤舆全图》和《坤舆图说》中真是认为这种人鱼“其骨能止血病，女鱼更效”，试图以一种貌似西方科学转化为与中国祥瑞故事相对应的知识，从而来回应中国传统的解说。

中国文献中关于海洋动物的书写，又多与陆地描述搅和在一起，如明人黄衷的《海语》中称“海马”“山食宅海，盖龙种也”；在讨论“海鲨”时，称“虎头鲨，体黑纹，鳖足，巨者余两百斤，常以春晦陟于海山之麓，旬日而化为虎，惟四足难化，经月乃成矣”；称“产于海”中的“海鳇”“岁二、八月群至数百，腾于沙屿，移时化为鸟，俗呼火鸠是也”；“鳗鲡大者身径如磨盘，长丈六七尺，枪嘴锯齿，遇人辄斗，数十为队，常随盛潮陟山而草食”；而所谓“海蜘蛛，巨若丈二车轮，文具五色，非大山深谷不伏也”。[①] 这恐怕是中国缺少远洋航海而多近海航行实践的反映。而以利玛窦开创的关于海洋动物的记述，为继起的艾儒略和南怀仁等明末清初西方耶稣会士地理学汉文西书所发展，为中国海洋文献书写的新形式，提供了重要的借鉴。

五、本章小结

人类是一种陆生动物，对海洋的认识是随着时间的推移和技术的进步而渐渐深化的。鱼类分为软骨鱼类和硬骨鱼类两大类，生活在海洋中的鱼类约占海洋动物全部总和的60%，[②]了解海洋鱼类是了解海洋动物知识的重要构成，也是研究海洋文化必不可少的内容。而欧人地理大发现之前人类对海洋动物的了解毕竟有限，作为大航海时代产物的《坤舆万国全图》《职方外纪》和《坤舆图说》等地理学汉文西书，带来了欧洲人关于海洋动物的新知识，利玛窦、艾儒略和南怀仁都是“多才多艺”的西方传教士，具有异常丰富的海洋知识的准备。[③] 这些地理学汉文西书最早向中国人介绍了欧洲的世界地理学说，包括地心说、地圆说、五大洲观念、五带知识，这些地理学知识不仅动摇了中国传统的天圆地方观念，也打破了传统的华夷意识。同时，这些地理学汉文西书也介绍了比较丰富的海洋文化知识，《坤舆万国全图》《职方外纪》和《坤舆图说》等似乎存在主角与配角、自我与他者的互动对话与交流关系，《坤舆图说》很多人文地理的内容沿袭了《职方外纪》，但在一些自然地理方面，特别是海洋知识方面有许多新的增补，带来了欧

① 黄衷撰：《海语》卷二，页18—27。
② 姜乃澄、丁平主编：《动物学》，浙江大学出版社，2009年，页316—317。
③ 方豪：《中西交通史》下册，页587。

人地理大发现之后有关海洋地理、海产，特别是海洋动物等多方面的知识。正是在这些汉文地理学西书提供的丰富的世界地理知识的基础上，晚清新学家的地理学著述，如魏源的《海国图志》、徐继畬的《瀛寰志略》相继问世，为中国人最终摒弃旧天下观念作好了知识的准备。

中国历史上有过辉煌的海洋活动，不乏航海文献，也有过关于动植物方面的记述，如唐朝刘恂记述岭南异物异事的《岭表录异》中，就有一些海洋动物，如海虾、海镜、海蟹、蚌蛤、水母、鲎鱼的形状、滋味和烹制方法的记述，除海鳅鱼外，大多属于小型海洋动物，这与唐朝的航海活动主要在近海进行有关。北宋哲宗元祐三年（1086）八月，谪居秀州（今浙江嘉兴）的沈括（1031—1095）向朝廷进呈了一套精心编绘的地图《守令图》。他在《梦溪笔谈》中谈到，海州（今江苏连云港）海中有一种不见于记载的虎头鱼身的动物（卷二一《海蛮师》），后来发现的荣县《守令图》在海州海中即画有此一动物。[①] 可惜这一类专门的对海洋动物的描绘，在宋代以后完全消失了。将动物归类为虫、鳞、介、禽、兽五部的《本草纲目》"鳞部"第四十四卷"鳣鱼"，"出江淮、黄河、辽海深水处，无鳞大鱼也"，"其小者近百斤，其大者有二三丈，至一二千斤"，或称"逆上龙门，能化而为龙也"，[②]多少混杂了传说的成分。而记述近海或江河浅水中鱼类的知识，则相对准确，如"青鱼""鳝鱼""鲟鱼""乌贼鱼"等。中国传统文献中关于大型海洋动物的记述，多混杂着浓厚的神话传说，如龙、神龟、大鲛鱼、鲸鱼、北海大鱼、吞舟大鱼、剑鱼等海族异类，利玛窦、艾儒略、南怀仁关于大航海时代海洋动物的种种图说，由西方动物学知识作为背景，通过这些地理学汉文西书，我们也可以窥见明末清初来华的耶稣会士是如何通过《坤舆全图》和《坤舆图说》诠释和想象大航海时代新发现的海洋鱼类，并使之巧妙地与基督教的教义宣传联系在一起的。

书籍与思想演变有着复杂的关联，承载着海洋动物新知识的汉文西书如《职方外纪》《坤舆图说》中关于海洋动物的很多段落，被清代皇家典藏文献的代表——"康熙百科全书"《古今图书集成·博物汇编·禽虫典》的"异鱼部"收入；民间文献的代表——王宏翰的《乾坤格镜》卷一六也几乎全部抄录《职方外纪》的"海族说"，[③]《海错图》更有许多来自《职方外纪》《西方答问》的内容。[④] 由此可见，这些地理学汉文西书中有关大航海时代海洋动物的知识，不仅受到了清代官方的重视，也为民间学者所关注。继《闽中

① 整幅《守令图》有海洋动物六头，东海除虎头鱼身的动物外，还有尖嘴鱼和长鼻鱼，在渤海湾口还有龇牙咧嘴的海鱼，南海有传统的龙王和海马等。参见《九域守令图墨线图》，曹婉如等编：《中国古代地图集·战国—元》65图，文物出版社，1999年；郭声波：《沈括〈守令图〉与荣县〈守令图〉关系探源》，《四川大学学报》2002年第3期。

② 李时珍撰：《本草纲目》第四册，页2457—2458。

③ 关于王宏翰的研究，详见徐海松《王宏翰与西学新论》，载黄时鉴主编《东西交流论谭》，上海文艺出版社，2001年，页131—147。

④ 关于《海错图》的讨论，详见本书第十一章。

海错疏》之后，李调元（字雨村）于乾隆年间撰写《然犀志》二卷，收录广东水产近百种，记其形状，考其出处，一一精细备载，也很可观。例如记“海马”：“一名水马，其首如马，其身如虾，其背佝偻，有竹节纹，长二三寸，雌者黄色，雄者青色。”①显得很生动，可与现代海马图相对照。清代经学兼博物学家郝懿行撰有介绍众多海产品的《记海错》一卷（1874 年），追记所见海产动物 40 余种（包括海带一种）。在郝氏之后，1886 年又有郭柏苍根据自己数十年海滨生活所见，加上采询出海老渔民的经验，还证之古籍，写有《海错百一录》五卷。记鲨就达 25 种之多，首先列举“其皮如沙，背上有鬣，腹下有翅，胎生”的特点，然后根据身体大小、头部和尾部特点、体纹体色等加以区分，共记有海鲨、胡鲨、鲛鲨、剑鲨、虎鲨、鮹鲨、黄鲨、时鲨、帽纱鲨、出入鲨（以仔鲨从母口出入而名）、吹鲨、秦王鲨、乌翅鲨、双髻鲨、圆头鲨、犁头鲨、鼠蜡鲨、蛤婆鲨、泥鳅鲨、龙文鲨、扁鲨、乌鲨、黄鲨、白鲨、淡鲨、大鲨、乞食鲨等。② 清人的笔记中也渐渐出现关于深海鱼类的内容，如陈其元（1811—1881）《庸闲斋笔记》卷四描绘了道光初年在福建外海中有二大鱼鼓鬣喷沫互相搏斗，导致持续三天风雨大作，雷声滚滚，结果是一鱼之鬐勾于山巅不能动，一鱼方离去，海滨居民纷纷乘船去割肉，结果鱼一摆动，浪涌如山，舟覆，溺毙十余人。直至该鱼臭腐后，大家仍可取肉熬油，得千余石。该书卷六还有“大蛇追轮舟”一条：“西国往来近时总用轮舟，愈行取径愈捷，往往于海中新开一路，则可近千里万里，盖在绕山与不绕山耳。庚午年，一轮舟新辟一路，忽遇大蛇追舟行，行至三日夜不去。舟人惧，以羊饲之，投三十七羊，食之而追不已。乃投二牛，吞讫曳尾去。自此此路不敢行。西人不信有龙，凡蛟螭之属，咸名曰蛇而已。”③反映在清代博物画《海错图》和书画家赵之谦（1829—1884）的《异鱼图》中，也可见一些类似鲨鱼如“剑鲨”等这样凶猛鱼类的记述：“长嘴如剑，对排牙，棘人，不敢近。鲨凡百余种，此为最奇，大者唇亦三四尺。”这些文献也开始重视远洋深海动物的记述，其中是否包含着中国学者回应西方传教士借助地理学汉文西书输入的海洋动物知识呢？这些略带传说成分的笔记，以及《海错图》和《异鱼图》的创作，是否受到耶稣会士输入的海洋动物知识的影响，还有待进一步研究。

由于中国缺乏比较自觉的海洋意识，加之明朝初年实行的海禁政策，到了明末清初，中国的海洋实力不是增强而是减弱了。本土文献中有关海洋地理知识的介绍也相

---

① 《蟹语·闽中海错疏·然犀志》，页 10。

② 郭柏苍的《海错百一录》为述录海产品的一部专著，共五卷。卷一、卷二记渔、记鱼，写捕鱼工具及捕鱼方法，两卷共记鱼 170 余种，补充和丰富了清代以前诸书的内容，所记多为实际观察记录，采用民间资料也较多；卷三记介、壳石 121 种；卷四记虫、记盐，其中记虫 30 种，另附记海菜等海洋植物 24 种；卷五附记海鸟、海兽、海草，堪称海洋生物全志。参见《续修四库全书·子部·谱录类》。

③ 陈其元撰：《庸闲斋笔记》，中华书局，1989 年，页 74。

对有限，中国的地理学在古代属于历史学的范围，而其中包含有很多与古代博物学有密切关系的知识，随着科举制的兴起和宋代理学的发达，在中国的主流知识系统中，这些地理学和博物学的知识多属于形而下的知识，或成为经学的附庸。西方耶稣会士输入的地理学汉文西书，不但介绍了大量地理大发现以来关于海洋动物的新知识，而且将这些海洋动物的新记述与亚里士多德时代的西方传统相勾连，从而为中国人输入了大航海时代以来建立起来的新知识传统，这些地理学汉文西书的编刊，为19世纪中国人重新认识海洋世界提供了重要的知识资源。

第四章

殊方异兽与中西对话：利玛窦《坤舆万国全图》中的海陆动物

在明末较为系统介绍的西学中，意大利耶稣会士利玛窦（Matteo Ricci，1552—1610）所译绘的世界地图特别引人注目。人类文明的发展，与语言、图形、文字和数字符号出现的程序相伴随，文化的沟通与对话一般也经历类似的阶段。利玛窦的世界地图，系晚明西方传教士传入中国的第一部汉文西学经典。作为汉文世界中全球面貌的第一次展示，利氏世界地图给中国人带来了许许多多新的知识点，该图的多次刊刻，在中国乃至东亚世界都产生了极大的影响。

利氏世界地图尽管问世在400多年前，但关于该图的研究却是从20世纪初才开始的。1904年马格纳基（Alberto Magnaghi）在《意大利地理杂志》（*Rivista Geografica Italiana*）上发表了《利玛窦神父在中国的地理事业》（Ilp. Matteo Ricci e la sua opera geografica sulla Cina）一文，揭开了利玛窦世界地图研究的序幕。从1911年起，意大利学者汾屠立（P. T. Venturi）、英国学者巴德雷（J. F. Baddeley）、希伍德（E. Heawood）、翟林奈（Lionel Giles）等先后撰文探索版本问题，以后中国学者洪业、曹婉如等，国外学者鲇泽信太郎、德礼贤（Pasquale M. D. Elia）等都作过深入的研究。日本学者鲇泽信太郎在1936年先后发表了《利玛窦的世界地图》（载《地球》第26卷第4号）、《〈月令广义〉所载之〈山海舆地全图〉及其系统》（载《地理学》第12卷第10号），澄清了《两仪玄览图》的刊刻者问题。1938年德礼贤以梵蒂冈教廷图书馆的藏本为主，加上世界各地的抄本，完成了意大利文版的《利玛窦〈坤舆万国全图〉》（梵蒂冈教廷图书馆，1938年）。该书将前人的研究成果全部采入，并著录了中国、日本、伦敦、巴黎所藏的利玛窦“世界地图”的照片。[①] 1961年，作者还完成了《对利玛窦神父的汉文万国舆图的近期发现和最

① 方豪：《梵蒂冈出版利玛窦〈坤舆万国全图〉读后记》，《方豪六十自订稿》，台湾学生书局，1969年，页1898—1901。

新研究(1938—1960)》(载《华裔学志》XX，1961 年)。上述这些研究主要集中于对版本性质的考订。近人陈观胜从该图对中国地理学的贡献方面进行过探讨；法国学者德布东(Michel Destombes)在《入华耶稣会士与中国地图学》(载《尚蒂伊第三届国际汉学讨论会论文集》，1983 年)一文中也评价了利玛窦世界地图在中国地图学史上的地位。今人林金水、林东阳等则从该图对明末士人社会影响的角度进行过研究。近期最系统的研究成果是上海古籍出版社 2004 年出版的黄时鉴、龚缨晏著《利玛窦世界地图研究》一书，该书是迄今关于利玛窦世界地图绘制、刊刻、摹绘、流传和收藏的最为系统的研究。全书分上、中、下三编，上编讨论绘制和刊行，中编讨论源流与影响，下编为文献整理，包括利玛窦世界地图上的论说序跋题识全文、《坤舆万国全图》地名通检、研究文献目录，附录各种地图画像 73 幅，堪称利玛窦世界地图研究的百科全书。[①] 最新有关《坤舆万国全图》的力作有阙维民的《南京博物院利玛窦〈坤舆万国全图〉藏本之诠注》(载《历史地理研究》2020 年第 3 期)，该文从公展记录、摹本比较、现有刊版、图幅尺寸、成图形式、成图底版、摹绘底本、独特价值 8 个方面切入，是迄今关于南京博物院《坤舆万国全图》藏本最为完整的研究。

《坤舆万国全图》不仅最早向中国人介绍了欧洲的世界地理学说，包括地心说、地圆说、五大洲观念和五带的知识，也介绍了若干海陆动物知识。可能因为夹杂在《坤舆万国全图》各种文字注释中有关海陆动物的文字记述比较零散，较难引起人们的重视。既有的中国地图史几乎均未涉及，亦无单篇论文专门讨论这一文献中的海陆动物。国外有学者从装饰要素等角度，讨论过 16 世纪晚期欧洲地图中的动物与在华耶稣会士所绘地图文本之间的关系。[②] 但均未专门讨论过《坤舆万国全图》究竟输入了哪些海陆动物

---

① 《坤舆万国全图》近年来受到学界内外的广泛关注，近期日本学者关于利玛窦世界地图的重要研究有近期关于利玛窦世界地图重要的研究主要有阙维民《伦敦本利氏世界地图略论》(载北京大学历史地理中心编《侯仁之师九十寿辰纪念文集》，学苑出版社，2002 年，页 314—325)；日本铃木信昭所撰的《朝鲜肅宗三十四年描画入り〈坤輿萬國全圖〉考》(载《史苑》2003 年 3 月第 63 卷第 2 号，通卷 170 号)主要研究了收藏在朝鲜的彩绘本；2006 年 10 月他在《朝鲜学报》第 201 辑发表了《朝鲜に传来した利瑪竇〈兩儀玄覽圖〉》一文，研究了朝鲜大学校所藏的《两仪玄览图》；2008 年 1 月在《朝鲜学报》第 206 辑上发表了《利瑪竇〈兩儀玄覽圖〉考》，重点考察了该图中的十一重天天文图。感谢三浦国雄先生在 2015 年 7 月 19 日日本关西大学主办的东亚交涉史的讨论会上所提出的意见，并提供了三篇论文供笔者参考，特此鸣谢！美国生化博士李兆良撰有《坤舆万国全图解密：明代测绘世界》(联经出版事业有限公司，2012 年)一书，提出了该图是明代中国人绘制的所谓颠覆性的新看法。然该书作者没有对既存的中外文献中有关利玛窦《坤舆万国全图》的绘制和流传过程的许多环节进行必要的证伪，使李氏提出的看法缺少重要的证据链。当然，该书就《坤舆万国全图》所存在的疑问所提出的若干质疑，不能说完全没有启发性，但作者缺乏历史学专门训练，全书运用的基本方法是一种自言自语式的大胆推测。

② 涉及利玛窦《坤舆万国全图》中的动物，可参见 Hartmut Walravens, *Die Deutschland-Kenntnisse der Chinesen (bis 1870). Nebst einem Exkurs über die Darstellung fremder Tiere im K'un-Yü t'ü-shuo des P. Verbiest* (Köin: Universität zu Köin, 1972)；Eugenio Menegon, New Knowledge of Strange Things: Exotic Animals from the West，《古今论衡》2006 年第 15 辑，第 39—48 页。参见[德]普塔克(Roderich Ptak)《中国文献与贸易中的鸟兽》(*Birds and Beasts in Chinese Texts and Trade: Lectures Related to South China and the Overseas World*)，Harrassowitz Verlag · Wiesbaden, 2011, pp.112－114；普塔克在新近发表的《细说利玛窦(转下页)

知识，以及带来了哪些属于地理大发现之后有关海陆动物等的新内容。

利玛窦何以在如此有限的地图版面上，还要匀出若干篇幅来记述世界各处这些动物知识呢？《坤舆万国全图》究竟输入了多少海陆动物知识？本章拟在前人相关研究的基础上，主要就《坤舆万国全图》的刊本和彩绘本中所描绘的海陆动物，讨论《坤舆万国全图》是如何传送了“殊方异兽”——大航海时代海陆动物的新知识，分析该图如何着力描述新大陆动物及其与亚欧非旧大陆动物之间的知识互动；在动物知识输入的过程中，利玛窦是如何利用动物的不同象征与隐喻，隐秘地宣传其基督教观念。笔者还着力通过该图的记述与传统中国文献的对比，尝试揭示《坤舆万国全图》与中国传统动物文献有哪些重要的互动，以及与中国读者如何进行有效的知识对话。

一、李之藻刊刻的《坤舆万国全图》：熔铸中西知识系统的首幅最完整的世界地图

利玛窦是跨越大西洋、印度洋和太平洋的世界旅行者，在东西方多种知识间游走，使他具备了成为中西文化中间人的条件。他利用自己在欧洲获得的地图绘制的训练，成为将欧洲刊刻的世界地图传入中国的第一人。以他为代表的耶稣会士在华的学术形象，首先也是靠译绘世界地图建立起来的。利玛窦世界地图最早的版本，也是所有版本的母本《山海舆地图》是在肇庆刊刻的，而王泮又在这份中文世界地图刊刻中则扮演着产婆的角色。在我们现在所知的利玛窦12种世界地图的原刻、翻刻和摹本中，就其传播与影响来说，可以分为《山海舆地图》《坤舆万国全图》和《两仪玄览图》三个系列，[①]而留存至今的利玛窦世界地图，首推《坤舆万国全图》系列。

《坤舆万国全图》刊本是万历三十年（1602）由李之藻付梓的。李之藻（1571—

（接上页）〈坤舆万国全图〉上的“狗国”》（Gouguo, the “Land of Dogs” on Ricci's World Map）一文中指出利玛窦在欧洲和中国的传统来源动物背景下设计了他的世界地图，该图上白令海峡附近出现了一个“狗国”，作者讨论了“狗国”名字的来源、“狗头人”，以及利玛窦何以将“狗国”放在这样一个偏远的地区，应该如何解释整个地区的“布局”，并就这一国名解读了这种安排的政治背景与假设。[*Monumenta Serica*, 66.1 (2018), pp.71 - 89]［意］菲利波·米涅尼（Fillippo Mignini）主编的《利玛窦的地图》（*LA CARTOGRAFIA DI MATTEO RICCI*）, Libreria Dello Stato Istituto Poligrafico E Zecca Dello Stato ROMA 2013.，对利氏地图作了全方位的讨论，书中收录的戴约翰（John Day）《利玛窦地图的印本与绘本》（*EDIZIONI A STAMPA E COPIE MANOSCRITTE DELLE CARTE GEOGRAFICHE DI MATTEO RICCI*）一文，细致地讨论了利玛窦世界地图传承的谱系，并特别研究了收藏于韩国首尔大学博物馆的朝鲜时期的利玛窦彩色摹本（Mappamondo 1602, copia manoscritta colorata e figurate, otto sezioni, 1768），指出了摹本与利玛窦原彩绘本动物形象的区别，如有翼兽等，特别指出了其中的原彩绘本类似猫的动物，在首尔所藏的摹本中则依据格斯纳《动物志》（*Icones Animalium*, Zurich 1560, p.127）一书中的“苏”，做了重要的形象变化。（pp.5 - 34）

① 关于利玛窦世界地图三个系列的分析，详见邹振环《利玛窦世界地图的刊刻与明清士人的“世界意识”》，《近代中国研究集刊》第1辑《近代中国的国家形象与国家认同》，上海古籍出版社，2003年，页23—72。后经过增补，成为拙著《晚明汉文西学经典：翻译、诠释、流传与影响》第一章，复旦大学出版社，2011年，页32—81。

1630)，字我存，又字振之，教名“良”(Leo)，号凉庵居士，又称凉庵逸民、凉叟，浙江仁和人(今杭州西湖区)。万历二十二年(1594)23 岁乡试中举，1598 年 27 岁会试中进士，授南京工部营缮司员外郎，有“江南才子”之誉，也是一个有地理癖的才士，曾经绘制过中国十五省的图志。① 他在北京拜访利玛窦时，看到了《山海舆地图》的改绘本，大开眼界，深为所动，决定重刻。1602 年他所重刻的这个版本较之以往的世界地图都大，分为六个版面，尺幅超过一般人的身高。利玛窦在新版本上添上了许多王国，还标示出许多国家和地区的名胜，以及有关天文历算和太阳、星辰的说明，较之以前更为全面。《坤舆万国全图》首次印刷了几千幅。据说制版人在为李之藻刻板时，私下还为自己刻了一套印版。还有一位教友在神父的帮助下，又另外刻了一幅更大的具有八个版面的地图，将之卖给了印刷商。可见，当时京城流传有三个版本的《坤舆万国全图》。②

与利玛窦在地图刊刻上的合作，使李之藻对这位“泰西儒士”深感佩服。1604 年李之藻遭贬黜，他将《坤舆万国全图》的雕版带回杭州。1605 年 5 月，他在山东章丘为小官，利玛窦给他送去了横式、竖式两具日时计。两人一直保持着通信联系，1607 年李之藻路过杭州，将利玛窦口授的其师克拉维斯(Christopher Clavius，1537—1612。Clavi-，在拉丁文中有“钉状”的含义，中国古字“丁”通“钉”，所以克拉维斯的名字在汉文文献中多称为“丁先生”)的《论星盘》(*Astrolabio*)节编，并依据中国传统天文学知识进行修改，编译成《浑盖通宪图说》一书，付梓刊刻。1608 年，又刻印了《圜容较义》。1610 年李之藻在北京突患重病，生命垂危。当时他只身在京，旁无眷属，幸得利玛窦“朝夕于床笫间，躬为调护”。李之藻康复后，认为是利玛窦的上帝拯救了他，于是听从了利玛窦的劝告，受洗加入了天主教。万历三十九年(1611)因其父病逝，李之藻告假返杭，临行时邀请郭居静等到杭州开教，直接促成了杭州基督教传教活动的展开。③

《坤舆万国全图》命名“坤舆”，显然有与中国传统文献呼应之深意，④坤为地，地能载物，故为舆；坤为牛，故为“大舆”，古时牛车为大车，马车为小车，会意取象，故有“坤舆”之称。而古代关于天下的地图有所谓“舆地”之名，指的是“舟车所至”的范围，“舆图”即是根据舟车所至空间绘制的地图。因“坤”既为地为母，又像臣像子，在谦卑中隐喻大地孕载万物，也许是利玛窦被皇帝许驻留京后确定的图名。⑤ 该图由椭圆形主图、

① 关于李之藻的生年，参见方豪《中国天主教人物传》(上)，中华书局，1988 年，页 113—114；方豪：《李之藻研究》，台湾商务印书馆，1966 年；龚缨晏等：《关于李之藻生平事迹的新史料》，《浙江大学学报》(人文社会科学版)2008 年 5 月第 3 期。

② [意] 利玛窦著，文铮译：《耶稣会与天主教进入中国史》，商务印书馆，2014 年，页 306。

③ 方豪：《中国天主教人物传》(上)，页 116—117。

④ 《易传说卦》有“坤为牛，坤象地，任重而顺，故为牛也”。孔颖达《周易正义》卷九注曰：“坤为地……为大舆，取其能载万物也。”阮元编：《十三经注疏》，中华书局，1979 年影印本，页 94。

⑤ 朱维铮主编：《利玛窦中文著译集》，页 172。

四角圆形小图与中文附注文字组成。主图为世界全图，显示了五大洲的相对位置，中国居于图的中心，山脉用立体形象，海洋刻画出密密的波纹，南极洲画得很大。主图采用的是等积投影，经线为对称的弧线，纬线为平行直线。在地图的右上角还绘有九重天图，右下角有天地仪图，左上角有赤道北地半球之图和日、月食图，左下角有赤道南地半球之图和中气图，另有量天尺图附于主图内左下方。在该图的空隙处填写了与地名有关的附注性说明文字，其中两篇署名为利玛窦，介绍地球知识与西洋绘图法。概言之，全图的文字大约可以分为五类：一是地名，全图有 1 114 个地名；[①]二是题识，有署名利玛窦、李之藻、吴中明、陈民志、杨景淳、祁光宗的，共六篇；三是说明，包括全图、九重天、四行论、昼夜长短、天地仪、量天尺、日月蚀、中气、南北二半球等的说明；四是表，有总论横度里分表、太阳出入赤道纬度表；五是附注，对各洲的自然地理和人文地理进行解说。可以说这些内容标明了地球在宇宙中的位置，首次将与中国传统天下观全然不同的欧洲的宇宙结构和世界观念介绍给了中国人。

《坤舆万国全图》通过数学的方法，运用圆锥投影，有条件地把地球椭圆体上的经纬网，定位在平面的纸版上，把当时最新、最高水准的地理知识"五大洲"概念引入了中国。利玛窦在《坤舆万国全图》中把当时已探知的地球上的大陆用中文写道：

> 以地势分舆地为五大州，曰欧逻巴，曰利未亚，曰亚细亚，曰南北亚墨利加，曰墨瓦蜡泥加。若欧逻巴者，南至地中海，北至卧兰的亚及冰海，东至大乃河、墨何的湖、大海，西至大西洋。若利未亚者，南至大浪山，北至地中海，东至西红海、仙劳冷祖岛，西至河折亚诺沧。即此州只以圣地之下微路与亚细亚相联，其余全为四海所围。若亚细亚者，南至苏门答腊、吕宋等岛，北至新曾白腊及北海，东至日本岛、大明海，西至大乃河、墨何的湖、大海、西红海、小西洋。若亚墨利加者，全为四海所围，南北以微地相联。若墨瓦蜡泥加者，尽在南方，惟见南极出地，而北极恒藏焉，其界未审何如，故未敢订之。惟其北边与大、小爪哇及墨瓦蜡泥峡为境也。[②]

---

① 黄时鉴、龚缨晏：《利玛窦世界地图研究》，上海古籍出版社，2004 年，页 183。

② 利玛窦：《坤舆万国全图》，禹贡学会，1936 年影印本。"欧逻巴"（Europe）起源于亚述（Assyria）人语言中的"ereb"，是指"西方"，与"assu"相对，指"日没"，后者指"东方"。两个词语都被希腊语吸收，Europe 最初指爱琴海北岸，公元前 5 世纪前半希腊历史学家希罗多德的《历史》中，Europe 已经成为欧洲广大地区的代名词。"利未亚"是拉丁文 Nigeria 的音译，指非洲尼罗河以及周边国家，代表"非洲"。亚细亚（Asia）地名起源于亚述（Assyria）人语言中"assu"（东方、日出之地），133 年罗马帝国在土耳其的安那托利亚高原的西半部设置了"亚细亚洲"的行政区。之后"亚细亚"的概念不断拓展，大航海时代之后，亚细亚包括到中国、朝鲜、日本等东洋地区。在 7 世纪欧洲绘制的被称为"T 及 O 地图"的世界地图中有 africa 一词，或以为来源于拉丁文的 aprica，意谓"阳光灼热"之地。参见[法] 保罗・科拉法乐著、刘胜华等译《地理学思想史》，（台北）五南图书出版公司，2005 年第二版，页 29；[日] 辻原康夫著，萧志强译：《从地名看历史》，（台北）世潮出版有限公司，2004 年，页 46—49、80—82。

其中欧洲绘出的有30余国，如波尔杜瓦尔（葡萄牙）、以西把泥亚（西班牙）、拂郎察（法兰西）、谙厄利亚（英吉利）等。亚洲介绍了应第亚（印度）、曷剌比亚（阿拉伯）、如德亚（犹太）、北地（西伯利亚）、鞑靼、女真、古丘兹国、日本、朝鲜等。利玛窦所说的"五州"与今天的"五洲"还是略有区别的。[①] 亚洲、欧洲和非洲的划分，加上意大利人亚美利哥·维斯普奇航行到南美，肯定此为新大陆，欧洲地理学家以其名字命名"亚美利加洲"。[②] 利玛窦的"五大州"说中，最为人诟病的就是所谓"墨瓦蜡泥加"，他的初衷原是为了介绍欧洲地理大发现的成果和欧洲人的探险精神："南北亚墨利加并墨瓦蜡泥加，自古无人知有此处，惟一百年前，欧逻巴人乘船至其海边之地方知。然其地广阔而人蛮滑，迄今未详审地内各国人俗。"但是在介绍"第五州"时用了不确定的说法："若墨瓦蜡泥加者，尽在南方，惟见南极出地，而北极恒藏焉，其界未审何如，故未敢订之。惟其北边与大、小爪哇及墨瓦蜡泥峡为境也。"在图释部分加注称："墨瓦蜡泥系佛郎几国人姓名，前六十年始遇此峡，并至此地。故欧逻巴士以其姓名名峡、名海、名地。"[③]此段注文指西方人将1519年葡萄牙航海家麦哲伦（Fernao de Magalhaes，约1480—1521）越过大西洋，经南美洲大陆和火地岛之间的海峡的事迹，与当时尚未发现的澳大利亚联系在了一起，"墨瓦蜡泥加"即"麦哲伦"名字的音译。墨瓦蜡泥加属于当时欧洲学界尚未完全了解的所谓南方大陆，即今澳洲和南极大陆。

在《坤舆万国全图》绘制过程中，利玛窦究竟利用了哪些中外文献至今仍有进一步探索的必要。据《坤舆万国全图》利玛窦序所述西方制图之历史，称："敝国虽褊，而恒重信史，喜闻各方之风俗与其名胜，故非惟本国详载，又有天下列国通志以至九重天、万国全图无不备者。"到达南京后，他曾在中国学者的帮助下多次修订《山海舆地全图》，在《坤舆万国全图》定稿前，他"取敝邑原图及通志诸书，重为考定，订其旧译之谬与其度数之失，兼增国名数百，随其楮幅之空，载厥国俗土产，虽未能大备，比旧亦稍赡云"。[④] 可见《坤舆万国全图》较之《山海舆地全图》有了重大的增改，后者较前者有了很大的提高。至于序中所述"天下列国通志""敝邑原图及通志诸书"，究竟是哪些书，利玛

① 或以为五大洲的"洲"字，是利玛窦世界地图首先使用的，这是一种误解。古代"洲""州"互用，利玛窦和之后的《职方外纪》和《坤舆图说》均使用"五大州"，《明史·外国传·意大里亚传》用"五大洲"，但直至魏源的《海国图志》中仍"洲""州"混用。"五大洲"一词基本稳定是在19世纪末20世纪初，王先谦的《五洲地理志略》专门列有"释洲"一条，比较规范地使用了"五大洲"一词。参见《五洲地理志略》，湖南学务公所，宣统二年（1910）刻本。

② 意大利人亚美利哥·维斯普奇（Amerigo Vespucci）1499年和1502年两次探险新大陆，之后相继出版了书简集《新世界》《四航海》等著作。他对新大陆的描述首先被在法国大学教授地理学的马丁·瓦德塞穆勒（Martin Waldseemmuller）所接受，在他1507年出版的《世界志入门》（*Cosmographiae Introductio*）中指出，亚美利哥到达的是世界第四大陆，于是他建议用Amerigo的拉丁文Americus来命名新大陆。由于该书的影响甚大，"亚美利加洲"成为历史上第一次真正用人名命名的大陆。[日]辻原康夫著，萧志强译：《从地名看历史》，页120—123。

③ [意]利玛窦：《坤舆万国全图》。图中五洲中的"墨瓦蜡泥加"，并非今天的澳洲，澳洲当时尚未发现，还仅仅是所知南极洲与大洋洲部分地区的想象中的大陆。

④ 黄时鉴、龚缨晏：《利玛窦世界地图研究》，页167。

窦没有一一说明。根据既存的研究，可能参考过荷兰地理学家墨卡托(C. Macator，或译麦卡托，1512—1594)1569年的地图、奥代理(A. Ortelius，1527—1598)1570年的地图、荷兰制图学家普兰修(Petrus Plancius，或译普兰息阿斯，1552—1622)1592年的地图，该图中细致的海水波纹，是意大利地图家的画法。[①] 在北京绘制《坤舆万国全图》期间，利玛窦已经有了1587年增订版的《地球大观》(Abraham Ortelius, *Theatrum Orbis Terrarum*)，[②]他将其中一些重要的修订采用到了《坤舆万国全图》上，如吸收了奥代理关于南美西海岸线的新画法。[③] 该书第一版共计53幅图，包括一幅与地图集同名的世界地图，亚洲、非洲、欧洲和美洲的地图，以及世界主要地区和国家分图。《地球大观》问世后广受欢迎，从1570—1612年共推出了拉丁文、德文、法文、西班牙文、荷兰文、英文和意大利文等40多版，至1598年奥代理去世时，该书的图版及附图已经增加为150多幅。利玛窦在通信和回忆录中多次提及《地球大观》，1595年在南昌还将该图册送给建安王，1601年作为贡品呈送万历皇帝，直到1608年他还收到从欧洲寄来的新版。

同时他还采用了普兰修世界地图中的内容，如"总论横度里分表"等，即其序言中所述的"敝邑原图"。而所谓"通志诸书"，或以为指"中国本地的文献"，[④]恐怕未必准确，因为需要"订其旧译之谬"，中国本地文献无需称"旧译"，因此笔者认为这里应该包括中外各种文献。如《坤舆万国全图》中《论地球比九重天远且大几何》的主要内容和《九重天图》《天地仪图》《天地浑仪说》等，是来自其师丁先生1570年出版的《沙氏天体论评释》(*In Sphaeram Joannis de Sacrobosco Commentarius*)。[⑤] 其他还有来自丁先生的《晷表图说》(*Gnomonique*)和《论星盘》。有部分内容来自皮高劳密尼1540年出版的《天球论》(*De la Sfera del Mondo*)，如"四行论"、九重天的距离及其运行周期、五带划分、日食与月食理论，写在南极大陆上的"看北极法"等。

1583年利玛窦进入内地，先后活动在南京和北京两个重要的学术中心，使其获得

---

① Jonathan D. Spence, *The Memory Palace of Matteo Ricci*, New York: Viking Penguin Inc., 1984, pp.148 - 149.

② 该书或译《寰宇全图》，第一版共计53幅图版，包括一幅与地图集同名的世界地图，亚洲、非洲、欧洲和美洲的地图，以及世界主要地区和国家分图。问世后广受欢迎，从1570—1612年用拉丁文、德文、法文、西班牙文、荷兰文、英文和意大利文共推出了40多版，至1598年奥代理去世时，该书的图版及附图已经增加为150多幅。在利玛窦的通信和回忆录中多次提及《地球大观》，1595年在南昌还将该图册送给建安王，1601年作为贡品呈送万历皇帝，直到1608年他还收到从欧洲寄来的新版。罗光：《利玛窦对中国学术思想的贡献》，《纪念利玛窦来华四百周年中西文化交流国际学术研讨会》，辅仁大学，1983年；《利玛窦世界地图研究》，页5、30、65、69。

③ 《坤舆万国全图》的注释文字中提到"曷捺楞马"，经考证这是拉丁文Analemma的音译，原是古希腊一种测量高度与距离的方法，托勒密专门写过《曷捺楞马》一书，详细阐述如何把投影点设定在无穷处，然后让光线平行穿过天球，再假设在天球中有一个平面与光线垂直，由此绘出天球的模样。这一方法后来还启发梅文鼎提出了"三极通机"术，在球面投影学上取得了重要突破。参见刘钝《托勒密的"曷捺楞马"与梅文鼎的"三极通机"》，《自然科学史研究》1986年第5卷第1期，第68—75页。

④ 黄时鉴、龚缨晏：《利玛窦世界地图研究》，页63。

⑤ 沙氏(Joannes de Sacrobosco)为13世纪前期的英国人，英文原名为John Holywood，长期任教于法国，《天体论》是其主要著作。《利玛窦世界地图研究》，页71—72、84。

了大量的地图资料和地理信息，《坤舆万国全图》不仅为中国人引入了欧洲文献中承载的大量新知识，还广泛参考了多种中国文献。现在一般学者都承认该图中关于中国和东亚的部分，比较充分地利用了中国的文献资料，如马端临的《文献通考》、罗洪先的《广舆图》、《大明一统志》的附图、《杨子器跋舆地图》、《古今形胜之图》、徐善继等的《地理人子须知》、《咸宾录》和《筹海图编》等，对世界地图中的许多译名都作了本土化处理，这些工作可能包含有李之藻的努力。如牛蹄突厥中的"人身牛足"、北室韦的"衣鱼皮"、鬼国的"身剥鹿披为衣"等，都来自《文献通考》；该图中关于西亚、东南亚等地区的注文，如暹罗的"婆罗刹"、三佛齐的"古干陀利"等许多关于西亚、东南亚的内容，则来自严从简的《殊域周咨录》等。[①] 另外，在北京驻留期间，利玛窦还可能利用过成图于明洪武二十二年(1389)的《大明混一图》的宫廷藏本，以及来源于阿拉伯航海家的一些地图资料。利玛窦非常重视实地观察，绘制过程中还利用了自己从欧洲来华途中和入华后在内地长期旅行的实地观察，甚至还包括了中国商人和旅行家海外归来的口述资料。[②]

虽然新近的研究已经表明，《坤舆万国全图》中出现的"一目国""矮人国""女人国""狗国"等，并非依据中国的《山海经》等文献，"一目国"可以追溯到希罗多德关于欧亚草原居民阿里马斯庇亚(Arimaspen)——独眼，"矮人国"可能是利玛窦将古希腊时代记述的生活在欧洲北部与印度生活的"小矮人"(pigmies)与普兰修等人世界地图上关于北方矮人的资料混在一起了，而"女人国"的名称和内容介绍实际上来自欧洲人关于亚马逊人(Amazon)的传说。[③] 而关于"独眼"和"狗头人"的记述，也见之1544年赛巴斯强·敏斯特(Sebastian Münster，1488—1552)用德文撰写的《世界志》(*Cosmographia*，又译《宇宙志》)一书。[④] 该书1550年出版拉丁文第一版，也可能是利玛窦所述"通志诸书"之一。但即便如此，我们仍无法说《坤舆万国全图》中关于"一目国""矮人国""女人国""狗国"的表述与《山海经》等中文文献完全无关，早期的英国汉学家玉尔(Cononel Yule)就认为西方所谓"矮人国"的传说是源自中文文献，而且《坤舆万国全图》中这些词汇的运用，以及欧洲、非洲和美洲其他资料的选择上，与中文文献相呼应，包含着与中国

① 赵永复：《利玛窦〈坤舆万国全图〉所用的中国资料》，《历史地理》第一辑，复旦大学出版社，1986年。

② 邹振环：《晚明汉文西学经典：翻译、诠释、流传与影响》，页44注释2。

③ 黄时鉴、龚缨晏：《利玛窦世界地图研究》，页72、78；《职方外纪》有"迤西旧有女国，曰亚玛作搦，最骁勇善战"(［意］艾儒略原著，谢方校释：《职方外纪校释》，页35)。金国平《〈职方外纪〉补考》一文认为"亚玛作搦"来自葡萄牙语"amazonas"之译音，今作"亚马孙人"(Amazones)，是古希腊神话中的一族女战士，据说住在黑海沿岸(小亚细亚及亚述海滨)一带，境内禁男子居留，骁勇善骑射。(参见氏著《西力东渐：中葡早期接触追昔》，澳门基金会，2000年，页114—119)关于利玛窦世界地图与艾儒略《职方外纪》及附图中的高加索及北欧的两个"女人国""矮人国"传说的进一步考证，详见王永杰《利玛窦、艾儒略世界地图所记几则传说考辨》，《中国历史地理论丛》2013年第3期。

④ 该书称："在印度的山区，人就像狗一样，有狗头狗嘴，因而不会说话，只会像狗一样吠叫。"参见［美］根特·维泽(Günther Wessel)著、刘兴华译《世界志》(*Von Einem, der Daheim Blieb, Die Welt Zuentdecken*)，页43。

传统知识体系进行对话的意义。而且利玛窦在选择传输哪些知识时，多考虑到这些知识传入后可能产生的影响，如15—16世纪欧洲探险家及《世界志》上许多关于非洲、美洲和亚洲地区食人族的记述，[①]就不见于利玛窦的世界地图，因为这些可能引起中国人反感的信息，被利玛窦屏蔽了。

正是因为该图参考和利用了大量中外地图和中外文献，从而使这一由欧洲学者首次绘制的汉文世界地图在中国和周边地区的地理知识表达的准确性和丰富性方面，远远超过了同时代欧洲人绘制的世界地图，成为熔铸中西知识系统的首幅最完整的世界地图。借助传统名称、术语来传送西方新知识，并利用中国文献绘制出的在总体上属于当时最高水平的世界地图，以易于为中国读者接受的方式，实现了与中国传统知识进行对话的效果。周振鹤先生写道：利玛窦世界地图上的文字说明因为用中文写出，且与中国固有文献中的记述同形，有时被误为来自中国文献，如《山海经》中有女人国的记载，但利氏地图上高加索地区的女人国，却是来自欧洲关于亚马逊人的传说；利氏本人受过良好的科学训练，所以他在中国也做过许多实地观测，这些观测的结果也反映在他所画的世界地图之中，这些中外资料的综合，"使得利玛窦的世界地图在当时的中国成为一幅最科学与最学术化的地图"。[②] 法国学者魏明德认为利玛窦世界地图的刻印堪称"中国内部的'哥白尼革命'"，并将之视为"中西对话的源头"。[③] 这一熔铸中西知识对话所生成的地图文本，影响了之后欧洲世界地图的创作方式，16世纪以后的西方世界地图绘制过程中都极为重视来华传教士传回欧洲的地理信息，而在世界地图绘制实践中重视中国知识，几乎成为西方知识界普遍采取的一种方法。

二、《坤舆万国全图》彩绘本上动物群像及其设计者

《坤舆万国全图》除刊本外，还有手绘的摹写有各种海陆动物的彩绘本。据龚缨晏调查，彩绘本至少有6个藏本：1. 南京博物院藏本；2. 韩国首尔大学藏本；3. 日本大阪北村芳郎氏藏本；4. 美国凯达尔捕鲸博物馆藏本；5. 法国理格藏本；6. 中国国家图书馆藏本。[④] 大约在万历三十六年(1608)初，万历皇帝想要12幅描摹在丝绢上的《坤舆万国全图》。[⑤]

---

① 参见[美] 根特·维泽(Günther Wessel)著、刘兴华译《世界志》(*Von Einem, der Daheim Blieb, Die Welt Zuentdecken*)，页302—307。

② 周振鹤：《从天下观到世界观的第一步——读〈利玛窦世界地图研究〉》，《文汇报》2004年11月06日第11版。

③ [法] 魏明德：《对话如游戏——新轴心时代的文化交流》，商务印书馆，2013年，页323—325。

④ 龚缨晏：《关于彩绘本〈坤舆万国全图〉的几个问题》，张曙光、戴龙基主编：《驶向东方·全球地图中的澳门(第一卷·中英双语版)》，社会科学文献出版社，2015年，页223—239。

⑤ 《坤舆万国全图》是否有彩绘绢本，有不同的记录。沈福伟依据汾屠立的叙述，认为该图"曾有彩色绢底摹本"。见氏著《中国与非洲》，中华书局，1990年，页494。

(图 2－1)于是，太监们在京城到处寻找合适的印版，李之藻的印版已被携带回杭州，而李应试的《两仪玄览图》很大，亦非万历皇帝所需的版本，结果是选择了原来 6 幅屏条的《坤舆万国全图》。① 南京博物院所藏该图的设色摹绘本，原是 6 幅屏条，拼接连合成一图，而今装裱为一整幅，纵 168.7 厘米，通幅横 380.2 厘米。② 不过南京博物院所藏摹绘本的地图色彩并未用五色来区别五大洲，大体只用了三色：南北美洲和南极洲呈淡淡的粉红色，亚洲呈淡淡的土黄色，欧洲、非洲则近乎白色，少数几个岛屿的边缘晕以朱红色，山脉用蓝绿色勾勒，海洋用深绿色绘出水波纹。彩绘本《坤舆万国全图》上所见的 23 头海陆动物是采用 16 世纪欧洲流行的以淡彩形式绘制的记录绘画。

1923 年 4 月 14 日《时报》第 4 版所载《利玛窦所绘地图之陈列》一文称："图内海洋空隙，绘有怪异鱼类多种，陆地则加绘猛禽厉兽若干，状貌悉狰狞可畏，大抵现时灭种者居多。大洋中复间绘十六世纪船只十余艘，作乘风挂帆之状，形式虽不一，均奇特出人意表。"③彩绘本上这些所谓"状貌悉狰狞可畏"的猛禽厉兽之动物群像的设计者究竟是谁呢？学界至今众说纷纭。洪业认为，所谓宫中翻刻之说，只是出诸太监之口而已，其实并无宫中进行刻板之事。太监曾经将该图"添绘彩色，而献之于皇帝。皇帝见此佳制，繁列众国，广载异俗，中国人前此所未见者者也，则大悦；故欲多图，殆拟分赠皇太子及其他亲族者也"。诸太监最后只是摹绘了若干份来供奉，该本的内容与李之藻刊本几乎完全相同。其中最显著的不同，是"绘本中独有船只、奇鱼、异兽之图。这殆是从他处摹抄来的"。④ 洪业这里说得非常含糊，是谁摹抄的，是从哪里摹抄的，他都没有细说。曹婉如等文章认为太监是不敢擅自加上动物绘像的，太监在宫中也弄不到这些图画，因此利玛窦的原图上应该是有奇异怪兽的动物和船只，是在所谓"过纸"的印刷过程中，原绘本上的动物、船只都被省略掉了，他们认为南京博物院所藏彩绘本是直接描摹自利玛窦的原绘本。⑤《坤舆万国全图》原稿是否系彩绘，是否绘有动物，目前很难确定。⑥ 黄时鉴和龚缨晏以为动物和船只的作者可能是一位与传教士相当熟悉的中国人，理由是第三条屏幅上一艘大船桅顶上有与佛教有关的倒万字旗，这是由欧洲地图中的船桅顶端的"十字旗"发展而来的。⑦

---

① ［意］利玛窦著，文铮译：《耶稣会与天主教进入中国史》，页 450—451。
② 曹婉如等：《中国现存利玛窦世界地图的研究》，《文物》1983 年第 12 期。
③ 阙维民：《南京博物院利玛窦〈坤舆万国全图〉藏本之诠注》，《历史地理研究》2020 年第 3 期。
④ 洪业：《考利玛窦的世界地图》。
⑤ 曹婉如等：《中国现存利玛窦世界地图的研究》，《文物》1983 年第 12 期。
⑥ 这一画有动物的彩绘本先后流传日本、韩国、美国等地。维也纳奥地利国家图书馆藏有的版式是与 1602 年李之藻刊本完全一致的绘本，其中亚洲用黄色、欧洲深红、非洲深蓝、美洲紫色、南极洲灰色，赤道、子午线涂成黄色，南北极圈、回归线及部分铭文涂成红色。（李孝聪：《欧洲收藏部分中文古地图叙录》，国际文化出版公司，1986 年，页 1）这倒与利玛窦撰的全图说明中所称该图"其各州(洲)之界，当以五色别之，令其便览"，完全吻合，或许可以证明《坤舆万国全图》原稿是一个彩绘本。
⑦ 黄时鉴、龚缨晏：《利玛窦世界地图研究》，页 155。

彩绘本的大洋上绘有不同类型的帆船及鲸、鲨、海狮等海生动物15头，南极大陆绘有陆上动物8头，有犀牛、象、狮子、鸵鸟等，这些并不产于南极洲，绘在那里主要还是为了点缀图中空白。[①]（图2-6）洪业认为这一彩绘本是1608年诸太监的摹绘本，其中的船只、奇鱼、异兽是“从他处摹抄来的”。或认为太监是不敢擅自加上去的，太监在宫中也弄不到这些图画。笔者认为彩绘本上动物形象之设计者应该是利玛窦，理由之一正如洪业所言：虽难以确定这些动物形象来自西人何书何图，但“西人旧图往往有这些玩意儿”。[②] 诸太监不仅在宫中无法弄到这些图画的源文本，最重要的是古代中国虽有在地图上标识大量文字，也有图文并茂绘制地图的传统，但中国古代传统地图一般罕见有绘制动物，也很少有大片的海洋，没有多少空间来描摹和点缀各种奇鱼异兽，换言之，古代中国地图中没有形成绘制动物的传统，[③]因此他们确实不敢擅自在供奉皇帝的地图上添加动物。而利玛窦却深谙欧洲在地图上绘制动物的传统。古代欧洲世界地图有绘制各种海陆动物的传统，早在13世纪晚期的欧洲地图上，就可以上面发现很多动物的绘像，如德国的埃布斯托夫(Ebstorf)地图和英国的赫里福德郡(Hereford)地图就有犀牛、独角兽、骆驼、狗等。16世纪初以来，欧洲地图上动物绘像就更普遍了，如德国马丁·瓦尔德泽米勒(Matin Waldseemüller)的世界地图在非洲绘有大象等。而在海洋中绘制各种形态的鱼类的情况就更多了，如1587年英国约翰·怀特(John White)的《弗吉尼亚》，以及作为利玛窦《坤舆万国全图》底本的1570年奥代理(Abraham Ortelius)《地球大观》(*Theatrum Orbis Terrarum*)和荷兰墨卡托(Gerardus Macator)的《世界地图》等，都在地图空白处或海洋中绘制各种船只、陆地异兽和海洋奇鱼。[④]

理由之二是利玛窦本人非常熟悉西洋画，或以为他还具备绘画才能。尽管中外学

---

① 杨泽忠、周海银《利玛窦与坤舆万国全图》(《历史教学》2004年第10期)一文称该图“不仅绘出了世界地理位置，而且还装饰了很多可爱的小动物和小物品，如老虎、狮子、鲸鱼、狗熊和商船等，很招人喜欢”，作者显然没有仔细审看原图，彩绘本《坤舆万国全图》是没有老虎和狗熊的。

② 洪业：《考利玛窦的世界地图》。

③ 北宋哲宗元祐三年(1088)八月，谪居秀州(今浙江嘉兴)的沈括(1031—1095)向朝廷进呈了一套精心编绘的地图《守令图》。整幅《守令图》有海洋动物六头，东海除虎头鱼身的动物外，还有尖嘴鱼和长鼻鱼，在渤海湾口还有龇牙咧嘴的海鱼，南海有传统的龙王和海马等。(参见《九域守令图墨线图》，曹婉如等编：《中国古代地图集·战国—元》65图，文物出版社，1999年)可惜这一在地图上描绘动物的手法，在宋代以后几乎完全消失了。之后所见绘有动物的地图始自台北故宫博物院所藏明嘉靖二十三年(1544)的彩绘本地图，这种在地图上绘制动物形象的做法，很有可能也是受到当时各种渠道流入中国的绘有动物之西方地图的影响。

④ [英]杰里米·哈伍德(Jeremy Harwood)著，孙吉虹译：《改变世界的100幅地图》(*To the Ends of the Earth: 100 Maps That Changed the World*)，三联书店，2010年，页38—41、66、78—79、81—86。英国地图史家赛门·加菲尔(Simon Garfield)在其所著《地图的历史》一书中写道：“在最早期的中世纪地图上，一如我们先前所看过的，倾向于在他们传授的道德训诫里描述可怕的事物，盛行的风气是描绘水手们曾经见过最凶恶异常、最尖牙利鳞的鱼类，还有当地狡诈的土著曾用来吓唬勇敢无畏殖民者的最巨大、最丑恶的带翼怪物。有时候这就像传话游戏：一开始的动物是大象，接着变成长毛象，而到了伦敦或阿姆斯特丹的制图师要绘制非洲或亚洲地图的时候，这只动物就变成梦魇一般的怪物。”[英]赛门·加菲尔(Simon Garfield)著，郑郁欣译：《地图的历史》，马可孛罗文化，2014年，页76。

界对辽宁省博物馆所藏《野墅平林图》的作者是否系利玛窦看法不一，但几乎都承认是他首先给中国人带来了西画，如圣母像等，而且他还非常熟悉西洋画的技巧，曾以中西画法不同的角度向中国人介绍西洋画的特点。由此都足以证明具备百科全书式的知识的利玛窦，完全有能力设计和指导中国的绘手来完成这些图像的绘制。

彩绘本上确有多艘船的桅顶上挂有"卐字旗"，卍字符是上古时代许多部落的一种符咒，也是世界上流行最广泛、最繁复的一个符号，是文化史上代表吉祥美好具体而微的一种表识。这个符号分布于西亚细亚、希腊、印度等地，又为世界不同宗教如婆罗门教、耆那教等所吸收。"卐"也是佛教的标志，如来佛胸前有卐字符，千手观音每只手拿着不同的法器，其中一个就是卐字符。由于迄今所见的汉文资料中，以文字形式直接解释卍字的，均为佛教经典，所以很多学者都将之与佛教相联系。其实，除了在受佛教文化影响的东方国家使用卍字符外，世界的其他文明，如希腊罗马文化，非洲和美洲土著文化，英、法等国以及北欧文化之中，也以卐字符作为平安吉祥的象征，作为纹样装饰用于形形色色的器物。在古印度的各类宗教中，卐形纹饰使用得很多。保留在梵蒂冈博物馆中就有史前时期曾居住于今意大利中部的伊特鲁利亚人留下的卐形纹饰之遗物。[1] 利玛窦在罗马学习，之后到印度逗留，都有可能接触这些卐形纹饰的遗物。因此，将这些船桅顶上的"十字旗"改成"卐字旗"，或许是太监敬呈彩绘本时的小动作，也可能是在利玛窦的默许下，由那些不知名的"天主教儒者"执笔完成的。因为主张采用适用策略的利玛窦认为，这样的修改既没有根本违反天主教的教义，也有能迎合这位长期不上朝而又笃信佛教的万历皇帝（1563—1620）的趣味，也适应了那些主张儒、道、佛等诸教合流的士人的趣味。[2]

笔者这里强调设计者而没有说谁是具体的绘像者，是因为目前呈现在《坤舆万国全图》彩绘本上的这些海陆动物，明显留有中国画法的痕迹，无论是该图上用蓝绿色勾勒的山脉，还是用深绿色绘出的海洋水波纹，包括海陆动物和海洋中的三桅船，都显示出中国化的痕迹。因此利玛窦在《坤舆万国全图》彩绘本的动物群像制作上所扮演的应该主要是设计者的角色，即提供动物群像的源文本，选择描摹哪些海陆动物，并具体设计图上动物所呈现的方式。在这些方面，利玛窦应该有精心的考虑。利玛窦曾经比较过中外动物的不同，指出"中国有的动物也与我们西方差不多"。中国的森林里没有狮子，

---

① 饶宗颐：《宇宙性符号》，氏著《符号·初文与字母——汉字树》，香港商务印书馆，1998 年，页 116；芮传明、余太山：《中西纹饰比较》，上海古籍出版社，1995 年，页 39—95。

② 这种为了适应中国士人的趣味而实行变通的突出例子，还见之 1595 年初刻于南昌的《天主实义》，该书第七篇《论人性本善而述天主门士正学》中，利玛窦不惜冒着被人误解的危险，提出了人性善的见解，他的这一见解已经违背了基督教的原始教义，因为按照《圣经》的原意，人类因其原罪而不可能具有善的本性，否则亚当、夏娃被诱而犯原罪就无法得到合理正当的解释。邹振环：《晚明汉文西学经典：翻译、诠释、流传与影响》，页 108—114。

但有很多虎、熊、狼和狐狸。大象只在北京大量饲养，供玩赏和仪仗使用，它们均来自外国，除北京外，其他地方是没有的。马虽然不及西方的漂亮，但数量和普及程度却不逊色于西方。[①] 彩绘本所绘和文字中所述均非一般的动物，我们在《坤舆万国全图》上看不到普通驯养的牛、马、羊、猫、狗之类的常见动物，甚至类似国人熟悉的虎、狼之类均未见之该图。《坤舆万国全图》彩绘本所选择的陆地动物有犀牛、白象、狮子、鸵鸟、鳄鱼和有翼兽等8头，均为当时中国罕见的动物，带有珍奇性，比较均匀地分布在第五大洲墨瓦蜡泥加上，颇显示出永乐朝“万国来朝”的气势。陆上动物并不产于南极洲，绘在那里主要还是点缀图中空白的作用。而海洋在《坤舆万国全图》中占有很大的分量，绘在各大洋里的各种体姿的海生动物，同样也非国人所常见的鲇鱼、鳜鱼等类。早在绘制《大瀛全图》时，利玛窦就向徐时进介绍域外海鱼，称“所产鱼绝怪，百千种，罕与中国类者”，[②]给方弘静吹嘘西国“海中鱼乃独不类且繁，凡栋宇轮舆，率用其骨”。[③] 出现在彩绘本《坤舆万国全图》中的15头鲸鱼、鲨鱼、海狮、海马、飞鱼等，还有一只面貌类似鸽子的海鸟（海鸽子），这些都是传统中国民俗生活中“年年有余”的吉祥《鱼乐图》中全然没有的形象。

这些出现在图中的海洋动物，很容易唤起一定的文化联想，如鲸鱼、鲨鱼以及巨大的海浪，会使人想到海洋的威力，鲨鱼象征着实力和残忍、暴戾和杀机，而海马则象征着优雅、信心和海上航行的平安，海豹在古希腊和北欧神话中是一种可以化身为女神或美人鱼的象征物。[④] 海洋对于古希腊和古罗马人来说，同时具有创造性和毁灭性，并存着主宰生死的非凡力量。正如1544年赛巴斯强·敏斯特（Sebastian Münster，1488—1552）用德文撰写的《世界志》（*Cosmographia*）一书中所言：在大洋的深处，潜伏着巨大的身影，能够吞没一整艘船的鱼类、巨大的蟹虾和海蛇、大如山的鲸鱼、能够朝着船吹气使船沉没的海怪、长达二百至三百尺长的蛇，等等。“这些奇兽的藏身之所，便是全然未知且令人害怕的元素：水”。[⑤] 正如德国汉学家普塔克所指出的，广阔的大海对许多中国人是一种可怕的“液体物质”，因为那里有不可预知的暴风雨和水流、漩涡和暗礁、海盗、神龙和鬼魂。从这个意义上来看，危险的鲸鱼轻易地证实了大家本来对此的认知。[⑥] 葛

---

① ［意］利玛窦著，文铮译：《耶稣会与天主教进入中国史》，页10—11。

② 徐时进：《欧罗巴国记》，转引自汤开建校注《利玛窦明清中文文献资料汇释》，上海古籍出版社，2017年，页11。下凡引用该书，简称《汇释》。

③ 方弘静：《利玛窦》，《汇释》，页9—10。

④ ［英］米兰达·布鲁斯-米特福德（Miranda Bruce Mitford）、菲利普·威尔金森（Philip Wilkinson）著，周继岚译：《符号与象征》（*Signs and Symbols*），三联书店，2013年，页68—69。

⑤ ［美］根特·维泽（Günther Wessel）著，刘兴华译：《世界志》（*Von Einem, der Daheim Blieb, Die Welt Zuentdecken*），页39、43。

⑥ ［德］普塔克（Roderich Ptak）：《中欧文化交流之一面：耶稣会书件里记载的异国动物》，载氏著《普塔克澳门史与海洋史论集》，广东人民出版社，2018年，页301—326。

兆光亦指出利玛窦在《坤舆万国全图》中绘制船只和动物，“一方面象征着对大海的跨越和对世界的认知，一方面象征着对大海中种种物怪的想象和畏惧”。[①] 彩绘本的大海中还有比例尺被放大的不同类型的帆船9艘，在充满杀机的、凶险的海洋中，乘坐那些帆船来到中国的耶稣会士们，易让中国读者对其产生一种崇敬感。15头活跃在狂放大海中的海洋动物，其中有若干头鲸鱼几乎可以在普兰修1594年的世界地图上直接找到类似的对应物。

彩绘本中的一些动物与该图中的文字相呼应，或以为“有意无意之中，可能会和地图中间的内容发生关系，透露或暗示一些观念”。[②] 如狮子的图像，呼应着“有山名为‘嵇没辣’，山顶吐火，顶旁出狮子”的注文，[③]使文字表述的意义得到了扩充。已经走过中国很多地方的利玛窦自然见过遍布中国通都大邑和穷乡僻壤的狮子雕像，狮子在佛经中被赋予了动物界至高无上的地位，作为“兽中之王”的狮子一开始就是护法之物。在波斯也有狮子崇拜，在阿拉伯世界中狮子也与立国传说的神谕有关。狮子传入中国后，虽未如在西域一般作为具有神力的王权象征，但是侧身仪位行列，“狮在龙下”，成为皇权守护的象征动物。[④]《坤舆万国全图》中的狮子，既没有处理成张牙舞爪、具有王权象征的猛狮，也非中华民间戏球玩耍的舞狮，而是蹲伏着的写实形象。利玛窦一定认为这是中国人最容易接受的狮子意象，用视觉图像强化了他关于狮子的有限的文字表述。

彩绘本中有一种虽在《尔雅》中有记载，但在中外均属罕见的奇兽——犀牛。[⑤] 1515年印度苏丹坦木法二世（Sultan Modafar Ⅱ）送给葡萄牙国王马努尔一世（Manuel Ⅰ）的贺礼是一头印度犀牛，这头从古罗马时代以来首次出现在欧洲的神奇动物被运送到里斯本港，引起了很大的骚动。马努尔一世特别安排了一场象与犀牛的决斗，以验证古罗马时代自然史学者认为象与犀牛是天敌的说法。据说是象征着坚韧与气势的犀牛轻而易举地获胜，从而印证了古代学者的说法，也使这一动物成为葡萄牙国王的珍贵收藏。同年11月，马努尔一世将之赠给教宗利奥十世（Loe Ⅹ）作为礼物，但遗憾的是，它在1516年初的航海途中不幸遭遇海难。犀牛的尸体被做成标本，于1516年2月送到了罗马。德国画家兼版画家阿尔布雷希特·丢勒（Albrecht Dürer，1471—1528）身在纽伦堡，并未亲眼目睹犀牛标本实体，但他于1515年根据犀牛的素描以及文字转述绘制了

① 葛兆光：《宅兹中国——重建有关“中国”的历史论述》，中华书局，2011年，页95—96。
② 同上书，页94。
③ 朱维铮主编：《利玛窦中文著译集》，页211。
④ 蔡鸿生：《狮在华夏》，载氏著《中外交流史事考述》，大象出版社，2007年，页172—185。
⑤ 郭璞注，邢昺疏：《尔雅注疏》卷一〇“释兽”第十八记述有“犀牛”：“犀似豕。”注疏称：“形似水牛，猪头大腹，庳脚。脚有三蹄，黑色。三角，一在头顶，一在额上，一在鼻上。鼻上者，即食角也，小而不椭，好食棘。亦有一角者。”台湾中华书局“四部备要”本，1977年。

木版画《犀牛》，尽管画中犀牛的构造并不正确，但丢勒的版画却风靡了整个欧洲，并在1540、1550年两次再版，到1600年至少有5个以上的版本在欧洲流传，并在接下来的3个世纪被大量拷贝。18世纪晚期以前，这幅画依然被认为是描绘着犀牛的真正模样，犀牛被认为是“欧洲大航海时代最受瞩目的动物之一”。[①] 因此，利玛窦不会不知晓这头犀牛的故事及丢勒绘制的犀牛版画，但出现在《坤舆万国全图》上的犀牛，却不像后来出现在南怀仁《坤舆全图》上的印度独角犀牛（Rhinoceros unicornis，又称大独角犀），而有四个角，除了鼻子上的一个角，背部还有三个角，而且全身也没有鳞片，形象类似大象，倒比较接近于《尔雅》中的描述。

彩绘本上还有两个瑞兽特别值得一说。一是白象（图2－7），形象高大，性情温和，知恩必报，且能负重远行，是“兽中之德者”。随着佛教的传入，象又作为佛教四大菩萨之首的普贤菩萨的坐骑，成了人们心目中的神兽。南方诸国历代都有遣使进贡驯象的记载，上述利玛窦《耶稣会与天主教进入中国史》一书中已经提及北京皇家大量饲养象。民间也有关于象的记述，“象”与吉祥之“祥”字谐音，因此也被民间作为瑞兽。见之彩绘本的是罕见的白象。民间传说太平盛世出白象，白象与龙、麒麟、辟邪、天禄、玉兔等都是中国传统的瑞兽。

另一为有翼兽，或以为是“飞龙”。中外很早就有具备双翼、善于飞行的神兽或魔兽，在西方文化中那种长有鳞甲、类似鳄鱼的有翼兽，多为鼻吐火焰、口吐火舌的恶龙，且龙一般应该有角，该图上的翼兽显然不是。笔者以为，地图中所绘可能是接近于中国传统瑞兽辟邪的动物。辟邪在中国古代传说中是一种神兽，似鹿而长尾，似狮而有翼，伸出于两肋之间的长翼呈欲展未展之状，似乎随时准备腾空而起，有镇宅辟邪的灵性。相传此灵物嘴大无肛，能够招财纳福，极具灵力。古代织物、军旗、带钩、印钮上面，常以辟邪形象作为装饰。利玛窦在处理这个传说中的动物时，一定是考虑到中国人的接受程度，至少考虑到不能因为这一动物而引起万历皇帝和中国读者很大的反感。

《坤舆万国全图》彩绘本有类似米切尔《图像理论》中所谓的图文并茂的“复合图文”（composite image text），在图像、文字并陈的文本框架内，图画和文字的叙述脉络互相牵引，共同参与论述的生成，且其中文字虽然有命名、描述和指称的功能，但图像所具有的展示功能，有时反而有超越文字的功用。[②] 彩绘本上动物绘像的选用，追求的首先是吸引皇帝和达官贵人关注的珍奇性，而这些绘像都有某种符号的意义，隐含着绘像原初

---

① 赖毓芝：《从杜勒到清宫——以犀牛为中心的全球史观察》，《故宫文物月刊》344期（2011年11月），页68—80。

② William John Thomas Mitchell, *Picture Theory: Essays on Verbal and Visual Representation*, Chicago: University of Chicago, 1994, pp.68－70.

环境的知识系统和社会文化价值，但又脱离了原初的环境而为适应中国本土的文化环境而被重新处理过。至于在选取和绘制中做了多大程度的调整和变形，还需要我们找到这些动物绘像所据的原本。

在中国古代地图的绘制中，无论是作为动物实体存在的描绘，还是作为地图装饰，都未能形成自己绘制动物图像的传统。而利玛窦既熟悉西方地图绘制动物图像的知识传统，同时也知晓中国传统山水画法的地图样式，他在《坤舆万国全图》彩绘本中首创的描绘动物的形式，在汉文世界地图绘制史上具有特殊的意义。彩绘本不仅提供了在如此大规模的汉文地图上绘制海陆动物的"复合图文"，而且呈现出一个既能吻合中国人直观的欣赏趣味，又全然不同于中国本土地图的别开一洞天之表达方式，在世界地图史上别具特色。可惜这一图文并茂的世界地图绘制法，除了在之后南怀仁的《坤舆全图》中有所继承和发展外，未能在以后中国人的地图绘制史上延续下去。

三、新大陆动物的描述与新旧大陆的知识互动

大航海时代连结了新的海陆空间。1492 年哥伦布登上新大陆，促成了一次前所未有的生物跨洲流动，横跨大西洋的船只不仅使玉米、马铃薯、辣椒、烟草、可可从此成为全球性的产物，也通过运送人类、动植物而引发了欧洲、亚洲和非洲之间动物、植物、文化、人群(包括奴隶)、流行疾病以及观念等的交流，这种种交流促成了世界体系的形成，包括欧洲的兴起、帝国主义殖民、全球化和现代化的现象。美国学者克罗斯比从 1973 年开始，通过《哥伦布大交换》以及《生态帝国主义》等一系列著作，集中阐述了"哥伦布大交换"(Columbian Exchange)的概念及其意义。[①] 从 16 世纪起，大航海时代促发了全球空间的拓展与新秩序的形成，也推进了世界动物的大交换。交换方式首先是政治外交方面的互相馈赠。如葡萄牙、西班牙、英国以及日耳曼领地，都盛行饲养大型猫科类动物，1511 年葡萄牙在马六甲捕获了 7 头大象，1514 年国王将一头大象和一只雪豹赠送教皇十世；法国国王 1532 年收下了突尼斯"皇室"的野兽和鸟类，1539 年收下摄政荷兰的匈牙利女王玛丽赠送的两头豹，1591 年将一头大象送给英国女王。其次是 15—16 世纪早期由热那亚、比萨、利沃诺和威尼斯这几个地中海与东方贸易桥梁所支撑的对意大利动物园发展至关重要的动物进口。葡萄牙通过南大西洋的新航线进口了不计其数的动物，其中一些动物是欧洲人闻所未闻的，如犀牛。从 16 世纪开始马赛还

① Alfred W. Crosby, *The Columbian Exchange: Biological and Cultural Consequences of 1492*(《哥伦布大交换》), Westport, CT: Praeger, 1973; *Ecological Imperialism: The Biological Expansion of Europe, 900—1900*(《生态帝国主义》), New York: Cambridge University Press, 1986.

成为地中海动物贸易的重镇，16 世纪前半叶的动物销售龙头是里斯本，1860 年之后又转到安特卫普。[①] 对于欧亚大陆，美洲属于全新的知识，而传送这些知识，在当时是一种非常“摩登”的、有学问的表现。很有意思的是，利玛窦当年已经注意到旧大陆与新大陆之间动物及其动物学知识的交流，其在《坤舆万国全图》中介绍了欧洲人眼中的新大陆如何为旧大陆提供关于动物的新知识。

《坤舆万国全图》对美洲动物的描述相对较多，有些动物记述比较详细，有些则比较简略。如在位于南美洲属于巴西部分的“峨勿大葛特”上有注文：“此地有兽，上半类狸，下半类猴，人足枭耳，腹下有皮，可张可合，容其所产之子休息于中。”[②]《职方外纪》的“伯西尔”部分也有类似记述：“又有兽，前半类狸，后半类狐，人足枭耳，腹下有房，可张可合，恒纳其子于中，欲乳方出之。”[③]此段除了“欲乳方出之”一句外，基本上是重复了《坤舆万国全图》中的记述。谢方认为“半类狸”“半类狐”的动物指负鼠（Opossum），可能为南美洲的粗尾负鼠，学名 Lutreolina Crassicaudate。产于安第斯山以东河道中，体长 70 公分，尾长大（30 公分），类鼬，腹有育儿袋，半水栖，为凶猛的食肉动物。[④]

在《坤舆万国全图》位于南美洲部分的“金鱼湖”右下注文则比较简略：“此地有兽名狳人，未尝见其饮食。”[⑤]不清楚“狳人”究竟是何种动物。如上所述，利玛窦在绘制世界地图的过程中曾经参考过很多西文文献和中文文献，为什么利玛窦在这里要把这一信息不太明确的动物记录下来呢？笔者认为，当时欧洲对于大航海时代以来来自新世界的动物新知识高度重视，有些内容虽然记载简略但却在欧洲的西文文献中被广泛议论。16 世纪以前欧洲几乎尚无近代自然史意义上的动植物专著，稍可称作系统的记述主要是亚里士多德的《动物学》和老普林尼（Gaius Plinius Secundus，23—79）的《自然志》（*Naturalis Historia*）。16 世纪中叶才有了包括有各式各样的文献、观察、写作和图版的《动物志》（*Historia Animalium*），该书是瑞士苏黎世医生及自然史学者康拉德·格斯纳（Konrad Cessner）于 1551—1558 年间出版的一套包括了四卷文字、三卷图谱的动物志巨著。《动物志》（*Historia Animalium*）一书为格斯纳赢得了

① ［法］埃里克·巴拉泰等著，乔江涛译：《动物园的历史》，页 15—17。

② 朱维铮主编：《利玛窦中文著译集》，页 202。

③ ［意］艾儒略原著，谢方校释：《职方外纪校释》，页 126。《坤舆全图》有“狸猴兽”，不过位置画在墨瓦蜡泥加洲西边，文字记述为：“利未亚洲额第约必牙国有狸猴兽。身上截如狸，下截如猴，色如瓦灰，重腹如皮囊。遇猎人逐之，则藏其子于皮囊内，窟于树木中，其树径约三丈余。”（《坤舆全图》整理本，页 40—41）此段文字与《坤舆万国全图》中的文字也有渊源关系，不过把地域从南美洲移植到了非洲。根据南怀仁的记述，所谓非洲的“狸猴”可能是袋狸，袋狸体型似鼩鼱，毛短而硬，耳、尾和四肢均短，四足跳跃行走。如同袋熊和袋鼠一样，袋狸也是有袋动物，分布广泛，生活于从荒漠到热带雨林的不同生活环境中。它们白天待在洞里，防止受到沙漠炙热的伤害。

④ ［意］艾儒略原著，谢方校释：《职方外纪校释》，页 128。

⑤ 朱维铮主编：《利玛窦中文著译集》，页 202。

“动物学之父”的声誉。[①] 利玛窦有可能阅读过1551—1558年间出版的格斯纳的《动物志》，该书中就包含有当时欧洲人赴新大陆游历所见的真真假假的内容，虽然这些知识无法得到目验，由于其来自探险家的辛勤记录与传递，尽管虚实难断，却属新大陆曝光后才发现的动物，所以特别被看重。这也是“未尝见其饮食”的“狳人”兽的内容尽管简略，但利玛窦还是采撷出来，作为来自从新世界获取的第一手知识加以介绍的原因。

《坤舆万国全图》中位于北美洲今爱斯基摩人所居住的“夜叉国”有“流鬼”条称：“此处寒冻极甚，海水成冰，国人以车马度之。凿开冰穴，多取大鱼。因其地不生五谷，即以鱼肉充饥，以鱼油点灯，以鱼骨造房屋、舟车。”下右有“沙儿倍”注文称：“此地大圹，故多生野马、山牛羊，而其牛背上皆有肉鞍，形如骆驼。”[②]那种牛肩上隆起如骆驼者其实就是印度瘤牛（Box Indicus），早在亚里士多德的《动物学》中已经提及。[③] 瘤牛是因在脖子上方有一个硕大的肌肉组织隆起似瘤而得名，中国古代称“犦牛”，亦称“犎牛”。瘤牛原产于印度，约于两千多年前的汉魏时期传入中国，并出现在古人的记载中，如东晋郭璞为《尔雅·释畜》作注中称：“犦牛，即犎牛也。领上肉犦胅起，高二尺许，状如橐驼，肉鞍一边，健行者日三百余里。今交州合浦徐闻县出此牛。”[④]利玛窦可能是读过《马可波罗游记》的，该书记述凉州城里有一种背上有峰之西藏牦牛（yack），称其毛长四掌，覆盖

① 康拉德·格斯纳（Conrad Gesner，或作Konrad Cessner，1516—1565，又译葛斯纳），瑞士苏黎世医生及自然史学者。他于1551—1558年间出版了一套包括了4卷文字、3卷图谱的动物志巨著。该书第一卷以插图的形式描述了可怀孕的四足动物（哺乳动物），第二卷是关于产卵四足类（鳄鱼和蜥蜴），第三卷是鸟类，第四卷是关于鱼类和其他水生动物。第五卷类蛇动物（蛇和蝎子）出版于1587年。该书试图将古代的动物世界的知识与文艺复兴的科学进展联系在一起，作者结合了古代博物学家亚里士多德、普林尼和伊良（Aelian）等传承下来的知识，其中有关于神话动物，也借鉴了民间故事、神话和传奇，有些资料来自关于动物传说的中世纪的寓言集《生理论》（*Physiologus*），后被译成叙利亚语、阿拉伯语、亚美尼亚语、埃塞俄比亚语、拉丁语、德语、法语等。《动物志》中的插图画家包括法国斯特拉斯堡的艺术家卢卡斯·斯敞（Lucas Schan），以及奥拉乌斯·马格努斯（Olaus Magnus）、纪尧姆·龙德莱（Guillaume Rondelet）、皮埃尔·贝隆（Pierre Belon）、乌利塞·阿尔德罗万迪（Ulisse Aldrovandi）和阿尔布雷特·丢勒（Albrechr Dürer）等。格斯纳还是瑞士博物学家、文献学家和医学家，西方近代书目的创始人之一。早年曾先后入布尔日、巴黎、巴塞尔大学学习。1537年出版《希腊—拉丁语词典》，同年开始在洛桑一所大学教授希腊语。1541年在巴塞尔大学获医学博士学位。此后一直在苏黎世行医和教授自然科学，直至去世。生前共出版著作72部。1545年出版有《通用书目》（*Bibliotheca Universalis*），收罗印刷术百年之内出版的所有拉丁语、希腊语和希伯来语的著作1万种，1548年出版收罗3万条书目的《图书总览》（*Pandectae*）。该书分19个大类，是西方第一部检索系统较为完备、著录详尽的综合性大型书目。《动物志》（*Historia animalium*）使其赢得了“动物学之父”的声誉。参见[美] 伊丽莎白·爱森斯坦著、何道宽译《作为变革动因的印刷机：早期近代欧洲的传播与文化变革》，北京大学出版社，2010年，页43、57；[美] 汤姆·拜恩（Tom Baione）著，傅临春译：《自然的历史》，重庆大学出版社，2014年，页1—5。

② 朱维铮主编：《利玛窦中文著译集》，页204。

③ [古希腊] 亚里士多德著，吴寿彭译：《动物志》，页606。

④ 郭璞注，邢昺疏：《尔雅注疏》下册，《十三经注疏》，页2653。中古时代瘤牛已为南方人所熟悉，1933年，毕士博（Carl Whiting Bishop）在《中国学志》（*China Journal*, Vol. 18, 1933）发表有《中国古代的犀牛与野牛》（Rhinoceros and Wild Ox in Ancient China）一文，认为中国的北方曾经出现一种白肢野牛，是被称为“兕”的动物，中国人多将之于犀牛混淆，牛角特别突出，兕角在上古时代用作酒器。[美] 薛爱华著，程章灿、叶蕾蕾译：《朱雀：唐代的南方意象》，三联书店，2014年，页450—452。

全身，仅露其脊，呈黑白色，用于耕种，缘其力大，耕地倍于他畜。[①] 利氏是想通过这一记述告诉中国人，这种"领上肉犦肤起"的瘤牛，在遥远的美洲也可以见到。

一些与中国古籍记载进行对话的内容也出现在其他地区，如《坤舆万国全图》的"小西洋"条右有："此处有革马良兽，不饮不食，身无定色，遇色借映为光，但不能变红、白色。"[②]"小西洋"在《海录》中是指印度的果阿（Goa），这里显然是指印度的变色龙。[③] 变色龙，学名"避役"，西班牙文作 Camaleón 或 camaleones，葡萄牙语作 Chameleons。"革马良"应该是其音译，又译"加默良"，因能根据不同的亮度、温度和湿度等因素变化体色，俗称"变色龙"。适于树栖生活，尾巴长，能缠卷树枝。舌长且舌尖宽，具腺体，分泌物能黏住昆虫取食。主要分布在非洲、亚洲的叙利亚、印度南方和斯里兰卡、小亚细亚和欧洲等地。"革马良"的主要特点是其体色的变化多端，有些甚至是随环境的变化时时刻刻在产生变化。变色既方便隐藏自己，又有利于捕捉猎物。变色这种生理变化是其皮肤真皮内藏有大量精细且具强烈折光的颗粒细胞，组成白色层和黄色层，由于中枢神经支配下色素细胞和颗粒细胞的收缩和伸展，体色便能够迅速变化，并在几个小时内就能够完成脱皮。[④] 中国人通常把蜥蜴也称为"变色龙"，在中西方它并非特别珍奇的动物，早在古希腊的亚里士多德的《动物学》中就有蜥蜴的记述："避役全身一般形态有似石龙子（蜥蜴）。"[⑤]利玛窦也一定注意到了中国古籍中很早就有不少关于蜥蜴（又名石龙子）的记载，如宋代陆佃的《埤雅》中有："蜴善变，《周易》之名，盖本乎此。"明朝李时珍《本草纲目》中也有："蜴即守宫之类，俗名十二时虫。《岭南异物志》言：其首随十二时变色。"[⑥]明朝人多喜将蜥蜴与《周易》之名称"易"相联系。利玛窦在介绍"小西洋"时要特别提到"身无定色"的"革马良兽"，显然也是为了告诉中国人，在印度的果阿也可以找到类似"《周易》之名，盖本乎此"的动物。

大航海使世界进入了一个互为关联的"全球化"时代，因此利玛窦在《坤舆万国全图》中注意说明亚欧大陆与新大陆之间的联系。该图"革剌漫的亚"上称："利未亚最多虎、豹、狮子、禽兽之类。有猫出汗极香，以石拭汗收香，欧逻巴多用之。"[⑦]如此之短的 30 个字的

---

① 冯承钧译：《马可波罗行纪》，上海书店，1999 年，页 161—162。

② 朱维铮主编：《利玛窦中文著译集》，页 212。

③ 南怀仁《坤舆全图》中也有关于"加默良"文字："亚细亚洲如德亚国产兽，名加默良。皮如水气明亮，随物变色，性行最漫，藏于草木、土石间，令人难以别识。"（《坤舆全图》整理本，页 52—53）文字亦见之南怀仁《坤舆图说》卷下，《景印文渊阁四库全书》第 594 册，页 778。南怀仁所记显然不是根据《坤舆万国全图》的"小西洋"条，所述的"如德亚"，即今巴勒斯坦的朱迪亚（Judea，又译犹地亚）地区。

④ 司徒雅：《避役》，《生物学通报》1963 年第 6 期；赵尔宓："避役科"，《中国大百科全书 · 生物学》，中国大百科全书出版社，1992 年，页 67。

⑤ ［古希腊］亚里士多德著，吴寿彭译：《动物志》，页 70。

⑥ 高怀民：《先秦易学史》，台湾商务印书馆，1975 年，页 4。

⑦ 朱维铮主编：《利玛窦中文著译集》，页 212。

注文中却出现了四种动物和“利未亚”“欧逻巴”两大洲的名称，《职方外纪》中的这一记述更加细化：“所产鸡亦皆黑，独豕肉为天下第一美味，病者食之亦无害。产象极大，一牙有重二百斤者。又有兽如猫，名‘亚尔加里亚’，尾后有汗极香，黑人阱于木笼中，汗沾于木，干之以刀削下，便为奇香。”[①]在《职方外纪》“利未亚总说”部分还有一段内容说到“猫出汗极香”：“有山狸似麝，脐后有肉囊，香满其中辄病，向石上剔出之始安。香如苏合油而黑，其贵次于龙涎，能疗耳病。”[②]谢方称此“亚尔加里亚”或“山狸”都是“灵猫”，又称“香猫”，学名 Viverra，外形似猫，尾长毛厚，耳小吻尖，身长 40—85 公分，有肛腺在尾下开口，通向一囊，内积一种油腻似麝香的分泌物，可作香料制造香水或供药用。非洲所产灵猫有非洲狮子猫、非洲灵猫、刚果水灵猫等。[③] 类似的记述也见之《坤舆图说》，尽管两者的文字数量都大大超过了《坤舆万国全图》的文字，但利玛窦所记有一句“欧逻巴多用之”，后两者均删去了，可见利玛窦比艾儒略和南怀仁要更注意新旧大陆在动物香料开发上的某种联系。

属于今泰国南部的北大年（Pattani）一带，当时称“大泥”，《坤舆万国全图》记有：“大泥出极大之鸟，名为厄蠢，有翅不能飞，其足如马，行最速，马不能及。羽可为盔缨，□［卵］亦厚大可为杯。孛露国尤多。”[④]或以为利玛窦这里描述的“厄蠢”，应该是包括了分别产自东南亚、澳洲和南美洲的鹤鸵（食火鸡，Cassowary）、澳洲鸵鸟（今称鸸鹋，Emu）、南美洲鸵鸟（Rhea）三种鸟，“厄蠢”的命名可能是因为其发声。[⑤] 南怀仁《坤舆全图》中对这三种鸟做了区分，他比较准确地在南亚墨利加洲西边绘制了南美洲鸵鸟（Rhea），文字记述为：“南亚墨利加洲骆驼鸟。禽中最大者，形如鹅，其首高如乘马之人，走时张翼，状如棚，行疾如马。或谓其腹甚热，能化生铁。”美洲鸵头小颈长，体形略显纤细。雌雄羽色相近，体羽轻软，主要为暗灰色。头顶为黑色，头顶两侧和颈后下部呈黄灰色或灰绿色，背和胸的两侧及两翅褐灰色，余部均为黑白色。喙扁平，直而短，呈灰色。鸵鸟是群居动物，生活在草本较高、灌丛茂密的开阔大平原中，以植物的根、叶和种子为食，也取食昆虫和其他小动物。适应于沙漠荒原中生活。虽体形高大，翅膀较大，但不会飞翔，善奔跑，在开阔的草原上奔跑时，也会像飞行一样把翅膀张开，以获得上升气流的助力。[⑥] 与南怀仁不同，利玛窦在《坤舆万国全图》叙述中追求的不是“厄蠢”这一动物的准确原形，而是“孛露国尤多”一句，有意通过“厄蠢”而将知识介绍的脉

① ［意］艾儒略原著，谢方校释：《职方外纪校释》，页 114。
② 同上书，页 106。
③ 同上书，第 108 页。
④ 《利玛窦中文著译集》一书中本段文字中“厄蠢”作“危蕃”（第 208 页）；“厄蠢”一词核对利玛窦《坤舆万国全图》。
⑤ ［美］李兆良：《坤舆万国全图解密：明代测绘世界》，（台北）联经出版事业有限公司，2012 年，页 193—200。
⑥ 钱燕文：“鸵鸟”，《中国大百科全书 · 生物学》，页 1704；［英］科林 · 哈里森（Colin Harrison）、［英］艾伦 · 格林史密斯（Allan Green Smith）著，丁长青译：《鸟（*Birds of the World*） · 非雀形目》，中国友谊出版公司，2003 年，页 38。

络推展到整个世界，并将各大洲的动物加以联系，特别是以新旧大陆都存在的“厄蠆”，以说明大航海时代以后跨大洋、跨区域的世界一体性。

四、“嵇没辣之兽”、麒麟与独角兽

人与动物的互位性、互变性和统一性，动物的关系也反映着人与神的关系，这些复杂的关系还重叠和交叉在基督教信仰的世界里，产生了某种隐喻的应用。利玛窦的《坤舆万国全图》中实际上表述着两个不同的动物世界：一个是真实的自然动物世界，还有一个是通过想象建构出来的动物世界。该图所记述的有些是传说的文化动物，如《坤舆万国全图》所记欧逻巴地中海东岸的“沙尔加龙”右有注文：“有山名为‘嵇没辣’，山顶吐火，顶旁出狮子。中有丰草，产羊甚广。山脚有龙蛇□，无人住，后一异人率众开山以居。世传‘嵇没辣之兽’，狮首、羊身、龙尾，吐火，有圣人除之。盖寓言也。”[①]文字虽然很短，但却包含着丰富的信息，可能是汉文文献第一次介绍希腊神话中的奇美拉(Chimaera)怪兽(利玛窦译为“嵇没辣之兽”)。[②] 奇美拉是半人半龙的泰风和半人半蛇的伊琴娜产下的怪物，是古代神话中一种会“吐火”的“狮首、羊身、龙尾”的令人恐惧的动物。它曾经袭击艾奥贝提斯(Iobates)的国家，并用喷出的火焰杀死了其部属。[③]利玛窦将“嵇没辣”改成山的名称，并称“山顶吐火”，将之引申为活火山，特别强调“顶旁出狮子”。而在国人的心中，有狮子出没的山，无论在东西方都是属于非同寻常之山。这段叙述所描绘的是一个充满了魑魅魍魉的神奇空间，这一神奇空间对于熟悉《山海经》传统的中国读者也许并不陌生。而在一个无人敢居住的有龙蛇出没的山脚，有一“异人”率众开山以居，显然是强调了人的力量。利玛窦在最后特别说明这一“狮首、羊身、龙尾”的“嵇没辣之兽”，是被一位“圣人除之”。虽然没有提到“圣人”是谁，但熟悉希腊神话的都清楚，这个“圣人”就是从阿西娜这里获得了飞马的佩格塞斯(Pegasus)之英雄贝勒罗丰(Bellerophon)，他驾着这匹带有翅膀的飞马杀死了“嵇没辣之兽”。[④] 利玛窦通过这一不长的文字，不仅介绍了西方这一传统神话寓言，而且还调动了中国传统异兽怪物的图谱资源。

在印度的“马拿莫”条有如下注文：“马拿莫有兽首似马，额上有角，皮极厚，遍身皆

---

① 朱维铮主编：《利玛窦中文著译集》，页211。

② “嵇没辣之兽”系希腊神话中的吐火兽“奇美拉”，最早为沈依安所指出，参见氏著《南怀仁〈坤舆图说〉研究》，台湾佛光大学硕士论文，2011年7月，页78注释181。

③ [英] 菲立普·威金森(Philip Wilkinson)著，郭乃嘉、陈怡华、崔宏立译：《神话与传说：图解古文明的秘密》(*Myths and Legends: All Illustrated Guide to Their Origins and Meanings*)，时报文化出版企业有限公司，2010年，页52—53。

④ 同上书，页52—53。

鳞，其足尾如牛，疑麟云。”①“麟”是中国古人幻想出来的一种独角神兽，按照《春秋公羊传》和《尔雅》的记述，麟的形状类似鹿或獐，独角，全身生鳞甲，尾象牛。② 麟也称麒麟，或以为雄性称麒，雌性称麟。这是一种以天然的鹿为原型衍化而来的神奇动物，具有趋吉避凶的含义，尊为“仁兽”“瑞兽”，中国古代常把“麟体信厚，凤知治乱，龟兆吉凶，龙能变化”的麟、凤、龟、龙四兽并称，号为“四灵”，而麟又居“四灵”之首。这一动物的出现，往往是与盛世联系在一起，所谓有王者则至，无王者则不至。《春秋》哀公十四年“春，西狩获麟”，射杀麒麟被视为是周王室将亡的预兆。③ 麒麟在明清时期也是武官服饰中一品官服饰的标识，寓意“天下平易，则麒麟至也”。④ 民间一般用麒麟是吉祥神宠，主太平、长寿，有麒麟送子之说。因此，麒麟也分为送子麒麟、赐福麒麟、镇宅麒麟，麒麟在民间风水中类似万金油，具有旺财、镇宅、化煞、旺人丁、求子、旺文等功用，各方面都可以使用。

《坤舆万国全图》中“疑麟云”一句，还被换行特别强调，表明利玛窦一方面尝试通过这种“疑麟”的瑞兽，向中国读者强调这种“额上有角”的神兽，不仅中国有，海外世界也有，自然也就有打破中国士大夫天朝独大观念的作用了。另一方面，关于这一“额上有角”的“疑麟云”动物的描述，欲言而止中似乎也隐含着其试图为中国读者强调这是一种西方传说中的神话动物“独角兽”。独角兽(Unicorn)是频繁见于欧洲各类书籍的一种神秘的传说动物，“额头上根长两道三码长的黑角”是其最明显的特征，普林尼曾将之形容成四肢似大象，尾巴如公猪，体如骏马，头上有一黑螺旋纹的角，是极凶猛的怪兽。公元前 380 年，希腊哲学家 Ctessias 说是印度森林中一种体型较大类似马的野生动物，头如鹿，长颈子上有些卷曲的短鬃毛，短腿和蹄子都一如雄山羊，而其角可以用来制成长笛，或者将角磨制成粉末以作为抵御致死麻醉药的解毒剂。公元 600 年塞维利亚的伊西多尔(Isidore)写道：独角兽是残忍的野兽，经常与大象争斗。⑤ 利玛窦所描述的印度的“独角兽”，到了艾儒略《职方外纪》卷一“印第亚”中，就变成明确的叙述：“有兽名独角，天下最少亦最奇，利未亚亦有之。额间一角，极能解毒。此地恒有毒蛇，蛇饮泉水，水染其毒，人兽饮之必死，百兽在水次，虽渴不敢饮，必俟此兽来以角搅其水，毒遂解，百兽始就饮焉。”⑥南怀仁的《坤舆全图》在墨瓦蜡泥加洲东边画有独角兽，所作介绍虽与

---

① 朱维铮主编：《利玛窦中文著译集》，页 213。
② 郭璞注，邢昺疏：《尔雅注疏》卷一〇“释兽”第十八。
③ 朱天顺：《中国古代宗教初探》，上海人民出版社，1982 年，第 105、107 页。
④ 武官九品的各品级均以一种神兽为标识，从一品到六品分别是麒麟、狮、豹、虎、熊、彪，七品和八品均为犀，九品为海马，参见徐华铛《中国神兽造型》，中国林业出版社，2010 年，第 43 页。
⑤ [美] 根特 · 维泽 (Günther Wessel) 著，刘兴华译：《世界志》(*Von Einem der Daheim Blieb, Die Welt Zuentdecken*)，页 150。
⑥ [意] 艾儒略原著，谢方校释：《职方外纪校释》，第 40—41 页。

《职方外纪》有别，但更接近于西方传说中的“独角兽”：“形大如马，极轻快，毛色黄，头有角，长四五尺，其色明，作饮器能解毒，角锐能触大狮，狮与之斗，避身树后，若误触树木，狮反啮之。”[①]其实仔细分辨，南怀仁所增改的内容，主要是将利玛窦不明确的“疑麟云”的异兽，扩写成欧洲文化中的独角兽（unicorn）。[②]

在《坤舆万国全图》中，利玛窦虽未明确指明这种“兽首似马，额上有角，皮极厚，遍身皆鳞，其足尾如牛”疑为中国的“麟”，即“独角兽”，但熟悉两种文化的读者却会很自然地将两者联系在一起。[③] 在基督教象征符号中，独角兽象征着力量和童贞。根据中古时期的传说，独角兽的角是信徒和基督的武器，即福音，也被认为是上帝之剑，能够刺穿所触到的一切。独角兽用其神奇的角画出十字架，把曾被龙下毒的水净化了；因为没有猎手可以用武力捕获它，于是猎手用计谋，将一个童女放到独角兽经常出没的地方，独角兽因其纯洁而跑向她，躺在她的腿上熟睡而被降服。法国画家杜维（Jean Duvet，1485—1561）画过独角兽被擒的题材，画中的独角兽被绑住，头枕在冠饰有百合花的童贞女怀里。独角兽的这一习性及其雪白的颜色使之成为纯洁少女贞节的象征。[④] 利玛窦有一种信念，即那些长期悬挂在朝廷内外的《坤舆万国全图》，可能会引起皇帝、皇太子以及皇亲国戚的兴趣，使他们看到自己的国家与世界很多国家相比是这样小的时候，会放下高傲的架子而与外国平等相处。更重要的还有，如果他们一旦能够因之而想连接和询问有关天主教的问题，传教士就能乘机向他们宣传这些知识了。[⑤] 作为基督教的象征动物性质的“独角兽”知识，可以成为吸引中国读者对天主教问题发生兴趣的一个促发点，利玛窦坚信，一旦将“独角兽”与中国的吉祥动物“麟”联系在一起，或许会给中国读者带来关于基督福音非常美好的联想。

---

① 类似文字见之《坤舆图说》和《古今图书集成·博物汇编·禽虫典》第125卷“异兽部”（《古今图书集成》第525册，叶十六）。谢方认为南怀仁介绍的即印度独角犀牛，产于非洲及亚洲热带地区。犀牛的嘴部上表面生有一个或两个角，角不是真角，是由蛋白组成，有凉血、解毒、清热作用。《职方外纪校释》，页43注。

② 康熙时学人钮琇在《觚賸·诌虎》中将独角兽称之为“六驳”，其形象颇类南怀仁笔下的独角兽：“遍体斑文，状亦类虎，而马头独角……如马，黑尾，一角，锯齿，能食虎豹。”而且“怒以角触虎额去，虎脑溃而死”。（钮琇著，南炳文、傅贵久点校：《觚賸》，上海古籍出版社，1986年，页246）不知其间有无关联。

③ 晚清来华意大利传教士晁德莅（Angelo Zottoli，1826—1902）在《中国文化教程》一书中将麟解释为“母独角兽（unicornis foemina）”（Angelo Zottoli，*Cursus Litteraturae Sinicae*，volume primum pro infima classe，T'ou-sè-wè，1879，p. 529.）。蒋硕：《晚清西方汉学的丰碑：晁德蒞与〈中国文化教程〉》，复旦大学历史学系中国史专业博士论文，2020年6月。民国时期上海圣约翰大学学生中文杂志《麒麟》刊物的英文名字即“The Unicorn”。沈大力《独角兽与龙》一文中称“所谓独角兽，就是中国传说中的麒麟”，参见乐黛云、勒·比雄主编：《独角兽与龙——在寻找中西文化普遍性中的误读》，北京大学出版社，1995年，页76—77。

④ 邓海超主编：《神禽异兽》，香港艺术馆，2012年，页114—117；丁光训、金鲁贤主编，张庆熊执行主编：《基督教大辞典》，上海辞书出版社，2010年，页141。由于独角兽易与犀牛混淆，因此关于少女征服独角兽的传说，也出现在马可波罗游记中，如马可波罗称在小爪哇岛的巴思马国“国中多象，亦有犀牛，鲜有小于象者。此种独角兽，毛类水牛，蹄类象，额中有一角，色白甚巨，不用角伤人，仅用舌，舌有长刺甚坚利，其首类野猪，常俯而向地，喜居湖沼及垦地附近。此兽甚丑恶，人谓室女可以擒之，非事实也”（冯承钧译：《马可波罗行纪》，页403），此处马可波罗将欧洲关于独角兽的传说附会犀牛了。

⑤ ［意］利玛窦著，文铮译：《耶稣会与天主教进入中国史》，页451。

五、藩地“屠龙”之说

利玛窦在《坤舆万国全图》中也有一些动物描述，是有意针对中国文化中的象征动物。龙在中国古代是将鱼、鳄、蛇、马等动物，和云、雷电、虹等自然现象模糊结合而成的一种具有神性的动物。[①]《说文解字》称：“龙，鳞虫之长，能幽能明，能细能巨，能短能长，春分而登天，秋分而潜渊。”[②]王安石的《龙说》称：“龙之为物，能合能散，能潜能见，能弱能强，能微能章。惟不可见，所以莫知其乡；惟不可畜，所以异于牛羊。变而不可测，动而不可驯，则常出乎害人，而未始出乎害人，夫此所以为仁。为仁无止，则常至乎丧己，而未始至乎丧己，夫此所以为智。止则身安，曰惟知几；动则利物，曰惟知时。然则龙终不可见乎？曰：与为类者常见之。”[③]汉语文化里，龙代表英武、优秀、矫健、雄伟、珍稀和高贵，如“云起龙骧”“龙蛇混杂”“生龙活虎”“虎踞龙盘”“龙肝凤髓”“攀龙附凤”等。在先秦时代，龙尚未成为皇权的象征，因此《庄子·列御寇》中还有所谓“屠龙之术”的比喻，用来指那种在现实中用不到的极为神妙的高明本领。[④]

龙既神出鬼没，又充满智慧，是一种充满神圣性和神秘性的象征动物，也是能够兴云致雨、主宰雨水的神灵，在中国木结构的建筑物上，经常有龙的形象；龙不仅成为皇权的象征，民间也多以凡夫生子肖龙为时尚，或以为“龙成为帝王的象征，只是从汉高祖刘邦开始”。[⑤] 其实秦始皇时代“龙”已有了“君之象”，[⑥]这一复杂的民俗意象，在东汉佛教传入后，又与佛典译本中一种类似龙的神兽“那伽”（梵文 Naga）联系在一起，演变为九龙吐香水浴佛，进而衍化为“天龙八部”中位置仅次于“天”的“龙众”。[⑦] 龙在唐代正式作为皇权的象征，又经过佛教的改造，与王权结合而在中国本土产生了拟人化了的佛教神话，如所谓“七海龙王”“八部天龙广力菩萨”与“五龙王”等。宋以后除了作为帝王神圣

---

① 庞进：《呼风唤雨八千年——中国龙文化探秘》，四川教育出版社，1998 年，页 1。

② 许慎撰：《说文解字》，中华书局，1979 年，页 245。

③ 王安石：《王文公文集》卷三二，上海人民出版社，1974 年，上册页 385。

④ 郭庆藩《庄子集释》：“朱泙漫学屠龙于支离益，单千金之家，三年技成而无所用其巧。”“诸子集成”本（三），上海书店，1986 年，页 453。

⑤ 赵启光：《天下之龙：东西方龙的比较研究》，海豚出版社，2013 年，页 180。

⑥ 《史记·秦始皇本纪》：“祖龙者，人之先也。”《集解》苏林曰：“祖，始也。龙，人君象。谓始皇也。”服虔曰：“龙，人之先象也，言王亦人之先也。”应劭曰：“祖，人之先。龙，君之象。”《史记》（一），页 259—260。

⑦ 秦鸠摩罗什译《法华经·序品》中成了八大龙王：1. 难陀龙王（Nanda）；2. 跋难陀龙王（Upananda）；3. 娑加罗龙王（Sāgara）；4. 和修吉龙王（Vāsnki）；5. 德叉迦龙王（Takska）；6. 阿那婆达多龙王（Anavatapta）；7. 摩那斯龙王（Manasvln）；8. 优钵罗龙王（Utpalaka）。每位龙王都有百千眷属。刘志雄、杨静能：《龙与中国文化》，人民出版社，1992 年，页 256—257。

的代表外，还渐渐衍化为民族与国家的图腾，[①]成语中出现的“真龙天子”“冒犯龙颜”“望子成龙”“龙袍”“龙床”“龙船”等，即为明证。即使佛教传入后带来的所谓“降龙伏虎”之说，也不含有“屠龙”之意，而仅仅意味着佛道修行者用勇武计谋收服这一令人敬畏的动物。[②] 长期在华活动的耶稣会士，如利玛窦、龙华民（Nicolas Longobardi，1565—1655）、艾儒略（Giulio Aleni，1582—1649）等对中国这一神话动物所产生的种种政治和文化的意象，应该是非常熟悉的。[③] 利玛窦甚至是将汉字中的“龙”与西文 dragoni、dragone 联系起来的始作俑者，他在《基督教远征中国史》中在表示明朝皇家君臣仪礼中的金龙、龙形装饰以及风水中的龙头龙尾时，分别用了 dragoni 一词；而在翻译道士骑龙和表示中国皇权象征的龙时，则用了 dragone 一词。金尼阁将该书译成法文时候，则用 dragon 来翻译龙，这是中国“龙”与西方 dragon 的第一次国际接轨。[④]

英语中的 dragon，与 drákön（邪恶）的含义有关，李奭学认为：该词自犹太教与天主教传统的《创世记》萌芽，再经《新约》铸出，然后化为拉丁音里的 dracō，终而演变成为现代各种欧语中“龙”的共同字根，从罗曼斯到低地日耳曼语系，无一非属。这个字根所成就的俗语，也因此而衍有意大利文的 drago、西班牙文的 dragon、葡萄牙文的 dragão 或德文的 Drache 等。法文“龙”字的发音和英文不同，但拼法如一。可见 Dragon 的异音同源，龙也出现在其他文化系统中，就外形观之，其形貌或有地域之别，但从天主教上古迄至文艺复兴时期以还，贬义则一。总体而言，都是印欧神话这一文化之河的冲积物。[⑤] 在西方文化的各个系统中，“龙”是一种异端、邪恶、凶残、暴虐的怪物，恶魔撒旦的象征，拉

---

① 苑利：《龙王信仰探秘》，东大图书公司，2003 年，页 23—77；葛承雍：《唐代龙的演变特点与外来文化》，氏著《唐韵胡音与外来文明》，中华书局，2006 年，页 206。

② 杨宪益在段成式《酉阳杂俎》中找到了一段古龟兹王阿主降龙的故事，并认为这一段是来源于西方尼伯龙根屠龙故事，但其实这一故事是王者以神力将龙变成自己的坐骑。氏著《译余偶拾》，三联书店，1983 年，页 80—81。

③ 意大利耶稣会士龙华民取“龙”为姓，系据意大利文姓“Longobado”的第一音节。1602 年左右，龙氏在广东韶州中译了大马士革的圣约翰（St. John Damascene，676—754）《圣若撒法始末》，而该书内五则重要的证道故事（exemplum）里，有一则就出现了一条“dracō”。当时龙华民入华已多年，他取“龙”为姓，可见他深知“龙”在中国多为“吉物”，更是“权”与“威”的绝对象征。［李奭学：《中国晚明与欧洲文学——明末耶稣会古典型证道故事考诠》，（台北）联经出版公司，2005 年，页 393—398］被誉为“西来孔子”的艾儒略，曾经在《职方外纪》中将“哥伦布”译以“阁龙”，基于传教士对哥伦布事实的正面评价，想来这一译名也是缘于“龙”的勇武伟力。雷立柏（Leopold Leeb）在《古典欧洲文化与“龙”的象征》（Classical European Culture and the Symbol of the“Dragon”）（《基督教文化学刊》2009 年秋季号）中称龙在西方文化中既有贬义，也有褒义和中性之义。文中认为：“作为一种简单的结论可以说在古代西方传统中，‘凤凰’代表了对于长寿或永生的渴望，而‘龙’基本上代表一种混乱的和危险的势力，虽然在某些《旧约》的章节中的‘龙’（海怪等）并不代表邪恶的力量，而是一个受造物，它和别的受造物一样地要赞美上主。在部分的早期文献中，‘龙’是一种‘开放的’象征，比如它使古希腊人联想到第一个立法者、一个圣王或一个文学竞赛，但在《新约》的文献中，‘龙’和‘蛇’逐渐成为一个代表恶势力（恶魔）的象征。因此，中国人和西方人对于‘龙’会产生很不同的感情，虽然我们不能说‘西方的龙’仅仅代表‘邪恶’，又不能说‘中国的龙’都代表美善和福乐（比如参见来自汉代刘向的‘叶公好龙’这样的成语）。从某个角度来看，我们应该说，‘西方的龙’也有可爱的一面，而‘中国的龙’也有一些可怕的因素。”

④ 施爱东：《中国龙的发明：16—20 世纪的龙政治与中国形象》，三联书店，2014 年，页 62—65。

⑤ 李奭学：《西秦饮渭水，东洛荐河图——我所知道的“龙”字欧译始末》，彭小研主编：《文化翻译与文本脉络：晚明以降的中国、日本与西方》，“中研院”中国文哲研究所，2013 年，页 191—219。

丁文中的 Dragon，既是龙，又指蛇，是一种既能在沙漠中嚎啸，又能把河水搅混的怪兽。一条被链子拴住的或被踩在脚下的龙，象征着邪恶的被制服。[①]“屠龙”在欧洲是常见的神话故事形式，“屠龙者”(Dragon-slayer)甚至是民间故事的一种类型。[②]西方不少描写圣徒和英雄的传说都讲到了与龙斗争的故事，如德国古代英雄史诗《尼贝龙根之歌》(Das Nibelungenlied)、英国古代盎格鲁—撒克逊英雄史诗《贝奥武甫》(Belwulf)等，[③]都有关于主人公屠龙的描写。圣徒和英雄的传说中，英国与西班牙中古圣传中最有名的有带翼的勇士米迦勒(Michael)率领众天使，手拿盾牌、长枪或剑将天上的巨龙击落；希腊英雄珀耳修斯(Perseus)从海怪魔掌下救出美丽的安德洛墨达；异教骑士卢杰罗(Roger)等，也曾砍死过龙。[④]圣乔治(George)屠龙传说，说的是圣乔治在利比亚的塞乐涅与一条每日都要吞噬儿童的恶龙搏斗，圣乔治拯救了刚作为祭物献给恶龙的该国公主，于是利比亚人民心生感激而皈依了基督教。身着罗马士兵铠甲的圣乔治骑着纯白的骏马，挥舞着宝剑，砍杀了遍身鳞甲、舌如双叉、尾如尖刺的毒龙。[⑤]在早期基督教思想中，龙具有反对基督教或是属于异教的寓意，代表着邪恶，因此屠龙英雄具有以正义来战胜邪恶的意义。从俄罗斯到埃塞俄比亚，从西班牙到瑞士，许多国家的国旗或战旗都以圣乔治屠龙作为象征主题。[⑥]这些圣徒和英雄屠龙的传说，象征着现实中正义战胜了邪恶或是人类压制住心中的欲望邪魔，这些故事一定也为利玛窦耳熟能详。

《坤舆万国全图》中欧逻巴“山脚有龙蛇”的注文，将“龙”与“蛇”并列，视为一般动物，在描述凶暴的“嵇没辣之兽”时，又把原来是“狮首、羊身”加上“蛇尾”怪物，改为“龙尾”。利玛窦在《坤舆万国全图》的“满剌加”右海中有注文称：“满剌加地常有飞龙绕树，龙身不过四五尺，人常射之。”[⑦]这一记述虽非常简短，但含义很特别。“满剌加”属于中国的藩属国“暹罗国属国”，[⑧]却经常有“飞龙绕树”，特别是“飞龙”一词，在中国古代多被认为是能够居于尊贵地位而大有作为的圣人。如《周易·乾卦》“九五”爻辞：“飞龙在

---

① ［英］詹姆斯·霍尔著，迟轲译：《西方艺术事典》，凤凰出版传媒集团、江苏教育出版社，2007 年，页 307；赵荣台、陈景亭：《圣经动植物意义》，上海人民出版社，2006 年，页 40—41。关于世界各个不同系统的龙的形象，见［日］寺田とものり、TEAS 事务所著，林芸曼译《龙典》，(新北)枫树坊文化出版社，2014 年。

② 所谓阿尔-汤普森的故事类型索引是民俗学的重要工具，其中分类第 300 为 The Dragon-Slayer。参见 Antti Aarne and Stith Thompson, *The Types of the Folktale: a Classification and Bibliography*, Academia Scientiarum Fennica, 1961, p.88。

③ 西格弗里屠龙故事，参见钱春绮译《尼贝龙根之歌》，人民文学出版社，1994 年，页 23；贝奥武甫屠龙故事，冯象译见《贝奥武甫》，三联书店，1992 年，页 127—142。

④ 以米迦勒屠龙为题材的画作，1498 年有德国丢勒的版画，1505 年有意大利文艺复兴的大师拉斐尔的油画。参见［英］詹姆斯·霍尔著、迟轲译《西方艺术事典》，凤凰出版传媒集团、江苏教育出版社，2007 年，页 335—336。

⑤ 以圣乔治屠龙为题材的画作，有 1550 年丁托列托的油画，拉斐尔 1505 年的油画等，参见［英］詹姆斯·霍尔著、迟轲译《西方艺术事典》，页 413—414；邓海超主编：《神禽异兽》，页 72—74。

⑥ 赵启光：《天下之龙：东西方龙的比较研究》，海豚出版社，2013 年，页 122。

⑦ 朱维铮主编：《利玛窦中文著译集》，页 208—209。

⑧ 黄衷撰：《海语》卷一“满剌加”，页 10。

天，利见大人。”“乾卦”由开始到结束的意义，就可以知道乾阳在初、二、三、四、五、上这六爻的变化，尽管其升降不一定，但总是依时而行，或乘潜龙，或乘飞龙以控制天。龙飞而在天，有如大人居于尊贵的地位。此爻后多被解释为象征帝王的大吉之爻，所以中国古代帝王就被称为“九五之尊”。即使在天主教视为仇敌的佛教经典中，龙也是神圣的象征，以九龙吐水灌浴太子凸显了佛陀作为太子诞生的神圣、权力和威严。① 民间使用“飞龙”，也多用于褒义。② 利玛窦精通五经，自然不会不清楚《周易·乾卦》中“飞龙在天，利见大人”的爻辞，③他也一定敏锐地意识到中国龙与皇帝之间的微妙关系，在描述小小的“满剌加”时不惜使用“飞龙”一词，恐怕有很深的用意，而且还煞有介事地称“龙身不过四五尺”，把神圣的龙身说成仅有一米多，失去了中国民间传说中龙能呼风唤雨的神秘和来去无踪的威严。其用心还在于最后的一句“人常射之”，表示这一动物并非不可触摸，甚至是可以射杀的，实在不能不让人将之与西方勇士屠龙之说联系起来。显示出他作为欧洲人所认识的“龙”，是该被射杀的，这与我们在澳门大三巴上所见的“圣母踏龙头”的中文铭文和图像之用意，④有异曲同工之妙。而为中国人绘制的中文世界地图中，说明作为藩属国的“人”，也有力量可以去射杀中国崇拜的神物“飞龙”，其中所包含的一些不便直接言说的解构中国皇权的隐微思想和意义，颇耐人寻味。

六、本章小结

地图绘制也是一种文化建构，是诠释文化的一种方式，而跨文化的世界地图的绘制过程则更多地包含着多种文本与文化脉络之间的复杂对话。绘制者不仅需要与其源文本之间的文化对话，也需要与其身处文化环境之间进行对话。在中国古代，异域动物的传入或以实物的形式，或以文献记载和塑造的形象进入汉文文献，但是从未在地图文本中加以再现。李之藻付梓的利玛窦《坤舆万国全图》及其彩绘本，是晚明通过地图之文字记载和动物绘像，创造汉文地图文献新形式的最早一种尝试。可惜的是，地图史的研究者认为汉文地图上的动物图文不属于地图数据信息而不加讨论，而绘画史学者又认为这些博物图绘没有多少艺术性，亦不加重视，由此导致类似《坤舆万国全图》这样的地

① 陈怀宇：《动物与中古政治宗教秩序》，页314—366。

② 黄衷撰：《海语》卷二称：“海马色赤黄，高者八九尺，逸如飞龙。山食而宅海，盖龙种也。”页18。

③ 利玛窦晚年所撰《中国传教史》，其中第七章三度显示他深知“龙”（dragoni）在中国文化中的地位，也知晓龙作为中国帝王及祥瑞的共同象征。在该书的第五章，他还暗示自己也了解某些中国人或许受到佛教的影响，以为日蚀月蚀系“某蛇”（un serpente）将日月吞噬使然。李奭学：《西秦饮渭水，东洛荐河图——我所知道的“龙”字欧译始末》，彭小研主编：《文化翻译与文本脉络：晚明以降的中国、日本与西方》，页191—219。

④ 澳门大三巴石刻右侧第二方石板上有七首龙，上有祈祷的圣母，右边刻有“圣母踏龙头”的中文铭文。图像见之顾卫民《基督宗教艺术在华发展史》，上海书店出版社，2005年，页233。

图文献成为图绘研究上的边缘研究之一个"间"。

在中国古代，异域动物的传入或以实物的形式，或以文献记载和塑造的形象进入汉文文献，但是从未在地图文本中加以再现。利玛窦不仅为中国人创造了新的动物知识的地图，也通过《坤舆万国全图》的刊本及其彩绘本播下了中西文化对话的种子，而这种丰富和有意义的对话至今仍在持续。

1.《坤舆万国全图》作为一种文化建构的产物，是容纳了来自不同时期和世界不同地方的中西知识传统交错、碰撞和对话的产物。

《坤舆万国全图》及其彩绘本无疑承载了丰富的西方文化系统的元素，但由于来自西方文化背景的利玛窦来华后大量阅读了中国文献，从《山海舆地全图》到《坤舆万国全图》，利玛窦及其合作者在绘制和刊刻过程中一遍遍地修改、增补，形成了中西文化的互动，使该图已经容纳了来自不同时期和世界不同地方的知识，中西知识传统在其中交错、碰撞和对话。该图刻本所表述的海陆动物之"文"和彩绘本所呈现的"殊方异兽"之"图"，显示出利玛窦的学识、想象力以及所承载的丰厚的知识传统。虽然该图的文字内容相对较少，但其中所传入的海陆动物的信息却非同寻常。在这一地图文本中不仅包含着跨越大海之后的新旧大陆一般海陆动物知识的介绍，还包含着作为中西动物文化对话的重要意象，如龙、麟、狮等内容的呈现(make present)和再现(represent)，其所蕴涵的意义极为复杂和丰富。

2.《坤舆万国全图》介绍了大航海时代以后欧洲动物学的新认识，尝试为中国读者在地理学乃至于知识学上，建立起新旧大陆之间的历史联系。

就世界史的角度来说，16世纪起是一个西方殖民帝国日益扩张、全球性商业网络逐渐形成的时代。紧随葡萄牙、西班牙、荷兰，英国和法国也掀起了一波波世界的探险潮，在欧洲的上流社会也开始掀起对野生动物收集的浓厚兴趣，成为欧洲近代动物学发展的重要时期。美洲是地理大发现的产物，而利玛窦《坤舆万国全图》重视美洲动物知识的介绍，"前半类狸，后半类狐，人足枭耳，腹下有房"的负鼠、"未尝见其饮食"的"狻人"兽，正是基于"哥伦布大交换"所带来的欧洲动物知识不断拓展之结果；而通过亚欧旧大陆和美洲新大陆之间动物知识的比附，如分别产自东南亚和南美洲的鹤驼、澳洲鸵鸟、南美洲鸵鸟三种鸟，以及欧洲利用非洲灵猫之香料制造香水或供药用等，利玛窦尝试为中国读者在地理学乃至于知识学上，建立起新旧大陆之间的历史联系。

3. 通过图文介绍较之中国著述更高和更丰富的西方海陆动物知识，实现中西知识对话，打破天朝中心主义的观念。

利玛窦把一种"额上有角""遍身皆鳞""其足尾如牛"的动物说成是类似中国盛世出现的"麟"的动物，也是为了表示这一"祥物"不仅仅中国有，在海外世界的印度同样有。

利玛窦或已注意到李时珍的《本草纲目》和屠本畯的《闽中海错疏》都有关于“飞鱼”的记述，利玛窦关于“飞鱼”的记述较之后两者也要更为丰富，显示出在水产动物形态、生活环境、生活习性的记述上，欧洲有比中国更完善、更全面的知识。该图所陈述的“狮首、羊身、龙尾”且会“吐火”的“嵇没辣之兽”固然是属于西方的寓言，而其中所讲的能够征服“嵇没辣之兽”的“圣人”不是“孔子”而是“贝勒罗丰”了，这里也表示出东方有圣人、西方也有圣人的意思了。让中国人相信华夏文化并非世界最高的文明形式，海外世界有着很多士大夫所不具备的新知识。

4. 通过图文中的象征动物隐秘地传播基督教观念；借绕树之“飞龙”的隐喻，有意无意地隐含着向中国专制皇权的挑战。

利玛窦的后继者艾儒略和南怀仁则将利氏所说的“额上有角”的“疑麟”的动物，直接说成是“独角兽”，就有将之与基督教象征动物联系在一起的深意。而在“满剌加”一条中，精通五经的利氏借绕树之“飞龙”的隐喻，将在中国古代多被认为是能够居于尊贵地位且大有作为的圣人象征的“飞龙”，说成是一种生长在“满剌加”的小小的类似蛇一般的动物，并称人们可以“常射之”，这里“射杀”的是代表着中国神圣权威的在天“飞龙”了。利氏通过这些有限的“殊方异兽”之知识的介绍，不仅有打破中国士大夫天朝中心主义的深意，甚至有意无意还隐含着向中国专制皇权挑战的意图。

地图本质上也是一种主观叙述，地图作者会对所据资料进行选择和淘汰，地图作者的描述中携带了作者的感觉和观念，因此，地图同样是地理想象和文化想象的产物，在这种文化想象中隐藏着丰富的知识与观念。龙是中国传统崇拜的神话动物和吉祥动物，有祥瑞的象征意义；麒麟和狮子多被认为是辟邪动物，是凶猛而有神奇力量的文化动物，前者是想象的动物，后者是真实与想象混杂的动物，它们可以制服或吓退鬼怪，保佑平安，因此多被用来作为厌胜克魔的符号。珍禽异兽的图绘并非一种单纯的动物学议题，而是涉及不同文化间复杂的文化影响和文化交流，牵涉文化想象和知识建构。利玛窦之高明，就在于他不仅通过《坤舆万国全图》给中国人介绍一种新的宇宙观和世界观，而且还企图通过其中关于动物复合图文之延展和增述，以一种隐晦和曲折的方式表达他对中西文化的看法。通过这些跨越了陆地和海洋的深具含义的动物意象，《坤舆万国全图》的刊本及其彩绘本，不仅为中国人创造了形象化的动物知识的新地图，也播下了中西文化平等对话的种子，包含着对自居中心论的否定和对多元文化的认同。

第五章
南怀仁《坤舆全图》及其绘制的美洲和大洋洲动物图文

《坤舆全图》第二幅和第七幅的下端标有"康熙甲寅岁日躔娵訾之次"和"治理历法极西南怀仁立法",可见《坤舆全图》应该是在1674年的立春之次完成的。[①] (图2-8)南怀仁在1674年撰写《坤舆格致略说》、绘出《坤舆全图》的同年,还完成了约35 000字的《坤舆图说》。《坤舆全图》的流传情况,学界讨论不多。康熙十七年(1678),"天主教儒者"陆希言(1631—1704)曾为上海敬一堂屏门裱置《坤舆全图》题柱:"万国五洲总属一元开造化,三才七政更无二上可钦崇。"[②]可见在南怀仁《坤舆全图》刊刻四年后曾在敬一堂悬挂过。差不多过了百余年后的乾隆六十年(1795),数学家李锐(1769—1817)在三月初七日的日记中称有一位朱姓书友欲出售一份《地球图》,[③]由描述可见该图显然是《坤舆全图》的省称,李锐虽对此图非常有兴趣,但由于对方索价太高,财力有限,只能失之交臂。

关于《坤舆全图》的研究,海外较早有比利时人费坦特(Christine Vertente)有《南怀仁的世界地图》(NAN HUAI-REN'S MAPS OF THE WORLD)和林东阳《评〈南怀仁的世界地图〉》两文,载《南怀仁逝世三百周年(1688—1988)国际学术讨论会》,台北辅仁大学1987年12月,页225—235。大陆较早的研究成果有汪前进《南怀仁〈坤舆全图〉研究》,载曹婉如等编《中国古代地图集·清代》(北京文物出版社,1997年,页106—107)。澳大利亚学者王省吾《澳大利亚国家图书馆所藏彩绘本——南怀仁〈坤舆全图〉》

① [法]费赖之(Louis Pfister)著,冯承钧译《在华耶稣会士列传及书目》称《坤舆图说》有1672年的北京刻本(中华书局,1995年,第356页),存疑。

② 佚名:《敬一堂志》,[比利时]钟鸣旦、杜鼎克、王仁芳编:《徐家汇藏书楼明清天主教文献续编》第13册,利氏学社,2013年,页565。

③ 冯锦荣《乾嘉时期历算学家李锐(1769—1817)的生平及其〈观妙居日记〉》中所引日记称:"书友朱姓持卷子八幅求售,乃康熙甲寅岁治理历法南怀仁所造《地球图》也。前二幅系总说,后六幅每合三幅为一圆图,状地球之半,合两半圆则地球全图也。其相接处为赤道,四旁注二至、昼夜刻数,分大地为四大洲:曰亚细亚、曰欧逻巴、曰利未亚、曰亚墨利加。因索价太昂,即还之矣。"《中国文化研究所学报》1999年第8期,页269—286。

(《历史地理》第 14 辑)，颇见功力。汪前进《南怀仁坤舆全图研究》一文曾对《坤舆图说》与《坤舆全图》进行过细致的比对，指出两者的记注内容可以分为文字内容完全相同、《图说》对《坤舆全图》有整段修改，以及部分修改几种情况。[①] 卢雪燕指出该图在中国的世界地图传播过程中具有重要的承先启后的作用。[②] 南怀仁接续了利玛窦的《坤舆万国全图》彩绘本绘制动物的特点，该图也绘上了 34 种海陆动物，并有若干动物附有简短的文字解释，成为中国地图史上绘制动物图像最多的汉文世界地图。[③] 以往地图史研究者在研究《坤舆全图》和《坤舆图说》时，多重视该图和图说的版本考订，或讨论其在地理学上的影响与贡献，而其中的动物图说和《坤舆图说》"异物图说"多被忽略。关于《坤舆全图》中动物图说最突出的研究，要推赖毓芝的《知识、想象与交流：南怀仁〈坤舆全图〉之生物插绘研究》一文，她在德国汉学家魏汉茂关于南怀仁《坤舆图说》图文来自瑞士博物学家格斯纳《动物志》的基础上，进一步细致考证了无对鸟、骆驼鸟、喇加多与大懒毒辣等动物所据的蓝本及其资料来源。[④]

笔者拟在前人研究的基础上，从大航海时代中西大陆动物交流的角度，着重分析《坤舆全图》中以"复合图文"之形式描绘的美洲和大洋洲的动物，探讨这些音译的动物名称究竟是何种动物，以及这些动物在后来清宫图像绘制的系谱，如大型百科全书《古今图书集成》与 18 世纪乾隆朝摹绘的《兽谱》中的衍化与变异，指出南怀仁是如何成功地找到了在基督教文化背景下，传送较之《坤舆万国全图》和《职方外纪》更具说服力的异域动物知识，并在介绍西方动物知识特点的基础上，有效地回应了中国的传统动物学。

一、南怀仁——康熙时代百科全书式的传教士编译者

南怀仁(Ferdinandus Verbiest，1623—1688)，字敦白，一字勋卿，比利时皮藤(Pittem)人，生于 1623 年 10 月 9 日。青少年时代在布鲁日(Bruges)、库尔特莱卡(Kortrijk)等地的耶稣会学校里求学。[⑤] 1640 年 10 月他开始在鲁汶大学文理学院学习。在该校的

① 曹婉如等编：《中国古代地图集・清代》，页 106—107。

② 卢雪燕：《南怀仁〈坤舆全图〉与世界地图在中国的传播》，故宫博物院编：《第一届清宫典籍国际研讨会论文集》，故宫出版社，2014 年，页 87—96。

③ 意大利传教士毕方济(Francesco Sambiasi，1582—1649)的《世界地图》中太平洋和大西洋海面上也绘有若干鲸鱼、鲨鱼和三桅船，参见东京国立博物馆《伊能忠敬与日本图》，东京国立博物馆，2003 年，页 100。法国传教士蒋友仁(P.Michael Benoist，1715—1774)于乾隆二十五年(1760)完成增补《坤舆全图》，仅在东西两半球主图之四边装饰了若干动物。

④ 赖毓芝《知识、想象与交流：南怀仁〈坤舆全图〉之生物插绘研究》(董少新编：《感同身受——中西文化交流背景下的感官与感觉》，复旦大学出版社，2018 年)一文将《海错图》作者聂璜所记康熙三十年(1691)闽人俞伯趁其为船主的表兄刘子兆往安南贸易之便，随船前往安南，误作聂璜本人赴安南观看鳄鱼火焚。

⑤ ［法］费赖之著，冯承钧译：《在华耶稣会士列传及书目》(上)，页 340—341。

百合花教学班，他学习过亚里士多德的物理学，涉及的范围包括物质、形式、属性、成因等概念。换言之，“物理学”即所谓自然哲学。荷兰李培德认为，“对南怀仁的地图学工作和关于温度表和湿度表的专论的分析，可以看出他从未超越其所受的亚里士多德式教育”。当时的大学笼罩着浓重的中世纪学究传统，直到 1675 年，这所大学的正式格言还是“教授和学生有义务维护亚里士多德的教条，除了在它与我们的宗教信仰相违背之处”。1641 年 9 月南怀仁加入耶稣会，以后就对传教工作显示出极大的热忱，曾希望去美洲的智利传教。1656 年他被派往中国传教，随卫匡国等启程来华。到达里斯本时每年一次驶向远东的航船已经起航，于是南怀仁在葡萄牙逗留了一年，后被派往柯英布拉(Coimbra)大学担任耶稣会士的数学教师，他被看作是一位具有相当能力的数学家。①

1658 年 7 月 17 日南怀仁抵达澳门。1659 年被派往陕西西安，在那里任巡回神甫。1660 年他应汤若望之邀于 6 月 9 日抵达北京，协助汤若望在钦天监工作。那里有可资利用的北堂图书馆，有供他使用的三角用表。在汤若望的指导下，南怀仁在短期内就精通了历法计算。1664 年，南怀仁因“历法之争”而入狱，次年获释。1668 年 14 岁的康熙皇帝亲政，决定用实践来验证历法的是非，经三次测验，表明南怀仁的预测全对，杨光先和吴明煊逐款皆错。1669 年正月，观象台的实验再次被验证，杨光先和吴明煊被革职。② 有不少论著据《清史稿》和《东华录》等，称南怀仁出任过“钦天监监副”，或称其 1669 年 4 月 1 日又擢“监正”，③也有称其 1670 年被任命为钦天监监副，南怀仁敬谢不就，改为“治理历法”，待遇同监副，每年给银 100 两，米 25 担。④ 古伟瀛等学者则认为，南怀仁终其一生并无正式的官职，主要原因是避免教中人士的攻击，并没有正式接受这一的职务，只是准授监副品级，所以他终身在名字前只用“治理历法”四字。⑤

1669—1673 年，他奉康熙谕旨，设计制成了六件新的青铜天文仪器，安装在北京观象台上。1676 年他担任耶稣会中国教区的副区长，为了传教的需要，他也出任过康熙皇帝的数学和天文学教师，为康熙讲授欧几里得的几何原理。1676 年 5 月 15 日，俄国杰出的学者和资深外交官斯帕法里率领使团到北京，清廷委派几位高级官员与俄国使团进行谈判，南怀仁被指定担任中俄谈判的拉丁语翻译。值得特别指出的是，为了向康

① [荷] 李培德：《对南怀仁科学工作的总评价》，[比] 魏若望编：《传教士・科学家・工程师・外交家：南怀仁——鲁汶国际学术研讨会论文集》，社会科学文献出版社，2001 年，页 44—48。下凡引用该书，均简称《南怀仁》。

② [法] 荣振华著，耿昇译：《在华耶稣会士列传及书目补编》(下)，中华书局，1995 年，页 716。

③ 《清史稿》卷二七二《汤若望等传》，《二十五史》第 12 册，上海古籍出版社、上海书店，1986 年，页 9959。又《辞海》中华书局 1936 年本称其为“监副”；中国社会科学院近代史研究所翻译室《近代来华外国人名辞典》(中国社会科学出版社，1984 年，页 490)称其为“1669 年受命为钦天监监正”。

④ 席泽宗：《南怀仁对中国科学的贡献》，《南怀仁》，页 197—198。

⑤ 古伟瀛：《朝廷与教会之间》，《南怀仁》，页 389；《熙朝定案》收录的南怀仁奏折前均署“钦天监治理历法南”；黄伯禄辑：《正教奉褒》，韩琦、吴旻校注：《熙朝崇正集、熙朝定案(外三种)》，中华书局，2006 年，页 342—343。

熙皇帝汇报有关边境地区的情况，南怀仁在俄国制图学的影响下，绘制了一幅清帝国与俄国之间的边界和邻近地区的地图，康熙可能参考过这份地图。这幅地图的一份复制件后来被用作安多(Antoine Thomas，1644—1709)地图的一部分。[①] 1682 年他还受命测量北极的高度，测定的结果是较京师高二度。南怀仁负责钦天监监务近 20 年，官衔已至正二品官的工部右侍郎。1688 年 1 月 28 日在北京去世。康熙皇帝赐葬银 200 两，并亲自为他撰写了碑文，赐谥号“勤敏”，并派国舅佟国纲等大臣带队，有御林军护灵，至墓地为他举行了隆重的葬礼，[②]这是明清之际来华的传教士中仅见的荣誉。康熙皇帝对待天主教问题的态度，是深受南怀仁影响的。

南怀仁既是汉学家和外交家，又是杰出的科学家和工程师，在其传记中，他有 35 种以上的头衔。[③] 在来华耶稣会士中，他是康熙时代具有百科全书式特点的传奇人物，费赖之记录其有各种著述 40 多种，还编有满文字典。据徐宗泽统计，其重要的汉文著译有《教要序论》《圣体答疑》《道学家传》《妄占辨》《妄推吉凶之辨》《告解愿义》《善恶报略说》《仪象志》《仪象图》《康熙永年历法》《熙朝定案》《简平规总星图》《坤舆全图》《坤舆图说》《坤舆外纪》《赤道南北星图》《验气说》《神威图说》《测验纪略》《西方要记》等 20 多种。[④] 虽然南怀仁并非专业画家，但他绘制过不少工程图，从法国图书馆收藏的早期工程图的木刻版画来看，他运用过焦点透视法，有时还使用轴测法，其学生焦秉贞《耕织图》中所处理的远景，空间表达堪称绝妙。[⑤]

地理学汉文西书编译过程中，作为传教士的编译者无疑具有重要的作用。汉文西书的编译，中外编译者各自都不同程度地携带着文献译入地和译出地的诸多文化因素。同一时空背景下，来自异域的编译者多面对此一群体相似的文化现象和文化问题，南怀仁所从事的编译活动，在一定程度上反映着耶稣会士的集体文化行为。南怀仁以相同或不同的方式制订的编译策略和编译方法，去应对译出地的文化问题，南怀仁的活动，可以视为从利玛窦、艾儒略以来明清间耶稣会士编译群体活动的一个缩影。

二、《坤舆全图》的版本及其所据资料

1674 年这一年可以说是南怀仁地理学创作的大年，除了完成《坤舆格致略说》《坤

---

① [俄]米亚什尼科夫：《南怀仁在中俄外交关系形成中的作用》，《南怀仁》，页 301—302。

② [法]洪若翰：《法国北京传教团的创始》，《清史资料》第 6 辑，页 154；舒理广：《南怀仁与中国清代铸造的火炮》，《南怀仁》，页 241。

③ [俄]米亚什尼科夫：《南怀仁在中俄外交关系形成中的作用》，《南怀仁》，页 302。

④ 徐宗泽：《明清间耶稣会士译著提要》，中华书局，1949 年，页 391—392。

⑤ 刘潞：《从南怀仁到马国贤：康熙宫廷版画之演变》，《故宫学刊》2013 年第 1 期。

舆图说》两部地理学著述外，[①]他还绘制了《坤舆全图》，该图有木刻不着色版和着色版、绢本彩图三种流传形式。木刻版分成 8 条屏幅，卷轴装，左右两屏幅，即第一和第八幅是关于自然地理知识的四元行之序、地圜、地体之圜、地震、人物、江河、山岳等文字解说；中间六条屏幅，即第二至第七幅是两个半球图，各占三幅，上下两边也有若干文字解说，如风、海之潮汐、气行、海水之动等。左起第二至四幅为东半球，系欧亚大陆部分；第五至第七幅为西半球，系美洲大陆部分。两个球采用的是圆球投影，[②]南怀仁的《坤舆全图》将利玛窦的世界地图的平面投影法改为球面投影法，是中文版世界地图制图史上的一大进步。

《坤舆全图》全图经线每 10 度一条，本初子午线为通过顺天府的子午线，东西半球的经线统一划分。纬线以赤道为零点，每 10 度一条纬线，有南北纬之分。五大洲构成了地图的主要部分，其中亚细亚、欧逻巴、利未亚（Libya）、南北亚墨利加和墨瓦蜡尼加洲，都沿用利玛窦《坤舆万国全图》上的译名，但增加了“新阿兰地亚洲”（今澳洲）的部分。《坤舆全图》的最大贡献，是将新几内亚（New Guinea）、加尔本大利亚（Carpentaria，今译卡奔塔利亚，在昆士兰与北领地之间）和新阿兰地亚（西部澳大利亚）等若干新发现的地方迅速、准确地画进地图。[③] 南怀仁将利玛窦的椭圆形方式绘制世界地图改为东西两半球地图，《坤舆全图》不仅仅因为东西两半球地图更接近实际地形，还因为当时西方流行东西两半球地图，便于仿制。值得注意的是，南怀仁特地将东半球放到左边，这样就又使中国的位置出现在地图的中央。

据《韩国古地图目录》，除 1674 年的原版外，《坤舆全图》另有 1858 年重刻本、1856

---

① ［英］李约瑟主编的《中国科学技术史》第四卷“物理学及相关技术”第三分册“土木工程与航海技术”中多处提到《坤舆图说》完成在 1672 年（页 562），但未提供确凿证据。南怀仁的地理学著述，除上文提到的《坤舆全图》《坤舆格致图说》《坤舆图说》外，还有《坤舆外纪》，后者是从《坤舆图说》中摘抄出来的。方豪举出其中“热尔马尼亚国”的“小自鸣钟”和“能于二刻间连发四十次”的大铳，认为是南怀仁记述了当时最新的出品。参见方豪《中西交通史》（下），岳麓书社，1987 年，页 855。其实这一段已见之艾儒略的《职方外纪》（《职方外纪校释》，页 93）。日本学者鲇泽信太郎认为《坤舆外纪》并非南怀仁所著，而是某位对珍奇事物感兴趣的人根据《坤舆图说》编纂而成。（鲇泽信太郎：《南怀仁的〈坤舆图说〉与〈坤舆外纪〉研究》，《地球》1937 年 27 卷第 6 期，页 429）《坤舆外纪》先后被 1702 年吴震方辑《说铃》前集本、《龙威秘书》七集和《艺苑捃华 · 说铃》辑录，阮元编撰《广东通志》，其中关于夷国鸟类、兽类和爬行动物的评语均引自《坤舆外纪》。

② 圆球投影或球面投影法这一术语，由耶稣会士阿吉伦于 1613 年命名的，但约公元前 180 年希腊人希帕恰斯已发明了球面投影法，只是到了 16 世纪的最后四分之一年代，在欧洲才为地图制作者所普遍使用。文艺复兴时期伟大的制图学家格拉都斯 · 墨卡托（Gerardus Mercator，1512—1594）之子鲁姆奥德 · 墨卡托（Rumold Mercator，1545—1599），利用这种方法于 1587 年绘制了他的世界地图 Orbis terrae compendiosadescriptio（《环球概述》）。林东阳：《南怀仁对中国地理学和制图学的贡献》，《南怀仁》，页 139。

③ 《澳大利亚国家图书馆所藏彩绘本——南怀仁〈坤舆全图〉》。16 世纪起，葡萄牙逐渐统治了与东方的海上贸易，开辟了绕道非洲通往印度群岛的航线。1602 年荷兰东印度公司成立，专门从事与爪哇和东印度群岛的贸易，1605 年受荷兰商人指派的威廉 · 扬茨（Williem Jansz）乘坐“戴福肯号”，于 1606 年沿着澳大利亚东北部的约克角半岛西岸航行。1629 年荷兰航海家弗朗索瓦 · 蒂森（Francois Thyssen）沿澳洲南海岸航行了 1 600 公里，证实了东印度群岛东南方向有一片大陆。当时，探险家们还是无法真正弄清澳洲的全貌，于是这里被荷兰人称为“新荷兰”，“荷兰”葡萄牙语为 Holanda，于是在《坤舆全图》上出现了“新阿兰地亚”。

年的广东版和清咸丰庚申年(1860)六屏纸本刊本。王省吾的《澳大利亚国家图书馆所藏彩绘本——南怀仁〈坤舆全图〉》据刘官谔《内务府舆图房藏书纪要》(《文献论丛》,北京,1936年)称,皇家舆图房藏有法文本《坤舆全图》,1694年在巴黎出版。[①] 这些材料足以说明,在康乾时期,该图不仅保存在宫廷内,在宫廷之外也广泛流传,甚至传播到域外。

台湾地区学者林东阳在其博士论文中,指出1674年版的《坤舆全图》在全世界至少有13处收藏地,其中还不包括日本神户市立博物馆的收藏(图2-9),仅仅巴黎国家图书馆一处就藏有6件(其中包含一件纪年同为1674年的单幅简本)。[②] 上述1856年广东版、1858年的重刻本和1694年的法文本,笔者都未经眼。目前所见最多的是署有"咸丰庚申年降娄海东重刊"本,韩国首尔大学奎章阁研究院所藏为1933年该版重刻本,共分六轴,每轴宽22英寸,长6英尺6英寸。咸丰庚申系1860年。"降娄"是十二星次之一,配十二辰为戌时,配二十八宿为奎、娄二宿,此为星次日期,具体对应黄道二十四节气或农历(干支历)。明末的历算家曾将西方黄道十二宫之白羊座译为"降娄宫",故"降娄"为春季,约公历的3月初到4月初。"海东"或指刊刻者为朝鲜人,如《海东名人传》《海东金石录》等,高丽的崔冲被誉为"海东孔子",朝鲜世宗也被誉为"海东尧舜"。[③] 而《坤舆图说》本有将书名用之于地图缩本的名称,也很少有人注意。此图应该不是1674年南怀仁亲手制作的地图,而是后人根据原版八幅面的地图而加以摹刻的缩小版。[④] 法国图书馆藏有清代着色版《坤舆全图》,与流行的1674年版《坤舆全图》不同:全图西半球在左,东半球在右;"坤舆图说"的长篇文字在上部,其他相关文字被写入两个半球的空隙处,包括墨瓦腊泥加的南极大陆;除了保留部分海上动物外,陆地动物基本被删除。费坦特统计了分藏于世界各地16处的《坤舆全图》的各种原版和复刻本,并将1674年版分为三种不同形式:一是1674年由8条屏幅组成的,二是标有1674年的单张版,三是同年单张的题为《坤舆图说》本。原版地图有彩色和黑白两种版本,彩色版分藏于澳

① 《澳大利亚国家图书馆所藏彩绘本——南怀仁〈坤舆全图〉》。

② 林东阳:《南怀仁的世界地图——〈坤舆全图〉》,《东海大学历史学报》1982年12月号,页69—84。

③ 感谢鲁东大学黄修志教授赐告信息!这一重刊本却不见于国家图书馆的《舆图要录》等。与1674年的初版《坤舆全图》相比,该重刻本文字有所增补、省略和改动,亦有误植。如《坤舆全图》东半球第二幅墨瓦蜡尼加洲上"获落"的文字说明"里都瓦你亚国"被改作"地欧瓦你亚","获落"后增加了"狗"字,而"夹其腹令空,仍觅他食"却被删去。《坤舆全图》东半球第二幅墨瓦蜡尼加洲上的"非洲狮""利未亚州多狮,为百兽王,诸兽见皆匿影。性最傲,遇者亟俯伏,虽饿时不噬。千人逐之,亦迟行。人不见处,反任性疾行"一段,"州"改为"洲","亦迟行"改为"亦徐行",最后一句"反任性疾行"中的"任"误作"在"。"喇加多"一段中"利未亚州东北厄日多国"中的"厄日多"误作"宫日多";"恶那西约"一段则删去了"利未亚州西""亚毗心域"删去了"域"字,等等。该图中的动物形象较之1674年的初刻本显得非常粗糙。

④ 林东阳:《评〈南怀仁的世界地图〉》,《纪念南怀仁逝世三百周年(1688—1988)国际学术讨论会论文集》,页233—235。李孝聪记录了用"坤舆图说"命名的该图数据:版框83×55 cm,认为是南怀仁解说"坤舆全图而撰写的一部有关地球自然、人文地理著作的附图"。参见李孝聪《欧洲收藏部分中文古地图叙录》,国际文化出版公司,1986年,页12—13。

大利亚国家图书馆、神户市立图书馆和汉城大学图书馆。[①]

2018年河北大学出版社推出由该校图书馆珍藏的《坤舆全图》着色版，并将之与《坤舆图说》合编为《坤舆全图·坤舆图说》。[②] 着色版《坤舆全图》陆地为土黄色，海水波纹青黄色，山脉深绿色，北极圈和欧洲部分用了大量的红色晕染，海陆动物分别以红、黄、蓝、白、绿各色表示，东西半球圆周共四圈，内圈有黑白相间的粗线，最后一圈饰有花纹。[③] 1996年王省吾报告了他在澳大利亚国家图书馆发现的南怀仁彩绘绢本《坤舆全图》，称绘本共两巨幅，各纵199厘米，横155厘米，赤道、南北回归线、河流、海岸线均用墨色。东西两半球圆周所标纬度与冬夏昼夜长时刻、赤道上经度度数、地名与注释，均用中文楷书书写。中国与小部分东南亚岛屿，均采用已熟知地名，西方各国系由西文转译，其中一部分译名取自利玛窦《坤舆万国全图》。彩绘绢本不仅将陆地、海洋、山脉、海舶、水陆动物加上彩色，且所画河流、海岸、岛屿的线条均十分精细，中文解释典雅，书写工整。王省吾据此判定，这一经过用心设计、精心绘制的作品，是为进呈康熙皇帝御览的。[④]

汪前进认为，《坤舆全图》并不是南怀仁依据某一种西洋地图编译而成的，而是依据许多材料编绘而成的。[⑤] 但汪文没有指出南怀仁所可能依据的材料。比利时博蓝德认为南怀仁的《坤舆全图》是利用了尼德兰出版的最新地图学著作绘制的。[⑥] 费坦特认为荷兰制图家布劳(Johannes Blaeu)1648年于阿姆斯特丹发表的世界地图 Nova Totius Terrarum Orbis Tabula(《新植被版图》)，可能是南怀仁地图所据蓝本的主要来源。[⑦] 李孝聪也认为，该图的原型，可能是1648年出版的琼·布劳(Joan Blaeu)的世界地图(World map, Amsterdam)，但是又根据已刊行的中国地图，对亚洲东部的面貌做了修订，故比前者更接近实际，而且带有部分中国地图的风格。此图代表了17世纪欧洲半球投影制图学和天体学说对中国的影响，也是来华耶稣会士在制图学方面为中西文化交流所作的一个贡献。[⑧] 荷兰德斯托姆又补充称布劳1660年出版的由12条屏幅组成的修订版才是南怀仁地图的真正来源。1659—1672年间出版的布劳《大地图集》(*Atlas Maior*)共计11册，第一个拉丁文版收入了594幅地图，卷头插图21幅，包括了宇宙起

---

① ［比利时］费坦特(Christine Vertente)《南怀仁的世界地图》(NAN HUAI-REN'S MAPS OF THE WORLD)，载《纪念南怀仁逝世三百周年(1688—1988)国际学术讨论会论文集》，页225—231。下凡引用该文，简称费坦特《南怀仁的世界地图》。

② ［比利时］南怀仁著，河北大学历史学院整理：《坤舆全图》，河北大学出版社，2018年。以下简称《坤舆全图》整理本。承翟永兴先生惠赠该书，特此鸣谢！

③ 《坤舆全图》整理本。

④ 《澳大利亚国家图书馆所藏彩绘本——南怀仁〈坤舆全图〉》。

⑤ 汪前进：《南怀仁坤舆全图研究》，曹婉如等编：《中国古代地图集·清代》，文物出版社，1997年，页102。

⑥ ［比］博蓝德：《耶稣会士和南怀仁向中国传入过时的科学吗》，《南怀仁》，第11—12页。

⑦ 费坦特：《南怀仁的世界地图》。

⑧ 李孝聪：《欧洲收藏部分中文古地图叙录》，国际文化出版公司，1986年，页11。

源、测量仪器、地球仪和罗盘、托勒密和希腊神祇的画像，文字部分多达 3 368 页，较之以往更清晰和全面地介绍了每个国家的历史与风俗，动物图像同样出现在地图上，或装饰着疆界，或画在地图空白的辽阔土地或海洋上。[①] 林东阳进一步分析：关于南怀仁地图的材料来源可以举出两种可能性：(1) 由 17 世纪中奥格斯堡的塞尤特(Matthew Seutter)绘制的名为《形色水陆》(*Diversi Globi Terraquei*)的世界地图；(2) 鲁姆奥德·墨卡托 1587 年绘制的世界地图。南怀仁的地图与其非常相似，不仅使用同样的球面投影法绘制，而且具有某些佛拉芒地图的特征。[②] 王省吾认为《坤舆全图》还参考了詹兹(Jan Jansz)与基雷(Pieter van den Keere)于 1630 年所绘制的平面投影世界地图，而且在澳大利亚的绘制上，还参考了罗兰·波那帕特太子(Prince Roll and Bonapaile)的塔斯门地图。[③] 该图很有可能还借鉴了荷兰制图学家普兰修斯(Petrus Plancius, 1552—1622)1592 年绘制的世界地图。费坦特曾对该图的原本进行过推测，认为是来自荷兰地理学家兼制图学家威廉姆·布劳(Willem Janszoon Blaeu, 1571—1638)的《世界全新图》(*Nova Totius Terrarium Orbis Tabula*, *Amsterdam*, 1648 年)和 1587 年 Rumold Mercator 绘制的世界地图。[④]

中国古代地图上很少出现大片海洋，自然也就没有多少空间来描摹和点缀各种奇鱼异兽，换言之，古代中国地图中没有形成绘制动物的传统。而南怀仁与利玛窦一样，深谙欧洲在地图上绘制动物的传统。[⑤] 因此，在《坤舆全图》上绘有不同种类的海陆动物 34 种，

---

① [英] 赛门·加菲尔(Simon Garfield)著，郑郁欣译：《地图的历史》，马可孛罗文化，2014 年，页 148—149、161。

② 林东阳：《南怀仁对中国地理学和制图学的贡献》，《南怀仁》，页 140。

③ 《澳大利亚国家图书馆所藏彩绘本——南怀仁〈坤舆全图〉》。

④ 威廉姆·布劳曾作为水文地理学家任职于荷属东印度公司(Dutch East India Company)，与奥代理(Ortelius)、墨卡托(Mercator)和斯比德(Speed)并列，为当时欧洲最著名的制图家之一。他创建的地图出版事业被他的儿子 Joan 和 Cornelius 继承，出版了大量的地图和地图集。布劳的作品中包括有一幅装饰精美、引人注意的亚洲地图(Plate 3)。1672 年在其子 Joan 死前一年，该出版社被烧毁，一些幸存的印版被 Frederick de Wit 买走，Frederick 也买走了一些 Jansson 的印版。而为 Willem Blaeu 工作过的 Hessel Gerritsz 则在随后担任了荷属东印度公司水文地理家的职位，所以 Blaeu 的影响被广泛传播。资料来自：http://sub.ngzb.com.cn/staticpages/20080317/，2013 年 7 月 16 日检索。费氏关于《坤舆全图》依据荷兰地理学家兼制图学家威廉姆·布劳的《世界全新图》(*Nova totius terrarium orbis tabula*, Amsterdam，1648 年)的理由有具体考证三点：一是来自除了制图投影方法相同之外，南美洲南部尖端相似；二是澳洲西海岸、东海岸的外形亦吻合；三是南怀仁沿袭了威廉姆·布劳的错误，将加洲(California)绘成一狭长的大岛；四是日本地名的奇异翻译也是沿袭威廉姆·布劳的《世界全新图》。关于 1587 年 Rumold Mercator 绘制的世界地图也是《坤舆全图》资料来源之一的理由亦有三点：一是相同的球面投影制图方法；二是北极四大岛分别为狭长的水道隔开；三是北美洲大陆的北方有一大内海，以一水流而与北极海相同。关于后一点，林东阳称自己在 1982 年的博士论文中已经有过详细的讨论。亦见费坦特《南怀仁的世界地图》。李孝聪《美国国会图书馆藏中文古地图叙录》一书也称《坤舆全图》的原型可能是布劳出版的《世界地图》(页 1)。

⑤ 德国埃布斯托夫(Ebstorf)的地图和英国赫里福德郡(Hereford)的地图上就绘有犀牛、独角兽、骆驼、狗等。16 世纪初以来，欧洲地图上动物绘像就更普遍了，如德国马丁·瓦尔德泽米勒(Matin Waldseemüller)的世界地图上就在非洲绘有大象等；而在海洋中绘制各种形态的鱼类的情况就更多了，如 1587 年英国约翰·怀特(John White)的《弗吉尼亚》，以及 1570 年奥代理(Abraham Ortelius)《地球大观》和荷兰墨卡托(C. Macator)的《世界地图》等，都在地图空白处或海洋中绘制各种船只、陆地异兽和海洋奇鱼。[英] 杰里米·哈伍德(Jeremy Harwood)著，孙吉虹译：《改变世界的 100 幅地图》(*To the Ends of the Earth: 100 Maps That Changed the World*)，页 38—41、66、78—79、81—86。

其中陆生动物20头，东半球绘在墨瓦蜡尼加洲部分的陆生动物，从左到右依次为“独角兽”、“获落”(貂熊)、“非洲狮”、“意夜纳”(非洲鬣狗)、“大懒毒辣”(毒蜘蛛)、“鼻角”(犀牛)、“喇加多”(鳄鱼)、“应能满”、“恶那西约”(长颈鹿)9种动物；西半球在墨瓦蜡尼加洲部分从左到右绘有陆生动物智勒“苏”、“撒辣漫大辣”(蝾螈)、“般第狗”(河狸)、“白露国鸡”(食火鸡)、“印度国山羊”、“加默良”(避役)、“狸猴兽”(负鼠)7种动物；绘在“新阿兰地亚洲”上的是“无对鸟”(太阳鸟)1种；在“南亚墨利加洲”从左到右上绘有“骆驼鸟”(鸵鸟)、“蛇”和“伯西尔喜鹊”(犀鸟)3种。海上动物14头，西半球有飞鱼4头、剑鱼1头、海狮1头、不同姿势游动喷水的“把勒亚鱼”(鲸类)4头；东半球计有海马、海豹、鲸鱼、美人鱼4头上。

从《坤舆全图》中所录海陆奇异动物的图像及其“图说”可知，《坤舆全图》绘制动物的地方有一定的随意性，分布在亚洲、非洲、欧洲和部分美洲的动物大多绘制在想象中的墨瓦蜡泥加洲，爪哇岛的“无对鸟”则画在“新阿兰地亚洲”，而惟有“伯西尔喜鹊”“骆驼鸟”和蛇三种动物是画在南美洲，可见非常强调它们的产地。这些动物图像的“图”和“说”来自何处很值得讨论，汪前进认为：“它们来源于另一版本的《坤舆万国全图》。”[①]这一结论恐怕有问题，因为《坤舆万国全图》中的动物绘像，如狮子、海洋动物鲸鱼等，与《坤舆全图》并不相同，也非同一来源，南京博物院藏本《坤舆万国全图》中的陆上动物中有“翼兽”“大象”等，都是《坤舆全图》中所没有的。《坤舆全图》“图说”部分除若干抄自《职方外纪》外，大部分的资料还另有所本。

16世纪前欧洲尚无具有近代自然史意义上的动植物专著，稍微可称系统的记述主要是亚里士多德的《动物学》和普林尼的《自然志》(*Naturalis Historia*)，16世纪中叶才有了包括有各式各样的文献、观察、写作和图版的《动物志》(*Historia Animalium*)，该书是瑞士苏黎世医生及自然史学者康拉德·格斯纳于1551—1558年间完成出版的一套包括4卷文字、3卷图谱的动物志巨著，其中第一卷以插图的形式描述了可怀孕的四足动物(哺乳动物)，第二卷是关于产卵四足类(鳄鱼和蜥蜴)，第三卷是鸟类，第四卷是关于鱼类和其他水生动物。第五卷类蛇动物(蛇和蝎子)出版于1587年。该书试图将古代动物世界的知识与文艺复兴的科学进展联系在一起，他结合了古代博物学家亚里士多德、普林尼和伊良(Aelian)等传承下来的知识，其中关于神话动物的部分也借鉴了民间故事、神话和传奇，有些关于动物传说的资料来自中世纪的寓言集《生理论》(*Physiologus*)。格斯纳因《动物志》一书而赢得了“动物学之父”的声誉。[②]《坤

---

① 汪前进：《南怀仁坤舆全图研究》，曹婉如等编：《中国古代地图集·清代》，页104。

② [美]伊丽莎白·爱森斯坦著，何道宽译：《作为变革动因的印刷机：早期近代欧洲的传播与文化变革》，北京大学出版社，2010年，页43、57；[美]汤姆·拜恩(Tom Baione)编著，傅临春译：《自然的历史》，重庆大学出版社，2014年，页1—5。

舆全图》中的有些动物绘像也来自格斯纳之后、意大利文艺复兴时代的博物学家亚特洛望地（Ulisse Aldrovandi，1522—1605，今译阿德罗范迪）所编的《动物志》（*Historia Animalium*），如“亚墨利加州白露国产鸡”等。

16世纪，欧洲贵族阶级对珍奇动物的兴趣日益浓厚，从植物群到动物群，从鲜活的动物到动物标本，他们对自然界的奇景奇物也越来越感好奇。探索自然规律的精神、高雅的享乐品位和过人的工作效率，是那一个时代所谓多才多艺者必须具备的三个特征。这种文化趣味是大航海时代的产物，海外探索揭开了新世界的神秘面纱，不仅给欧人带来了无数新商品，也带来了不计其数的珍奇异物。日益发达的印刷媒体也推波助澜，使15世纪末期以来的古典文献得以广泛传播，许多古典作家喜好虚构令人惊骇的故事和奇形怪状的生物，如普林尼《自然志》（*Naturalis Historia*）、奥维德（Ovid）《变形记》（*Metamorphoses*）等歌颂大自然创造力的作品，其中最明显的体现便是异形怪兽和珍奇事物。[①]《坤舆全图》同样留下了上述欧洲求奇求异文化趣味的影响。该图重点介绍的20种陆生动物中，美洲大陆和大洋洲的动物有6种，占30%，可见南怀仁对于大航海时代以后新大陆动物的重视。而关于新大陆几种动物和海洋鱼类的种种图说，不但与欧洲人地理大发现之后的新世界动物有了关联，并由西方的博物学（natural history，又称博物志、自然史、自然志等）作为知识背景。通过对这一文本的分析，我们不仅可以据此窥见南怀仁是如何通过《坤舆全图》所诠释和想象的新世界动物和大航海时代的鱼类，也可以见出西方博物学进入中国的一些脉络。以下按陆生和海生动物分类，从东半球到西半球，依次讨论。

三、《坤舆全图》绘制的美洲动物

西半球在墨瓦蜡尼加洲部分上绘制有两种美洲动物：一是“白露国产鸡”，一是智勒“苏”。（图2-9）

“白露国产鸡”：“亚墨利加洲白露国产鸡。大于常鸡数倍，头较身小，生有肉鼻，能缩能伸，鼻色有稍白，有灰色，有天青色不等。恼怒则血聚于鼻上变红色，其时开屏如孔雀，浑身毛色黑白相间。生子之后不甚爱养，须人照管，如得存活。”[②]“白露国”即今秘

① ［法］埃里克·巴拉泰等著，乔江涛译：《动物园的历史》，页24。

② 《坤舆全图》整理本，页54—55；类似的图文收入《古今图书集成·博物汇编·禽虫典》第53卷“异鸟部”，但题名“白露国鸡”（《古今图书集成》第519册，叶三十一）。关西大学图书馆“增田涉文库”藏本《广州通纪》卷四写道：“墨是哥有鸡大如鹅，羽毛华彩，味最佳。吻上有鼻如象，可伸可缩，仅寸余，伸可五寸许。恼怒则血聚于鼻上，正赤尾开屏如孔雀。”这里将秘鲁换成了墨西哥。关于《广州通纪》版本等问题的研究，见［日］高田时雄《〈广州通纪〉初探》，荣新江、李孝聪主编：《中外关系史：新史料与新问题》，页281—287。

鲁。这是现代中国所称的“火鸡”，又名“食火鸡”“吐绶鸡”，拉丁语为“Turcia”，英语为“Turkey”，原产于北美洲东部和中美洲，火鸡体型比一般鸡大，雌鸟较雄鸟稍矮，颜色较不鲜艳。火鸡中体型最大的，身高可达 1.5 公尺，发情时扩翅膀成为扇状，肉瘤和肉瓣由红色变为蓝白色。公火鸡非常好斗，人、畜接近时，公火鸡会竖起羽毛，肉瘤和皮瘤变色以示自卫，故又名“七面鸟”。由于肉质鲜美，是西方人的佳肴，尤其在感恩节时是西方餐桌上一道菜。[①] 杨宪益称这一段是“关于真正美洲火鸡的中国纪载”。西方关于美洲火鸡的最早记载为 1527 年出版的 Oviedo 的 *Sumario de la Natural Historia de Las Indias*，[②]南怀仁可能也意识到用中国古籍“火鸡”一名来称此鸟，易引起混淆，于是用了“白露国产鸡”的名称。

智勒“苏”：“南亚墨利加洲智勒国产异兽，名‘苏’。其尾长大与身相等。凡猎人逐之，则负其子于背，以尾蔽之。急则吼声洪大，令人震恐。”[③]“智勒国”，今智利。赖毓芝称“苏”(the Su)这一动物出现在格斯纳 1553 年初版的《四足动物图谱》一书中，书中称这是一种出现在“新世界”某地区的“巨人”。格斯纳称自己的信息是来自法国皇家科学院的地方志作家 Andreas Theutus(1502—1590)，他的著作中提到了自己目击了“苏”。格斯纳在《四足动物图谱》增订版中还特别收入了“苏”的图像，以后这一来自新世界的动物又在欧洲自然史著作中广泛传播。她认为从 Andreas Theutus、格斯纳到南怀仁的图文所呈现出的“苏”兽，都着意强调一种充满想象与鬼怪之感，而较难以日常经验理解之。[④]

在《坤舆全图》西半球“南亚墨利加洲”从左到右上绘有“骆驼鸟”“蛇”和“伯西尔喜鹊”(犀鸟)3 种(图 2－10)，其中关于“蛇”的描述较为简短：“此地蛇大无目，盘旋树上，凡兽经过其旁，闻气即紧缚之，于树间而食焉。”[⑤]这里似乎要告诉世人，《圣经》中象征邪恶的动物，在美洲却是一种“无目”的动物，但《坤舆全图》后半段的描述还是体现出蛇较之经过其身旁的其他兽类更狡猾，能够“闻气即紧缚之”，并在树间吞噬它们。其他两种为禽鸟类。

“骆驼鸟”：“骆驼鸟。诸禽中最大者，形如鹅，其首高如乘马之人，走时张翼，状如棚。其行疾如马。或谓其腹甚热，能化生铁。”[⑥]这里介绍的鸵鸟(Struthiocamelus;

① 郑作新：“吐绶鸡”，载《中国大百科全书 · 生物学》，页 1690。
② 杨宪益：《中国纪载里的火鸡》，氏著《译余偶拾》，页 354—356。
③ 《坤舆全图》整理本，页 66—67；类似的图文收入《古今图书集成 · 博物汇编 · 禽虫典》第 125 卷“异兽部”(《古今图书集成》第 525 册，叶十七)。
④ 《清宫对欧洲自然史图像的再制：以乾隆朝〈兽谱〉为例》。
⑤ 《坤舆全图》整理本，页 36。
⑥ 同上书，页 36—37。此段又收入《广州通纪》卷四，有所改动，《广州通纪》卷二中称秘鲁“有一鸟名厄马，最大，生旷野中，长颈高足。翼领美丽，通身无毛不能飞。足若牛蹄善奔，走马不及，卵可造杯器，(金)[今]番舶所市，龙卵即此物也”。

ostrich)，可能是指美洲鸵科美洲鸵属的一种。美洲鸵体长 80—132 厘米，身高 120—170 厘米，体重 25—36 千克。头小，颈长，体形略显纤细。雌雄羽色相近。体羽轻软，主要为暗灰色，头顶为黑色，头顶两侧和颈后下部呈黄灰色或灰绿色，背和胸的两侧及两翅褐灰色，余部均为黑白色。喙扁平，直而短，呈灰色。翅膀较大，但也不能飞行。鸵鸟是群居，日行性走禽类，适应于沙漠荒原中生活，嗅听觉灵敏，善奔跑，跑时以翅扇动相助，一步可跨 8 米，时速可达每小时 70 公里。[1] 杨宪益在《中国记载里的火鸡》一文中已经指出，现在中国所称的"火鸡"或"食火鸡"在古籍中是指驼鸟，据说这种鸟是见物就吃，《新唐书》曾记载驼鸟啖铁，《魏书》称："波斯国有鸟，形如驼，能飞不高，食草与肉，亦啖火，日行七百里。"刘郁《西域记》："富浪有大鸟，驼蹄，高丈余，食火炭，卵大如升。"郑晓《吾学编》称："洪武初三佛脐国贡火鸡，大于鹤，长三四尺，足颈亦似鹤，锐嘴软红冠，毛色如青羊，足二指，利爪能伤人腹致死，食火炭。"[2]南怀仁所用意译名"骆驼鸟"比较准确，其中"或谓其腹甚热，能化生铁"一句，可能是受中国古籍和明代一些文献中关于火鸡的影响，如严从简《殊域周咨录》卷八"满剌加国"云："按火鸡躯大如鹤，羽毛杂生，好食火炭，驾部员外张汝弼亲试喂之。"[3]吃了很多火炭，腹腔内一定很热，于是就有了"能化生铁"一说。

"伯西尔喜鹊"：《坤舆全图》画在西半球南亚墨利加洲，文字记述为："伯西尔喜鹊。吻长而轻，与身相等，约长八寸，空明薄如纸。"[4]"伯西尔"即巴西，巴西的鸟很多，被誉为鸟的天堂。这里所述不是国人常说的喜鹊，喜鹊体形很大，羽毛大部为黑色，肩腹部为白色，没有吻部特别长的特征。"伯西尔喜鹊"显然是指巴西一种大嘴鸟（Bucerotidae；hornibills)，又名"犀鸟""巨嘴鸟"，属于巴西国宝级的动物。这种嘴型粗厚而直，嘴上通常具盔突，因形似犀牛角而得名。大嘴鸟模样很引人注目，一般头大，颈细翅宽，尾长。羽衣棕色或黑色，通常具有鲜明的白色斑纹。采食浆果，捕食老鼠昆虫等。[5] 在中国文化中，喜鹊被认为是一种"先物而动，先事而应"的"阳鸟"，[6]所谓"鹊鸣兆吉"，鹊为深通人性的灵鸟之观念已积淀为中国人很深的传统情结。南怀仁这里将巴西这种几乎全身就是一张大嘴的鸟与中国的喜鹊联系起来，明显是要让中国人对巴西这块新土地产生一种美好的联想。

---

① 钱燕文："鸵鸟"，载《中国大百科全书·生物学》，页 1704。
② 杨宪益：《译余偶拾》，页 354—356。
③ 严从简撰，余思黎点校：《殊域周咨录》，页 289。
④ 《坤舆全图》整理本，页 36—37。同样的文字还收入《古今图书集成·博物汇编·禽虫典》第 53 卷"异鸟部"（《古今图书集成》第 519 册，叶三十一至三十二）。
⑤ 唐蟾珠："犀鸟科学"，载《中国大百科全书·生物学》，页 1786。
⑥ 《易通卦验》称："鹊者，阳鸟，先物而动，先时而应。"转引自马骕《绎史》卷一五三。

四、《坤舆全图》绘制在“大洋洲”附近的海陆动物

《坤舆全图》在东半球“新阿兰地亚”(今澳洲)上绘有“无对鸟”1 种:“爪哇岛等处有无对鸟,无足,腹下生长皮,如筋缠于树枝而立身。毛色五彩,光耀可爱,不见其饮食,意唯服气而已。”[①]爪哇岛是印度尼西亚万岛之中的第四大岛。“无对鸟”,又名“极乐鸟”“太阳鸟”“风鸟”“雾鸟”,学名 Paradisaeidae,葡萄牙语称 ave do paradiso,西班牙语称 ave del paradiso。paradise 是天堂之意,ave do 或 ave del 发音都接近于“无对”,意为鸟的意思,“无对鸟”可能是音、意合译名。

该鸟和鸦鹊类有近缘关系,今主要分布于新几内亚阿鲁群岛及其附近岛屿,以及澳大利亚北部和马鲁古群岛。以果实为食,也吃昆虫、蛙、蜥蜴等。鸣声粗厉,多单个或成对生活。爱顶风飞行,所以又称“风鸟”。大多数种类的雄鸟有特殊的饰羽和色彩艳丽的羽毛,体态华丽,故又称“天堂鸟”“女神鸟”等,是世界著名观赏鸟。16 世纪麦哲伦首次环球航行到达马鲁古群岛,当地的酋长赠送他两只“无对鸟”。因为从未见过,麦哲伦问起鸟的来历,当地人称这种鸟生活在“尘世间的天堂”,故又名“天堂鸟”,并由此传入欧洲。或说天堂鸟主要在空中生活,无脚不栖止,繁殖时,雌鸟将卵产于雄鸟背部等。其实将其带到欧洲去的是,1522 年 9 月 8 日,一艘名为维多利亚号的帆船抵达塞维利亚,其中有印尼某国王送给西班牙国王的两只大天堂鸟的标本。此标本是当地原住民所做,原住民制作时将天堂鸟双脚剪下,留做头饰,并在尾部生有 2 条 60 公分的铁线状长饰羽。[②] 因此当时欧洲人误会此鸟“无足”,南怀仁亦受此误导,称其“无足,腹下生长皮如筋,缠于树枝以立身”。[③] 南怀仁重视新大陆的禽鸟并非偶然,16 世纪葡萄牙人从南美洲进口的鹦鹉和金刚鹦鹉,都是当时欧洲最受喜爱的鸟类之一。尚未登基的神圣罗马帝国皇帝马克西米利安二世(Maximilian Ⅱ, 1527—1576)于 1552 年在德国的埃伯斯多夫(Ebersdorf)兴建了一个专养奇异动物的动物园,主要就是为了圈养这两种鹦鹉。在梵蒂冈罗马红衣主教的住处也能看到这样的鸟。当时大多数鸟舍中都有葡萄牙人和荷兰人从亚洲和南美带到欧洲的小型奇异鸟类,如极乐鸟、蜂鸟、金丝雀等。在16、17 世纪,除大型猫科动物之外,这些鸟似乎是动物知识探索和动物进口的主流。南

---

① 《坤舆全图》整理本,页 79。同样的文字还收入《古今图书集成 · 博物汇编 · 禽虫典》第 53 卷“异鸟部”(《古今图书集成》第 519 册,叶三十一)。

② 参见冼耀华“极乐鸟”,载《中国大百科全书 · 生物学》,页 671;傅珏:《伊里安岛的极乐鸟》,载《世界知识》1964 年第 5 期。

③ 《三才图会》中有“世乐鸟”:“南方异物志有时乐鸟,即世乐也。此鸟本南海贡来,与鹦鹉状同,而毛尾全异,其心聪性辩,护主报主,尤非凡禽。/临海山有世乐鸟,其状五色,丹喙、赤首、有冠,王者有明德,天下太平则见。”王圻、王思义编:《三才图会》“鸟兽卷”一,上海古籍出版社,1988 年,下册页 2158。

美大陆、印度和海岛都属于探险和贸易的热土，而这些地方均富产鸟类动物：鸵鸟、各种鹤和苍鹭、凤冠鸟、鹈鹕和鸬鹚几乎妇孺皆知，更珍稀也更受欢迎的大型鸟类，则包括塘鹅、渡渡鸟、企鹅、秃鹰和食火鸡。1547年亮相阿姆斯特丹的第一只食火鸡引起了轰动，科隆大主教买下了它并将之献给了皇帝。从16世纪开始，家养的奇异禽鸟也引人注目，它们主要来自亚洲，如中国的孔雀和雉；也有一些来自非洲，如珍珠鸡；或美洲，如火鸡。在神圣罗马帝国，养雉是贵族阶级的特权之一。许多贵族住宅中把同源同种的禽鸟圈养在农场、猎场或配有棚屋和水池的养雉场中。法国领主、贵族或中产阶级都畜养这类奇异的动物。[①]

《坤舆全图》上绘制的三种禽鸟都带有神奇性，喜鹊在中国是一种被认为具有先知先觉预知术的鸟类，因为喜鹊鸣叫常常是吉兆，因此它的嘴巴就格外神秘，而大嘴鸟中国不是没有，但这种“吻长而轻与身相等”的喜鹊则就属罕见之鸟了；骆驼鸟首高如乘马之人，走时张翼状如棚行，疾如马，本身就非同一般，而“其腹甚热，能化生铁”更是神奇无比；“无对鸟”是有音意合译名，“太阳鸟”在中国也非常流行，南怀仁故意不用意译名，而多采用音意合译名，可能也是生怕中国士大夫将这一大航海时代之后流行的禽鸟，与中国文献中的“太阳鸟”混淆。

在《坤舆全图》东半球墨瓦蜡泥加州和“新阿兰地亚”之间的大洋洲附近海洋中，画有传说的文化动物“西楞”，文字记述为：“大东海洋产鱼，名西楞。上半身如男女形，下半身则鱼尾。其骨能止血病，女鱼更效。”[②]《职方外纪》卷五《四海总说》“海族”也有关于人鱼的描述：“有海女，上体直是女人，下体则为鱼形，亦以其骨为念珠等物，可止下血。二者皆鱼骨中上品，各国甚贵重之。”[③]

南怀仁这里将“海女”改为“西楞”，可能是西文“人鱼”的音译，葡萄牙语称sereia，西班牙语称sirena，拉丁语称syreni，似乎都接近于“西楞”的发音。“西楞”与神话传说中的海伦有关，在中世纪罗马教会的眼中，大海与它的住客常被视为与各种罪行脱不了干系，尤其是肉欲之罪，因为这里有爱与美的女神维纳斯诞生，又有魅力、诱惑的人鱼伺机而出，以夺取男人的灵魂。[④] 所谓人鱼一般被认为是传说的水生生物，通常人鱼的样貌是上半身为人的躯体或妖怪，下半身是披着鳞片的漂亮鱼尾，整个躯体，极富有诱惑力，欧洲传说中的人鱼与中国、日本传说中的人鱼，在外形上和性质上是迥然不同的，有

① [法]埃里克·巴拉泰等著，乔江涛译：《动物园的历史》，页28—30。

② 《坤舆全图》整理本，页79。相似的文字还收入《古今图书集成·博物汇编·禽虫典》第150卷“异鱼部”(《古今图书集成》第527册，叶十)。

③ [意]艾儒略原著，谢方校释：《职方外纪校释》，页151—152。

④ 六世纪的《不同种类的怪兽书》(*Liber monstrorum de diversisgenerbus*)称海伦由头至肚脐以上为女人，却有带鳞片的鱼尾。王慧萍：《怪物考》，如果出版社，2012年，页28—29。《广州通纪》卷三有人鱼“间出沙泗亦能媚人，舶行过者，必作法禳厌恶，其为祟故也”。

时也与“美人鱼”的外形有所分别。1531年有人在波罗的海捕获了一条人鱼，并将它送给波兰国王西吉斯蒙德作为礼物，宫廷中所有的人都曾见过，据说人鱼只活了三天。人鱼的声音通常像其外表一样，具有欺骗性。一身兼有诱惑、虚荣、美丽、残忍和绝望的爱情等多种特性，像海水一样充满神话色彩，它代表了人与水、海洋的密切关系。或以为是将人鱼与外形呈纺锤形、颇似小鲸的海牛(manatee)这一大型水栖草食性哺乳动物混为一谈了，因为海牛的尾部扁平，略呈圆形，中央分岔，外观犹如大型的桨。这类动物都给人鱼的神话故事增添了素材。美人鱼在中西文化中均有不同的描述，如古代叙述海洋人鱼滥觞的《山海经 · 北三经》称人鱼：“又东北二百里，曰龙侯之山，无草木，多金玉。决决之水出焉，而东流注于河。其中多人鱼，其状如鳑鱼，四足，其音如婴儿，食之无痴疾。”[1]郭璞注：“或曰，人鱼即鲵也，似鲇而四足，声如小儿啼，今亦呼鲇为。”按经中所记人鱼凡数十见，《山海经 · 海内东经》：“陵鱼人面，手足，鱼身，在海中。”[2]《洽闻记》称“芦塘有鲛鱼，五日一化，或为美异妇人”之类，[3]则均为神话演变之结果。南怀仁当然熟悉中国古籍中关于这种“上半身如男女形，下半身则鱼尾”属于变异动物的介绍，与独角兽、长颈鹿一般，都是在强调其少见或与出乎常态知识之物的特点。也许他在《坤舆全图》和《坤舆图说》中真是认为这种人鱼“其骨能止血病，女鱼更效”，试图以一种貌似西方科学转化为与中国祥瑞故事相对应的知识，从而来回应中国传统的解说。

五、本章小结

15世纪开始的大航海时代，连接了新的海陆空间。1492年哥伦布登上新大陆，开启了新旧世界生命形态的大交流，促成了一次前所未有的生物跨洲流动，横跨大西洋的船只不仅使玉米、马铃薯、辣椒、烟草、可可从此成为全球性的产物，也通过运送人类、动植物而引发了欧洲、亚洲和非洲之间动物、植物、病菌、文化、人群(包括奴隶)、流行疾病以及观念的交流，这种种交流促成了世界体系的形成，包括欧洲的兴起、帝国主义殖民、全球化和现代化的现象。美国学者克罗斯比从1973年开始，通过《哥伦布大交换》以及《生态帝国主义》等一系列著作，就此集中阐述了“哥伦布大交换”(Columbian Exchange)的概念及其“生物学交换”的新视野。[4] 呈现在《坤舆全图》上所输入的美洲和大洋洲等异

---

① 袁珂校译：《山海经校译》，页66。
② 同上书，页240。
③ 转引自李昉等编《太平广记》卷四六四，页4167。
④ Alfred W. Crosby, *The Columbian Exchange: Biological and Cultural Consequences of 1492*(《哥伦布大交换——1492年以后的生物影响和文化冲击》)；*Ecological Imperialism: The Biological Expansion of Europe, 900—1900*(《生态帝国主义》).前者有郑明萱译本，猫头鹰出版社，2013年二版。

域动物新知识，有如下若干特点：

首先，突出属于“新大陆”和“新世界”的美洲和大洋洲动物知识的介绍。从《坤舆全图》中所录海陆奇异动物的图文可知，其绘制动物有一定的随意性，分布在亚洲、非洲、欧洲和部分美洲的动物，大多绘制在想象中的墨瓦蜡泥加州，爪哇岛的“无对鸟”则画在“新阿兰地亚”，惟有“伯西尔喜鹊”“骆驼鸟”和蛇三种动物是画在南美洲，可见非常强调它们作为“新大陆”和“新世界”新发现动物的存在。动物不仅承载了人类对自然的向往和寄托，也是人们窥探和瞭望陌生世界的窗口之一。15—16 世纪，美洲的内陆探险在持续进行，即使到 17 世纪初美洲大陆的很多奥秘仍然没有被完全揭开，被其魅力所吸引的一代又一代探险家持续不断地踏上这一大陆，更何况大洋洲。新世界的知识，即使在欧洲学界，都属全新的知识，而传送这些知识，在当时是一种非常“摩登”的、有学问的表现。伴随着旧大陆与新大陆的动物交换和动物外交活动，形成了大航海时代后动物知识的大交换。对于美洲和大洋洲动物知识的掌握，无疑也属对当时代表世界最新知识内容的把握。而南怀仁介绍这些来自南美洲的“骆驼鸟”、“白露国”(秘鲁)的火鸡、智利“苏”以及“新阿兰地亚”岛上的“无对鸟”等这些新大陆的动物知识，均显示出其所代表的西方耶稣会士所具有的渊博的博物学知识。

其次，在介绍海陆动物方面，南怀仁比较重视知识介绍的准确性。为了不使这些海陆动物与中国传统动物相混淆，南怀仁在选择翻译 23 种海陆动物名词时颇费心思，或采用意译名，如“骆驼鸟”“伯西尔喜鹊”“独角兽”“狮”等。有时他还会故意将之前利玛窦和艾儒略的音意合译名变成意译名，如利玛窦和艾儒略“白角儿鱼”(拉丁文 Pike)的音意合译名，被南怀仁改成意译名“狗鱼”。[①] 但对一些没有把握的动物则采用音译名，如“大懒毒辣”“获落”“撒辣漫大辣”“加默良”“喇加多”“恶那西约”“西楞”等；有些则采用音意合译，如“无对鸟”“把勒亚鱼”等。无论采用意译名、音译名，还是音意合译名，其出发点都是为了让中国读者更准确地了解这些海陆动物的特性。

第三，该图在介绍异域动物的选择方面，较多考虑的还有多样性。虽然名为《坤舆全图》，但关于动物知识的介绍并不包括中国，主要是为了给中国读者展示中国之外的世界万方各种动物的多样性。图中既有属于旧大陆的亚洲、欧洲和非洲的动物，也特别注意介绍属于新大陆的美洲和大洋洲的陆地动物，以及浩瀚大海中的海生动物。其中有猛兽如狮子、剑鱼等，有大型动物骆驼鸟、犀牛、鲸鱼等，也有变色龙、蜘蛛这样的小动物。用现代动物地理学的角度看，涉及地区从热带界(包括阿拉伯半岛南部、撒哈拉沙

---

① 邹振环：《明末清初输入的海洋动物知识——以西方耶稣会士的地理学汉文西书为中心》，《安徽大学学报》(哲学社会科学版)2014 年第 5 期。

漠以南的整个非洲大陆等)、新热带界(包括中美洲、南美大陆、墨西哥南部等)、东洋界(包括亚洲南部喜马拉雅山以南、印度半岛等)到古北界(包括欧洲大陆等)。[①]

第四,在海生动物的介绍方面,《坤舆全图》突出了大航海时代的特点,即比较集中地介绍远洋深海的海生动物。如图文中有三段关于鲸鱼类的文字,特别是鲸鱼对海船的袭击,表明了地理大发现时代已经跨越了近海航行而大量进行远洋航海过程遇到的海洋动物。对这些海生动物的画面有着某种血腥的描述,如鲸鱼抬头向海船注水,使海船很快沉没;嘴巴长达一丈多的剑鱼,用尖利的牙齿与鲸鱼搏斗,并将之杀死,以及用嘴袭击海船的内容,都惟妙惟肖地呈现出海洋中所潜藏的威力和航海中遇到的危险。在地图上描绘具有侵略性的动物并非南怀仁的首创,这些故事来自西方的文献。记述关于海舶遭到鲸鱼袭击的例子,展示船员如何来对付这种海洋动物袭击的方法,正显示出西方大航海时代的文献的若干特征。

第五,南怀仁试图通过《坤舆全图》的绘制,来实现中西不同知识体系的对话。不同的动物往往被赋予不同的隐喻和象征意义,因为在中西不同的宗教、政治和文化生活中,人们对于动物的认识和体验是不同的,因此,这些动物在不同的认识和体验中也会形成不同的动物形象的塑造。西方沿着《圣经》的思路,主张动物有智力,也有灵魂;中国传统的动物也多有文化象征的意义。《坤舆全图》传入的美洲和大洋洲的动物,有些夹杂着传说的成分,如"无对鸟""西楞";有些是异兽,如"骆驼鸟"(鸵鸟)、"飞鱼";有的属常见的动物,如蛇等。在中西两种不同的地理环境、不同的社会生活方式和不同的知识背景中,动物所扮演的角色是不同的,南怀仁努力通过传送新世界的动物知识来沟通中西两种动物文化的互相理解。无论是采用动物的音译、意译名还是音意合译名,南怀仁在凸显自己所输入的西方动物知识的独特性的同时,也担心中国士大夫将其传入的大航海时代之后流行的动物知识,与中国传统动物知识附会,如将"长颈鹿"与"麒麟"、[②]"无对鸟"与中国传统的"太阳鸟"或"世乐鸟"混淆,而影响知识输入的准确性。

---

① 姜乃澄、丁平主编:《动物学》,页436—437。

② 南怀仁为何采用"恶那西约"来命名"长颈鹿",详见本书第九章。

第六章

康熙朝"贡狮"与利类思的《狮子说》

狮子是一种舶来动物，但输入中国后却成为中华民俗中堪与龙凤并列的又一种灵兽。中国尽管很早就输入过西域地区的狮子，但直至清初，中国学界尽管不乏各种赞颂狮子的诗赋，却一直没有专门讨论这一动物的文献。[①] 第一本从动物知识的角度讨论狮子的是康熙时期意大利传教士利类思写的《狮子说》(图 2 - 11)。康熙时期曾有过一次贡狮活动，由西方传教士组织策划，关于此一贡狮活动学界注意得不多，而与此一贡狮活动密切相关的《狮子说》一书的问世很少受到学界的注意，至今少有专文加以讨论。目前所见关于康熙时期狮子入华这一问题的研究，最早有荷兰遣使会会士、北堂图书馆馆长惠泽霖神父(H. Verhaeren)于 1947 年在北京《北京公教月刊》(*Le Bulletin Catholique*)上发表的《利类思的〈鹰论〉》(Les "Faucons" du P. Buglio)。该文说利类思的《鹰论》编译自藏于葡萄牙传教士所在南堂的 Aldrovandi 的著作，并在全文结尾处提到《狮子说》，并明确指出《狮子说》可能本自 Aldvroandi 的《胎生四足有趾动物》(*De quadrupedibus digitatis viviparis libri tres*)卷三。[②] 方豪于 1947 年发表的《明清间译著底本的发现和研究》一文中转述了惠泽霖对《狮子说》底本的看法。[③] 之后他在其《中西交通史》中也讨论了关于《狮子说》的内容，基本上与前述利类思传记中的内容相同。[④] 关于《狮子说》究竟依据何种蓝本，可商榷之处颇多，容后文讨论。意大利学者白佐良(Giulian

---

① 冯承钧译《马可波罗行纪》有记述称：中国古昔或有狮子，然绝迹者已有千百余年，518 年宋云曾在干陀罗(Gandhara)王庭见过两头狮子，"观其意气雄猛，与中国画迥乎不同，即在今日所见雕刻之狮形，亦皆以意为之，足证中国人之不识狮子"。而马可波罗见过忽必烈王庭上的狮子，据说"一大狮子至君王前，此狮见主即俯伏于前，似识其主而为作礼之状，未见此事者，闻之必以为奇也"。页 224—225。

② Les "Faucons" du P. Buglio, *Le Bulletin Catholique de Pekin*, Vol.34, Imprimerie des Lazaristes, Pekin, 1947, pp.80 - 81. "Le p. Buglio ... a du emprunter son Aldrovandi a ses confreres de la Mission portugaise, dont il faisait partie, c. a d. a la bibliotheque du Nan-t'ang."惠泽霖在论文中用了大量篇幅将耶稣会士荣振华(Joseph Dehergne, 1903—1990)的《鹰论》法译本和 Aldrovandi 的拉丁文本加以对照。

③ 方豪：《明清间译著底本的发现和研究》，《方豪六十自定稿》(上册)，台湾学生书局，1962 年，页 61。

④ 方豪：《中西交通史》，上海人民出版社，2008 年，页 793—794。

Bertuccioli)在《东方与西方》1976年第2期上发表有《狮子在北京：利类思与1678年的白垒拉赴华使团》的论文。[①] 中国学者述及此一问题的主要有张必忠《康熙朝西洋国贡狮》(《紫金城》1992年第2期)和何新华的《清代贡物制度研究》(社会科学文献出版社，2012年)，前者内容非常简略，但提供了重要线索；后者内容比较翔实，但两者均未注意到康熙时期因贡狮而诞生的《狮子说》。本章拟从中国人对狮子认知史的角度，对康熙时期贡狮活动与《狮子说》的关系、《狮子说》介绍的有关狮子的动物学内容及其输入的西方狮文化，予以初步的分析。

一、康熙朝的贡狮与《狮子说》的编译者利类思

康熙十七年八月初二日，即1678年9月17日"遐邦进活狮来京"，按照《康熙朝实录·圣祖仁皇帝实录》卷十四："西洋国主阿丰素遣陪臣本多白垒拉进表贡狮子。表曰：'谨奏请大清皇帝万安。前次所遣使臣玛讷撒尔达聂，叨蒙皇帝德意鸿恩，同去之员，具沾柔远之恩，闻之不胜欢忭，时时感激隆眷，仰瞻巍巍大清国宠光。因谕凡在东洋所属，永怀尊敬大清国之心，祝万寿无疆，俾诸国永远沾恩，等日月之无穷。今特遣本多白垒拉赍献狮子。天主降生一千六百七十四年三月十七日奏。'"[②]这里的"西洋国主阿丰素"和"本多白垒拉"，据方豪研究，即葡萄牙国王和其特使"本多白垒拉"(Bento Pereyra，或作Bento Pereyra de Fada，又译本笃、本多·白墨拉、本多·白勒拉)"谋入内地贸易，得南怀仁之力，始进贡非洲狮子；教士利类思为撰《狮子说》一卷，以同年刊于北京"。[③] 可见葡萄牙政府贡狮计划从筹划到北京献贡，前后整整折腾了差不多四年，在海道上花费的时间应该也不会短。澳门葡萄牙当局对1667—1670年玛讷·撒尔达聂哈葡萄牙使团的北京之行，未能解决葡萄牙人在广东沿海自由贸易的问题很是沮丧，但他们并不甘心，曾经出任玛讷·撒尔达聂哈使团秘书的本多·白垒拉从1672年起就开始积极筹划向康熙皇帝敬献礼物，1674年致函印葡总督，请求提供一头狮子，准备以葡萄牙国王的

---

① Giulian Bertuccioli, A Lion in Peking: Ludovico Buglio and the Embassy to China of Bento Pereira de Faria in 1678, *East and West*, 26: 1-2, 1976, pp.223—240.该文中包含有《狮子说》一文的英文译文。

② 文中提及的"玛讷撒尔达聂"(Manuel Smdanha，今译玛讷·撒尔达聂哈)出身葡萄牙贵族，曾参加1638年对巴西的远征，1657年因战败流放印度。顺治十二年(1655)清政府实行海禁，停止了澳门到广州的陆路贸易，1667年他作为葡萄牙使臣，率领使团于8月抵达澳门。康熙九年(1670)初乘船北上，同年春抵达北京，并入宫拜谒了康熙皇帝，具表进贡，希望准许澳门葡萄牙人在中国自由贸易，七月接到了康熙致函葡萄牙国王阿丰索六世谕以及回赠国王和特使的礼物，玛讷·撒尔达聂哈不幸在途经江南山阳(今江苏淮安)时病逝。参见黄庆华《中葡关系史1513—1999》上册，黄山书社，2006年，页375—385。玛讷·撒尔达聂哈受命来华之事的记述，还见之梁廷枏《海国四说》，中华书局，1993年，页218—219。

③ 方豪：《中西交通史》(下)，页552。类似的文字还见之《皇朝文献通考》卷二九八："阿丰肃遣陪臣本多白垒拉奉表贡狮子，并奏言：凡在西洋所属，瞻仰巍巍大清国，咸怀尊敬，愿意率诸国永远沾恩，等日月之无穷时。天主降生一千六百七十四年也。"

名义献给康熙。葡萄牙印度总督命令东非莫桑比克城堡司令设法捕捉了公母两头狮子，并经海路由东非运往果阿，不久公狮死去，剩下的母狮被运到澳门，并在澳门等待了两年之久，才获得清廷批准入京。[①] 据说他们伪造了几百年前声名很大的葡萄牙国王阿丰索六世（Alfonso Ⅵ，1040—1109）致康熙皇帝的国书，白垒拉于1678年8月终于将这头母狮辗转运到了北京献给康熙。并在广东官府、朝廷大臣和南怀仁、利类思等耶稣会士的积极游说和帮助下，于康熙十九年（1680）获得了关于开放香山至澳门陆路贸易的恩准，这条路线成为当时与中国进行贸易的西方国家的重要通道。[②] 满族是一个有游牧渔猎历史的民族，一直有畜养马、牛、羊的传统，内务府中有专门管理牛羊牧群的机构，还有专门的牛羊圈负责提供食用乳饼、乳油、乳酪等各种乳制品。上驷院（御马监）则负责为皇帝出巡或皇后妃嫔出入提供骡马、骆驼，并为皇帝提供马匹。设在黑龙江、吉林、盛京和京畿等地的都虞司设有从事捕鱼、养蜂、狩猎、采集等专业户，为皇室提供各种野味、兽皮和水产物品。清人入关后，在永定门外南苑建立围场，顺治、康熙每年都要率领大批王公贵族到南苑行围。康熙二十年还在塞外正式建立围场，康熙披甲带箭，跃马驰骋，猎获老虎、熊、豹、猞猁、麋鹿、狼、野猪无数。[③] 南怀仁、张诚等传教士还直接随康熙围猎，亲见猎取熊、野猪、山兔、狼、狐无数，鹿千余，六十余虎。[④] 选择献贡不常见的狮子，而非虎、豹、熊之类，恐怕也是根据在京传教士提供的情报决定的。

自明朝后期却贡狮子以来，此次贡狮是清朝首次的异域贡狮，因此非常轰动。入京过程中"所过州邑，日供三猪"。所过郡县留下了不少神奇的传说，如袁枚的《子不语》卷二一"狮子击蛇"一节中称：闻侍御戈涛云：此贡狮经过某邑，"狮子于路有病，与解员在馆驿暂驻。狮子蹲伏大树下。少顷，昂首四顾，金光射人，伸爪击树，树根中断，鲜血迸流，内有大蛇，决折而毙。先是，驿中马多患病，往往致死，自此患除，厚待贡使。至京，献于阙廷。象见之不跪，狮子震怒，长吼一声，象皆俯伏"。[⑤] 珍禽异兽的进贡和展示，在中外交往史上具有重要地位，并带有强烈的政治意义。这一望风披靡的兽中之王的到来，也是"世乐征瑞"和"无远不服"的政治气象的表现，因此康熙十分高兴，吩咐将狮

① 何新华：《清代贡物制度研究》，社会科学文献出版社，2012年，页419。

② 黄庆华：《中葡关系史（1513—1999）》上册，页386—387。对此一问题国外学者的讨论见之傅洛叔《康熙年间的两个葡萄牙使华使团》，《通报》第43期（1955），页75—94（Fu Lo-shu, The Two Portuguese Embassies to China during the K'ang-his Period, *T'oung pao*, 43: 75 - 94, 1955）；伯戴克（Luciano Petech）：《康熙年间葡萄牙使华使团述评》（Some Remarks on the Portuguese Embassies to China in the K'ang-hsi Period），《通报》第44期（1956），227—241。皮方济（耶稣会士）著，C.R.博克塞、J.M.白乐嘉点校：《葡萄牙国王向中国和鞑靼皇帝所派特使玛讷撒尔达聂之旅行报告，1667—1670》，澳门，1942年（F. Pimentel, S J., Breve Relacato da Journada que Fez a Corte de Pekim o Senhor Manoel de Saldanha, Embaixador Extraordinário del Rey de Portugal ao Emprador de China, e Tartaria, 1667 - 1670, ed. C. R. Boxer and J. M. Braga, Macao, 1942）。

③ 万依、王树卿、刘璐：《清代宫廷史》，百花文艺出版社，2004年，页78、83、106—108。

④ 冯承钧译：《马可波罗行纪》，页230。

⑤ 袁枚撰，崔国光校点：《新奇谐——子不语》，齐鲁书社，2004年，页395。

子带巡宫内，用铁栅装好。八月初六，康熙令人带着狮子诣太皇太后、皇太后宫，让太皇太后、皇太后观赏。随后，把狮子放置在神武门旁，并召掌院学士陈廷敬、侍读学士叶方蔼、侍读学士张英、内阁中书舍人高士奇、支六品俸杜讷等宫廷社群主体的贵族、群臣等，前来同观狮子，以便使之通过观赏这一异兽，建构起臣属对于皇帝权威的恐惧感和敬畏感，以成就自己的政治意象。陈廷敬等看了狮子后便奏道：“皇上加意至治，不贵异物，而圣德神威，能使远人慕化归诚，自古不可多觏。”[①]陈梦雷、毛奇龄、宋字洲等纷纷赋诗赞美，如陈梦雷有《西洋贡狮子赋》，称其“奇形之突兀”之贡狮的出现，“雕隼九宵而羽折，鸡犬千里而声歇……壮夫为之胆栗，力士为之心眩。若夫铜首抵荡，铁额触薄，声吼天关，足撼地岳”。[②] 关于葡萄牙贡狮不仅有诗赞颂，也有画幅描摹。如纪昀《阅微草堂笔记》卷十《如是我闻》(四)中称：“狮初至，时吏部侍郎阿公礼稗，画为当代顾、陆，曾橐笔对写一图，笔意精妙。旧藏博晰斋前辈家，阿公手赠其祖者也。后售于余，尝乞一赏鉴家题签。阿公原未署名，以元代曾有献狮事，遂题曰‘元人狮子真形图’。”他还记述道：“康熙十四年，西洋贡狮，馆阁前辈多有赋咏。相传不久即逸去，其行如风，巳刻绝锁，午刻即出嘉峪关。此齐东语也。圣祖南巡，由卫河回銮，尚以船载此狮，先外祖母曹太夫人，曾于度帆楼窗罅窥之，其身如黄犬，尾如虎而稍长，面圆如人，不似他兽之狭削。系船头将军柱上，缚一豖饲之。豖在岸犹号叫，近船即噤不出声。及置狮前，狮附首一嗅，已怖而死。临解缆时，忽一震吼声，如无数铜钲陡然合击。外祖家厩马十余，隔垣闻之，皆战栗伏枥下，船去移时，尚不敢动。信其为百兽王矣！”[③]徐珂编撰《清稗类钞》估计参照过纪昀的资料，称该狮子后来逃走了：“康熙乙卯(1675 年)秋，西洋遣使入贡，品物中有神狮一头，乃系之后苑铁栅。未数日，逸去，其行如奔雷快电。未几，嘉峪关守臣飞奏入廷，谓于某日午刻，有狮越关而出。狮身如犬，作淡黄色，尾如虎，稍长，面圆，发及耳际。其由外国来时，系船首将军柱上，旁一豖饲之，豖在岸犹号，及入船，即噤如无力。解缆时，狮忽吼，其声如数十铜钲，一时并击，某家厩马十余骑，同时伏枥，几无生气。”[④]或称贡狮系九月初就死在北京，康熙还“厚葬”之，但所据不详。[⑤] 或以为康熙时进贡有两头，康熙还带往口外打围参与狩猎，[⑥]显系后世误传。

2012 年 10 月中国嘉德四季第三十一期拍卖会中国书画(八)有《贡狮图》立轴，

① 张必忠：《康熙朝西洋国贡狮》，《紫金城》1992 年第 2 期。
② 陈梦雷：《闲止书堂集钞》，上海古籍出版社，1979 年，页 33—36。
③ 纪昀撰：《阅微草堂笔记》，海潮出版社，2012 年，页 184。
④ 徐珂编撰：《清稗类钞》第一册，中华书局，1984 年，页 415—416。类似记述还见之同书第十二册，页 5506。
⑤ 何新华：《清代贡物制度研究》，社会科学文献出版社，2012 年，页 419。
⑥ 梁章钜撰：《浪迹丛谈》，中华书局，1981 年，页 95。这一传闻可能是受元代大汗豢养“毛色甚丽”的狮子数头，以供捕取野猪、熊鹿、野驴及其他大猛兽传说的影响。冯承钧译《马可波罗行纪》记载：“此种狮子猎取猛兽，颇可悦目。用狮行猎之时，以车载狮，每狮辅以小犬一头。”(页 227)

60×40 cm，题识：臣阿尔稗恭画。钤印：臣阿尔稗藏印：万物过眼皆为我有，象冈得之，周氏兄弟共墨斋藏，臣和恭藏，乾隆御览之宝，内府图书。（图 2 - 12）作者阿尔稗，生卒年不详。字香谷，姓舒穆禄，满洲人，官至吏部侍郎，乾隆时供奉内廷。善画花鸟，以画虎著名，工于设色，笔势雄健。其画鹰怒目炯裂，劲翮锋棱，有风扶雷搏之势。时宫廷画家多受西洋画风影响，阿尔稗亦然。1678 年贡狮至北京后，阿尔稗奉召对狮写生作图，笔意精妙。何新华认为真正的《西洋贡狮图》应名为《狻猊图》，纪昀《阅微草堂笔记》所述只是副本或赝品而已。①

《狮子说》的编译者为利类思（Louis Buglio，或作 P · Ludovicus Buglio，1606—1682），字再可。1606 年 1 月 26 日出生于意大利西西里岛卡达尼亚省莫诺城。1612 年进入初学院，16 岁加入天主教耶稣会。曾在罗马公学教授人文学和修辞学三年。1635 年 4 月 13 日启程来华，次年到达澳门，在大三巴教堂附近的圣保禄学院学习汉语。圣保禄学院远东最早创办的高等学府，凡是计划进入日本和中国传教团的成员，都要在那里的神学院研究人文科学、艺术和神学，均在此培训汉语，同时熟悉中国国情、风俗与礼仪。②明崇祯十年（1637），利类思被派赴中国的江南执行传教任务。1639 年经其授洗礼的约 700 人。同年，曾奉教长之命到北京协助德国传教士汤若望（Adam Schall）修撰历法。汤若望与朝臣交往较多，与曾任礼部尚书后担任首辅（宰相）的刘宇亮关系友善。刘宇亮盛邀利类思到四川传教，为此去函四川都督及省内的地方官员，同时给四川的家人写信，请他们为利类思传教提供便利。1640 年利类思到达四川，在刘宇亮的成都府邸居住长达 8 个月之久，并在成都建立了教堂和居所，与成都官宦士绅进行交往。由于刘宇亮的关照，次年，利类思在成都发展了 30 个精心挑选的教徒，其中有明朝宗室的伯多禄（即蜀献王朱椿的后裔）和部分当地官员。1643—1646 年因为拒绝纳妾的官员入教而一度出现诸纳妾者唆使僧徒攻击引起的骚乱。他与安文思被捕，一度服务于张献忠起义军，1648 年被囚解至北京，经汤若望努力解救于 1651 年获释。在京建造教堂，并与"好西学之官吏应接"。在汤若望被弹劾的过程中，利类思曾为其辩护，揭明教理。1669 年，汤若望被康熙释放。他在清宫的工作主要是先后作为汤若望和南怀仁在钦天监的助手，同时也扮演机械师和绘画师的角色。③ 利类思著述甚多，有《超性学要》《弥撒经典》《七圣事礼典》《司铎课典》《司铎典要》《圣母小日课》《圣教要旨》《天主正教约征》《圣教

① 何新华：《清代贡物制度研究》，页 426。

② 关于圣保禄书院，可参见邹振环《圣保禄学院、圣若瑟修院的双语教育与明清西学东渐》，耿昇、吴志良主编：《16—18 世纪中西关系与澳门》，商务印书馆，2005 年，页 321—336。

③ ［法］费赖之著，冯承钧译：《在华耶稣会士列传及书目》（上），页 235—247；［法］荣振华著，耿昇译：《在华耶稣会士列传及书目补编》（上），页 93—94。大陆地区研究利类思的主要论著有汤开建《沉与浮：明清鼎革变局中的欧洲传教士利类思与安文思》，氏著《明清天主教论稿二编》，澳门大学，2014 年，页 259—322。

简要》《不得已辩》《天学传概》等20多种。大多属于基督教教理书，其中有两部动物学的著述，一是1678年刊刻于北京的《狮子说》，一是1679年刊刻于北京的《进呈鹰论》。[①]

《狮子说》编译的缘起，利类思在该书正文开篇中说得非常清楚：“康熙十七年（1678）八月初二日，遐邦进活狮来京。从古中华罕见之兽，客多有问其像貌性情何如，岂能尽答，故略述其概。兹据多士试验，暨名史纪录，而首宗亚利格物穷理之师，探究诸兽情理本论云。”[②]关于《狮子说》，学界有诸多误解，如有认为《狮子说》的作者是南怀仁。[③] 其实该书卷头有“极西耶稣会士利类思述”一句，已明确了作者。目前仅方豪的《中西交通史》下卷第五章第二节“最早译入汉文之西洋动物学书籍”提到了利类思的《狮子说》，但亦无详细绍介，且存有诸多疑问。方豪称利类思的两种动物学著述都是译自意大利博物学家亚特洛望地（Aldrovandi，1522—1607）的“生物学之百科全书”，该书“动、植、矿无不收入，全书十三巨册，每册约600页至900页不等，皆有附图”。[④] 今所见《狮子说》刻本有圈点，见之台北利氏学社2009年出版的钟鸣旦、杜鼎克、蒙曦编《法国国家图书馆明清天主教文献》第四册，全书一卷本。镇江市图书馆藏有《狮子说》的清抄本，笔者未见。

二、作为“狮文化”百科全书的《狮子说》

《狮子说》分“序言”“狮子形体”“狮子性情”“狮不忘恩”“狮体治病”“借狮箴儆”和

① 该书简称《鹰论》，有法国国家图书馆藏本，或以为该书系《进呈鹰论》并非他本人的著作，而是16世纪意大利博物学家亚特落望地（Ulisse Aldrovandi，1522—1605）《鸟类学》（*Ornithologia*）一书的节译本。《鹰论》收入《古今图书集成·博物汇编·禽虫典》第十二卷“鹰部”。或以为这是乾隆年间刊本的残本，仅存33页，其中1—29页论述鹰，剩余部分是讨论鹞子的第一节，论述如何训练鹞子捕捉鸟类。具体内容如下：论鹰、佳鹰形象、性情、养鹰饮食、教习生鹰、教习鹰认识司习者之声音、教习勇敢、教习认识栖木、教习攫鹊、教习鹰飞向上、教习鹰攫水鸭、教习鹰逐雀不前栖于树者、教习鹰喜息于栖木、教习肥懒之鹰、鹰远飞叫回、远方之鹰、性情、神鹰、性情、入而发儿觉鹰、性情、山鹰、山鹰形象、梢子鹰、性情、论鹰致病之由、治鹰发热之病、治鹰头上筋缩之病、治鹰头毒之病、治鹰伤风眼泪及鼻之病、治鹰头晕之病、治鹰眼蒙瞀之病、治鹰口之病、治鹰气哮之病、治鹰吐食之病、治鹰生虫之病、治鹰独另有本虫之病、治鹰脾胃杂病、治鹰肝之病、治鹰脚爪之病、治鹰流火之病、治鹰大小腿骨错之病、治鹰大小腿已破之病、治鹰受伤之病、治鹰生虱之病、（鹞论、）佳鹞形象、鹞子性情、教鹞攫鸟、鹞子饮食、（性情、）保存鹞子、除鹞弊病、治鹞之病、试鹞子有病与否。利类思：《鹰论》，收录陈梦雷编纂、蒋廷锡校证《古今图书集成》，中华书局、巴蜀书社，1985年，页63131—63139。《古今图书集成》所录为原书的节选，所录该书目录次序与方豪《中西交通史》下略有差异，内容亦有少许变化，括号内为方豪书中所有，方豪所据来源不详。徐宗泽称该书无序，无刊印年月，“从上目录所言，可见此书为一部特殊之动物学，动物之心理、性情及训练等，均概括言之，实有特殊之价值”（《明清间耶稣会士译著提要》，页239）。上海图书馆藏有该书1890年的王韬抄本，后附有光绪十六年二月王韬之跋，称其“传教于江南、浙江、四川等处”，“生平以道统为己任，所著多教中典籍，多所阐明。圣祖朝时资顾问，宠渥特深。此书盖以备内苑养鹰之用，于其种类、性情、调治驯养之法，初无不具，后附鹞论数则，鹞与鹰虽有别，然种类相近，故并及之。夫鹰鹞不过一玩物耳，而西人于其教习养护各法详细精审若此，亦可见其用心之所在矣”。参黄显功、徐锦华主编《文明互鉴——上海图书馆徐家汇藏书楼珍稀文献图录》，上海人民出版社，2020年，页220—221。

② [比利时] 钟鸣旦、杜鼎克、蒙曦编：《法国国家图书馆明清天主教文献》第四册，利氏学社，2009年，页471。以下凡引用《狮子说》均为该版，简称《狮子说》，仅注页码。

③ 张孟闻：《中国生物分类学史述论》，《中国科技史料》1987年第8卷第6期。

④ 方豪：《中西交通史》（下），页554。

“解惑”六大部分。序后有一幅狮子图。从狮子的自然属性谈起，讨论狮子的动物伦理问题，还涉及狮子的药用，以及西方文化中有关狮子的谚语，最后还就狮子入华问题，利类思提出了自己的见解，该书虽然篇幅不大，但堪称一部有关狮文化的简明百科全书。“狮子形体”称：

狮子之名称，各国不一。极西诸国，依腊第诺公通读书之音，称之谓“勒阿”，译言万兽之王（言其性情德能勇猛，超诸兽之上）。生产于利未亚洲诸国（距中国五万里），其种有二，一身略短，首项之毛拳卷者，猛健稍次之；一身长，首项之毛细软悠长者，猛健更强。不惧损伤，牝者首项无长毛，腹有两奶。二种之色，大约皆淡黄灰白，别地亦有青兰二色者，全体毛，如牛毛之短。狮头最硬，面稍圆，额方中凹，巨眉而眶略深，眼大，不圆不长，眸精蓝，其色耀明细。鼻粗，貌上下平衡，口宽阔，上唇分开，下颌较口小，齿尖如狗狼之牙。惟上下四齿，半岁时更换。颈项短，骨大而坚，互相敲击，出火如火石然。骨内仅些微之髓。力量在胸膺及前体，脊梁骨至尾，皆结实，腹小而窄。两肋稍弱，浑身刚劲，后腿瘦小无肉，尾稍长，而常动，尾梢后毛仅一撮，小腿硬而多筋，前趾五爪，后趾四爪。爪甲尖利，大而坚，入里如刀鞘然。路有碎石则收之，恐钝其爪甲。①

关于狮子的形体描述，基本上是据实直书。

而关于“狮子性情”一节，则有不少拟人化的描写：

狮之食甚多，牡牝不同食，已饱好玩耍，而不伤物。饥不择物，人遇之则险，所食皆生活之肉。死肉不食，食余不再食，一说为臭，一说为傲，以存其为兽王之体统。若在笼内，未知照常否？食多则二三日不食，肥肉不食。狮剩余之肉，百兽不食，为有狮子气。狮老无牙，无能攫兽，有进城食人。饮水少，出粪最臭、最少、最干硬，撒尿仰足如狗。其行渐次，左足不过右足，独吼正切其音。睡熟尾巴亦动，示其不睡，睡于露天旷野，不睡于窝穴，以彰不惧。志气宽大，惟好胜。每至三四日即有疟疾，如无此疟疾，其性力最为利害。惟一春季子，大约产二，生两越月，即能走动跑跳，肖像其为狮儿，但其爱儿之情则甚，为保全小狮，虽多众射箭击石，伤其身亦不避，万不许人入洞穴，取其小狮。倘不在穴，被人偷取即满处叫喊啼哭，如女人苦泣。入穴不直行，且多弯曲，前走复后回，又将尾拂土覆其脚迹，恐人知其小狮之处。小狮或攫得兽肉，即呼鸣，如小犊之音，招呼大狮。壮狮同其父髦狮，往取各兽，老弱行走不前，即歇下。壮狮前往，若攫得兽，即叫喊招髦狮，彼慢行，到其处先

① 《狮子说》，页471—473。

搂抱其子，复将口舔他身，方同食。狮见打围者视之，不惧不逃，多众迫之，无奈而退，亦徐徐而行，每行三五步，一歇一回头，到树林处所，无人看见。始速行跑走，至于平原旷野，则逞其猛健，亦慢慢行。虽勇力胆量，迥出众兽，但怕雄鸡车轮之声。狮不疑忌人，不邪视，亦不容人邪视。百兽中，量最宽大，易饶恕，蹲伏其前者，即不伤。遇男女及小孩，先咬男后咬女，非甚饥，不害小孩。或咬抓人，皆流黑血，被伤者，极难痊愈。或射箭不中其体者，惟向前吓倒之而不杀伤。史纪有一伙兵士，身穿铁甲骑马，欲观狮子，偶遇三狮，骑骟马者，鞭策不前，骑不骟马者驰走，追赶狮子，内有一兵士，放箭射之不中，两狮已去，惟射不中之狮不走。马驰将近狮，复用标枪刺之，又不中。枪仅在狮首飞过。此兵士即坠马，滚于地，狮扑将过来，止抓其盔甲，而不伤其人，后乃去。盖狮子之情，为人伤他与不伤他，其报复亦如之。此系坠马之兵士亲口传闻，书于册者也。[①]

上文后半段几乎已有故事的性质，而下一节“狮不忘恩”更是有传奇色彩：

狮与其相熟之人最好。史载有一仆，名晏多者，获重罪，逃于利未亚洲，免死。遁入深山，不觉误入狮洞，遇狮归洞，吓惊倒地。狮受刚茨伤足，痛疼之甚，见晏多倒地，近前摇尾，喜欢。提足示伤，欲其拔除。晏多昏骇无奈，以手轻拔其刚茨，狮即欣跃，待他如友。常授肉食，晏多每晒熟始食，如此者同狮穴居三年，后厌其处，遂出洞穴，被获。送官监禁，定其死刑。此狮亦遇被拿，及行刑时，晏多偕群囚，悉置众狮噬食，此狮一见晏多恩人，即到跟前摇尾，舔晏多之身，护守，防免别狮，群囚俱被他狮食讫，独晏多存活，众人骇异，问其缘故，晏多备诉来历，至闻于国王，即赦晏多，并与此狮同释，众人欢呼，指狮子之友。[②]

这是一个在欧洲广泛流传的《狮子与安多罗克鲁斯》故事。此节大意是说一个罗马奴隶“晏多”不堪忍受虐待，逃往非洲，误入狮子洞。为“刚茨伤足”的狮子回巢后请求他拔掉爪上的钢刺，晏多拔刺后与狮子相待“如友”，共住同食。“同狮穴居”三年后，晏多出洞被获，送回罗马，查明身份后，定为死罪，放入罗马斗兽场中让众狮噬食。碰巧其中有晏多救过的狮子，一见晏多即如老友重逢，为其防护，免其毙命于他狮之口。观众骇异，问明缘由后将狮子与晏多一同释放。中世纪，晏多与狮子的故事被天主教所吸纳，成为演绎天主教道德伦理的工具，中世纪圣徒传记《传世圣书》(*Golden Legend*)中罗马奴隶与狮子的故事摇身一变成为天主教圣人哲罗姆(Saint Jerome，340—420)与狮子的故事。

① 《狮子说》，页473—477。
② 同上书，页477—478。

在古代，狮子是人类重要的猎物，因此，关于狮子作为食材和药材的记载，亦有若干使用后的经验积累，“狮体治病”一节就是在讲述这些内容：

狮生能力如此之异，狮死亦有异常之用，血、肉、油、五脏、筋骨、皮革等项，名医取之以治病。狮血涂身，百兽不敢残害。狮油搽体，百兽闻之远遁；傅其患处，能止诸痛；灌于耳，亦止耳疼。狮肉食之，能去昏迷妖怪。食狮脑，其人即疯。狮皮作履穿之，足趾不疼；作褥子坐之，无血漏之病。制造膏药，入狮干粪，能脱除疤痣。狮齿于小孩未生牙前，及脱牙将生之候，悬挂胸脯间，一生牙齿不疼。食狮心，与别肉伴食，其人一生无疟疾。食狮胆，立时便死，将胆调水搽眼，眼即光明。①

明代李时珍的《本草纲目》中已提到过“狮屎”，刘文泰等纂修的《本草品汇精要》卷二四《兽部中品》中记述：“狮子屎（无毒），胎生。狮子屎，烧之去鬼气，服之破宿血，杀虫。”其中也有一段关于狮子的解释：“《物理论》云：狮子名狻猊，为兽之长也。其形似虎，正黄色。有鬣，微紫，铜头铁额，钩爪锯齿，掇目跪足，目光如电，声吼如雷。尾端茸毛黑色，大如升，捻之中有钩向下，能食虎豹。其牝者形色不异，但无鬣耳。所产之地多畜之，因以名国，盖贤君德及幽远而出者也，然其品类不啻七十余种。”②

“因以名国，盖贤君德及幽远而出者也”，可见明朝已经知晓狮子在西方文化中有重要的象征意义。在中世纪的欧洲，狮子的形象被广泛用于贵族和王族的标志，如各类骑士和王族的纹章上，狮子是重要的主题之一，象征勇敢、威猛、力量、勇气和王室权威，如著名的狮子亨利（Henry the Lion，1129—1195）即采用狮子作为其王权的象征。英格兰的爱德华三世（1312—1377 在位）也在其印章上使用了狮子图案。这一传统一直延续至今，现在西方很多国家仍以狮子作为其国徽上的主要纹章图案。③ 如在芬兰，狮子象征着勇敢和力量，因此芬兰国徽为红色盾徽，盾面上是一头首戴王冠的金色狮子，前爪握着一把剑，后爪踩着一把弯刀，九朵白色的玫瑰花点缀在狮子周围，代表芬兰历史上的九个省。狮子在荷兰象征着团结和力量，荷兰国徽即奥伦治·拿骚王室的王徽为斗篷式，顶端的斗篷中有一蓝色盾徽，上有一头戴着三叶状王冠的狮子，一爪握着银色罗马剑，一爪抓着一捆箭。金狮在挪威是力量的象征，挪威国徽也是红色的盾徽，盾面上直立着一只金色狮子，头戴王冠，持金柄银斧。“借狮箴儆”一节，是利类思在西方典籍中搜集的一些由狮子引发出的“警语”：

古贤借觉类之情作警语以训人。论狮子有多警语，兹略举一二。曰“家内

---

① 《狮子说》，页 479—480。
② 刘文泰等纂修，曹晖校注：《本草品汇精要》，华夏出版社，2004 年，页 433。
③ 陈怀宇：《动物与中古政治宗教秩序》，页 271—272。

则狮，外战则狐”，意指一等人夸自能，见敌胆怯退步。曰“狮已亡，群兔轻忽藐视”，意指无胆小民，欺弄谢权大人。曰“与狮结友”，意指劣弱者不可与强梁者相交。厄琐玻贤人，以《况语》解曰：狮、驴、狐三兽相约，凡打围得兽平分。既得兽，驴本性蠢，果平分。狮见与彼均，遂发怒，杀驴。狐伶俐有智，不敢分。将全兽与狮，自取些微。狮对狐说，此分法谁教你，狐答曰：视驴子灾难教我。曰“鬼脸吓狮乎”，意指大丈夫不以虚言惊惶其心。曰“羊对狮”，意指勿同有势力之人争。曰“剃狮头”，意指妄做不能行之事。曰“由一趾推知狮子”，意指人作小事美则知其大事优，如见几句文，便知全文之佳。此谚由斐第亚名士，见狮一趾，则知全身若干。曰“合狮于狐”，意指各执意见不相合一。狮猛勇，狐狡猾，最难和同。曰“宁愿一狮为帅，众兔为卒，不愿一兔为帅，众狮为卒”，意指征战胜败，总归将帅一人。[1]

文中的“厄琐玻贤人”显然是指伊索，《况语》即《伊索寓言》。其中有些谚语，汉语中也有类似的表述，如“剃狮头”，英语中应该是 beard the lion，相当于中文里的“虎口拔牙”。我们至今还以类似的方式在引用西方谚语用以说明领袖精神的重要性，如“一头狮子领着一群羊，胜过一头羊领着一群狮子”，是“宁愿一狮为帅，众兔为卒，不愿一兔为帅，众狮为卒”的另一种译法。

最后部分是“解惑”，是利类思解答当时国人关于狮子是否曾经入华的问题：

客有疑前所云中华从未见活狮，今据传言见者已二三次。现大内贮狮子皮。答曰：凡事宜考理之所据，非但传言之所闻。传言可讹，考理无谬。狮子至中国，或由陆路，或由水路。由陆路势所不能。盖利未亚洲系狮子生产之地，陆路距中国四万余里。每日最速，不过行八十里，计程将几二一载。但狮子非可以牵策而至，必载于笼内而行。杠抬之夫，至少需四十人，更换之夫亦如之。狮子每日所食生活猪羊，一年计四百余头。况途中多旷野，无处买获，尤须预备。此人畜众多，粮粱刍食浩繁，则知陆路之甚难也。论水路，欧罗巴（即大西洋）洲人、利未亚（狮子生产之地）洲人知有中国。而中国人，知有欧罗巴、利未亚等洲，悉由欧罗巴人从航海而来。抵中国之始，迄今仅二百四十余年。利未亚洲人（即黑人国）系偏僻之方，无货物，无船舶航海，又不与别国交游，何由得进狮子来中国。况其人蠢蒙，复无文字相通，安有进狮之意。即欧罗巴人，其先亦无进狮子之事，至属国所进者，特狮皮而已。则谓活狮之进，自今日始，明矣！客复疑非真狮子。答曰：既云非真狮，请教

① 《狮子说》，页 480—482。

真狮子像貌情性何若有其实据。然后能分别真伪，今不倚愚三次目击，在大西洋西际里亚、意大利亚、依西把尼亚，三国之王，内囿狮子为据。惟稽考古来格物穷理之士，探究诸兽情理，及遗图象，纪录于册，现存在兹，为一一合证，矧册内所绘刻，纪各兽各像，皆与常见诸兽正合，岂狮子独否乎！[①]

中国是否有过活狮呢？答案应该是肯定的。早在西汉时期已有了带翼玉狮的玉雕，荀悦《东观汉纪》中也已有乌弋国出狮子的记载。据说长安城奇华宫附近的兽园中还豢养了“师子”。[②] 西域的贡狮活动在南北朝至隋唐、明代曾经两度形成高峰，并与佛教紧密联系，深入中华文化的民俗与艺术。[③] 特别是明朝郑和下西洋之后，南海西洋的贡狮活动还出现过高潮。据说在紫禁城中有一个辽阔的万牲园，那里饲养了非常多的动物，“有数百头各国国王进贡的狮子”。[④]（图 2 - 13）虽然进贡的狮子很难人工圈养，人工繁殖更无从谈起，但直至明代后期还是有来自西域的狮子进贡，从整个历史来看，拒绝外来贡狮也仅仅持续了很短的一段时间。[⑤] 利类思大肆扬言非洲属于荒外之地，认为那里“无文字相通”，都是一些“蠢蒙”的人，既没有有价值的货物，亦无船舶航海，且又不与世界其他国家交往，因此不可能有狮子进贡中国之事，所以利类思根据康熙朝廷中所贮存的狮皮标本，就以为中国周边属国所进贡的仅仅是狮皮而已，从无真狮子之说法，不是缺乏常识，就是别有用心。《狮子说》的“解惑”部分流露出严重的白人种族主义意识。而且关于“狮子至中国，或由陆路，或由水路”，以为陆路艰难无法完成贡狮，海路在欧洲人之前更从未有过之说，已经史料证明完全错误。郑和下西洋后，还有很多贡狮不由甘肃陆路，而是“假道满剌加，浮海至广东”，通过南海西洋的海路来华，而且明朝贡狮的地区和国家数量很多，一度还形成了贡狮的高潮，明朝廷内“却之”之声四起。[⑥] 利类思是精通汉语、熟悉汉文典籍的西方传教士，而全然不知道明朝通过陆路和海路的大量“贡狮”活动，这一点不免令人感到蹊跷。

① 《狮子说》，页 483—485。

② 林梅村：《古道西风：考古新发现所见中西文化交流》，三联书店，2000 年，页 184—186。

③ 康蕾：《环境史视角下的西域贡狮研究》，陕西师范大学硕士论文，2009 年 5 月；李芝岗：《中华石狮雕刻艺术》，百花文艺出版社，2004 年。

④ [法] 阿里·玛扎海里著，耿昇译：《丝绸之路——中国—波斯文化交流史》，新疆人民出版社，2006 年，页 10。

⑤ 如明成化年间，有西域进贡狮子的使臣，要求朝廷大臣出迎，朝廷内部反对之声并起。《咸宾录·西夷志》卷三“撒马儿罕”：“成化十九年，阿黑麻王贡二狮子。使请大臣出迎。郎中陆容言：‘狮子之为兽，在郊庙不可以为牺牲，在乘舆不可以备驭服，理不宜受。’礼部周洪谟亦以为不可令官出迎。诏遣中官迎之。狮子日食生羊二，醋酣、密酪各二瓶，官养狮人，光禄日供给焉。弘治二年，遣使贡狮子。夷人所过，横为侵扰。给事中韩鼎上言：‘珍禽异兽，非宜狎玩，且供费不赀，宜罢遣之。’未几，广东布政陈选上言：‘撒马儿罕使臣怕六湾贡狮子，欲以广南浮海往满剌加更市狮子入贡。不可贵异物，开海道利贾胡，贻笑安南诸夷。’三年，由南海贡狮子。礼官倪岳言：‘南海非西域贡道，请却之。’自后贡皆从嘉峪关入，嘉靖中，其国称王者五十三人，皆遣人入贡。”罗曰褧著，余思黎点校：《咸宾录》，中华书局，2000 年，页 73。

⑥ 康蕾：《环境史视角下的西域贡狮研究》，页 35—38、58。

三、《狮子说》的原本是否为亚特洛望地的《动物学》

《狮子说》正文开篇有"兹据多士试验，暨名史纪录，而首宗亚利格物穷理之师，探究诸兽情理本论云"，可见该书来源比较多，有若干学者的实验观察和著名的历史著述，其中最重要的当然是格物穷理之师"亚利"关于"诸兽情理本论"。"亚利"是何人？方豪认为书中的"亚利"为"亚特洛望地"，查维基百科，亚特洛望地（Ulisse Aldrovandi，1522—1605，今译阿德罗范迪）是成长在意大利文艺复兴时代的博物学家，出生在意大利博洛尼亚（Bologna）的一个贵族家庭，后在博洛尼亚和帕多瓦大学学习人文科学和法律。他对哲学、逻辑学，以及医学等，都有浓厚的研究兴趣。1553年他获得了医学和哲学学士学位，1554年起在博洛尼亚大学教授逻辑、哲学和数学，1559年晋升为哲学教授，并在1561年成为博洛尼亚第一位教授自然科学的教授。1549年6月，他被教会中拥护反三位一体论者和再洗礼派的卡米洛雷纳托指控为异端邪说而被捕，被软禁在罗马，直到1550年4月才被释放。期间他结识了许多当地学者，在半囚禁岁月里，他钻研植物学、动物学和地质学。1551—1554年间，他组织了在意大利山区、农村、海岛等地的几次探险，采集植物和收集标本。1568年，在他的努力下还创建了公共植物园。他一生收集了7 000种标本，1595年完成了研究这些标本的著作。并将自己收集的4 000多种标本，捐赠给博洛尼亚大学。1577年，教皇格里高利十三世要求博洛尼亚当局恢复了他的公职，并给予资金援助，以资助其著作出版，如*Monstrorum Historia*（1642年）等。亚特洛望地的许多作品都是关于自然的历史，他着力恢复"古代学术"，也注重实验观察，如详细观察孵化的鸡胚及其一天发生的变化等，这些著述中都包含有精致的铜版雕刻。亚特洛望地一生著述甚多，除上述与动物相关的《动物志》（*Historia animalium*）一书外，还有《Ornithologiae，一种历史上的鸟》（*Ornithologiae, hoc est de avibus historia*，Bologna，1599年）、《历史上的四足动物及其他》（*Quadrupedum omnium bisulcorum historia*，Bologna，1621年）、《蛇和龙的自然史》（*Serpentum, et draconum*，Bologna，1640年）、《怪兽历史与相关动物的历史》（*Monstrorum historia cum Paralipomenis historiae omnium animalium*，Bologna，1642年）等。[①] 所谓"探究诸兽情理本论"究竟来自何书呢？方豪称《狮子说》一书是来自其《生物志》一书，赖毓芝认为其实就是亚特洛望地总共十三册的巨著《动物志》（*Historia animalium*）中的相关内容。[②]

① http://en.wikipedia.org/wiki/Ulisse_Aldrovandi。相关评论参见[英]丹皮尔著、李珩译《科学史及其与哲学和宗教的关系》，商务印书馆，1975年，页176。

② 赖毓芝：《图像、知识与帝国：清宫的食火鸡图绘》，《故宫学术季刊》第29卷第2期（2011年冬季号），页1—76。

方豪尚未比对过亚特洛望地著述中关于狮子和《狮子说》中的具体内容，这里似乎也仅仅只是一种假设。“亚氏”也无法成为“亚特洛望地”(Aldrovandi)的略称，笔者所见明末清初很多传教士汉文西书中的“亚利”和“格物穷理之师”，更多情况下是指“亚里士多德”，如艾儒略《职方外纪》译“亚利斯多”，傅泛济和李之藻的《寰有诠》译“亚利斯多特勒”，多明我会传教士赖蒙笃的《形神实义》中译“亚利”或“亚利斯多”。亚里士多德(前384—前322年)，古希腊哲学家、科学家和教育家，柏拉图的学生，亚历山大的老师，被誉为是古希腊哲学家中最博学的人物。作为一位最伟大的、百科全书式的科学家，亚里士多德对世界的贡献无人可比，他对哲学的几乎每个学科都作出了贡献。他的著述涉及伦理学、形而上学、心理学、经济学、神学、政治学、修辞学、教育学、诗歌、风俗，以及雅典宪法。他生长于医学之家，对生物学有浓厚的兴趣，所著《动物志》《动物之构造》《动物之运动》《动物之行进》《动物之生殖》等，对500多种不同的动植物进行了分类。他在父亲那里学到了解剖技术，大约解剖了50种不同动物，还从牧人、猎手、捕鸟者、药商和渔夫那里获得他需要的知识。[①] 不难得出结论，亚里士多德是将生物学分门别类的第一人，生物学史上的各个方面几乎都得从其开始。亚里士多德对狮子进行过详细的观察，且有过很多论述，其在《体相学》一篇指出，狮子是凶猛动物的代表，“软毛发者胆小，硬毛发者勇猛。……狮子和野猪最勇猛，其毛发也最硬。……勇猛的动物却声音低沉，怯懦的动物则声音尖细”，狮子也是一个例子。[②] 他还专门研究过狮子的外形骨骼，认为狮子和狗“腰细”，“最善狩猎”；而性格上狮子“脖子大而不粗，则大度”。“鼻端圆凸光滑者，慷慨大方，狮子就是这样”，并认为“肤色居中者趋于勇猛，黄褐色毛发者有胆量，譬如狮子。……眼睛不呈灰白色，而是明亮闪烁者有胆量，譬如狮子和鹰”。他多次强调狮子的“大胆”和“大度”，如“脖子背面多毛者是大度，譬如狮子”，“毛端卷曲者则趋于有胆量，譬如狮子。在靠近额头的脸部生有向后卷曲的毛发者大度，狮子就是这样”，“两肩朝前耸动者是大度的，譬如狮子”。[③]《体相学》有一段关于狮子外形的描述，与利类思的《狮子说》中“狮子形体”文字颇为相似：

> 在所有的动物中，狮子显得具有最完全的雄性动物的特性。因为狮子的嘴很大，脸盘方正，也不很瘦，上颚虽不突出，却与下颚相互吻合，鼻子虽不够精巧，却也厚实，闪烁深陷的双眼，不大不小，既不显露狂暴，也不流露忧虑。浓郁的眉毛，方阔的额头，自额头中间向下眉头与鼻孔之间略微凹陷，凹陷的地方犹如一团阴云。自额头到鼻端的毛发，真像马的鬃毛，头的大小适中，脖子长而厚实，上面覆盖有褐

---

① [英] W. D. 罗斯著，王路译：《亚里士多德》，商务印书馆，1997年，页124—141。
② 苗力田主编：《亚里士多德全集》第六卷，中国人民大学出版社，1995年，页20、41。
③ 同上书，页50、54。

色的毛发，毛发不很直立，也不太卷曲，锁骨部位连得不紧，比较容易分开，肩膀强壮，胸脯结实有力，体阔膀宽，肋骨与背部也很阔大，臀部与大腿不很肥胖，却活动灵便。腿脚肌肉强壮发达，行走有力，整个身子关节灵活，肌肉发达，既不太干硬，也不很湿软，行走不快，但步子较大，走动时双肩来回晃动。以上则是狮子的体相特征；至于狮子的魂，则是宽容、大度、慷慨、好胜、温和、正直，与同伴友善。[①]

亚氏名著《动物志》(*Historiae Animalium*)一书中有多处论述“狮子”，如“雄狮与雌狮后向媾合。……它们不是全年各季均可交配而产子的，每年只是一度交配”。并称这种动物素以稀少著称于世，全欧洲仅在卡拉苏河(Karassú)、两河之间一带的山林中有。该书指出：“狮，与其他一切锯齿猛兽一样，是肉食的。它吞噬食物，颇为贪狠，常整只动物囫囵咽下，不先撕碎；由于这种暴食而滞积，随后它就接着二三日间不再进食。狮饮水甚少。粪秽量少，每日一次或不定时，粪干而硬固如狗粪。狮从胃中发出的气息有剧臭，其尿也有强烈的气息，顺便提到，狮子足而遗溺，这也像狗。它嘘气在所持的食物上，食物便沾染着强烈的气息。”[②]将这一段与利类思《狮子说》中“狮子性情”的“食多则二三日不食，肥肉不食。狮剩余之肉，百兽不食，为有狮子气。……饮水少，出粪最臭、最少、最干硬，撒尿仰足如狗”相较，两段文字颇为相似。《动物志》一书中还称：“在狩猎中，它若暴露在旷野而为人所见时，从不表现惊恐的意态，也不奔跑，即便为大群的猎人所迫而退避时，它也一步一步，从容不迫地却行而去，还时时掉首回顾那些追逐它的猎人。可是，它一进入有所荫蔽的丛林，随即疾驰，迨穿过林区重入旷野，它又回复慢步的退却。”[③]此段几乎是“狮见打围者视之，不惧不逃，多众迫之，无奈而退，亦徐徐而行，每行三五步，一歇一回头。到树林处所，无人看见，始速行跑走。至于平原旷野，则逞其猛健，亦慢慢行”的译文了。还有：“另一谓狮注视于那个出手攻击它的猎人，纵身扑向这一猎人。倘这猎人虽向它刺枪，而未曾刺中，那么狮虽然跃起而抓住了这猎人，它也不抓伤他，只是把他摇晃几下，吓唬一阵，便又放开他了。狮既年老力衰，齿牙渐渐消磨，已不能逐取它们惯常攫食的野兽时，就不免侵袭牛栏而攻击人类。”[④]此段比较“狮子性情”中“咬抓人，皆流黑血，被伤者，极难痊愈，或射箭不中其体者，惟向前吓倒之而不杀伤。……一兵士，放箭射之不中，两狮已去，惟射不中之狮不走。马驰将近狮，复用标枪刺之，又不中。枪仅在狮首飞过。此兵士即坠马，滚于地，狮扑将过来，止抓其盔甲，而不伤其人，后乃去。盖狮子之情，为人伤他与不伤他，其报复亦如之”，以及“狮老

① 苗力田主编：《亚里士多德全集》第六卷，页48。
② [古希腊]亚里士多德著，吴寿彭译：《动物志》，商务印书馆，2010年，页311、357。
③ 同上书，页472。
④ 同上书，页473。

无牙，无能攫兽，有进城食人”，后者几乎也是前者的编译文字了。

按照《狮子说》“解惑”一节称，利类思曾经在“西际里亚”（Sicilia，今译西西里）、意大利和西班牙三地见过圈养的狮子。15—17世纪的意大利贵族有在城堡中饲养大动物的传统，如费拉拉公爵、卡拉布里亚公爵、佛罗伦萨的梅第奇和罗马的托斯卡纳大公爵等，狮子是当时那些国王贵族最喜欢的大型猫科类动物。① 同时利类思也广泛地参考过“古来格物穷理之士，探究诸兽情理”的著述和图像文献，16世纪前欧洲尚无具有近代自然史意义上的动植物专著，稍微可称系统的记述主要是亚里士多德的《动物志》和普林尼的《自然志》（*Naturalis Historia*），16世纪中叶才有了包括有各式各样的文献、观察、写作和图版的 *Historia Animalium*，该书系瑞士苏黎世医生及自然史学者格斯纳（Konrad Cessner）于1551—1558年间出版的一套四大本的动物志巨著。之后即前述意大利亚特洛望地（Ulisse Aldrovandi，1522—1605）所编辑的《动物志》（*Historia Animalium*）。② 作为中世纪天主教教义理论基础的亚里士多德学说，不能不受到耶稣会士利类思的重视。亚里士多德的《动物学》这样的名著，也应该是当时欧洲传教士在求学时代的基本读本，格斯纳、亚特洛望地关于狮子的著述中当然也包括有亚氏动物学的若干材料，因此，我们似乎可以说，利类思的《狮子说》是首次将“格物穷理之师”亚里士多德关于狮子的学说，传入了清朝时期的中国。

四、《狮子说》与基督教文化的象征符号

在西方文化中，动物被认为是具有感情、伦理、思想和智慧的，亚里士多德就指出过，草木、鸟兽、虫鱼无一不是自然的杰作，宇宙间所有生物都各有其繁殖方式、营养系统和感觉功能，且每一动物各涵存有美善与神明的灵魂，人类在本性上仅仅是一种志趣优良的动物而已。③ 利类思在《狮子说》一书的序言中反映了西方文化的这种观念，甚至认为人类有必要向动物学习很多“巧法”：

> 尝观寰宇诸物，岂非一大书？智愚共览乎！愚者惟视其外形观悦而已，智者则不止于外形，反进而求其内中蕴义，如不识字者，独观册内笔画美好，识者不但观字

① ［法］埃利克·巴拉泰等著，乔江涛译：《动物园的历史》，页5—7。

② 赖毓芝：《图像、知识与帝国：清宫的食火鸡图绘》，载《故宫学术季刊》第29卷第2期（2011年冬季号），页1—76。蒋硕博士曾经详细比对，确定《狮子说》中有许多篇章，如“狮子性情”中关于老狮子的一段，“借狮箴儆”一节中有众多的格言和警句，系直接译自格斯纳《动物志》。参见氏著《利类思〈狮子说〉底本考》，陶飞亚主编，肖清和执行主编：《宗教与历史》2020年第13辑。还可参见胡文婷《耶稣会士利类思〈狮子说〉拉丁文底本新探》，《国际汉学》2018年第4期。

③ ［古希腊］亚里士多德著，吴寿彭译：《动物四篇》，页Ⅸ—Ⅹ。

画之精美，且又通达其字文所讲之理焉。盖受造之物，不第为人适用养肉躯，且又授学养灵性，引导吾人深感物元，勿负生世之意，即特仰观飞禽、俯视走兽，无灵觉类，愈训我敦仁处义积德之务，如于君尽忠，于父尽孝，于兄尽弟，夫妇尽爱，朋友尽信。试看蜂王争战，群蜂拥护，至于亡身不顾，示有君臣之分；狮子养父，获兽吼招父同食，狮之父保其子，虽伤不避，此存父子之亲；各兽不杀同类，显兄弟之爱；鸽子、鸳鸯一匹不相渎乱，雁失偶不再配，是守夫妇之节；一鸦被击，众鸦齐集护噪，此有朋友之义。至论其各德，亦足训人。蜂王虽有针刺而不用，指治国刑措之化；蝼蚁夏运收、冬积贮，示人勤劳预图之智；又死蚁必带入穴藏埋，示安葬暴露之仁。狮子不杀蹲伏者，即宽恕归顺之诚；蜂采花作蜜而不伤果实，犹之取公利而不害理义。群雁同宿，必轮一醒，守以待外害。兔营三窟，以断猎犬嗅迹，皆保身防盗之策。飞鸟构巢，外取坚材，内取柔物；蜘蛛结网，经纬相错，一以为作住之宫室，一以为织造文绣之服，或趋利避害且有巧法。吾人多有取焉。[①]

作为众兽之王的狮子在世界各个地区，特别是非洲、亚洲和欧美等地的古代政治、宗教和文化生活中扮演着极为重要的权力装饰和象征角色。在西方文化中，大多属于正面的形象，代表了高贵、勇猛、力量、气度等品质，不仅是这些地区的政治、宗教和社会生活十分频繁的动物主题，也经常是王权的象征。希腊、罗马时代狮子象征着勇气、坚持和胜利，是神庙和墓地的守护神。[②] 狮子也是基督教动物的象征符号之一，狮子象征基督，源自古代神话，认为幼狮出生时是死的，三天后复活，令早期的基督教徒联想到耶稣的复活。中世纪人坚信狮子是睁着眼睛睡觉的，因此也把狮子视为警醒的象征。[③]也可能因为狮子乃百兽之王，无比勇猛，托玛斯 · 阿奎那曾引申《圣经 · 新约》中狮子的象征意义，指出由于狮子的威猛特性，它可以表示基督，亦可代表魔鬼。[④] 另外在新约时代，狮子虽然在消失，但在古代口传作品的影响下，仍然以狮子表示传奇人物。如基督教文化的象征系统中，狮形表示马可（Mark，又译马尔谷），又名约翰，生于耶路撒冷的富有之家，是巴拿巴（又译圣巴尔纳伯）的表弟。因家中常有信徒集会受到感动而信从耶稣，他多次参与出外传教活动，先后到过罗马、塞浦路斯、耶路撒冷等地，最后成为埃及亚历山大里亚城的首任主教。马可是《新约》第二卷《马可福音》的作者，圣教会每年四月二十五日庆祝他的瞻礼，并认他是一位为主殉道的圣史。《马太福音》第三章形

① 《狮子说》，页 467—469。

② 陈怀宇：《动物与中古政治宗教秩序》，页 258—272。

③ 丁光训、金鲁贤主编，张庆熊执行主编：《基督教大辞典》，上海辞书出版社，2010 年，页 572。《圣经》中关于大狮子和小狮子的隐喻见之《旧约全书 · 创世纪》第四十九章，参见中国基督教协会印发《新旧约全书》，南京爱德印刷有限公司版，页 63。

④ ［英］贡布里奇著，范景中译：《象征的图景》，上海书画出版社，1990 年，页 31。

容他身着骆驼毛的衣服，腰束皮带，吃蝗虫、野蜜，在犹太的旷野传道，不畏艰险宣讲基督来临。他在旷野中发出人声的呼号："预备主的道，修直他的路。"①因此艺术家将马可比作旷野中带有翅膀的咆哮的狮子，据说马可埋葬在意大利威尼斯，所以翼狮也成为该城的城标，身生双翼狮子在意大利威尼斯代表着威武和有某种超自然的能力，整个城市是有许多狮子的狮城，城徽就是一头狮子拿着一本《马可福音》。利类思《狮子说》"狮子性情"一节和艾儒略《职方外纪》、南怀仁《坤舆图说》都提及了狮子性情中"傲"的特征，也是为了呼应来华传教士解释基督教七宗罪中的第一宗"傲慢"时，以狮子为例。

很难想象，长期在华传教和游走在四川至北京广阔空间内的利类思，会看不见中国各地无处不在的石狮雕刻，会完全不了解中国文献中通过丝绸之路的陆路进贡狮子的实例，他也应该注意到狮子在佛教文化中的象征意义。众所周知，在华天主教传教士完成了"弃僧从儒"后是一直把佛教作为自己主要的攻击目标，他企图用证伪法告诉中国人：狮子并不存在于中亚地区，强调狮子生产之地仅在"利未亚"（非洲），称"载于笼内而行"的狮子，由轮流更换的40位"杠抬之夫"，通过"距中国四万余里"的陆路来华没有可能。故意抹杀这些"贡狮"材料，实际上有借之告诉国人，佛教史上所讲述的僧侣与狮子的故事都是杜撰的神话，中国长期以来所谓贡狮的历史并非信史，与佛教相关联的狮子其实只是一张"狮子皮"而已，因此也就动摇了佛教将狮子与佛陀本人世系勾连，以将禅定三昧境界视为狮子奋迅三昧，以弘法为狮子吼的所谓佛陀之力量，也变得缺乏依据，早期佛教中狮子的形象以及狮子与佛的紧密联系理所当然地发生了动摇。② 于是，"狮文化"就变得属于欧洲所独有，即使生产狮子的利未亚（非洲）的黑人也全然不知晓狮子所附带的基督教文化的意义。他强调："诸如此类无知蠢物，非造物主具有全知默赋，岂能然哉！今述狮之像貌、形体及其性情、力能，不徒以供观玩畅愉心意而已，要知天地间有造物大主化育万物、主宰安排，使物物各得其所，吾人当时时赞美感颂于无穷云。"③在基督教传统中，驯化傲气的狮子则是基督教圣徒的力量的象征，由此利类思写作《狮子说》一书，实现了他要中国人"知天地间有造物大主化育万物、主宰安排，使物物各得其所"的深意，也把"吾人当时时赞美感颂"的真正意义揭示了出来。正是从这种意义上，我们可以理解，为何在澳门天主教教堂建筑大三巴的牌坊之第三、四层，左右两端会出现石狮子雕像。这几个石狮子造型别致、姿态生动，有着中国民间舞狮的活泼风

---

① 中国基督教协会印发《新旧约全书》，页3。

② 阿里·玛扎海里也指出：明末沿着陆路来华的耶稣会士鄂本笃也曾出于宗教的仇视，指责穆斯林教徒是骗子，企图证明穆斯林的贡品，包括狮子都是假货，但在明朝时这样的宣传并不能奏效，因为明朝人对此了如指掌，葡萄牙人和耶稣会士是在与大清打交道时才取得了一定的成功，因为满族人是一些天真的胡人，他们尚不了解中央帝国的经济和外交传统。[法] 阿里·玛扎海里著，耿昇译：《丝绸之路——中国—波斯文化交流史》，页11。

③ 《狮子说》，页469。

格，耶稣会教团允许澳门的雕刻家们把狮子像引入其教堂的前壁，并非单纯从艺术装饰性的角度出发，在传教史上，艺术总是传教的附庸，天主教义的传播才是目的。正如利类思一般，天主教耶稣会的终极目标，都是要通过将国人喜欢的狮子，纳入天主教的神学体系，以利于天主教的在华传播。

五、本章小结

狮子不是中国本土的动物，国人最早认识的狮子形象并非真实的狮子，而是艺术形象的加工品。尽管有东汉以后的西域贡狮活动，但国人仍少有机会亲眼目睹狮子的形态。南北朝隋唐时期，随着佛教的传播和流行，狮文化也越来越深地进入国人的生活，其形象为广大民众所熟悉和喜欢，但是其真实模样总是或隐或显，因为菩萨座下或假借为舞蹈道具的狮子，多半是巨首大眼的灵兽怪物。经过漫长的文化咀嚼，狮子作为瑞兽的佛教艺术也渐为中国文化艺术所吸收，发展成一种祥瑞的神兽而进入宗教雕塑、皇家绘画和民间艺术，甚至融入民俗文化之中。换言之，在中国古代相当长的时期里，关于狮子的传说掩盖了对此一动物的学理认知。古人也乐意从政治角度和文学角度发出对此一神兽形状、习性的各种贡狮赋赞，而关于这一神兽的描摹记述，大多与为天朝盛世歌功和德及远方颂德的礼赞相结合，并未有上升到动物学理性的知识介绍。而从亚里士多德的《动物学》起，西方开始就动物学知识寻求其严密的体系和发展脉络。明末清初来到东亚的传教士的著述，如罗明坚的《天主实录》、高母羡的《无极天主正教真传实录》、艾儒略的《职方外纪》等，都多少为中国传入了若干西洋生物学和动物学的知识，内容包括各种动植物的特征、习性、繁殖等，但是大多属于宗教书籍或地理书籍的附带知识。其中关于狮子的描写，从天启三年(1623)最早刊行的艾儒略的《职方外纪》卷三《利未亚总说》关于狮子的描述，[1]到康熙十三年(1674)南怀仁《坤舆图说》的简要介绍，[2]关于狮子的知识积累非常有限，而与康熙时期贡狮活动相伴随的《狮子说》，较之艾儒略和南怀仁的介绍要全面和丰富许多，堪称清初一篇欧洲“狮文化”的简明百科介绍，也是比较系统介绍西方动物学和狮子知识的第一部汉文西书。

---

① “地多狮，为百兽之王。凡禽兽见之，皆匿影。性最傲，遇之者若亟俯伏，虽饿时亦不噬也。千人逐之，亦徐行；人不见处，反任性疾行。惟畏雄鸡、车轮之声，闻之则远遁。又最有情，受人德必报之。常时病疟，四日则发一度。其病时躁暴猛烈，人不能制，掷之以球，则腾跳转弄不息。其近水成群处颇为行旅之害。昔国王尝命一官驱之，其官计无所施，惟擒捉几只，断其头足肢体遍挂林中，后稍惊窜”(《职方外纪校释》，页105—106)。

② 南怀仁《坤舆图说》卷下“异物图说”：“利未亚州多狮，为百兽王，诸兽见皆匿影，性最傲，遇者亟俯伏，虽饿不噬。千人逐之，亦迟行，人不见处，反任性疾行。畏雄鸡车轮之声，闻则远遁。又最有情，受人德必报。常时病虐，四日则发，一度病时，躁暴猛烈，人不能制，掷以球，则腾跳转弄不息。”《坤舆图说》刊刻于1674年，(台北)“中研院”傅斯年图书馆藏有署明时间为1674年版。

利类思试图通过《狮子说》来传播西方的动物文化，特别是基督教动物知识。值得注意的是，亚里士多德《动物学》中关于狮子的知识，最早也是通过该书比较完整地输入中国。较之以往佛教文献中关于狮子的记述，该书在更广的范围内讨论了狮子这一动物的外在形象、动物特性，并通过关于狮子的有趣故事，使读者获得了动物德性的象征意义，进而从文化层面讨论因狮子而生成的“警语”，并从基督教传播的角度切入，对狮子进行进一步的阐发和诠释，试图打破佛教文献中狮子与佛教的联系，并通过所谓的考证质疑历史上通过陆路贡狮的可靠性，期望通过《狮子说》来重新塑造传统中国虎文化之外的又一个百兽之王，通过康熙时期葡萄牙入贡与《狮子说》的编译在中国开创基督教系统叙述狮文化的新传统。

第三编　典籍中的动物知识与译名

第七章

“化外之地”的珍禽异兽：“外典”与“古典”“今典”的互动

——《澳门纪略·澳蕃篇》中的动物知识

印光任、张汝霖于乾隆十六年(1751)完成的《澳门纪略》(或作《澳门记略》,同年有皖地“西阪草堂藏板”的原刊本),[①](图3-1)介绍了澳门的历史、地理风貌、中西文化、风俗民情等,并附有21帧插图和400多条中葡对照词语,是中国,也是世界历史上第一部系统介绍澳门史地的汉籍。[②] 该书分上下两卷,是著者“历海岛,访民蕃,搜卷帙”,搜集了大量有关澳门地方的第一手资料编成。上卷为《形势篇》和《官守篇》,《形势篇》着重介绍澳门及其周围地方的地理风貌、气候潮汐及布防位置等,并附有澳门海图,比较接近中国传统方志的著述体裁;下卷为《澳蕃篇》,这一部分比较特别,纂修者以澳门作为放眼世界的窗口,以简明扼要的文字,利用明清西方传教士有关世界知识的汉文资料,详述外蕃和寄居澳门的西洋人的贸易、宗教、文化和习俗,也较为详细地介绍了西方的人种语言、物产技艺、宗教信仰和风俗民情等,该篇堪称当时中国人描述西方事物最为详细的记载之一。(图3-2)在此之前明清学人有一些描述澳门的专篇,如嘉靖年间叶权的《贤博编·游岭南记》、万历年间王临亨的《粤剑编·志外夷》、康熙年间陆希言的《墺门记》和乾隆年间薛韫的《澳门记》等,相较而言,《澳门纪略》亦可谓明清中国人关于

① 吴志良:《〈澳门记略〉影印本前言》,印光任、张汝霖、祝淮等:《澳门记略 澳门志略》,国家图书馆出版社,2010年,页1。赵春晨认为《澳门纪略》原刊本的出版时间,最迟应不晚于乾隆五十四年,比较准确的说法应该是乾隆中期,即18世纪50—80年代之间,参见氏著《关于〈澳门纪略〉乾隆原刊本的几个问题》,载《文化杂志》(中文版)1994年第19期,页134—135。收入赵春晨《岭南近代史事与文化》,中国社会科学出版社,2003年,页385—389。

② 迄今为止,关于《澳门纪略》最为系统的研究是章文钦《〈澳门纪略〉研究》(原载《文史》1990年第33辑,中华书局;氏著《澳门历史文化》,中华书局,1999年,页271—310)。由于《澳门纪略》的“官守篇”和“澳蕃篇”分别收入了明蒋德璟《破邪集序》和清张伯行的《拟请废天主堂疏》两篇反教文字,因此,《澳门纪略》曾被方豪认为属“仇教书”[方豪:《中西交通史》(下),页718]。相关论文还有汤开建《印光任、张汝霖与澳门》,载氏著《明清士大夫与澳门》,澳门基金会,1998年,页219—240。

澳门记述最为翔实的一本研究论著。

《澳门纪略》一书是否属于地方志，学界有不同的看法。或以为是一部类似“方略”的宣扬编者“弹压澳夷”的军功之作。① 西方物产传入中国，是明清中西文化交流史的重要方面。② 遗憾的是，关于《澳门纪略·澳蕃篇》中所载西洋禽兽、虫鱼等动植物知识，少有专文讨论。赵春晨在《澳门纪略校注》一书中已经指出，有不少动物如“斗羊”“草上飞”“驼鸡”“火鸡”等，系来自黄省曾的《西洋朝贡典录》；“倒挂鸟”等来自费信的《星槎胜览》；“獴猜”来自屈大均的《广东新语》。③ 汤开建《天朝异化之角：16—19 世纪西洋文明在澳门》第五章第四节“澳门外来动植物的引入及动植物学研究”也专门讨论进入澳门的外来动物，如认为“獴猜”是一种捕鼠的动物，产于东南亚，其中以泰国产的为最好，葡萄牙人将之引进澳门；还讨论了“西洋鹦鹉”“绶鸡”“倒挂鸟”等禽鸟，但该书仍未正面回应《澳门纪略》中记述的外来动物。④《澳门纪略·澳蕃篇》中的“禽之属”“兽之属”“虫之属”和“鳞介之属”几个部分中所涉及的各种珍禽异兽甚多，学界对之至今尚未有专门讨论。

《澳门纪略·澳蕃篇》所载的西洋物产，包括禽兽、虫鱼、草木等多达 70 余种，其中有些是依据传统古籍的资料，有的是根据实地观察，属于第一次记载，而更多的内容，则是源自西方传教士的汉文西书。本章拟对其中域外世界的飞禽、异兽和虫鱼等进行若干分析，重点在考辨这些来自异域新动物的知识来源，并就《澳门纪略》在传送域外动物知识上的一些特点，予以初步分析。

一、“禽之属”中的“珍禽”

《澳蕃篇》“禽之属”记有“五色鹦鹉”“倒挂鸟”“鸡类”“驼鸡”“火鸡”“绶鸡”“鸭”“无对鸟”“厄马”“巨鸟”“骆驼鸟”等 11 种鸟类。本节重点讨论的有“火鸡”“无对鸟”“厄马”

---

① 吴志良：《〈澳门记略〉影印本前言》，印光任、张汝霖、祝淮等：《澳门记略 澳门志略》，页 1。

② 汤开建《天朝异化之角：16—19 世纪西洋文明在澳门》（暨南大学出版社，2016 年）一书，对于确定出现在澳门的动物有较为详细的讨论。另可参见德国普塔克（Roderich Ptak）著，赵殿红、蔡洁华等译《普塔克澳门史与海洋史论集》（广东人民出版社，2018 年），该文集中有若干篇章与本章研究相关，如《〈澳门记略〉中的鸟类记载》《中欧文化交流之一面：耶稣会书件里记载的异国动物》《香山动物历史一瞥：嘉靖〈香山县志〉里的羽类研究》等。

③ 赵春晨校注：《澳门纪略校注》，澳门文化司署，1992 年，页 136、162—163。澳门土生汉学家高美士（Luis Gonzaga Gomes，1907—1976）之《澳门记略》葡语全译本 1950 年在澳门初版，1979 年在里斯本重印。金国平积十年之功，所作之葡语新译本已于 2009 年由澳门文化局刊印。金译本《澳门记略》（*Breve Monografia de Macau*，Rui Manuel Loureiro 修订）以赵春晨校注本为基础，新增 1 000 余条注释。连同原注，总数达 1 908 条。《澳门记略》所记葡人种种内容，不无误解失实之处，甚至多有荒唐不经之说。金译本针对涉外事物，逐一详考，乃最新、最全面系统考证的版本。［德］普塔克（Roderich Ptak）著，罗莹译：《澳门典籍的国际化——葡语版〈澳门记略〉评述》，《澳门研究》总第 60 期，2011 年第 1 期，页 98—100。

④ 汤开建：《天朝异化之角：16—19 世纪西洋文明在澳门》，暨南大学出版社，2016 年，页 837。

“巨鸟”和“骆驼鸟”等珍禽。

《澳蕃篇》所记“火鸡”:“毛纯黑,毵毵下垂,高二三尺,能食火,吐气成烟。又鸡大如鹅,羽毛华彩,吻上有鼻如象,上属于冠,可伸可缩,缩止寸余,伸可五寸许,嗉间无毛,有物如瘿,平时嗉与冠色微蓝,怒则瘿起而冠赤,血聚于鼻,垂垂自下,尾张如孔雀屏。雌者如常鸡差大,谓之异鸡。”①此段文字可能是对随郑和下西洋的马欢《瀛涯胜览》和比利时传教士南怀仁《坤舆图说》两种资料的综合。马欢《瀛涯胜览》“旧港国”条中有关于火鸡的精准记述:“又出一等火鸡,大如仙鹤,身圆簇颈,比鹤颈更长,有软红冠似红帽之状,二片生于颈中。嘴尖,浑身毛如羊毛,稀长,青色。脚长,铁黑色,其爪甚利,亦能爪破人腹,肠出即死。好吃麸炭,遂为火鸡。用棍打击,猝不能死。”②《坤舆图说》有“白露国鸡”:“亚墨利加州白露国产鸡。大于常鸡数倍,头较身小,生有肉鼻,能缩能伸,鼻色有稍白,有灰色,有天青色不等。恼怒则血聚于鼻上,变红色。其时开屏如孔雀,浑身毛色黑白相间。生子之后不甚爱养,须人照管,方得存活。”③上述“火鸡”和“白露国鸡”,按其形态和习性,显然指食火鸡(Casuarius,又称鹤鸵),产于澳洲及新几内亚。赖毓芝认为,食火鸡与非洲鸵鸟、南美三指鸵、澳洲鸸鹋等同属大型走禽动物,亦即乾隆时杨大章所绘《额摩鸟图》中的“额摩鸟”。④ 火鸡,拉丁语为“Turcia”,又名“食火鸡”“吐绶鸡”,原产于北美洲东部和中美洲,体型比一般鸡大,雌鸟较雄鸟稍矮,颜色较不鲜艳。火鸡中体型最大的,身高可达 1.5 米,发情时扩翅膀成为扇状,肉瘤和肉瓣由红色变为蓝白色。公火鸡非常好斗,人畜接近时,公火鸡会竖起羽毛,肉瘤和皮瘤变色以示自卫,故又名“七面鸟”。食火鸡的距,⑤状如匕首,确能“破人腹”,是唯一已知可致人命的鸟类。由于肉质鲜美,是西方人的佳肴,尤其在感恩节时是西方餐桌上一道菜。⑥

《澳蕃篇》记有:“有鸟无足,腹下生长皮如筋,缠于树枝以立,毛五彩,名无对鸟。”赵春晨称“此不知所指何鸟”。⑦ 其实这一段明显来自《坤舆全图》或《坤舆图说》。《坤舆全图》将“无对鸟”画在东半球“新阿兰地亚”岛上,文字记述为:“爪哇岛等处有无对鸟,无足,腹下有长皮,如筋缠于树枝以立身焉。毛色五彩,光耀可爱。不见其饮食,意惟服气而已。”⑧爪哇岛是印度尼西亚万岛之中的第四大岛。“无对鸟”,又名“极乐鸟”“太阳

---

① 赵春晨校注:《澳门纪略校注》,页 161—162。
② 马欢原著,万明校注:《明钞本〈瀛涯胜览〉校注》,页 30。
③ 《坤舆图说》卷下,“丛书集成初编”本《坤舆图说 坤舆外纪》,商务印书馆,1937 年,页 198。按,“白露国”即今秘鲁。
④ 赖毓芝:《图像、知识与帝国:清宫的食火鸡图绘》,《故宫学术季刊》第 29 卷第 2 期(2011 年冬季号),页 1—76。
⑤ “距”是食火鸡的爪子中朝后叉去的那一趾(古人以这一趾为鸟禽的基准趾。二十八宿体系即以“禽距”为测量度数的基准点,在这一点位上的星称为“距星”。二十八宿又称为“二十八禽”,故以禽距作为测量术语)。
⑥ 郑作新:“吐绶鸡”,《中国大百科全书·生物学》,页 1690。
⑦ 赵春晨校注:《澳门纪略校注》,页 162。
⑧ 《坤舆全图》整理本,页 79。

鸟”“风鸟”“雾鸟”，学名 Paradisaeidae，葡萄牙语称 ave do paradiso，西班牙语称 ave del paradiso。paradise 是天堂之意，ave del 是鸟的意思，“无对鸟”是音意合译名。该鸟和鸦鹊类有近缘关系，今主要分布于新几内亚阿鲁群岛及其附近岛屿，以及澳大利亚北部和马鲁古群岛。以果实为食，也吃昆虫、蛙、蜥蜴等。鸣声粗厉，多单个或成对生活。爱顶风飞行，所以又称“风鸟”。大多数种类雄鸟有特殊饰羽和色彩艳丽的羽毛，体态华丽，故又称“天堂鸟”“女神鸟”等，是世界著名观赏鸟。法国自然科学家皮埃尔·贝隆（Pierre Belon，1517—1564）在其 1555 年完成的著作《鸟类的自然历史》（*Histoire de la Nature des Oysseaux*）一书中，称无对鸟不会站在地面的任何物体上，因为它们是在天堂出生的。或曰带到欧洲去的是 1522 年印度尼西亚某国王送给西班牙国王的是两只大天堂鸟的标本。此标本是当地原住民所做，原住民制作时将天堂鸟双脚剪下，保留了尾部 2 条 60 公分的铁线状长饰羽，①因此当时欧洲人误会此鸟“无足”，南怀仁亦受此误导。

《澳蕃篇》记有：“一鸟名‘厄马’，最大，长颈高足，翼翎美丽，不能飞。足若牛蹄，善奔走，马不能及。卵可作杯器，即今蕃舶所市龙卵也。”②该段文字直接编纂自《职方外纪》“南亚墨利加·孛露”：“有一鸟名厄马，最大，生旷野中，长颈高足，翼翎极美丽，通身无毛，不能飞，足若牛蹄，善奔走，马不能及。卵可作杯器，今番舶所市龙卵，即此物也。”③更早的见之于利玛窦绘制的《坤舆万国全图》：“大泥出极大之鸟，名为‘厄�’，有翅不能飞，其足如马，行最速，马不能及。羽可为盔缨，□亦厚大可为杯。孛露国尤多。”④今泰国南部的北大年（Pattani）一带，当时称“大泥”，《坤舆万国全图》上“□亦厚大可为杯”残缺的这个字，可以通过《职方外纪》《澳门纪略》两书确定当为“卵”字。《澳门纪略》注意到厄马所产之“卵”的蛋壳坚厚，可以当做杯子使用，在市场上亦有流通价值。

《澳蕃篇》记有：“又有巨鸟，其吻能解百毒，一吻值金钱五十。”⑤此段显然来自《职方外纪·印弟亚》：“鸟类最多，有巨鸟，吻能解百毒，国中甚贵之，一吻值金钱五十。”⑥但南怀仁在《坤舆全图》中将这一“巨鸟”画在西半球南亚墨利加州上，称作“伯西尔喜鹊”：“伯西尔喜鹊。吻长而轻，与身相等，约长八寸，空明薄如纸。”⑦“伯西尔”即巴西。巴西为鸟的天堂。这里借用了国人常说的喜鹊，而喜鹊体形很大，羽毛大部为黑色，肩

---

① ［美］保罗·斯维特（Paul Sweet）著，梁丹译：《神奇的鸟类》，重庆大学出版社，2017 年，页 189—190；冼耀华：“极乐鸟”，载《中国大百科全书·生物学》，页 671。
② 赵春晨校注：《澳门纪略校注》，页 162。
③ ［意］艾儒略原著，谢方校释：《职方外纪校释》，页 123。
④ 《利玛窦中文著译集》一书中本段文字中“厄蟇”作“厄蟇”（页 208）。
⑤ 赵春晨校注：《澳门纪略校注》，页 162。
⑥ ［意］艾儒略原著，谢方校释：《职方外纪校释》，页 40。
⑦ 《坤舆全图》整理本，页 38—39。同样的文字还收入清人陈梦雷所编《古今图书集成·博物汇编·禽虫典》第 53 卷“异鸟部”（《古今图书集成》第 519 册，叶三十一至三十二）。

腹部为白色,没有特别长的嘴巴(吻)这一特征。

《澳蕃篇》记有:“骆驼鸟,首高于乘马之人,行时张翼,大如棚,腹热能化铁。”[①]《坤舆全图》西半球“南亚墨利加洲”绘有“骆驼鸟”:“骆驼鸟。诸禽中之最大者,形如鹅,其首高如乘马之人,走时张翼,状如棚,其行疾之如马。或谓其腹甚热,能化生铁。”“腹热能化铁”一句还可能来自严从简《殊域周咨录》卷八《满剌加》:“火鸡躯大如鹤,羽毛杂生,好食火炭,驾部员外张汝弼亲试喂之。”[②]吃了很多火炭,腹腔内一定很热,于是就有了“能化生铁”一说。

二、“兽之属”中的“异兽”

《澳蕃篇》“兽之属”记有“象”“犀”“狮”“黑熊”“黑猿”“白麂”“白獭”“小白牛”“小鹿”“狗”“般第狗”“獴狷”“海鼠”“肉翅猫”“亚尔加里亚猫”“异羊”“独角兽”“海马”18 种动物。本节重点讨论“般第狗”“亚尔加利亚”“异羊”“独角兽”等。

《澳蕃篇》“兽之属”所记前 10 种都是较为普通的动物,比较特殊的一是“般第狗,昼潜于水,夜卧地,以黑[色]为贵,能啮树木,其利如刀”。[③] 南怀仁《坤舆全图》西半球在墨瓦蜡尼加洲部分画有“般第狗”:“意大理亚国有河,名‘巴铎’,入海,河口产般第狗。昼潜身于水,夜卧旱地,毛色不一,以黑为贵。能啮树木,其利如刀。”金国平援引《坤舆图说》,认为“般第狗”即水獭。[④] 王祖望则认为“般第狗”今名河狸(海狸、海骡、水狸)。[⑤]意大利有四条河流的发音与“巴铎”的发音比较接近,即布伦塔河(Brenta)、比蒂耶河(Buthier)、皮奥塔河(Piota)、普拉塔尼河(Platani),而其中唯有位于该国北部、发源自特伦托(Trento)东南、河道全长 174 公里的布伦塔河(Brenta),最终注入亚得里亚海,符合“入海”之说,“巴铎”可能是意大利语“Brenta”的音译。由此,笔者判断“般第狗”可能是一种栖息在注入亚得里亚海的布伦塔河河口的河狸(beaver;Castoridae)。[⑥] 因为主要生活于河流和湖泊林木繁茂地带的水獭,喜栖居于沿海咸、淡水交界地区。虽然水獭也有比较厉害的门齿和犬齿,但“能啮树木,其利如刀”的特征,应该更接近河狸。河

① 赵春晨校注:《澳门纪略校注》,页 162。

② 《坤舆全图》整理本,页 38—39;严从简著,余思黎点校:《殊域周咨录》,页 289。

③ 赵春晨校注:《澳门纪略校注》,页 163。《四库存目丛书》本(据安徽省图书馆藏乾隆西阪草堂刻本影印)引文中作“以黑者为贵”。

④ 《坤舆全图》整理本,页 52;金国平译:《澳门记略》(*Breve Monografia de Macau*),页 220。金氏还补充提供了魏汉茂(Hartmut Walravens)《德国知识:南怀仁神父〈坤舆图说〉一书中所载外国动物的附录》(科隆:1972 年)一文中的考证,认为该词是对拉丁文 canis ponticus 的翻译(同上书,页 276,注释 502)。感谢金国平先生惠赐信息,特此鸣谢!

⑤ 王祖望:《〈兽谱〉物种考证纪要》,袁杰主编:《清宫兽谱》,故宫出版社,2014 年,页 19。

⑥ 邹振环:《〈兽谱〉中的外来“异国兽”》,《紫禁城》2015 年第 10 期。

狸曾广泛分布于欧洲各地，栖息在寒温带针叶林和针阔混交林林缘的河边，穴居。河狸体型肥大，身体满覆致密的绒毛，能耐寒，前肢短宽，后肢粗壮，后足趾间直到爪生有全蹼，适于划水。河狸啃咬磨损，产生像凿子一样锐利的边缘，能咬断粗大树木。喜半水栖生活，夜间和晨昏活动，毛皮很珍贵。[①]

《澳蕃篇》记有："有兽如猫，名'亚尔加利亚'，尾有汗，得之为奇香。"赵春晨称不知指何动物。[②] 此段文字显然改编自《职方外纪》的"亚毗心域 · 马拿莫大巴者"："又有兽如猫，名'亚尔加里亚'，尾后有汗极香，黑人阱于木笼中，汗沾于木，干之以刀削下，便为奇香。"[③]谢方称此"亚尔加里亚"，即"山狸"，又称"灵猫"，俗称"香猫"，学名 Viverra，外形似猫，尾长毛厚，耳小吻尖，身长 40—85 公分，有肛腺在尾下开口，通向一囊，内积一种油腻似麝香的分泌物，可作香料制造香水或供药用。非洲所产灵猫有非洲狮子猫、非洲灵猫、刚果水灵猫等。[④]

所谓"异羊"，《澳蕃篇》是这样记述的："有乳羊，项生两乳，下垂。又山产异羊，一尾重十斤。"[⑤]此段文字可能来自《职方外纪》和《坤舆全图》，《职方外纪》卷一"马路古"："吕宋之南有马路古，无五谷，出沙谷米，是一木磨粉而成。产丁香、胡椒二树，天下绝无……又产异羊，牝牡皆有乳。"[⑥]《坤舆全图》西半球在墨瓦蜡尼加洲部分绘有"印度国山羊"："亚细亚洲南印度国产山羊。项生两乳下垂，乳极肥壮，眼甚灵明。"[⑦]但《澳蕃篇》所记"又山产异羊，一尾重十斤"，与上述文献所载不同，编者似见过一种尾巴很粗的山羊。山羊在中国属于常见动物，但同时也是中国文化中具有象征意义的动物，羊有驱凶避邪的作用，象征了美好和吉祥，所谓"三阳(羊)开泰"即新年伊始的吉祥语，在明清非常流行。《春秋公羊传》何休注中所言"羔取其执之不鸣，杀之不号，乳必跪而受之，类死义知礼者也"，[⑧]则在阐明羊的正义与驯良的品格。而"又山产异羊，一尾重十斤"这样细致的描述，不仅告诉读者，纂修者曾经亲眼见过这种山羊，且如同艾儒略、南怀仁的描述一般，明显也是突出山羊的"奇异性"，这是明末清初吸引中国文化人的重要手段，《澳门纪略》的记述亦有此目的。

《澳蕃篇》记有："独角兽，大如马，毛色黄，头有角，长四五尺，其锐能触大狮，若误触

① 马勇："河狸科"，载《中国大百科全书 · 生物学》，第 522 页；[美] 珍妮 · 布鲁斯等著，苏永刚等译：《世界动物百科全书》，明天出版社，2005 年，页 222。
② 赵春晨校注：《澳门纪略校注》，页 163。
③ [意] 艾儒略原著，谢方校释：《职方外纪校释》，页 114。
④ 同上书，页 108。
⑤ 赵春晨校注：《澳门纪略校注》，页 163。
⑥ [意] 艾儒略原著，谢方校释：《职方外纪校释》，页 63。
⑦ 《坤舆全图》整理本，页 52。
⑧ 《春秋公羊传注疏》卷八，鲁庄公二十四年何休注，中华书局编辑部编：《十三经注疏》，页 2237。

树,则角不能出,反为狮毙。角色明,作饮器,能解百毒。”[①]此段文字主要来自南怀仁的《坤舆全图》,该图东半球绘在墨瓦蜡尼加洲部分绘有“独角兽”:“亚细亚洲印度国产独角兽。形大如马,极轻快,毛色黄,头有角,约长四五尺,其色明,作饮器能解毒,角锐能触大狮,狮与之斗,避身树后,若误触树木,狮反啮之。”[②]《职方外纪》卷一“印弟亚”中称:“有兽名独角,天下最少亦最奇,利未亚亦有之。额间一角,极能解毒。此地恒有毒蛇,蛇饮泉水,水染其毒,人兽饮之必死,百兽在水次,虽渴不敢饮,必俟此兽来以角搅其水,毒遂解,百兽始就饮焉。”[③]这一段文字较之利玛窦关于“独角兽”的描述要更细致,[④]仔细对比《职方外纪》,南怀仁在《坤舆全图》东半球上出现的“形大如马”的形象,是对独角兽进行了改写,增加了很多内容,“形大如马,极轻快,毛色黄,头有角,长四五尺,其色明”,明显不是指独角犀牛。[⑤]《澳门纪略·澳蕃篇》的这一段描述明显是想将独角兽和犀牛两者区别开来,明确表示这是欧洲中世纪传说中一种神秘的行动敏捷的独角兽。《澳蕃篇》中独角兽的记述,却全然没有接受传教士关于独角兽以角搅毒水能解蛇毒的释读,其实也是不认同独角兽属于基督教灵物的暗示。

我们还可以看出《澳门纪略》纂修者对汉文西书中的错误事实进行了考订和修正,如《职方外纪》“渤泥”一段中记载:“渤泥岛在赤道下,出片脑,极佳,以燃火沉水中,火不灭,直焚至尽。有兽似羊似鹿,名‘把杂尔’。其腹中生一石,能疗百病,西客极贵重之,可至百换,国王籍以为利。”[⑥]艾儒略是将一种“似羊似鹿”的动物命名为“把杂尔”。但《澳门纪略》的编者进行考证后认为“把杂尔”应该是一种结石,因此《澳蕃篇》“兽之属”将此段文字改为:“有兽似羊,腹内生一石,可疗百病,名曰‘把杂尔’。”[⑦]明确表示“把杂尔”是指兽腹内所生可疗百病的一石,而非指“有兽似羊”的动物。“把杂尔”应该是来自古葡语 Bezar,今译“毛粪石”或“牛黄”。这一考订似乎为医学史家范行准所证实,范氏对这一药物的输入史有过详细的考订,称这是一种西洋解毒石,后来反由阿拉伯传入中国。bezoar stones 最早见于阿拉伯名医阿文左阿(Avenzoar,? —1162)的笔记,据日本野岩译《世界药学史》对 bezoar stones 一名的注释说,它一名“酢答,即马粪石”。“酢

① 赵春晨校注:《澳门纪略校注》,页 163。
② 《坤舆全图》整理本,页 112—113。
③ [意] 艾儒略原著,谢方校释:《职方外纪校释》,页 40—41。
④ 参见本书第四章。
⑤ 《职方外纪》“印第亚”部分另有关于犀牛的描述:“有兽形如牛,身大如象而少低,有两角,一在鼻上,一在顶背间。全身皮甲甚坚,铳箭不能入,其甲交接处比次如铠甲,甲面荦确如鲨皮,头大尾短,居水中可数十日,从小豢之亦可驭,百兽俱慑伏,尤憎象与马,偶值必逐杀之,其骨肉皮角牙蹄粪皆药也。西洋俱贵重之,名为‘罢达’。或中国所谓麒麟、天禄、辟邪之类。”([意] 艾儒略原著,谢方校释:《职方外纪校释》,页 41)
⑥ [意] 艾儒略原著,谢方校释:《职方外纪校释》,页 62。
⑦ 董少新:《形神之间:早期西洋医学入华史稿》,页 239;汤开建:《天朝异化之角:16—19 世纪西洋文明在澳门》,页 1061—1062。

答”即“鲊答”，明沈周《客座新闻》（明人小说本）作“赭丹”，田艺蘅《留青日札》作“鲊单”，清方观承《松漠草》（《述本堂诗集》本）作“楂达”，“显系外来的一种译名。除《松漠草》说它生于驼羊腹中外，余并云出牛马腹中。在中国书中最初见于元杨瑀《山居新语》，据说：蒙古人祈雨，‘取以石子数枚浸以水盆中玩弄，口念咒语，多获应验。石子名曰‘鲊答’，乃是走兽腹中之石。大者如鸡子，小者不一，但得牛马者为贵，恐亦牛黄狗宝之类”。明朝李时珍将这味“鲊答”收进《本草纲目》卷五〇下兽类中，并称自己在嘉靖庚子（1540）见蕲州侯姓屠夫杀牛得此，人无识者，后被番僧所知，认为这是至宝，牛、马、猪等家畜皆有之。范行准认为阿拉伯名医阿文左阿笔记中的“解毒石”（bezoar stones），当即“把杂尔”的译音。清初墨西哥传教士石铎琭《本草补》所载“保心石”一药的说明，也是解毒石之类：“保心石生鹿腹中，鹿食各种解毒之药，其精液久积结而为石。”并云：“有二种，一是鹿兽生成，一是西洋名医至小西洋采珍药制成，服之令毒气不攻心，故曰保心石（据赵学敏《本草纲目拾遗》卷二引）所言与世界药学史相同。”①

三、“虫之属”和“鳞介之属”中“蛇虫”和“奇鱼”

《澳蕃篇》“虫之属”和“鳞介之属”记有“蜘蛛”“蛇”“海虾蟆”“仁鱼”“海豚”“剌瓦而多鱼”“乙苟满”“把勒亚鱼”“飞鱼”“狗鱼”“风鱼”“船鱼”“蟹”13 种动物。本节重点讨论“大懒毒辣”“蛇”“仁鱼”“乙苟满”“把勒亚鱼”“飞鱼”“狗鱼”和“船鱼”等。

“虫之属”篇幅较小，仅记有 3 种“蛇虫”。“有蜘蛛，名曰‘大懒毒辣’，凡螫人，受其毒，即如风狂，中人气血，比年必发，疗其疾，以其人本性所喜音乐解之”。② 此段显然系《坤舆全图》或《坤舆图说》文字的改编，《坤舆全图》在东半球墨瓦蜡尼加洲部分绘有“大懒毒辣”：“意大理亚国有蜘蛛类，名大懒毒辣，凡螫人，受其毒即如风狂，或嬉笑，或跳舞，或仰卧，或奔走，其毒中人气血，比年必发。疗其疾者，依各人本性所喜乐音解之。”③“大懒毒辣”即生物学家所说的毒蜘蛛，“大懒毒辣”发音显然来自塔兰台拉（Tarantula）一词的音译。南怀仁这里所述可能是意大利豹蛛（Pardosa italic Tongiorgi），以主要栖息在意大利得名，属蛛形纲的狼蛛科。是一种蛛体长达 4—7 厘米、多毛、黑褐色的巨型大蜘蛛。④ 被这种名为塔兰台拉（Tarantula）毒蜘蛛蜇咬后，伤处初时尚不觉痛，几小时后伤口周围肿胀疼痛，严重时会呈紫红色并起水疱，以后局部坏死。15—17 世纪流行在意

① 王咪咪编纂：《范行准医学论文集》，学苑出版社，2011 年，页 210—212。
② 赵春晨校注：《澳门纪略校注》，页 163。
③ 《坤舆全图》整理本，页 93。
④ 陈军等：《我国狼蛛科 5 种记述》，《蛛形学报》1996 年第 2 期，页 120—126。

大利南部的一种癫狂性舞蹈病,即被认为是被塔兰台拉毒蜘蛛蜇伤后所致,被称为“塔兰台拉毒蜘蛛病”,是一种变性的舞蹈狂,据说必须通过疯狂的剧烈舞蹈方能使毒性散发而解毒得救。[①] 其实这也是一种以神话为基础,讲述被豹蛛咬过的受害者所施行的一种仪式行为,因此,恐怕不能称这些记述均属“最缺乏可靠性”的海外奇谈。南怀仁没有使用中国人熟知的“蜘蛛”一名来翻译塔兰台拉(Tarantula)毒蜘蛛,而采用“大懒毒辣”这一音译名,但在叙述过程中又说明此系意大利的“蜘蛛类”,显然是要让国人将之与《本草纲目》等本草类或类书中的“蜘蛛”相关联,同时也为了强调这是一种区别于中国传统“蜘蛛”的新品种。[②]

按照现代动物学的划分,蛇是一类无足的爬虫类动物,是蛇亚目(学名: Serpentes)的通称,属于爬行纲。《澳蕃篇》在“虫之属”中记有:“有蛇,大而无目,盘旋树间,凡兽经其旁,闻气即缚之树间而食。”[③]此段文字取自《坤舆全图》或《坤舆图说》,《坤舆全图》西半球“南亚墨利加洲”绘有“蛇”:“此地蛇大无目,盘旋树上,凡兽经过其旁,闻气即紧缚之,于树间而食。”[④]比对上述两段文字,很易见出《澳门纪略》取材编纂上的“简化”倾向。

《澳蕃篇》“鳞介之属”记有10种动物:“曰仁鱼,尝负一儿登岸,鬐偶伤儿,儿死,鱼亦触石死。取海豚者,常取仁鱼为招,每呼仁鱼入网,即入,海豚亦与之俱,俟豚尽,复呼仁鱼出,而网海豚。”[⑤]此段文字系据《职方外纪》改编,《职方外纪》“海族”称:“西书记此鱼尝负一小儿登岸,偶以鬐触伤儿,儿死,鱼不胜悲痛,亦触石死。西国取海豚,尝借仁鱼为招,每呼仁鱼入网,即入,海豚亦与之俱,俟豚入尽,复呼仁鱼出网,而海豚悉罗矣。”[⑥]紧接着上述的文字,《澳蕃篇》再记:“曰剌瓦而多鱼,鳞坚尾修,利爪锯牙,其行甚迟,小鱼百种随之,以避他鱼吞啖。生子初如鹅卵,渐长至二丈许,每吐涎于地,人畜践之即仆,因就食之。凡物启口动下颏,此鱼独动上腭,人远则笑,近则噬,故西国称为假慈悲,鳄类也。然其腹下有软处,仁鱼鬐利,能刺杀之。又有乙苟满,大如猫,善以泥涂身令滑,俟此鱼张口,辄入腹啮其五脏而出,又能破坏其卵。”[⑦]此段文字亦据《职方外纪》改编。张箭为了阐明明代动物学知识水平总体上高于西方,特别强调有关鳄鱼的这一段文字不见于《职方外纪》,[⑧]其实这一段文字见诸《职方外纪》的“海族”。《职方外

① 庞秉璋:《毒蜘蛛与塔兰台拉舞曲》,《大自然》1984年第2期,页15。
② 赖毓芝:《知识、想象与交流:南怀仁〈坤舆全图〉之生物插绘研究》,董少新编:《感同身受——中西文化交流背景下的感官与感觉》,页141—182。
③ 赵春晨校注:《澳门纪略校注》,页162—163。
④ 《坤舆全图》整理本,页38—39。
⑤ 赵春晨校注:《澳门纪略校注》,页164。
⑥ [意]艾儒略原著,谢方校释:《职方外纪校释》,页149。
⑦ 赵春晨校注:《澳门纪略校注》,页164。
⑧ 张箭:《郑和下西洋与中国动物学知识的长进》,载《海交史研究》2004年第1期,页7—18。

纪》所介绍的鳄鱼知识显然要比传统中国文献中提供的信息要多，《职方外纪》和《坤舆图说》两书讲述制服鳄鱼的“应能满”或“乙荀满”系同一种动物的不同译名，《职方外纪》称“独有三物能制”鳄鱼：一是通身鳞甲的仁鱼，能用锋利的仁鱼鬐刺杀之；二是一种形大如猫、名为“乙荀满”的类似鼠的动物，能入鳄鱼腹，啮其五脏而出，又能破坏其卵；三是一种名为“杂腹兰”的香草。① 所谓“乙荀满”，金国平在《澳门记略》葡译本中指出，据《职方外纪》与德保罗（Paolo De Troia）提供的意大利语新译名，可知该词或许是 ichneumon 一词的变形，意为猫鼬（通常被称为 Herpestes ichneumon）。②“应能满”亦应为 ichneumon 一词的另一种变形。猫鼬的学名叫狐獴，是一种哺乳纲小型动物，头尾长 42—60 厘米。对许多种毒能免疫，包括多种蛇毒。狐獴主要分布于沙漠或沙丘，它们虽然主要以昆虫为食，但在那样的环境下也会吃蜥蜴、蛇、蜘蛛、植物、动物的卵、小型哺乳动物等。一些类似猫鼬虽然体形不大，或身上携带了一种致命病毒，会通过咬啮鳄鱼来传染这种病毒而致鳄鱼死亡。因此，似乎不能简单认为猫鼬大小的“应能满”能制服鳄鱼的说法，一定属于“传说无稽”的“海外奇谈”。

《澳蕃篇》也记有“把勒亚鱼”：“长数十丈，首有二大孔，喷水上出，见海舶，则昂首注水舶中，顷刻水满舶沉。遇之者以盛酒巨木罂投之，连吞数罂，俯首而逝。浅处得之，熬油可数千斤。”③此段文字亦来自《职方外纪》，该书特别描述了一批远洋航海中对海舶构成危害的鱼类：“海中族类不可胜穷。自鳞介而外，凡陆地之走兽，如虎狼犬豕之属，海中多有相似者。……鱼之族，一名把勒亚，身长数十丈，首有二大孔，喷水上出，势若悬河，每遇海船，则昂首注水舶中，顷刻水满舶沉。遇之者亟以盛酒巨木罂投之，连吞数罂，则俯首而逝。浅处得之，熬油可数千斤。”④所谓“把勒亚鱼”是鲸鱼拉丁语 balaena 的音译，它们中的大部分种类生活在海洋中，仅有少数种类栖息在淡水环境中，体形同鱼类十分相似，体形均呈流线型，适于游泳，所以俗称为鲸鱼，但这种相似只不过是生物演化上的一种趋同现象。

《澳蕃篇》记有“飞鱼”与“狗鱼”：“曰飞鱼，仅尺许，能贴水而飞。有狗鱼，善窥飞鱼之影，伺而啖之，飞鱼急，辄上舟，为人所得。舟人以鸡羽或白练系利钩，飘扬水面，为飞鱼状，狗鱼跃而吞之，亦被获。”⑤此段文字或来自《坤舆全图》或《坤舆图说》，《坤舆全图》在西半球太平洋画有飞鱼，但无文字记述，《坤舆图说》记述为：“海中有飞鱼，仅尺许，能掠水面而飞。狗鱼善窥其影，伺飞鱼所向，先至其所，开口待啖，恒追数十里，飞鱼

① ［意］艾儒略原著，谢方校释：《职方外纪校释》，页 140—150。
② 金国平译：《澳门记略》(*Breve Monografia de Macau*)，页 221、页 277 注释 519。
③ 赵春晨校注：《澳门纪略校注》，页 164。
④ ［意］艾儒略原著，谢方校释：《职方外纪校释》，页 149。
⑤ 赵春晨校注：《澳门纪略校注》，页 164。

急,辄上舟,为舟人得之。”[1]而在《职方外纪》中,“狗鱼”原名“白角儿鱼”,系拉丁文 Pike 的音意合译名。[2] 文中提到的“狗鱼”,系生活在北半球较寒冷地带的河川、湖泊中的淡水鱼。口像鸭嘴,大而扁平,下颌突出。是淡水鱼中生性最粗暴的肉食鱼,喜游弋于宽阔的水面,也经常出没于水草丛生的沿岸地带,性情凶猛残忍,以其矫健敏捷的行动袭击其他鱼类,还会袭击蛙、鼠或野鸭等。[3]《澳门纪略》对上述两书的文字均有所补充,表明船民不仅通过“白练”抓住飞鱼,同时也用利钩捕捉狗鱼,应该包括有编者的实地观察。

《澳蕃篇》记有“船鱼”和“蟹”:“一鱼长丈许,有壳,六足,足有皮,如欲他徙,则竖半壳当舟,张足皮当帆,乘风而行,名曰船鱼。有蟹,径逾丈,其螯以箝人首立断,其壳覆地如矮屋然,可容人卧。”[4]此段文字源自《职方外纪》“海族”:“又有介属之鱼,仅尺许,有壳而六足,足有皮,如欲他徙,则竖半壳当舟,张足皮当帆,乘风而行,名曰航鱼。有蟹,大逾丈许,其螯以箝人首,人首立断,箝人肱,人肱立断,以其壳覆地如矮屋然,可容人卧。”[5]不过两者相比,我们可以发现《澳蕃篇》的纂修者基本依据《职方外纪》《坤舆图说》,但将“六足鱼”从原来的“仅尺许”改成了“长丈许”,将原来的“航鱼”之名改为“船鱼”,可见《澳门纪略》的纂修者对于所引用的材料,还是有所鉴别的。

或以为《澳门纪略》对《职方外纪》中“荒渺无考”的海外奇谈照抄不误,如《澳蕃篇》取材于《职方外纪》中最缺乏可靠性的卷五《海族》的“仁鱼”“蜘蛛”“剌瓦而多鱼”“把勒亚鱼”等,是因为印光任和张汝霖足未出国门而侈谈海外,只能摭拾这类海外奇谈。[6]上述分析已经表明,《职方外纪》这些被认为属于“海外奇谈”的记述,或许并非“荒谬无考”,很多有来自西方博物学文献的依据。《澳门纪略》编者对西方所持的应该是“宗其学而不奉其教”的“为我所用”态度,这一点我们从该书如何选择取材西方传教士汉文西书的资料可以见出。

《澳门纪略》“澳蕃篇”记述珍禽异兽共计 42 种,所引用材料都是有所选择的,在重点叙述一些动物的过程中,两位纂修者不仅对西方传教士汉文西书原来的文字做简化处理,润饰的内容多较之前更为雅致,其中也对一些数据和动物名词进行了改动。如书中还反复提到的人鱼,人首鱼身,能解人意,知报恩。实际上是由《职方外纪》中的“仁鱼”一说演变而来。《澳门纪略》对所引传教士汉文西书中涉及的类似传说的内容未加

① 《坤舆图说》卷下,“丛书集成初编”本《坤舆图说 坤舆外纪》,页 208。
② [意] 艾儒略原著,谢方校释:《职方外纪校释》,页 150—151。
③ 张有为“飞鱼科”、张玉玲“狗鱼属”,《中国大百科全书·生物学》,页 336、424。
④ 赵春晨校注:《澳门纪略校注》,页 164。
⑤ [意] 艾儒略原著,谢方校释:《职方外纪校释》,页 151。
⑥ 章文钦:《〈澳门纪略〉研究》,载氏著《澳门历史文化》,中华书局,1999 年,页 271—310。

引用，如《职方外纪》卷五“海族”中有关人鱼（海女、海人）的离奇描述，[①]以及《坤舆图说》津津乐道的“西楞”（拉丁语 syreni，西方神话传说中的“塞壬”），则完全没有抄录。可见《澳门纪略》纂修者采取了一种追求实学的审慎态度，亦表明两位地方官员既有着较为开阔的世界视野，同时也保有自己的立场和鉴别资料价值的能力。

四、借助传统方志分类容纳异域动物新知识

在清中期中国人对西方各种知识的认识还普遍模糊的情况下，《澳门纪略》介绍了不少不同于中国传统文化、属于异质性的域外动物新知识，虽其中不乏猎奇的色彩，但所介绍的不少西方博物学知识，较之中国传统动物知识有着些许更接近近代科学的元素。

明末以来，绝大部分的中国知识人没有学习域外文字的追求，即使像徐光启、李之藻等儒家基督徒，也没有去专门学习过西方语言文字，因此，这些一流的西学学者也无法直接接触到西方最新的动物分类。且那一个时代，即使属于最新的西方动物分类也未必就比中国高明多少，18 世纪法国博物学家布丰（Georges Louis Leclere de Buffon，1707—1788）就批评意大利文艺复兴时代的博物学家阿德罗范迪（Ulisse Aldrovandi，1522—1605）所编的博物学作品收录一些没有经过甄别的动物学解剖、动物栖居地、有关动物的寓言和讽刺诗等，犹如错综复杂的大杂烩。[②] 特别是康熙后期开始禁教，到了乾嘉时代，研读汉文西书不仅不像明末清初一度曾是学界治学的时髦，甚至已有触犯时忌的危险。在清中期“内诸夏而外夷狄”的观念占据学界主流的风气下，两位清代地方官员在编纂“澳蕃篇”的过程中，不仅热心介绍西方的器物和技艺，也注意介绍异域的动物知识，且能选择采借和运用西方来华耶稣会士撰写的汉文西书作为基本资料，以“外典”，与传统“古典”和时人所著的“今典”沟通和互动，致力于寻找中西知识谱系的相通之处，实在算是当时学界治学的翘楚。

西人来华后留下的旅行记，也有对中国动物的一些描述。其中有些记述，往往既包含文化因素，也掺杂有某些非文化的因素，如葡人加里奥特·佩雷拉注意到中国人喜欢吃肥猪肉，福建的青蛙价格与鸡相同，那里的人们还乐于吃狗肉、癞蛤蟆、老鼠和蛇肉；

---

① 《职方外纪》卷五“海族”中有“上体直是女人，下体则为鱼形”的“海女”描述，所谓在“西海曾捕得”的“手须眉毕具，特指略相连如凫爪”的“极异者为海人”。还有在 200 年前的荷兰“海中获一女人”“与之食辄食，亦肯为人役使，且活多年，见十字圣架亦能起敬俯伏，但不能言。”《职方外纪校释》，页 151—152。

② 阿德罗范迪的《龙蛇史》讨论蛇的同义词和词源学、本性和习性、性情、交媾与生殖、声音、场所、食物、面貌、捕获方式、被蛇咬伤后放毒的方式和征兆、治疗、外号、奇事和先兆、怪物和神话、寓言和讽喻等。在一堆杂乱的文字中，只有描写，没有传说。［法］米歇尔·福柯著，莫伟民译：《词与物：人文科学的考古学》，（上海）三联书店，2020 年，页 42—43。

而西人深入内地,还能见到运途遥远而比较昂贵的西鲱鱼、石斑鱼、鲇鱼、鲷鱼、鲈鱼、鳐鱼等;渔民们也用鱼鹰捕鱼。① 加斯帕尔·达·克鲁斯修士则注意到中国人为了达到挣钱的目的,驯养夜莺,教它们表演,为了让鸟啼唱,会把雄鸟和雌鸟养在不同的笼子里,使它们互相感觉到,但是见不到,于是雄鸟就会放声高唱;而皇宫里则有养鱼的水池,林中有野猪、野鹿以供狩猎。② 葡人则特别重视中国人关于马的利用:“海南多产劣马。……广州有200匹这种马。无权坐轿的小官员乘马。武官则每人一匹。这种劣马体小,只能溜达。这种马在葡人手里可以利用,给它配备马镫和马刺。他们注意到华人用马鞭而无辔头。广东有20几个至30个马鞍匠,制造马镫者数不胜数。每人一天挣到一个雷伊尔(reis),有饭吃时,便谢天谢地。中国匠人个个如此。如前所述,这些人和海南的人对当地有些用处。这种马每匹价值3至10两银子。无乌纱帽的人,不能在城中骑马走动。”③之后也有特别注意宁波城里有许多骑马的人。编译者敏锐地指出,西人关注中国的马,是缘于一个重要的军事情报,因为使用马匹的军队运动及作战能力大大提高,西班牙人成功地征服了美洲,当地土著是没有马的,所以他们对中国本土是否能够利用马匹特别感兴趣。④

中国知识人关注西方动物文化主要是从学术文化切入的,可惜他们并无机会了解到同一时期的西方动物学分类法,因此,《澳门纪略·澳蕃篇》采用的是借鉴传统方志著录动物的分类法,首次建构了西方动物文化的认识谱系,不能不说是一大创新。明洪武九年(1377)诏天下州郡县纂修志书,永乐十年(1412),明廷为修《一统志》颁降《修志凡例》16则,其中有“土产、贡赋”规定:“凡诸处所产之物,俱载某州、某县之下,仍取《禹贡》所赋者收之。有供贡者,则载上供之数,或前代曾有所产而后遂无者,或古所无,而今有充贡者,皆据实备载之。”⑤之后方志记载动植物的“物产”一目,渐渐从“土产、贡赋”中独立出来,成为方志的独立门类。如崇祯《嘉兴县志》有“贡品、物产”,一般方志的“物产”,还会分出动植物,如动物则列举禽、兽、鳞、介、虫之类目。《澳门纪略》的纂修者在之前利玛窦、艾儒略、南怀仁等外国传教士传送西方动物知识的基础上,将他们编纂的汉文西书中分段分篇零碎的动物知识介绍,在《澳蕃篇》中以中国传统方志的动植物分类法,予以系统化的整理。地处边陲的澳门,隶于广州香山县,系大陆与海洋的交汇之处,在相当长时期里被认为属不毛之地,“为鲸鲵之所游息,虎豹之所徜徉”。⑥ 明中

① [葡]费尔南·门德斯·平托等著,王锁英译:《葡萄牙人在华见闻录》,海南出版社、三环出版社,1998年,页36—37、63—64、78—79。
② 同上书,页112、125。
③ 金国平编译:《西方澳门史料选粹(15—16世纪)》,广东人民出版社,2005年,页101。
④ 同上书,页214。
⑤ 转引自巴兆祥《方志学新论》,学林出版社,2004年,页98—99。
⑥ 陆希言:《墺门记》,[比利时]钟鸣旦、杜鼎克、蒙曦编:《法国国家图书馆明清天主教文献》第11册。

后期葡萄牙人东来占据澳门，使之成为一片中外混居之地，由此国人对澳门也产生了疏离感，视之为“化外之地”。《澳门纪略·澳蕃篇》将属于化外之地澳门的一些珍奇异兽，组合成“禽之属”“兽之属”“虫之属”和“鳞介之属”的分类，记录了70余种来自世界各地的珍禽异兽、奇虫怪鱼，形成了异域动物知识的谱系。

虽然“禽之属”“兽之属”“虫之属”和“鳞介之属”的分类，并非《澳门纪略》的独创，宋明以来地方志中的“物产”“风俗”类已有类似畜之属、禽之属、兽之属、鱼之属、羽之属、鳞之属、介之属等不同的划分类目，有些地方志也注意分出“水族”的河产和海产等，如乾隆《金山县志》等。但传统中国的这类禽兽谱系建构，或属“贡物”，或有“祥异类”记事，突出其祥瑞意识，如元人熊梦祥的《析津志》的“物产”中就有“瑞兽之品”。[①] 很多地方志几乎仅记本地动物，对外来引入的动植物多视而不见，甚至连晚清已是通商口岸的上海所编的《同治上海县志》，还在“物产”的前言中称：“若夫海口通商以来，外洋之物鳞萃于此，亦间有异植、异畜寓地成材者，要非常产，不得羼于兹编也。”[②]相比而言，我们不得不承认，早此一百多年前编纂的《澳门纪略》，可谓匠心独运，分门别类地介绍异域动物知识并进而建构为一定的系统，不能不说纂修者的视野非同一般。他们不仅善用中国传统方志这一建构谱系的分类方法，且以融会贯通之文化眼光去观照和认识西方动物，规范了中国人对于大千世界动物认识的基础，堪称中国方志编纂方面的首创之作。

不管西学、中学，动物知识只有通过一张由自然史构建的知识网络才能显现出来。《澳门纪略》纂修者在借助传统方志这一知识分类的网络的同时，还注意摒弃其中的迷信分类，删除了所谓的“瑞兽”“祥异”的分类书写，在整理汉文西书材料的过程中，不将具有传说色彩的“西楞”等西方文化动物归入这一谱系。珍禽异兽的谱系，是整体动物世界中的联系性的一种表现，《澳蕃篇》以中国传统方志建构谱系的分类方法，来认识域外动物，对于国人深一步理解世界文化的统一性和多样性有着积极的意义。

五、本章小结

作为中国融会东西方多元文化最早摇篮的澳门，是东西文化交流过程中光怪陆离

① 《析津志》的“瑞兽之品”列入：“角端：太祖皇帝行次东印度骨铁关，侍卫见一兽，鹿形马尾，绿毛而独角，能为人言：汝军宜回早。上怪问于耶律楚叔。公曰：此兽名角端，日行一万八千里，解四夷语，是恶杀之象。盖上天遣云，以告陛下，愿承天心，宥此数国人命，定陛下无疆之福。即日下令班师。”熊梦祥撰：《析津志辑佚》，北京古籍出版社，1983年，页232。

② 上海市地方志办公室、闵行区地方志办公室编：《上海府县旧志丛书·上海县》卷三，上海古籍出版社，2015年，页1564。

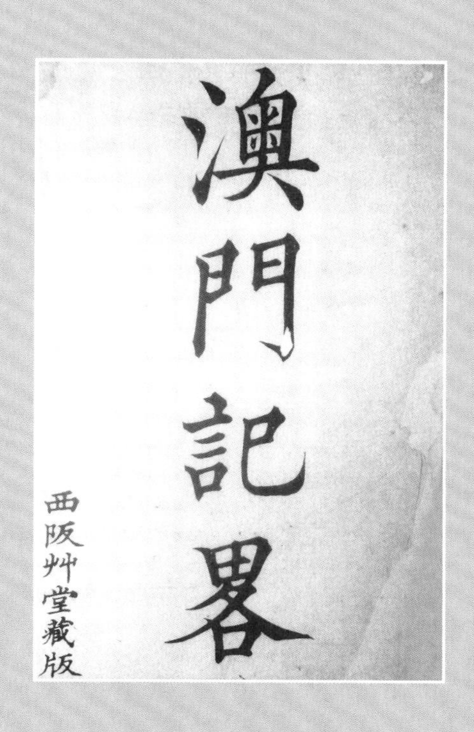
澳門記畧

西阪艸堂藏版

序

澳門記略一書印子儛之而屬張子蕆乃事者也其
云畧何也牘削兩手而需成者七八年今書凡三篇
舉其一以蔽其餘以言乎體例則不備以言乎類
則弗該故曰略也分守之職率為冗閒而澳僅專闓
隸四望縣事云牘已今涉於澳者歷著之否卷舍之
上不偪郡乘下不陵一邑之書然則畧者昭其共也
且西蕃遏矣九州之大騶衍有言而亥步或未之歷
其職方外紀諸書復囿於聽睹而力不能致君子曰

图 3—1《澳门纪略》书影

图 3—2《澳门纪略》插图

图 3—3 《万国来朝图》轴（局部），绢本，设色

此画描绘的是清朝藩属及外国使臣到紫禁城朝贺的场面。作者以鸟瞰的角度从太和门前的两个青铜狮子画起，将紫禁城中的主要建筑一一收入画幅，近大远小，主次分明，层次丰富。北京故宫博物院藏。

元代大都数千头大象身披锦衣、背负美匣，参与朝廷礼仪活动的盛况，堪比此画描绘之场景。

图 3—4（清）丁观鹏绘《乾隆皇帝洗象图轴》

图绘扮作普贤菩萨模样的乾隆皇帝，正静静地目视着众人为自己的坐骑大象清洗躯体。大象则惬意地扭头望着乾隆皇帝，流露出感激的神态。此图虽然仅署丁观鹏一个人的名款，似是中西画家的联手之作。北京故宫博物院藏。

图 3—5《点石斋画报·年例洗象》

采自吴友如编、周慕桥等校《点石斋画报》甲集，中国文史出版社，2018 年。

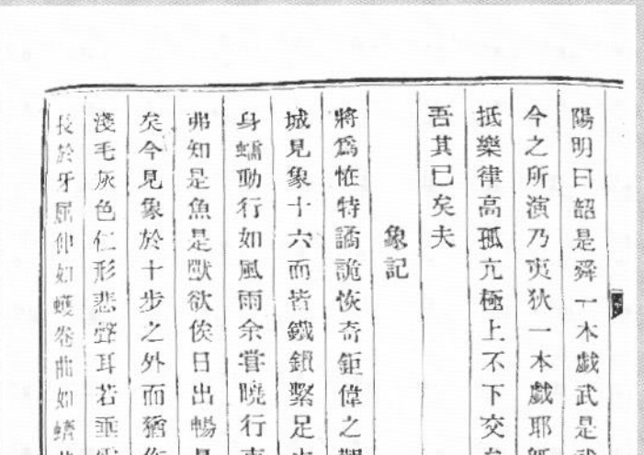

陽明曰韶是舜一本戲武是武王一本戲則桀紂幽厲亦當有一本戲
今之所演乃夷狄一本戲耶既無季札之知則未可遽論其德政而大
抵樂律高孤亢極上不下交矣歌清而激下無所隱矣中原先王之樂
吾其已矣夫

象記

將爲恠特譎詭恢奇鉅偉之觀先之宣武門內觀于象房可也余於皇
城見象十六而皆鐵鎖繫足未見其行動今見兩象於熱河行宮西一
身蠕動行如風雨余嘗曉行東海上見波上馬立者無數皆穹然如屋
弗知是魚是獸欲俟日出暢見之日方浴海而波上馬立者已匿海中
矣今見象於十步之外而猶作東海想其爲物也牛身驢尾駝膝虎蹄
淺毛灰色仁形悲聲耳若垂雲眼如初月兩牙之大二圍其長丈餘鼻
長於牙屈伸如蠖卷曲如蠐其端如蠶尾挾物如鑷卷而納之口或有

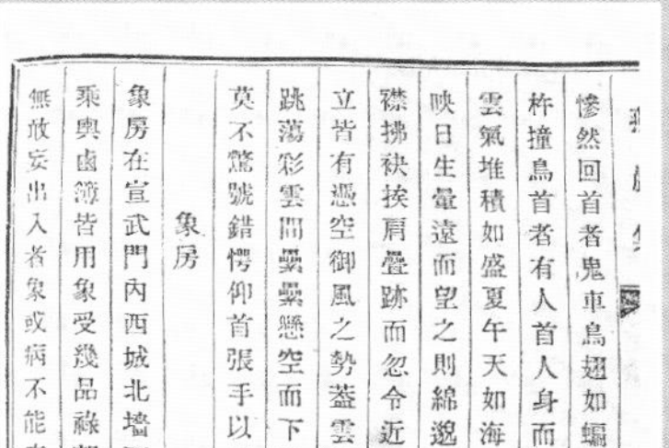

慘然回首者鬼車鳥翅如蝙蝠墜地宛轉有一神將脚踏鳥腹手擧鐵
杵撞鳥首者有人首人身而鳥翼飛者百種恠奇不可方物左右壁上
雲氣堆積如盛夏午天如海上新霽如洞壑將曙蓬蓊勃鬱千葩萬朶
映日生暈遠而望之則綿邈深邃杳無窮際而群神出沒百鬼呈露披
襟拂袂挨肩疊跡而忽令近者遠而淺者深隱者顯而蔽者露各各離
立皆有憑空御風之勢蓋雲氣相隔而使之也仰視藻井則無數嬰兒
跳蕩彩雲間纍纍懸空而下肌膚溫然手腕脛節肥若緣絞躁令觀者
莫不驚號錯愕仰首張手以承其墜落也

象房

象房在宣武門內西城北墻下有象八十餘頭凡大朝會午門立仗及
乘輿鹵簿皆用象受幾品祿朝會時百官入午門畢則象乃交鼻而立
無敢妄出入者象或病不能立仗則强牽他象以代之莫能屈也象奴

图 3—6《热河日记》书影

图 3—7 瑞士巴塞尔（Basel）动物园的象馆，1910 年

采自［法］埃里克·巴拉泰等著、乔江涛译《动物园的历史》，台湾好读出版有限公司，2007 年，页 155。因没有找到明清时期北京象房的合适图片，此处系借用参考。

图 3—8 《中世纪争夺白象的争斗》

采自［美］盖蒂博物馆 Elizabeth Morrison 主编《异兽之书：中世纪怪兽图鉴》（*Book of Beasts: the Bestiary in the Medieval World*），The J.Paul Getty Museum/Los Angeles, 2019 年，页 83。

图 3—9 日本象之旅

采自［日］狩野博幸监修、陈芬芳翻译《江户时代的动植物图谱：从珍贵的 500 张工笔彩图中欣赏日本近代博物世界》，城邦文化事业股份有限公司麦浩斯出版，2020 年，页 89。

图 3—10 日本博物学文献中的象

采自［日］狩野博幸监修、陈芬芳翻译《江户时代的动植物图谱：从珍贵的 500 张工笔彩图中欣赏日本近代博物世界》，城邦文化事业股份有限公司麦浩斯出版，2020 年，页 88。

的动物知识交流的汇聚地,也是早期中西有关动物知识互识的文化场域。西人来华之初,首先在澳门等沿海地区引入西方的动物文化。打马球和赛马是在澳门葡人的首要的娱乐活动,乾隆时期澳门就留下了赛马的记录。据《广州纪录报》:1831 年的赛马中,东印度公司广州商馆大班马治平有两匹马参赛,每匹都有专门的骑师负责比赛,有时甚至由马主亲自下场。有些名马还吸引赌客下注。[①] 最令人惊奇的动物娱乐是斗牛。或以为澳门斗牛始于 1966 年 8 月,为远东首创,斗牛场设在新填海罗理基博士马路与贾罗布马路交界附近。斗牛场可容纳 6 000 观众。每场表演,观众拥挤不堪。[②] 其实西人引进斗牛可以上溯至葡人费尔南·门德斯·平托在《远游记》中记述的 1452 年,其时葡人逗留在双屿岛,曾经看到那里有四周都是围栅的广场,广场上人山人海,在围观场内的十头牛和五匹野马的“五花八门的新奇杂耍”。[③] 显然这是斗牛,抑或还有跑马的表演。1642 年的一份葡文文献也记述,为庆祝葡萄牙复国,澳门政府官员会从周围一些村庄寻找最好的牛,在议事厅附近的直街放牛奔跑,以用来举行庆祝活动。[④] 博克塞还指出,葡萄牙人的风格是乡村斗牛,在引诱公牛时参与者是采取步行的形式,不像西班牙那样,以血腥的骑马的形式进行。[⑤]

关于斗牛表演的进一步细致描绘,见之韦明铧的《动物表演史》。该书称在当时,斗牛是军人训练体能的方式之一。葡萄牙国王把野牛作为假象式的敌人,让军人们练习征战,从而使斗牛活动在上层社会和军队中间相当流行。后来斗牛面向社会,变成一种娱乐性活动。澳门斗牛规模很大,残疾斗牛表演者多达 50 人左右,包括斗牛士、骑士和捕牛队,需要有 20 头公牛、3 匹良马。每次斗牛都有数千人参加,场内斗牛士与牛激烈角斗,场外号角齐鸣,内外呼应,热闹非凡。澳门斗牛有两种形式,一是斗牛士、捕牛队与牛斗,斗牛士身穿 18 世纪的华丽盛装,手持短标枪,手舞红色披毡。当牛冲向红色披毡时,斗牛士即以短枪刺向牛颈,捕牛队也冲入现场,共同将牛制服。二是斗牛士与公牛斗,斗牛士先挥动红色大披毡,引逗公牛出来。斗牛士用短枪刺中公牛,斗牛士即算凯旋。澳门的斗牛活动与欧洲的斗牛既有共性,也有其自身特点:一是澳门斗牛不是为了将牛刺死,二是象征性地把牛颈刺伤。他们通过斗牛比赛,选出最佳种牛,用来配种繁殖。葡萄牙政府还规定,每只牛一生仅能参加一次斗牛活动,其角尖必磨平,并包以皮套;斗牛士所用的标枪,尖峰只能有三厘米,不可过长。[⑥] 韦氏没有提供其叙述的

---

① 汤开建:《天朝异化之角:16—19 世纪西洋文明在澳门》,页 1290、1295—1298。
② 唐思:《澳门风物志》第三集,澳门基金会,2004 年,页 178—179。
③ [葡] 费尔南·门德斯·平托著,金国平译注:《远游记》,澳门基金会,1999 年,页 203。
④ [英] 博克塞:《澳门议事局》(澳门市政厅,1997 年),转引自汤开建《天朝异化之角:16—19 世纪西洋文明在澳门》,页 1288。
⑤ 同上书,页 1288。
⑥ 韦明铧:《动物表演史》,山东画报出版社,2005 年,页 62—63。

出处，其中一些描述所依据的可能属于较晚的资料。

早期东西文化交流留下了许许多多尚未定型的知识和思想，经常是通过动物作为意象或符号来表达的，因此，《澳门纪略 · 澳蕃篇》成了谱写东西动物文化交流最夺目的华章之一。如果说将西方耶稣会士编纂的汉文西书视作“外典”，将唐朝刘恂《岭表录异》等视作“古典”，而将《古今图书集成》《广东新语》等视作“今典”的话，《澳门纪略》一书中可以说是形成了“外典”与“古典”“今典”的互动。《澳门纪略 · 澳蕃篇》中关于海外动物知识的记述，不仅取材于“外典”，即西方耶稣会士艾儒略的《职方外纪》、南怀仁的《坤舆全图》《坤舆图说》等；亦有选材于传统中国的“古典”，如《岭表录异》和郑和下西洋留下的航海旅行文字，如《星槎胜览》等；更有取自与《澳门纪略》同时代的《古今图书集成》《广东新语》等“今典”。

澳门文化的历史，需要用一种超越国家边界的全球化视野来观照。《澳门纪略》的《澳蕃篇》提供了澳门多元文化背景下的若干外来动物知识大交汇的历史叙述，印证了澳门作为一种多样化和多元性的复合意象。《澳门纪略》纂修者试图通过一种开放性的叙述，拉开一个跨文化动物交流的大竞技场，以若干珍禽异兽的形象重新建构澳门孕育的全球化文化机制；在澳门这个历史语境下表达一种人、动物与环境之间的复杂关系，旨在通过动物知识的视域，显示出从自我向他者开放、从地域向全球文化开放的格局，在看起来似乎带有保守性的叙述中，呈现出了跨文化的超越性。

第八章
东亚世界的“象记”

象是陆地上最大的哺乳类动物，当年在非洲和欧亚大陆的大部分地区都可以见到大象，如今只有在撒哈拉以南的非洲大陆、印度、斯里兰卡和东南亚等地，才能看到踪影了。从动物文化角度切入象研究的主要有安京《中华象史概说》（《寻根》2004 年第 1 期）和查茂盈《中国象文化研究》（西北农林科技大学“科学技术哲学”硕士论文，2012 年）两篇。前者的写法在研究论文与通俗文章之间，虽然很多注释不够准确，但却有不少新材料开掘，叙述线索还是比较明晰的。后者探讨了大象、自然、人类的相互关系，阐述了自然环境变化及人类活动对大象濒危的影响，指出在人象相处的过程中人们逐渐创造了种种与象有关的文化形态，称之为中国象文化。尽管是学位论文，但从论述的严密性和注释的规范性来衡量，该文都存在严重的问题。[①] 海外研究主要有英国学者伊懋可（Mark Elvin）所著《大象的退却：一部中国环境史》（梅雪芹等译，江苏人民出版社，2014 年）一书，被誉为西方学者撰写中国环境史的奠基之作。该书分为模式、特例、观念三大部分，包括《地理标识和时间标记》《人类与大象间的三千年搏斗》《森林滥伐概览》《森林滥伐的地区与树种》《战争与短期效益的关联》《水与水利系统维持的代价》《从物阜到民丰的嘉兴的故事》《中国人在贵州地方的拓殖》《遵化人长寿之谜》《大自然的启示》《科学与万物生灵》《帝国信条与个人观点》等 12 章。另一本论及象文化的著作是美国学者唐纳德 · F · 拉赫所著《欧洲形成中的亚洲》第二卷《奇迹的世纪》第一册《视觉艺术》，该书第三章《亚洲动物绘画》的第一节专门讨论“象”。[②]

---

① 该文具体材料的误读、误写处甚多，如宋人的《埤雅》，误作《脾雅》（页 15）；明人谢肇淛的《五杂组》，误作谢肇浙的《五杂姐》（页 17），引证误写作者和书名更是不胜枚举。论文中很多材料缺少出处，转引、节引他人论著者比比皆是，已有夹注者亦未能精确到页码，参考文献部分多缺少出版时间。出自自然科学专业的硕士论文，以如此不精确的形式呈现，颇令人惊讶。

② ［美］唐纳德 · F · 拉赫著，周宁总校译：《欧洲形成中的亚洲》第二卷《奇迹的世纪》第一册“视觉艺术”（刘绯、温飚译），人民出版社，2013 年，页 150—177。

习惯使用“东亚”一词的中、日、韩、越四国的汉籍中有过不少关于象的记录，葛兆光指出，在蒙古世界帝国逐渐退出东亚的14世纪下半叶之后，中国的明清王朝、日本的足利和德川时代，以及朝鲜的李朝时代，整个东海和南海，可以称之为“东部亚洲海域”，由于繁荣的海上贸易，已经形成了一个完足的历史世界。① 本章重点关注14世纪下半叶“东亚”这一历史世界中汉文古籍中有关象的若干记述，除了中国传统古籍，如正史和明清笔记外，还有元代越南人黎崱的《安南志略·物产》、韩人朴趾源的《象记》和日人大庭脩的《象之旅》中所记述的“象记”。本章以此几种域内外记象文献为重点，讨论东亚世界中有关象记为重点的博物学知识的互动。

一、元代文献中的“象记”与“白象”情结

先秦汉籍中有商朝人驯服大象的记载，如《吕氏春秋·古乐》记载：“商人服象，为虐于东夷。”服即驯服。② 春秋以前，野象在四川地区、江汉平原和淮河下游地区广泛分布。晋代和南北朝时期，长江流域仍有野象见于记载。唐代晚期，东部地区沿海地区野象逐渐绝迹。③《晋书》中仍有贡象的记载，④还有不少礼仪用象的记录，如《晋书·舆服》记：“象车，汉卤簿最在前，武帝太康中平吴后，南越献驯象，诏作大车驾之，以载黄门鼓吹数十人，使越人骑之。元正大会，驾象入庭。”又曰：“先象车，鼓吹一部，十三人，中道。”⑤此时象车已成皇仪定式。隋唐时期，佛教流行于中国，佛教中关于象的种种神异传说也在中国传播。宋代赵汝适《诸蕃志》叙大食（中古时期阿拉伯人所建立的伊斯兰帝国）、真腊（又名占腊，为中南半岛古国，其境在今柬埔寨境内）、占城（位于中南半岛东南部）等地的驯象。⑥《宋史·外国五》“占城”“生民获犀象皆输于王。国人多乘象”，曾多次向中国贡驯象和象牙：“遣使乘象入贡，诏留象广州畜养之。”有的驯象“能拜伏，诏留与京畿”。驯象甚至还能帮助官方执行刑法，如“当死者以绳系于树，用梭枪舂喉而殊其首。若故杀、劫杀，令象踏之，或以鼻卷扑于地。象皆素习，将刑人，即令豢养之人以数谕之，悉能晓焉”。⑦ 宋朝皇帝喜好用象，亦可在吴自牧《梦粱录》卷五得到印证。“明

① 葛兆光：《从琉球史说起：国境内外与海洋亚洲——读村井章介〈古琉球：海洋アジアの輝ける王國〉》，载《古今论衡》2020年6月第34期，页130—141。

② 高诱注：《吕氏春秋》卷五“仲夏纪第五”，“诸子集成”本（六），上海书店，1986年，页53。

③ 关于亚洲象的地理分布变化，参见邹逸麟、张修桂主编《中国历史自然地理》第二编第七章第一节，科学出版社，2013年，页152—159。

④ 《晋书》中也记载有晋武帝太康中平吴后，“南越献驯象”；扶南国也曾于晋穆帝升平初（357年），竺旃檀王“遣使贡驯象”。《晋书》卷二五，《二十五史》第2册，页1330、1541。

⑤ 《晋书》卷二五，《二十五史》第2册，页1330。

⑥ 赵汝适撰，杨博文校释：《诸蕃志》，中华书局，1996年，页207。

⑦ 《宋史》卷四八九，《二十五史》第8册，上海古籍出版社、上海书店，1986年影印版，页6766。

禋年预教习车象”记南宋都城(杭州)三年一次的明堂大祀也用象仪:“车前数人,击鞭行车,前列朱旗数十面,铜锣鼙鼓十数面,执旗鼓人,俱服紫衫帽子。后以大象二头,每一象用一人,裹交脚幞头,紫衫,跨象颈而驭,手执短柄银钁,尖其刃,象有不驯者击之。至太庙前及丽正门前,用钁使其围转,行步数遭,成列;令其拜,亦令其如鸣喏之势。”[①]

元代进入了中外历史上文化大交流的时期。大蒙古帝国地跨欧亚,不仅经过中亚通往波斯、阿拉伯各地的陆路交通得到恢复,来往更频繁,向西直通欧洲。连接南海及印度洋沿岸各国的海上丝绸之路,也承继宋代更为繁荣活跃。1307年,基督教圣方济各会士孟特戈维诺(1247—1328)被教皇任命为大都及东方总主教,接受其洗礼者达数千人。欧洲教士也兼营商业,从事贸易,波斯、阿拉伯以及欧洲的商人更是接踵而来,中国与波斯、阿拉伯人之间的动物文化交流也更加扩大。蒙古统治者虽与周边诸国地区有过战争,但高丽、日本、缅甸、暹国、爪哇等国商船贸易却从未中断。元朝原在七处港口设市舶司,后经裁并,只留庆元(今浙江宁波)、泉州、广州三处。不仅在陆上有贡象活动,海上的贡象航程也日趋频繁。据《元史》记载,成吉思汗之孙元世祖忽必烈(1215—1294)在位期间,先后有十次以上的贡象活动。赛典赤·赡思丁的长子、累官中奉大夫、云南诸路宣慰使都元帅纳速剌丁率军抵达金齿、蒲、骠、曲蜡、缅国,招安夷寨三百、籍户十二万。[②] 为了显示自己在军政方面的有效工作,元世祖至元十六年(1279)他献贡驯象。[③]同年,交趾国(今越南)贡驯象。位于中南半岛中南部的占城、印度半岛古国马八儿诸国也通过海道遣使贡象。[④] 至元十七年(1280)占城、马八儿国奉表称臣再次贡象。[⑤] 至元十八年(1281),占城国来贡象、海南诸国来贡象,显然也是通过海路。[⑥] 至元二十一年(1284)占城国王乞回唆都军,愿以土产岁修职贡,使大罗盘亚罗日加翳等,奉表来贺,献三象。[⑦] 元成宗铁木耳(1265—1307)时期,前后贡象七次,次数虽不及元世祖时期,贡象数量则远超过世祖时期。世祖时期贡象约11头,而成宗时期多达33头。计元贞二年(1296),答马剌国(缅甸)一本王遣其子进象16头;[⑧]元成宗大德三年(1299)海南速古台、速龙探、奔奚里诸番贡象。[⑨] 大德四年(1300),已向元朝称臣的缅国遣使进白象;[⑩]大德

① 吴自牧撰:《梦粱录》,浙江人民出版社,1984年,页31。
② 经考证,赛典赤·赡思丁和纳速剌丁系郑和的先祖,赛典赤·赡思丁(1211—1279)为31世祖;纳速剌丁(?—1292)为32世祖。高发元、王子华主编:《郑和研究在云南》,云南人民出版社,2021年,页24—31。
③ 《元史》卷一二五《赛典赤·赡思丁传》,《二十五史》第9册,上海古籍出版社、上海书店,1986年影印版,页7589。
④ 《元史》卷一一《世祖纪七》,《二十五史》第9册,页7264。
⑤ 《元史》卷一一《世祖纪八》,《二十五史》第9册,页7264。
⑥ 同上书,页7266。
⑦ 《元史》卷一三《世祖纪十》,《二十五史》第9册,页7270。
⑧ 《元史》卷一九《成宗纪二》,《二十五史》第9册,页7288。
⑨ 《元史》卷二〇《成宗纪三》,《二十五史》第9册,页7290。
⑩ 同上书,页7291。

五年(1301)，缅国国主为进一步修补缅国与元朝的关系，再度遣使献一白象；[①]还遣使贡驯象九头。[②] 大德六年(1302)，安南国贡两头驯象；[③]大德七年(1303)，缅王献贡驯象四头。[④] 元朝第 4 任皇帝元仁宗爱育黎拔力八达(亦译为巴颜图，1286—1320)延祐二年(1315)八百媳妇蛮(又称景迈，今清迈为中心的泰国北部地区)献驯象两头。[⑤] 元泰定帝也孙铁木儿(1276—1328)泰定二年(1325)，大小车里蛮献驯象。[⑥] 泰定三年(1326)缅国献驯象。[⑦] 泰定三年(1326)八百媳妇蛮献驯象。[⑧] 泰定四年(1327)，占城国献驯象两头。[⑨] 泰定帝致和元年(1328)，八百媳妇蛮献驯象。[⑩] 元文宗图帖睦尔(1304—1332)天历二年(1329)，占腊国(今柬埔寨、越南一带)贡象。[⑪]《元史》记录的最后一次贡象，是在元文宗至顺二年(1331)，由云南中部的景东甸献驯象。[⑫]

意大利旅行家马可·波罗对元大都有非常细致的描绘，称此城中有大宫殿，周围有一大方墙，宽广各有一哩，墙外有一极美草原，“中植种种美丽果树。不少兽类，若鹿、獐、山羊、松鼠，繁殖其中。带麝之兽为数不少，其形甚美，而种类甚多，所以往来行人所经之道外，别无余地”。另外还有一湖，“甚美，大汗置种种鱼类于其中，其数甚多，取之惟意所欲。且有一河流由此出入，出入之处间以铜铁格子，俾鱼类不能随河水出入”。此湖即今之北京积水潭、什刹海一带。每年大汗举行之庆节(一般在阳历 1 月 21 日至 2 月 19 日之间，其日无定)，国中数处不仅会献贡极富丽之白马 10 万余匹，并特别述及大象：“是日诸象共有五千头，身披锦衣，甚美，背上各负美匣二，其中满盛白节宫廷所用之一切金银器皿甲胄，并有无数骆驼身披锦衣，负载是日所需之物，皆列行于大汗前，是为世界最美之奇观。”[⑬]沙海昂的注释称，贡象也是一种变相的赋税，印度、缅甸都需贡象。忽必烈 1273 年攻取交趾，老国王请降，约定每年贡象 20 头，此后北京蓄象，遂以为常。[⑭] 可见元代大都大象多达数千头，“身披锦衣”、背负美匣满盛宫廷所用金银器皿甲胄的大象参与朝廷各种礼仪活动。(图 3－3)

---

① 《元史》卷一二五《赛典赤瞻思丁传》，《二十五史》第 9 册，页 7589。
② 《元史》卷二〇《成宗纪三》，《二十五史》第 9 册，页 7291。
③ 同上书，《二十五史》第 9 册，页 7292。
④ 《元史》卷二〇《成宗纪四》，《二十五史》第 9 册，页 7293。
⑤ 《元史》卷二六《仁宗纪二》，《二十五史》第 9 册，页 7308。
⑥ 《元史》卷二九《泰定帝纪一》，《二十五史》第 9 册，页 7318。车里，土司名，一作彻里、撤里或车厘。元世祖至元末置军民总管府，明改为军民宣慰使司。治所在今云南景洪。
⑦ 《元史》卷三〇《泰定帝纪二》，《二十五史》第 9 册，页 7319。
⑧ 同上书，页 7320。
⑨ 同上书，页 7322。
⑩ 《元史》卷三一《泰定帝纪二》，《二十五史》第 9 册，页 7321。
⑪ 《元史》卷三三《文宗纪二》，《二十五史》第 9 册，页 7327。
⑫ 《元史》卷三五《文宗纪四》，《二十五史》第 9 册，页 7333。
⑬ 冯承钧译：《马可波罗行纪》，页 200—201、222—223。
⑭ 同上书，页 223。

元代叙象事较为翔实的还有越南人黎崱的《安南志略》。黎崱，字景高，约出生于13世纪60年代，卒于14世纪40年代。自称安南人，是东晋交州刺史阮敷的后裔，过继给黎氏，为安南陈朝小吏。元至元二十三年(1285)，随元军北上，后定居汉阳。晚年著成《安南志略》，比较系统地叙述了越南的地理、历史、物产、风俗、制度和中越关系，为有关古代越南历史的重要著作。[①]《安南志略·物产》记象曰：

> 林邑出象，其置还于占城，俗以象驮载。今有布政郡，乃古日南象林县也。土豪杀令，立国曰林邑。宋理宗时，安南贡象，公卿上表贺，太学生献诗："三象都来八尺高，江潮万里几民劳。公卿尽上升平表，惟有鲰生颂旅獒。"至元丙子，朝廷平宋，驿桂始近，安南屡贡焉。雄者两牙，雌无之，力宰于鼻。王命人物以斗胜负。驭象者以驱其雌入山，后以甘蔗诱其雄至，设阱以陷。初甚咆哮，收教之，渐解人意。过礼节，牧奴以锦覆象背，令跪拜。国主丧，则被锦鞍，流泪成旬。性极灵，居山林，每雄拥雌四五十为强。好饮酒，以鼻穿山民壁，饮尽而气不损。若二者行，得一物而均分之。喜浴于江，月夜戏浮于水。及归林，民从后击锣鼓，喊闪惊之。群象争走，径路狭处，陷沟壑不能起，民刺杀之。其牙纹色净丽，自死及退落之牙不以为贵。林邑人杀象，象怒，布阵以圈人。人斫树，取衣挂树枝，缘它树而走。象见衣，以为有人，以鼻汲水灌树，其树倒，不见人，怒碎其衣而去。象病，首必向南而死。肉粗，连皮煮易熟，牙笋、足掌肉稍佳。[②]

元朝贡象记录中最引人注目的是元成宗大德四年(1300)缅国遣使贡白象。[③] 次年(1301)，缅国国主因负固不臣，元将"忽辛遣人谕之曰：'我老赛典赤平章子也，惟先训是遵，凡官府于汝国不便事，当一切为汝更之。'缅国主闻之，遂与使者偕来，献白象一，且曰：'此象古来所未有，今圣德所致，敢效方物。'既入，帝赐缅国主以世子之号"。[④] 显然献白象之事，是为了修补缅国与元朝的紧张关系。据古籍记述，中国人有一种非常强烈的"白象"情结，成书于东魏武定五年(547)杨炫之所著《洛阳伽蓝记》称："后魏洛水桥南道东有白象坊，白象者，永平二年乾陀罗国所献，背设五采屏风、七宝坐床，容数十人，真是异物。常养于乘黄，象常曾坏屋毁墙，走出于外，逢树即拔，遇墙亦倒，百姓惊怖，奔走交驰。"[⑤]唐段成式《酉阳杂俎》卷一六"毛篇"记："咸亨三年(627)周澄国遣使上表，言诃伽国有白象，首垂四牙，身运五足，象之所在，其土必丰。以水洗牙，饮之愈疾，请发兵迎取。"[⑥]

---

① ［越］黎崱撰，武尚清点校：《安南志略》"前言"，中华书局，2000年，页1—10。
② 同上书，页368—369。
③ 《元史》卷二〇《成宗纪三》，《二十五史》第9册，页7291。
④ 《元史》卷一二五《赛典赤赡思丁传》，《二十五史》第9册，页7589。
⑤ 转引自李昉等编《太平广记》卷四四一，页3931。
⑥ 段成式撰，方南生点校：《酉阳杂俎》，页158。

白象情结可能也是不同地区动物文化交流的产物。白色动物被古人赋予了丰富的象征意义，以白色为主要特征的异兽不仅有太平祥瑞之兆，也代表仙界灵物。① 历史上的东南亚人就特别推崇白象，认为白象代表着雨神，是生命和丰收的象征。印度教产生后，白象信仰和印度教融合，在印度教的神话中，白象也是印度教的主神、雷神和战神因陀罗的坐骑。在亚非很多地区，象代表着王权，象征着力量、稳固与智慧。白象在缅甸是王权的象征，是国势昌盛、人民丰衣足食的吉兆。永乐四年(1406)越南西南部的占城请求明成祖出兵援助抗击安南，特别贡献白象一头。②《明史》记述了嘉靖三十二年(1553)暹罗(今泰国)遣使贡献了一头白象，并惋惜地表示白象死于途中。③ 伊斯兰世界也认为白象是一种王权的象征，在中世纪的波斯传说中，白象由于天生便可以辨识和接纳真正的皇权，因此会在统治者面前鞠躬行礼。④ 也许利玛窦来华后了解了中国人的趣味，因此1608年制作彩绘本《坤舆万国全图》时，特别画上了罕见的白象。(图2-7)民间传说太平盛世出白象，白象与龙、麒麟、辟邪、天禄、玉兔等都是中国传统的瑞兽之一。尽管《坤舆万国全图》中没有文字讨论过“白象”，但南怀仁《坤舆图说》的“爪哇”条却有关于白象代表王权的解说：“爪哇大小有二，俱在苏门答喇东南海岛，各有主，多象，无马骡，产香料、苏木、象牙，不用钱，以胡椒及布为货币，……诸国每治兵争白象，白象所在，即为盟主。”⑤17世纪初，缅甸西北沿岸的阿拉干王国国王曾拥有一头极为俊美的白象，经常在特定的场合隆重出场，并吸引大批观众，据说其名气传遍了整个东方世界。为此莫卧儿帝国的阿克巴大帝十分觊觎，设法充当“白象之主”，因为阿克巴大帝从小在阿富汗长大，他认为大象能够给予自己力量、智力、贵族性，是华丽和威严的主要来源，是一种统治和征服的手段。⑥《清宫兽谱》也专门提及域外一些地区，如拂菻(今叙利亚)、大食(今阿拉伯国家)有白象：“肉兼十牛，目才若豕，四足如柱，无趾而有爪甲。长鼻下垂，能卷舒致用，牙出两吻间，雄者长六七尺，蜕牙则自埋藏之。性久识，能浮水，又能别道之虚实，故导车用焉。说者谓其合于天象，盖瑶光(北斗七星之一)之精也。”⑦

二、明清笔记文献中的“象房”“驯象”与“浴象”

明清笔记中关于野象多有记述，如黄衷《海语》写道：“象嗜稼，凡引类于田，必次亩

① 刘一辰：《论中国古代白色动物崇拜的文化内涵》，《淮海工学院学报》2017年第12期。
② 《明史》卷三二四《外国传》，《二十五史》第10册，页8695。
③ 同上书，页8697。
④ [美]托马斯·爱尔森著，马特译：《欧亚皇家狩猎史》，页231。
⑤ 《坤舆图说》卷下，《景印文渊阁四库全书》第594册，页751。
⑥ [美]托马斯·爱尔森著，马特译：《欧亚皇家狩猎史》，页212、240。
⑦ 袁杰主编：《清宫兽谱》，页42。

而食，不乱蹂也。未旬即数顷尽矣。岛夷以孤豚缚笼中，悬诸深树，孤豚被缚，喔喔不绝声，象闻而怖，乃引类而遁，不敢近稼矣！夫体巨而力强者，物莫象若。佛书言菩萨之力譬如龙，象是匹龙也。”①

较为详细的记述见之李时珍在《本草纲目》卷五一《兽之二》集解：

> 象出交、广、云南及西域诸国，野象多至成群。番人皆畜以服重，酋长则饬而乘之。有灰、白二色，形体拥肿，面目丑陋。大者身长丈余，高称之，大六尺许。肉倍数牛，目才若豕。四足如柱，无指而有爪甲。行则先移左足，卧则以臂着地。其头不能俯，其颈不能回，其耳下蝉，其鼻大如臂，下垂至地。鼻端甚深，可以开合。中有小肉爪，能拾针芥。食物饮水，皆以鼻卷入口，一身之力皆在于鼻，故伤之则死耳。后有穴，薄如鼓皮，刺之亦死。口内有食齿，两吻出两牙夹鼻。雄者长六七尺，雌者才尺余耳。交牝则在水中，以胸相贴，与诸兽不同。……其性能久识。嗜刍、豆、甘蔗与酒，而畏烟火、狮子、巴蛇。南人杀野象，多设机阱以陷之，或埋象鞋于路，以贯其足。捕生象则易雌象为媒而诱获之，饲而狎之，久则渐解人言，使象奴牧之，制之以钩，左右前后罔不如命也。

然后写了象牙、象肉、象胆、象睛、象皮、象骨的各种药用。②

元、明、清三朝定都北京，象作为礼仪之兽也进入都城。象住有高大的“象房”，据元人所著《析津志·物产》称：元时“象房在海子桥金水河北一带。房甚高敞。丁酉年元日进大象，一见，其行似缓，实步阔而疾撺，马乃能追之。高于市屋檐，群象之尤者。庚子年，象房废。今养在芹城北处，有暖泉”。③

据《客座赘语》载，明初“象房”设在南京的通济门外，④通济门是南京明城墙十三座明代京城城门之一，位于南京市秦淮区，坐北朝南，是中国古代防御性建筑的杰出代表。永乐时迁都北京，《日下旧闻考》称，明时象房在宣武门内城根西，为明弘治八年(1495)修建。明代的紫禁城曾经饲养着一群大象，主要用于礼仪活动。

利玛窦的《耶稣会与天主教进入中国史》一书中也提及北京皇家的象房，称：大象只在北京大量饲养，供玩赏和仪仗使用，它们均来自外国，除北京外，其他地方是没有的。⑤ 这个说法其实不确。至少当年吴三桂在湖南还有一支象军。清人刘献廷的《广阳杂记》卷二记载吴三桂在湖南，其中不乏赞扬象代表着雄伟、胜利和力量，也代表着温

① 黄衷撰：《海语》，页 17。
② 李时珍撰：《本草纲目》卷五一，第四册页 2826、2827—2829。
③ 熊梦祥撰：《析津志辑佚》，北京古籍出版社，1983 年，页 232。
④ 顾起元撰：《客座赘语》，凤凰出版社，2005 年，页 319。
⑤ ［意］利玛窦著，文铮译：《耶稣会与天主教进入中国史》，页 10—11。

顺、虔诚和节制：

吴三桂之来湖南，有象军焉。有四十五只，曾一用之，故长沙人多曾见之。象各有一奴守之，与奴最有情。奴死，人为之制棺讫，象必来亲殓，以鼻卷奴尸置棺中而盖之，不下钉。人先于旷野中掘地为坎，告象以其处，则以鼻卷棺而来，自置坎，复为掩土，徘徊留恋，垂涕而去。一二日后必复来，去土开棺，谛视其尸，重为掩盖。嗣后或一日来，或三五日一来，必待其尸腐烂，人形脱尽而后已。凡象于奴皆然也。有一奴牧象，私与一妇戏，偕入草屋中，象见之怒，以鼻扃其门，奴恐，逾垣而出，象以鼻卷奴掷之，颠扑而下，复以牙触奴糜烂而死。象忽自杀其奴，乃从来未有之事。官司拘象而问之，象忽奔逸而去。人皆披靡，以为其逃也。少焉，卷一妇人来，置之官前，而自跪其官，以鼻触妇人使言。妇人战悸失音，久之始吐其实。官义之，贷其罪，别选奴以牧之。余谓此象可以为刑官，可以为律师。世人目乱男女之伦者曰禽兽，象独非兽耶？胡可以之而詈人也，叹息者久之。[①]

明朝定都北京后，建有非常规整的象房，并有驯象、用象、浴象的制度。明人沈德符的《万历野获编》卷二四"风俗"记载"六月六日"为最详细：

京师象只皆用其日洗于郭外之水滨，一年惟此一度，因相交感，牝仰牡俯，一切如人，嬲于波浪中，毕事精液浮出，腥秽因之涨腻，居人他处远汲，必旬日而始澄澈。又憎人见之，遇者必触死乃已。间有黠者预升茂树浓阴之中，俯首密窥，始得其情状如此。又象性最警，入朝迟误，则以上命赐杖，必伏而受箠如数，起又谢恩。象平日所受禄秩，俱视武弁有等差，遇有罪贬降，即退立所贬之位，不复敢居故班。排列定序，出入缀行，较人无少异，真物中之至灵者。穆宗初登极，天下恩贡陛见，朝仪久不讲，诸士子欲瞻天表，必越次入大僚之位，上玉色不怡，朝退欲行谴责，赖华亭公婉解之而止。时谓明经威仪，曾群象之不若。象初至京，传闻先于射所演习，故谓之演象所。而锦衣卫自有驯象所，专管象奴及象只，特命锦衣指挥一员提督之。凡大朝会役象甚多，及驾辇驮宝皆用之，若常朝则止用六只耳。遇有疾病不能入朝，则倩下班暂代，象奴牵之彼房，传语求替，则次早方出。又能以鼻作觱篥铜鼓诸声，入观者持钱畀象奴，如教献技，又必斜睨奴受钱满数，而后昂鼻俯首，呜呜出声。其在象房间亦狂逸，至于撤屋倒树，人畜遇之俱糜烂。当其将病，耳中先有油出，名曰山性，发则预以巨缭縻禁之。亦多畏寒而死者，管象房缇帅申报兵部，上疏得旨，始命再验发光禄寺，距其毙已旬余。秽塞通衢，过者避道，且天庖何尝需此残脔。

---

① 刘献廷撰：《广阳杂记》，中华书局，1997 年，页 80。

京师弥文，大抵皆然。[1]

象房里的大象各有不同的姓名，清代甚至还各有名位，品级、食禄亦有等差。如吴振棫《养吉斋丛录》卷二六称：“乾隆间，象房喂养贡象三十余只。因谕令暂行停贡。向来各国贡象皆有名字。咸丰三年(1853)，南掌(今老挝)贡四象，曰陶罕董、陶罕控、陶罕换、陶罕慕。缅甸亦于该年亦贡五象，一曰喻斗，一曰蟒墨，一曰戛那走，一曰那纪麻，一曰看麻。又象房有象倒毙，太医院官验视，有无象黄。世知牛黄，不知象有黄也。”[2]

外来贡象多为驯象。古罗马时代普林尼及以后的欧洲旅行者都已经注意到斯里兰卡象是最容易训练的象种。17 世纪末，或称斯里兰卡象是常被捕捉的品种，因为此地的大象因擅长“下伏”闻名，可以恭顺地将脖子置于两腿之间。可见评价大象的标准并非其体型或毛色，而是具体表现能力。[3] 清代曾为外轮海员的谢清高，在其记有南洋、西南洋各地物产，颇为详尽的《海录》一书中，记有“丁咖啰国”(今马来西亚丁加奴)的驯象：“各国王俱喜养象，闻山中有野象，王家则令人砍大木于十里外，周围栅环之。旬日渐移而前，如此者数，栅益狭。象不得食，俟其羸弱，再放驯象与斗，伏则随驯象出，自听象奴驱遣。”[4]记录明廷在朝堂外的护卫和仪仗中的驯象，则以明人谢肇淛(1567—1624)《五杂组》中的记述为生动：

今朝廷午门立仗及乘舆卤簿皆用象，不独取以壮观，以其性亦驯警，不类他兽也。象以先后为序，皆有位号，食几品料。每朝，则立午门之左右，驾未出时纵游吃草，及钟鸣鞭响则肃然翼立，俟百官入毕则以鼻相交而立，无一人敢越而进，朝毕则复如常。有疾不能立仗，则象奴牵诣他象之所，面求代行，而后他象肯行，不然，终不往也。有过或伤人，则宣敕杖之，二象以鼻绞其足踣地，杖毕始起谢恩，一如人意。或贬秩，则立杖，必居所贬之位，不敢仍常立，甚可怪也。六月则浴而交之，交以水中，雌仰面浮合如人焉。盖自三代之时已有之，晋、唐业教之舞及驾乘舆矣。此物质既粗笨，形亦不典，而灵异乃尔，人之不如物者多矣。[5]

大象天资聪明且容易被驯化，驯象一般通过禁食和喂养的方式。清人赵翼《檐曝杂记》卷三中记有民间驯象的实况：

璞函(人名)随经略至猛拱(今云南)，每晨起，途中多有粪堆如小冢，土人云野

① 沈德符撰：《万历野获编》，中华书局，1997 年，页 619—620。
② 吴振棫撰：《养吉斋丛录》，北京古籍出版社，1983 年，页 280。
③ [美]托马斯·爱尔森著，马特译：《欧亚皇家狩猎史》，页 109、241。
④ 谢清高口述，杨炳南笔录，安京校释：《海录校释》，商务印书馆，2002 年，页 31。
⑤ 谢肇淛撰：《五杂组》卷五，页 170。

象粪也。其象不受人驱策，故谓之野象。必诱而驯之，始供役。诱之之法：掘地坑布席，而土覆之若平地，数百人锣鼓铳炮驱象过而陷之。象体重而坑深陡，不能出也。则饿之数日，然后问之："肯给役否？"象点头，则劚其坑前地，迤逦斜上，使步而出。一点头，则终身受人役不复变，盖象性最信也。负重有力，一象能驮千斤炮一位，故缅人出兵，随路有炮也。象不点头，则不使出，饿数日再问之，亦有饿死而终不点头者。①

汪启淑的《水曹清暇录》卷六"象有灵性"也有记述"象房在宣武门西城墙"：

象初至京，伴送象奴交于象房总管，先行演习。象有名位，品级、食禄亦有等差。遇大朝会则用象，多驮宝瓶、监门、驾辇之类；若只常朝，仅需六只。该班皆有一定，如该班象有病不能应差，则自解烦他象充当。象奴贫窘，向乞借粮，预为说明，则草束粮减去亦食，否则不肯受欺，颇有灵性。有人欲观象者，给象奴钱，象奴引入，俾吹觱栗，则伸鼻长吟；俾打铜鼓，即卷鼻击地，冬冬宛如鼓声。若山性发，则耳中出油，象奴遽以巨绳系之，并掣老象防守。②

象奴或称为驯象师，世代相袭，因此掌握了不为外人所知的一些驯象技术。受过训练的大象似人而有感情，更有意思的是，受过驯的大象也能遵守朝廷的礼仪，甚至成了明朝官僚机构的一部分。从顺治元年（1644）开始，即设置驯象所东、西二司，以驯养"皇帝卤簿"（仪仗）使用的仪象。活泼泼的大象，在举行皇帝登基、皇帝大婚等重大仪式时，会以"卤簿"形象出现在紫禁城内的显要位置。朝会的驾辇、驮宝都需要用象，平时朝会一般用六头象，早朝开始时象都会午门左右，朝钟、鸣鞭之后需肃然而立，待百官入朝后，左右两边站立的象便以鼻相交将道路封住，无人能擅自入朝。朝会完毕，两边的象又将鼻子分开，上朝后的文武官员便可鱼贯而出。驯象不仅显示了宠幸，也是军事力量的彰显，更是权力的象征。

明清时期每年六月六日的洗象，是京城的一大景观。一般安排在夏至后三个庚日为头伏的第一天，即入伏，进入三伏（初伏、中伏、末伏）天气，这是一年中最为炎热的时期。三伏天洗象在元代就已有之，但尚未形成习俗。元朝建立后，东南亚的泰国、缅甸、越南等附属国的使臣，每年都有来大都进贡大象。元朝在京城建有象房，设立驯象所，从云南和缅甸招来驯象师，每到酷暑炎夏，就在大都城附近的积水潭中洗象，引来百姓围观。元朝大臣宋褧有一首《过海子观浴象》诗云："四蹄如柱鼻垂云，踏碎春泥乱水纹。"至明代万历年间，洗象已逐渐演变为岁时民俗。皇宫中例于三伏日为畜养之象洗

① 赵翼撰：《檐曝杂记》，中华书局，1982年，页54—55。
② 汪启淑撰：《水曹清暇录》，北京古籍出版社，1998年，页89。

浴，届时遣官以鼓乐引导，监浴。积水潭河两岸往往观者万众，其情形确如诗人的描述。明刘侗、于奕正《帝京景物略·春场》记有宣武门河看洗象的诗歌：“三伏日洗象，锦衣卫官以旗鼓迎象出顺承门，浴响闸。象次第入于河也，则苍山之颓也。额耳昂回，鼻舒纠吸嘘出水面，矫矫有蛟龙之势。象奴挽索据脊。时时出没其髻。观时两岸各万众，面首如鳞次贝编焉。然浴之不能须臾，象奴辄调御令起，云浴久则相雌雄，相雌雄则狂。”[①] 同书又记载了明徐渭有《宣武门河看洗象》、王继皋《六月九日宣武门外看洗象》、张国敉《宣武门看洗象，次王元直韵》等。[②]

清承明制，仍将洗象作为民俗传承下来。每年六月六日，有规模浩大的洗象日活动。洗象日如同过节，京师百姓万人围观。自宣武门往西沿线，车马喧嚣，道路壅塞。上斜街一带是观洗象最佳处，每逢洗象，周边酒肆终日座无虚席。各类店铺人头攒动，生意火爆。清人潘荣陛在《帝京岁时纪胜》中记载：“銮仪卫驯象所，于三伏日，仪官具履服，设仪仗鼓吹，导象出宣武门西闸水滨浴之。城下结彩棚，设仪官公廨监浴，都人于两岸观望，环聚如堵。”[③]戴璐《藤阴杂记》卷七载清人朱竹垞移居诗：“后园虚阁压城壕，溅瀑跳珠闸闸口牢。正好凭栏看洗象，玉河新水一时高。”并称：“洗象诗，名家儿张歌行辞赋，无美不备。独[王]渔洋竹枝一绝云：玉水轻阴夹绿槐，香车筍轿锦成堆。千钱更赁楼窗坐，都为河边洗象来。”[④]

清代画家丁观鹏的《乾隆皇帝洗象图》(藏北京故宫博物院)设色艳丽，气氛和谐，图中碧水弯弯，绿树、怪石、惠草其中，一头大象温顺地站立在树荫之下，玉女、金童、天王、僧侣等一干人等正在为大象洗浴。乾隆皇帝则扮作普贤菩萨模样端坐，目不转睛地瞧着自己的坐骑大象，大象也非常惬意地与乾隆对视，似在与主人交流情感。此图反映了一个节令民俗——伏日洗象。《乾隆皇帝洗象图》画幅左下款署：“乾隆十五年(1750)六月，臣丁观鹏恭绘。”下钤“臣丁观鹏”白文方印、“恭画”朱文方印。画幅右上钤乾隆皇帝朱文椭圆印“乾隆御览之宝”。(图 3-4)丁观鹏，北京人，艺术活动于康熙末期至乾隆中期，工道释、人物，尤擅仙佛、神像，也善画山水。雍正四年(1726)进入宫廷为画院处行走，是雍正、乾隆朝画院高手，与唐岱、郎世宁、张宗苍、金廷标齐名。造诣深湛，得乾隆帝赏识。

明清各类典籍中关于象房、驯象、洗象以及象的品性等，均有诸多记述。据雕龙中日古籍全文数据库中收录的《四库全书》统计，其中讨论“贡象”的有 120 多条，讨论“白象”有多达 600 条以上。汉文文献中，因为“象”与吉祥之“祥”字谐音，因此也被民间作

① 刘侗、于奕正撰：《帝京景物略》，北京古籍出版社，1982 年，页 69。
② 同上书，页 78。
③ 潘荣陛撰：《帝京岁时纪胜》，北京古籍出版社，1981 年，页 25。
④ 戴璐撰：《藤阴杂记》，北京古籍出版社，1982 年，页 61。

为瑞兽。而中国传统中神象的造型多为白象，以白象驮宝瓶（平）为“太平有象”，以象驮插戟（吉）宝瓶为“太平吉祥”；以童骑（吉）象为“吉祥”；以象驮如意，或象鼻卷如意为“吉祥如意”。[①] 从留存的大量文本来看，“太平有象”这一说法由来已久，笔者以雕龙中日古籍全文数据库中收录的《四库全书》为据，其中“太平有象”共出现了 193 次，其中宋代 20 次，金代 2 次，元代 20 次，明代增至 55 次，而清代则高达 96 次。明清两代文献中出现的频率渐高，成为官方和民间的共同期待，亦足见明清两代有较强的大象情结。

殊方异兽一直是明清皇家权威的象征，伏日洗象，继承了民间伏日洗浴的习俗，也是大清天朝威震四方之强大国力的一种展示。明清京城里的象房以及专门的驯象所，使大象的“观看权”被皇帝贵戚以及少数文人画师所垄断。有意思的是，明清每年六月洗象节却为普通民众亲眼目睹大象的真容提供了机会。晚清，在上海四马路一品香西餐馆，还有泰国运来的大象所进行的表演，称：“暹罗国新到大象一只，身高一丈有余，能懂人言。随来安南国披发人为象奴，晚上鼻卷同睡，或有看客另买瓜蔬与食或与洋钱，其象鼻能分大小，磕头跪谢亦分大跪谢、小跪谢之别，可称第一灵兽也。诸君欲旷眼界，祈请观看，每位一百文，男女好看。倘贵宅宝眷要看，另社在大菜房间，每位二百文。男客一概外观，谨此布闻。”[②]由此，上海租界中的城市市民也有了观看大象的机会。（图 3 - 5）

明清故宫御花园中有跪象造型，其装束与记载中的皇帝“法驾卤簿”中的宝象相似，通过这一对跪象立于御花园北门内的设定，也能理解其蕴含的“接驾”礼仪寓意。“跪象”之发音“象”与“祥”、“跪”与“贵”、“负”与“富”都有谐音之效，因而御花园的跪象又可以解读为“富贵吉祥”。御花园跪象的吉祥寓意，亦是明清皇帝们企盼国泰民安、江山稳固长久的心理反映。清末富察敦崇《燕京岁时记》记载了京城“象房”管理不善，之后又发生了京师民众观浴象，结果导致大象伤人之事：

> 象房有象时，每岁六月六日牵往宣武门外河内浴之，观者如堵。后因象疯伤人，遂不豢养。光绪十年以前尚及见之。象房在宣武门内城根迤西，归銮仪卫管理。有入观者，能以鼻作觱篥、铜鼓声。观者持钱畀象奴，如教献技，又必斜睨象奴受钱满数，而后仰鼻俯首，呜呜出声。将病，耳中出油，谓之山性发。象寿最长，道光间有老象，牙有铜箍，谓是唐朝故物，乃安史之辈携来者。后因象奴等克扣太甚，相继倒毙。故咸丰以后十余年象房无象。同治末年、光绪初年，越南国贡象二次，共六七只，极其肥壮。都人观者喜有太平之征，欣欣载道。自东长安门伤人之后，全行拘禁，不复应差，三二年间饥饿殆尽矣。[③]

---

① 徐华铛：《中国神兽造型》，中国林业出版社，2010 年，页 77—80。
② 四马路一品香告白：《请看大象》，载《申报》1881 年 6 月 28 日，页 5。
③ 富察敦崇撰：《燕京岁时记》，北京古籍出版社，1981 年，页 71。

贡象也象征了国家的盛衰。自咸丰朝之后，国运衰弱，滇南地区时常发生动乱，社会不稳定，加之泰国、缅甸、柬埔寨等东南亚各国遭到西方列强的入侵而沦为殖民地，朝贡体系解体，贡象传统逐渐式微。象房等最后更因管理不善，光绪十年(1884)出现了大象突然发疯，毁物伤人事件。于是清末洗象民俗也最终消失，成为一种历史记忆。

三、《热河日记》中的“象记”

14—19 世纪朝鲜朝《燕行录》中有不少关于京城象房和大象的记载。如 15 世纪朝鲜人用汉文撰写的有关中国的见闻录《漂海录》中就记载：1488 年四月二十日“撞钟于午门之右讫，三虹门洞开，门各有二大象守之，其形甚奇伟”。[①] 明清曾经逗留北京的朝鲜燕行使多有观察大象的机会，如 1656 年十月三日麟坪大君李㴭的《燕途纪行》称：“午门外东西排立十二象，其六具鞍，其六无鞍。其形巍巍，长过二丈，脚似大柱，耳如洪鱼，色是灰而无毛。头项直不能俯仰如猪项。然左右运用，专以长鼻，其捷如手。至于水草之吃、搔痒之事，惟鼻是用。体大目小，口生双牙，雄有雌无。雏则孕十二月而产云。东西象侧，各安二銮舆，风吹黄旛，銮铃和鸣。”[②]朝鲜赴京燕行人员的记象文献，尤以朴趾源《热河日记》中的“象记”为翔实和精彩。(图 3-6)

1780 年 6 月，为了祝贺乾隆皇帝的七十大寿，朝鲜著名学者朴趾源(1737—1805)与其堂兄朴明源跟随祝贺清朝乾隆寿辰的使节团，越过鸭绿江来到北京、热河等地，又于同年 10 月末回到汉阳。在中国游历的 5 个月里，他历经 30 余站、2 000 多里路的行程。回到朝鲜后，他将鸭绿江经辽宁到北京、到热河的见闻撰成《热河日记》。全书用通畅优美的汉字写成，以日记、随笔、政论等多种体裁，按照时间顺序记录了与各界人士的交流，描绘了当时中国社会、生活各个层面的风貌。朴趾源《热河日记》卷四《山庄杂记》有长篇“象记”：

> 将为怪特谲诡、恢奇巨伟之观，先之宣武门内观于象房可也。余于皇城见象十六，而皆铁锁系足，未见其行动。今见两象于热河行宫西，一身蠕动，行如风雨。余尝晓行东海上，见波上马立者无数，皆穹然如屋。弗知是鱼是兽，欲俟日出畅见之，日方浴海，而波上马立者已匿海中矣。今见象于十步之外，而犹作东海想。其为物也，牛身驴尾，驼膝虎蹄。浅毛灰色，仁形悲声。耳若垂云，眼如初月。两牙之大二围，其长丈余。鼻长于牙，屈伸如蠖，卷曲如蛴。其端如蚕尾，挟物如镊，卷而纳之

① 葛振家：《崔溥〈漂海录评注〉》，线装书局，2002 年，页 157。
② [韩] 林基中撰：《燕行录全集》卷二二，东国大学出版部，2001 年，页 149。

口。或有认鼻为喙者，复觅象鼻所在，盖不意其鼻之至斯也。或有谓象五脚者，或谓象目如鼠，盖情穷于象鼻之间，就其通体之最少者，有此比拟之不伦。盖象眼甚细，如奸人献媚，其眼先笑，然其仁性在眼。

康熙时，南海子有二恶虎，久二不能驯。帝怒，命驱虎纳之象房。象大恐，一挥其鼻而两虎立毙。象非有意杀虎也，恶生臭而挥鼻误触也。噫！世间事物之微，仅若毫末，莫非称天。天何尝一一命之哉？以形体谓之天，以性情谓之乾，以主宰谓之帝，以妙用谓之神。号名多方，称谓太亵，而乃以理气为炉鞴，播赋为造物，是视廷为巧工，而椎凿斧斤不少间歇也。故《易》曰："天造草昧。"草昧者，其色皂而其形也霾，譬如将晓未晓之时，人物莫辨。吾未知天于皂霾之中，所造者果何物耶？面家磨麦，细大精粗，杂然撒地。夫磨之功转而已，初何尝有意于精粗哉？然而说者曰"角者不与之齿，有若为造物缺然者"，此妄也。敢问："齿与之者，谁也？"人将曰："天与之。"复问曰："天之所以与齿者，将以何为？"人将曰："天使之啮物也。"复问："使之啮物，何也？"人将曰："此天理也。禽兽之无手，必令嘴喙俯而至地，以求食也。故鹤胫既高，则不得不颈长。然犹虑其或不至地，则又长其嘴矣。苟令鸡脚效鹤，则饿死庭间。"余大笑曰："子之所言理者，乃牛马鸡犬耳。天与之齿者，必令俯而啮物也。今夫象也，树无用之牙，将欲俯地，牙已先距。所谓啮物者，不其自妨乎？"或曰："赖有鼻耳。"余曰："与其牙长而赖鼻，无宁去牙而短鼻。"于是乎说者不能坚守初说，稍屈所学。是情量所及，惟在乎马牛鸡犬，而不及于龙凤龟麟也。象遇虎则鼻击而毙之，其鼻也天下无敌也；遇鼠则鼻无地，仰天而立。将谓鼠严于虎，则非向所谓理也。夫象犹目见，而其理之不可知者如此，则又况天下之物，万倍于象者乎？故圣人作《易》，取象而著之者，所以穷万物之变也欤。[①]

朴趾源在"象记"中称"象眼甚细，如奸人献媚，其眼先笑，然其仁性在眼"，并叙述了自己在不同空间所见到的"怪特谲诡、恢奇巨伟之观"。首先是在宣武门内象房所见十六头大象"皆铁锁系足，未见其行动"。但在热河行宫西所见两头大象"一身蠕动，行如风雨"，简直类似自己在东海上所见"波上马立者无数"，不知是鱼是兽，但想待日出后再见此一景色，结果"日方浴海，而波上马立者已匿海中矣"。十步之外所见奔驰中的大象，让他想起了东海所见的胜景。由此他还为象鼻有无用的长牙，还专门使用"天下无敌"之鼻子，"遇虎则鼻击而毙之"发了一大通《周易》"取象而著之者，所以穷万物之变"的感叹。

---

① 朴趾源撰，朱瑞平校点：《热河日记》，上海书店出版社，1997年，页251—252。

《热河日记》卷五《黄图纪略》另有“象房”一条，称：

> 象房在宣武门内西城北墙下，有象八十余头。凡大朝会，午门立仗及乘舆卤簿皆用象，受几品禄。朝会时，百官入午门毕，则象乃交鼻而立，无敢妄出入者。象或病不能立仗，则强牵他象以代之，莫能屈也。象奴以病象诣示之，然后乃肯替行。象有罪，则宣敕扶之（触物伤人之类），伏受杖如人。杖毕，起，叩头谢。贬秩则退居所贬之伍。余畀象奴一扇一丸，令象呈伎。象奴少之，加征一扇，余以时无所携，当追给，第先使效伎，则象奴往喻象，象目笑之，若落然不可者。使从者增畀象奴钱，象睥睨久，象奴数钱纳囊中，然后象乃肯，不令效诸伎，叩头双跪，又掀鼻出啸，如管箫声，又填填作鼓鼙响。大约象之巧艺，在鼻与牙。曾见画象，象皆双牙直指，若将触物者，谓其脖垂而牙指。今视象，不然耳。牙皆下垂若植杖，忽向前若握刀，忽互先交若乂字，不一其用。唐明皇时有舞象，观史，心常疑之。今果见善喻人意者，莫象若也。崇祯末，流寇破京城，过象房，群象皆垂泪不食云。盖形则蠢而性则慧，眼则诈而容作为德。或云象孕子五岁而产，或云孕十有二载乃产。每岁三伏日，锦衣卫官校列旗杖卤簿金鼓，迎象出宣武门外壕中洗濯，观者常数万。①

驯象展示了统治者的控制力。朴趾源在“象房”（图 3－7）中既介绍了象房、驯象，也讲述了“浴象”。“朝会时，百官入午门毕，则象乃交鼻而立，无敢妄出入者”，以及象获罪，则宣敕扶之（触物伤人之类），象伏受杖如人。杖毕，起而叩头谢。此类描述虽真真假假，或有拟人化的表述，但明显有借此讽喻清朝高压下中国顺民的模样。他特别写了自己与象之管理者象奴打交道的经历，称自己给象奴一扇一丸，令象表演。象奴嫌少，欲加征一扇，朴氏以时无所携，当追给，请先使象效伎。则象奴往喻象，象目笑之，仍坚持不干，直至增加象奴钱，象奴数钱纳囊中，然后象才肯表演。大象讨好地叩头双跪，又掀鼻发出啸声，如同管箫声，作鼓鼙响。这一段描述令人想起崇祯九年（1636）出使北京的金堉曾经多次被看守朝阳门的太监和守卫东长安门的火者敲诈的经历，这里或有讽刺清廷官员上下贪恋钱财，监守自盗，有一种为清廷如何整饬吏治的忧虑。正如葛兆光所言：“中国”对于朝鲜并非是一个简单的“异国”，“大清”对于朝鲜文人，也非仅仅是看看西洋镜的旅游胜地。对这些燕行使来讲，“中国”即是一个曾经是文明来源的天朝上国，又是一个已经“华夷变态”，却又充满“膻腥胡臭”的地方。② 朴趾源在京处处搜索清朝的各种逸闻轶事，以“象记”的形式，记录下自己近距离对中国留下的“好奇”和“鄙夷”的感观。

① 朴趾源撰，朱瑞平校点：《热河日记》，页 327。

② 葛兆光：《想象异域：读李朝朝鲜汉文燕行文献札记》，中华书局，2014 年，页 1—3、10。

四、日本文献中的“象之旅”

世界范围内的象之旅，几乎从公元前就开始了。公元前 326—前 324 年，亚历山大在印度征战，击败了珀弱斯(Porus)，将若干头印度战象带回巴比伦。公元前 3 世纪，伊比鲁斯(Epirus)国王皮拉斯二世(Pyrrhus Ⅱ)入侵意大利，以战象为武器，使罗马人感到震惊和恐慌，迅速赢得了胜利。但四年后丹塔图斯(Curius Dentatus)则率领罗马军队在那不勒斯附近打败皮拉斯，缴获了 4 头大象运回罗马。24 年之后的前 251 年，罗马执政官卢修斯·凯基利乌斯(Lucius Caecilius)在巴勒莫大败迦太基人，将 100 多头非洲象带回到罗马。[①] (图 3-8)1511 年，葡萄牙人在马六甲捕获了 7 头大象，1514 年将其中之一赠与利奥十世。大象在欧洲经历了漫长的旅程，1550 年左右或有来到奥地利；1642 年来到比利时根特；1765 年英格兰出现过大象，1770 年在马德里，1774 年在都灵，都曾迎来象之旅。一头名为汉斯肯(Hansken)的名象纵游欧洲，引起无数人的好奇，它曾于 1627 年出现在巴黎和鲁昂，1628 年出现在根特，1630 年出现在罗马，1631 年出现在土伦，1633 年出现在荷兰。[②] 1675 年，东印度公司从爪哇(今印度尼西亚)一带带回伦敦一头仅 5 英尺高的印度象，被形容为“奇特且奇妙”(strange & wonderful)，此象到达伦敦后即以 5 000 英镑巨额被拍卖，之后它的新主人带着它在伦敦以及周边地区四处巡游，从观看者那里收取费用。[③] 这是英国商人首次投资大象。1793—1806 年间，英国的另一位商人先后购买了 5 只大象，并组成马戏团率领大象在英国进行巡演。[④] 作为“国事动物”，象之旅程同样充满了艰险，旅途中的大象有很高的死亡率，如 1630 年在古吉拉特邦捕获 130 头大象，在运往沙贾汉宫殿旅途中，死了 60 头。[⑤]

在亚洲地区同样如此，贡象是象之旅的主要形式，明清两朝亦有不少贡象记载。《清史稿》中的记载很少，但从上述清代的各类“象记”可见，有清一代，直至光绪朝，周边地区贡象不少，但《清史稿》的记载缺漏甚多。笔者仅以《明史》为例，其对周边地区贡象的记录颇多，也许明太祖对贡象有特别的兴趣，因此明朝仅仅在洪武年间，所记就多达 11 次。洪武四年(1371)就开始有贡象记录，最初是今越南中部和北部的安南“遣使贡象”，洪武

---

① [英]唐纳德·F·拉著，周宁总校译：《欧洲形成中的亚洲》第二卷《奇迹的世纪》第一册“视觉艺术”(刘绯、温飚译)，页 153。

② [法]埃里克·巴拉泰等著，乔江涛译：《动物园的历史》，页 53—54。

③ Christopher Plumb, “Strange and Wonderful”: Encountering the Elephant in Britain, 1675-1830, *Journal for Eighteenth-Century Studies*, 33.4(2010), pp.525-543. Caroline Grigson, *Menagerie: The History of Exotic Animals in England, 1100-1837*, Oxford University Press, 2016, p.59.

④ Caroline Grigson, *Menagerie: The History of Exotic Animals in England, 1100-1837*, p.126.

⑤ [美]托马斯·爱尔森著，马特译：《欧亚皇家狩猎史》，页 110。

十年(1377)再次贡象。[①] 洪武十五年(1383)位于今云南中部的景东贡献两头驯象。[②] 洪武十七年(1384)云南元江也纷纷响应,派土官上朝贡象。[③] 洪武二十年(1387),可能得知中国的皇帝朱元璋是大象的爱好者,真腊(今柬埔寨)遣使贡象59头。为了显示更大的诚意,洪武二十一年(1388),再度贡象28头,还贡献象奴34人。[④] 真腊前后贡象87头,是历史上同一皇帝统治时期贡象最多的纪录。洪武二十一年(1388),除安南贡象外,暹罗(今泰国)还贡象多达30头。[⑤] 洪武二十四年(1391)车里(今云南景洪)遣人贡象;同年,缅甸掸邦东部的八百媳妇土官也遣使贡象。[⑥] 相比明太祖,永乐大帝时期的贡象记录相对减少,不过贡象不仅来自周边少数民族,如今云南景谷一带的威远在永乐三年(1405)首先贡象;[⑦]也有周边藩属国家,如永乐四年(1406)越南西南部的占城请求明成祖出兵援助抗击安南,特别贡献白象一头。[⑧] 永乐六年(1408)一向与中原不通使的老挝也遣使贡象。[⑨] 永乐十四年(1416),近斯里兰卡的不刺哇贡象。[⑩] 这是目前所知,位于东南亚较远国家的贡象记录。明宣宗宣德八年(1433)明政府在云南境内的东倘设置了长官司,同年东倘贡象。[⑪] 同年,锡兰山(今斯里兰卡)通过海道运来驯象。[⑫] 往后,明朝的贡象记录越来越少,景泰七年(1456)云南陇川有贡象。[⑬] 成化五年(1469)位于今云南镇康县北的湾甸有贡象。[⑭] 嘉靖三十二年(1553),暹罗遣使贡献了一头珍贵的白象,可惜死于途中。[⑮] 万历十三年(1585),云南的车里内部发生分裂,大车里投靠缅甸,小车里依附中国,又献驯象。至天启七年(1627)车里与缅人战,明政府自顾不暇,车里遂亡。[⑯] 万历四十年(1612)老挝贡象,请求明朝再颁印。[⑰] 明朝最后一次贡象记录见之崇祯十六年(1643),暹罗除了贡象外,还贡献象牙。[⑱]

---

① 《明史》卷三一二《云南土司传》,《二十五史》第10册,页8661。
② 《明史》卷三二一《外国传》,《二十五史》第10册,页8686。
③ 《明史》卷三一四《云南土司传》,《二十五史》第10册,页8658。
④ 《明史》卷三二四《外国传》,《二十五史》第10册,页8696。
⑤ 同上书,页8696。期间江都县(今扬州)人何义宗随父何仲贤到占城任职,洪武十九年(1387)担任通事,跟占城王子管领船只到南京,次年同使臣进贡大象,永乐三年还升任驯象所副千户,元年、四年、五年、七年四次下西洋。松浦章:《郑和下西洋的随员》,载氏著、郑洁西等译《明清时代东亚海域的文化交流》,江苏人民出版社,2009年,页33—41页。
⑥ 《明史》卷三一五《云南土司传》,《二十五史》第10册,页8668。
⑦ 《明史》卷三一四《云南土司传》,《二十五史》第10册,页8662。
⑧ 《明史》卷三二四《外国传》,《二十五史》第10册,页8695。
⑨ 《明史》卷三一六《贵州土司传》,《二十五史》第10册,页8668。
⑩ 《明史》卷三二六《外国传》,《二十五史》第10册,页8702。
⑪ 《明史》卷三一五《云南土司传》,《二十五史》第10册,页8664。
⑫ 《明史》卷三二六《外国传》,《二十五史》第10册,页8702。
⑬ 《明史》卷三一五《云南土司传》,《二十五史》第10册,页8664。
⑭ 同上书,页8662。
⑮ 《明史》卷三二四《外国传》,《二十五史》第10册,页8697。
⑯ 《明史》卷三一六《贵州土司传》,《二十五史》第10册,页8668。
⑰ 同上。
⑱ 《明史》卷三二四《外国传》,《二十五史》第10册,页8697。

根据高岛春雄的《动物舶来物语》记载，庆永十五年（1408）就有大象初次舶来日本，由驶抵若狭国（今日本福井县西南部）的南蛮船载入。1408 年 6 月 22 日，抵达若狭国的南蛮船给当时的将军足利义持[①]黑象一头、山马一只、孔雀两对、鹦鹉两对。以后足利义持赴朝鲜求《大藏经》，将黑象赠给了朝鲜，这是第一次向朝鲜出口象。1574 年 7 月，明船向博多（现为日本福冈市的一个行政区域）赠送了象和虎。1575 年明船又将一头象和虎、孔雀一起赠送给大友义镇。[②] 1602 年德川家康[③]收下了来自交趾的一头象、虎和孔雀。

日本学者大庭脩在所著《江户时代日中秘话》第七章一篇题为《象之旅》的文章中，有关于 18 世纪第六次舶来象即享保年间的象之旅有非常翔实的记述。[④]

享保十三年（1728）6 月 13 日，日本长崎入港的郑大成的船载入雌雄两头大象。因为日本没有大象，甚至中国本土也没有大象，因此，此事在日本非常轰动。事情可以追溯到享保十一年（1726），东京船船头吴子明接受了日本方面输入象的要求，大概江户幕府将军德川吉宗[⑤]“希望载来白象”，“据吴子明言，因白象较为罕见，所以准备载来灰象”，吉宗提出了“一系列问题，诸如象饲料是什么？既然小象体积约如五头牛之合，那么大象是否如十头牛之合？将钩子嵌入象体驱赶象，其皮破处能否在当天愈合？载来之象若系久为人驯养，是否能离开已习惯的饲养者？如有必要，是否可令驯象者一同前来？象的住舍是怎样的，可否在暹罗期间弄清并于载来之际绘成图画？用日本船载象

① 足利义持（1386—1428），日本室町幕府第四位将军，第三代将军足利义满之子。1394 年足利义满让位于 9 岁的义持，使其在政治上得到了担任管领一职的幕府宿老斯波义将等人的辅佐，足利义持一改其父的开放政策，恢复了“武家政权”在政治上的特色，趋向保守，且停止了对明朝的贸易。1423 年足利义持退位，由 16 岁的儿子足利义量接任将军，但幕府的实权仍在其掌握之中。上海辞书出版社编：《外国人名辞典》，上海辞书出版社，1988 年，页 235。

② 大友宗麟（1530—1587），本名大友义镇，日本战国时代九州的战国大名，同时是位天主教大名。初皈依禅宗，佛教法名宗麟，后改信天主教接受洗礼，天主教洗礼名普兰师司怙。1550 年大友家族内乱，其父义鉴被杀，他继任家督。1551 年他邀请沙勿略来日本传教，支持耶稣会士 1555 年设立孤儿院，收养病弱儿童，1557 年设立综合医院，为普通日本人治病。1563 年建臼杵城，自为城主，提出十九条政纲，依靠臼杵城的良港地位，与葡萄牙、中国的商船来往。1578 年正式受洗入教。1579 年让位给大友义统。后在范礼安的安排下，与大村、有马氏等四人组成“天正遣欧少年使节团”，1585 年抵达罗马，谒见了罗马教皇。孙喆：《丰臣秀吉禁教问题研究》，东北师范大学日本史专业硕士论文，2018 年 5 月，页 25—32。

③ 德川家康（1542—1616），日本战国时代三河大名，幼名竹千代。江户时代第一代征夷大将军，日本战国三杰（另外两位是织田信长、丰臣秀吉）之一。出生于三河冈崎城（今爱知县冈崎市），松平广忠之子，1567 年奉敕改姓德川。1590 年随丰臣秀吉灭北条氏，领有关东八州，筑江户城。丰臣秀吉死后，1600 年在关原合战中率领东军战胜西军，确定了霸权。1603 年受封为征夷大将军，在江户开创幕府。1615 年灭丰臣氏。上海辞书出版社编：《外国人名辞典》，页 581。

④ [日] 大庭脩著，徐世虹译：《江户时代日中秘话》，中华书局，1997 年，页 123。

⑤ 德川吉宗（1684—1751），江户幕府第八代征夷大将军。纪州（今和歌山县）藩主德川光贞之子。幼名源六，10 岁改名新之助，1716 年七代将军德川家继早夭，回归本家纪伊藩继承藩主。为了解决幕府财政危机，吉宗开始实行“享保改革”，在位期间恢复了纲吉时代停止的鹰狩，奖励武艺与俭约风尚，开发新田，允许输入与天主教有关的外国书籍，引进西方文化，堪称江户幕府“中兴”的一代英主，被誉为江户幕府的“中兴之祖”。吉宗也是博物学的爱好者，经常向荷兰定购各种珍奇动植物和博物学书籍，要求江户参府的荷兰人译出扬斯顿《动物图谱》中的动物名称和产地。每年都进口各种珍奇动物，如虎斑犬、孔雀、鸵鸟、七面鸟、火食鸟、红雀、鹦哥、虎、麝香猫等。郑彭年：《日本西方文化摄取史》，杭州大学出版社，1996 年，页 80—86。

很难作远海航行，因此是否可以在陆地牵行等等”。[①]

6月13日郑大成运载大象的船入港，一同前来的还有广南籍驯象人。19日，象船抵达岸边，人们用木材搭起跳板连接陆地，两头大象下船并被安置在唐人建造的空屋中，“特送江户的报告”中有颇为详细的观察记录：“公象七岁”：“身长一丈，高五尺五寸，周长一丈一尺三寸。腿长二尺二寸，粗一尺五寸，四周无肉，如剥皮杉树。目一寸五分，耳一尺三寸，如蝙蝠之羽，又似蝶。口隐于鼻下，不常见。牙一尺四寸，甚粗，根部周长一尺六寸。鼻子三尺五寸，根部周长一尺六寸，端部周长六寸。有二孔，边际有三物似爪，可自由开合。先以鼻吸水，再入口中；身痒时，以鼻卷木搔之，又可以鼻洗身。尾长二尺七八寸，如日本之牛尾，根部粗。毛淡黑而浓密，皮肤如野猪，啼声似牛。”“五岁母象”：“身长八尺，尺寸同公象。但大象则有长十四五间或十二三间者(间：长度单位。一间相当于六尺，约1.8米)。一日食草三荷、大豆七八升，饮水七升。然喜好之物芭蕉叶、馒头、鼠蚁等。”[②]驯象者有男女两人，“男驯象者一人，四十五六岁，与常见唐人不同。为披发官人，下着红纱，上着萌黄练绫。手持二尺带绳鹰钩，可随意驱赶象。女驯象者一人，三十二岁，装束同上，二人同骑象，自本船向役所”。[③]

大庭脩考证男女驯象者均为越南人，即45岁的潭数和35岁的漂绵，随船而来的翻译是漳州人李阳明和广东人陈阿印。“特送江户的报告”还称象“素喜爱儿童”，“生性正直，能辨真伪。此次舶来途中，驯者在船中许愿，抵日本后可饮酒。不意抵岸后驯者忘却，故[象]坚不上岸。驯者疑之，方忆起饮酒之事，即饮之，饮毕顺利上岸。象可怀胎十二年，寿命六七百年，在天竺有无量寿之称。据唐人云，象甚听驯者调遣，当面向检使时，可弯曲前膝；令其睡觉时，即成横姿。驱象可用鹰钩，驱之有血渗出，然至夜间即愈合。道中行走速度甚快，在长崎广马场令其奔跑，较马为快。遇人不惧，人纵有粗暴之举，亦神态安然，故可持燃放火炮之具乘象”。[④]

遗憾的是，9月11日母象因为舌生肿物而死亡。享保十四年(1729)，另一头公象开始从长崎到江户的长途旅行，象经过的地方沿途准备好竹叶、青叶、蒿草、“无馅馒头”等饲料食物，以及清水。途中寄宿于常见的马厩，为了不致引起骚乱，还摘去了沿途店铺前的“异形招牌”。在象停留期间，寺院做法事也暂时停止“鸣响器物”等。象抵达京都后进入位于御所东侧、北邻立命馆大学广小路校园的净华院专门为象建造的厩舍，稍作停留，然后拜见中御门上皇[⑤]和灵元天皇(1654—1732)。由于入宫拜见天皇者需要

---

① [日]大庭脩著，徐世虹译：《江户时代日中秘话》，页115—116。
② 同上书，页116—117。
③ 同上书，页117。
④ 同上书，页117—118。
⑤ 中御门是天皇在位年号。上皇即让位了的天皇，类似中国的太上皇。

有一定的身份，无官无位者不能谒见天皇和上皇，于是先行授予这头象“四位广南白象”（官位品级），这一点与中国象房中的规矩相仿。4 月 28 日，象被带进宫廷拜谒天皇，随后又前往上皇之宫。象先行跪足之礼，然后将拿出的数斗酒一饮而尽，百余个馒头和蜜桔一扫而光，吃桔子时似乎是用鼻子剥去皮后吞咽的，又将三四尺长的新竹踏烂，用鼻子卷起搔痒驱蝇。[①] 服部雪斋等绘制的由 24 幅珍奇动植物组成的《写生物类品图》（写本图谱），其中有一幅就是从越南运至长崎的公象（母象已经死亡），题为《享保十四年广南国象贡》，图文写道：“牡象七岁，头长二尺七寸，鼻长三尺三寸，背高五尺七寸，胴围一丈，长七尺四寸，尾长三尺三寸。”[②]此书所载与之前的“特送江户的报告”中的观察记录，不完全相同。（图 3－9）

天皇和上皇观象后心情欢喜，宰相、公卿等也喜不自禁，当即作歌赋诗，表达欢快的心情。歌词虽然算不上优美，公卿们对象牙和象鼻的印象特别深刻，今出川纳言的诗歌堪称代表：“魁梧异兽献皇州，行步移丘超马牛。尾燧曾将吴陈却，称身又使魏丹浮。尖牙左右看似怒，长鼻舒卷成自由。生性从来能跪拜，一钩在手任指呼。”这首诗在新刊于享保己酉年（1729）的京兆书肆二酉斋藏版的诗文汇编《咏象诗》一书中，被列为篇首。

《咏象诗》正编 18 篇，续编 20 篇。正编后附有奥田士亨的《驯象记》，称当时“市井庶民或绘其状，或塑其像，卖鬻传玩，不可胜记，或者因此致富”，说明当时日本已经有人为了谋利，或绘象图，或制作泥象雕塑出售。1729 年夏六月，还另外有一本《象志》面世，作为享保第十四龙集出版。此书被认为是象之大观，开篇载有驯象图和象舶来经过的说明，接着描绘象的形体、象胆、象鼻爪、象交合生子、象肉、象牙、象皮以及象畏老鼠、畏火，象恶犬声、象好饮酒等习性，最后记本朝在落花飞舞之下骑乘着白象的普贤菩萨，洋洋洒洒成象之大观。大概由于该书销路见好，于是又有一本《象之贡》问世，作者系京师中村平五。最初标题下有为了让儿童理解此书，采用浅显易懂的语言撰写的说明。1741 年，象被移居到了四谷中野村，源助为其建造了象舍，供往来行人观赏。可惜 1742 年，大象将象舍中用以系缚其腿的木桩尽根拔起，又用鼻子将一棵榎树拔出地面，致使水渠渠堤坍塌。半年后，象病死，时年 21 岁。根据高岛春雄《动物舶来物语》载，大象死后，象皮被献给了幕府，头骨和二根象牙及鼻皮为源助所得。以后奈良古梅园造墨用胶，又领走了象皮。[③] 大庭脩说得很清楚：饲养珍奇动物，特别是异国动物，是古代王者皇帝奢侈生活的表现，同时也是专制君主权力的象征。像殷王墓以象和驯象者为陪葬，

---

① ［日］大庭脩著，徐世虹译：《江户时代日中秘话》，页 118—120。
② ［日］狩野博幸监修，陈芬芳翻译：《江户时代的动植物图谱》，城邦文化视野股份有限公司，2020 年，页 88—89。
③ ［日］大庭脩著，徐世虹译：《江户时代日中秘话》，页 122—123。

汉代皇帝在长安园林上林苑饲养虎,即为其例证。在这方面日本的吉宗亦不例外,从这个意义上说,为现代市民修建动物园,实际上正是将珍兽从专制君主和贵族的垄断中解放出来的标志。①

18世纪这一“象之旅”,见之日本文献的叙述,已经失去了早先东亚诸国围绕中国为中心展开的朝贡贸易的影子。围绕这一象之旅在日本所形成的一系列文献,如《享保十四年广南国象贡》《咏象诗》《驯象记》《象志》《象之贡》,足见日本人似乎更在乎从博物学的角度来探索象作为一种文化动物所展示的价值。(图3-10)

五、本章小结

无论在中国北部,还是在罗马,大象都曾发挥了国家动物的功能。恺撒大帝和东罗马帝国(拜占庭帝国)第一任皇帝希拉克留(Heraclius,575—641)都曾用大象的旅行来庆祝军事胜利。阿拉伯帝国倭马亚王朝也拥有皇家大象,与印度相连的伊斯兰迦色尼王朝(962—1186)曾统治过中亚南部、伊朗高原东部、阿富汗、印度河流域等地,也将大批大象作为国家动物使用。② 在研究动物史的过程中,不但要有全球视野和国家视野,还要有区域视野。区域动物史研究要超越民族国家的束缚,据此可以发现新的议题,尤其是动物文化的问题。

东亚在空间上山川相连、一衣带水,类似欧洲国家,有一个在历史和文化上彼此认同的共同空间和彼此关联的历史世界。在这一历史视野中的汉字文化圈内,有着多种文化互动,如使节往来、商业贸易、移民居留、宗教信仰传播、留学互访、战争交涉等。但有关动物文化,特别是大象这一奇兽的交流,在这一历史世界内的讨论却非常罕见。从15世纪初以来的600年间,东亚的中、日、韩、越南四国,加上19世纪的荷兰和美国围绕日本的“象之旅”,竟然有30多次。1408年南蛮船初次舶来象赠与日本将军足利义持,义持却因为向朝鲜求《大藏经》,则将此象赠给朝鲜,是为第一次向朝鲜出口象。时隔百年之后的1574年,由中国船向日本统治者赠象,1602年越南赠象,1728年中国船载来雌雄两头象,1813年荷兰船载来象被拒,1863年美国商船西塔恩号驶抵横滨,船上所载之象在江户又几成众人的观赏之物,之后又被运往大阪供人观赏。半个多世纪以来日本学者和韩国学者留下的有关象记和象之旅的“象文献”,成为东亚“丝路”交流史上一个标志性的文化热点。据当时著名的《驯象记》作者奥田士亨的记载,日本民间庶

① [日]大庭脩著,徐世虹译:《江户时代日中秘话》,页125。
② [美]托马斯·爱尔森著,马特译:《欧亚皇家狩猎史》,页242—244。

民有描绘大象的形貌，或雕塑其像，在市场鬻卖传玩，不可胜记，并因此致富。

讨论奇境异物的博物志专书，在中国有着悠远的传统。三国时期吴地陆机就编纂有《毛诗草木鸟兽虫鱼疏》，西晋张华的《博物志》更是分类探究动植物的由来。5 世纪时，所谓的本草学（博物学）通过朝鲜流至日本。明朝时随着航海技术的发达，东亚之间的通商贸易日渐频繁。李时珍将药物按照虫、鳞、介、禽、兽等十六部类目划分的《本草纲目》，1596 年首次在南京刊刻，1606 年则由日本学者林罗山（1583—1657）携入日本献给德川家康，并将其中若干部分加以训点，编成五卷《多识篇》。明朝王圻、王思义所辑百科全书式的文献《三才图绘》和被誉为康熙百科全书的《古今图书集成》，也在吉宗在位期间（1716—1745）传入日本，《古今图书集成》中的“博物汇编”（包括禽虫典）颇引起日人的兴趣。1663 年荷兰商馆馆长印第克（Indijek）带来了荷兰扬斯顿（Jonston）的《动物图谱》，该书收录有大幅铜版插图 252 幅，深受幕府欢迎，后被平贺源内（1732—1779）的主君松平赖恭（1711—1771）译为《红毛禽兽鱼介虫谱》，松平还编绘了《众禽画帖》2 册（野鸟、水禽）、《众鳞图》4 册（鱼类）等。18 世纪倡始“兰学”的青木昆阳（1698—1769）编成了《和兰禽兽虫鱼图和解》等。博物学家平贺源内在搜集 1 300 余种物品的基础上，完成六卷本的《物类品骘》，取名“品骘”，即西文 classification（分类），其中对禽兽、草木等奇品异种，征引典籍进行考订。曾占春（1753—1834）在 1809 年完成《占春斋鱼品》，记载鳞鱼 80 种、无鳞鱼 52 种、异鱼 26 种；1814 年还撰写了四卷《禽识》，辑录一百二三十种水禽、原禽、林禽、山禽。[①]

东亚世界的“象记”和“象之旅”的文献，系广义上博物学文献的一部分。博物学在东亚的兴起和演变，可以从元朝时期越南的记象文献、明清时期中朝学人笔记文献中的“象记”，以及日人象之旅的书写，窥见一个以东亚世界所构建的博物学知识网络。存在于中国、日本、朝鲜和越南这一东亚区域中的动物知识之交流网络，目前尚未得到充分的揭示。以象为核心的博物学文献，如何在东亚各异的文化土壤中得到交流、演绎和转换，是很值得深入探寻的问题。从形式上，中韩学人的“象记”，或互有借鉴，多作为札记和笔记的一部分呈现，目前尚未发现“象记”独立的专门著述，而日人有关的记象文献，多作为独立的著述出现，由此也可以管窥东亚不同国家知识人不同的心态和思维方式。通过这一以记象文献为例证的博物学知识在东亚世界整体性的流变，或可揭示这一以中国为源头的博物学知识在东亚世界流传以及不同的对话模式。以“象记”等文献为中心而形成的东亚博物学知识的网络，其文献有着互为观照的基本格局，也使博物学知识

① 郑彭年：《日本西方文化摄取史》，页 70—71、172—174；李廷举、吉田忠主编：《中日文化交流史大系[8]·科技卷》，浙江人民出版社，1996 年，页 66—84；[日] 大庭脩著，戚印平等译：《江户时代中国典籍流播日本之研究》，杭州大学出版社，1998 年，页 294—304。

的探寻，成为东亚世界文明对话的新范式。且从明初一直持续到晚清，在明末清初还逐渐渗入欧西因素，成为东亚博物学知识变异的一个新来源。东亚世界这一“象记”为核心的博物学文献的影响力，或许还能在更宽广的全球舞台上，以及更为立体的比较视野下进一步展开，以便阐明“象记”在不同文明之间对话中，所具有的更为重要的动物文化交流史中的互鉴价值和意义。

第九章

音译与意译的竞逐："麒麟""恶那西约"与"长颈鹿"译名本土化历程

长颈鹿是自然界中最具有吸引力的动物之一，这一奇兽自然分布在南非和中非的开阔原野，很早便开始了跨文化的旅程。公元前 2000 年中叶，蓬特国便将多头长颈鹿标本作为贡品送到了埃及。在之后的几个世纪里，伊斯兰统治下的埃及开始成为长颈鹿重新分配的主要中心。这些贡品有的来自努比亚，有的来自北方异域动物贸易的部分商品。13—14 世纪，来自埃及的长颈鹿遍布了从西西里岛到中亚的各国宫廷。[①] 1928 年美国学者劳费尔(Berthold Laufer)写了一本书，英文书名为 *The Giraffe in History and Art*，今天多译为《历史与艺术中的长颈鹿》，但 20 世纪 40 年代，常任侠则将之译为《麒麟在历史上与艺术中》。[②] 该书究竟是在讨论麒麟，还是长颈鹿，读者看法不一。其实，该书讨论的是古埃及的长颈鹿、非洲地区的长颈鹿、长颈鹿在阿拉伯与波斯、中国文献与艺术中的长颈鹿、在印度的长颈鹿，以及长颈鹿在古代、在君士坦丁堡、在中世纪、文艺复兴时代和 19 世纪，收入了阿拉伯人的贡麒麟图、回教人贡麒麟图、1485 年所画麒麟图以及中国的木刻版贡麒麟图等。[③] 可见，两种书名的译法均可成立。这也昭示着历史上，在某些地区，确是曾经把麒麟和长颈鹿混为一谈的。即使今天，它们在日语(きりん)和韩语(기린)中都是同一个词，[④]闽南话中也将"长颈鹿"称作"麒麟鹿"。

动物史也是一种精心构建的语言，其命名和译词所排列成的一个线性的系列，就是依据不同的方式描述了这一动物的一个表象。本章尝试讨论明清时期不同的翻译群

---

① [美] 托马斯·爱尔森著，马特译：《欧亚皇家狩猎史》，页 369—370。

② 常任侠：《明初孟加拉国贡麒麟图》，《故宫博物院院刊》1982 年第 3 期。

③ Berthold Laufer, *The Giraffe in History and Art*, Chicago: Field Museum of Natural History, Leaflet 27, 1928.

④ 丁枕在《历史、文化的镜像——语义》一文中指出：日语保留了中国语的许多古音古义，日语长颈鹿きりん即为一例，其读音同"麒麟"的发音近似，长颈鹿的鸣叫声亦近似(今音 j、q、x 由古音 g、k、h 变来)，麒，古音溪母，日语き的发音尤是。冯天瑜等主编：《语义的文化变迁》，武汉大学出版社，2007 年，页 20—26。

体，是如何通过长颈鹿这一动物不同译名，来寻找能更为充分地传达这一动物的特点和秉性的不同译法。从明清时期的第一个音意合译名"麒麟"，到"恶那西约""支列胡""知拉夫""支而拉夫""及拉夫""吉拉夫""直猎狐""奇拉甫""吉拉斐""知儿拉夫"等音译名，以及"高脚鹿""长颈怪马""鹿豹""长颈高胫兽""刚角兽""驼豹""长颈鹿"等意译名，这一艰难的译名命名过程，记录了自然史中长颈鹿这一动物是如何跨越东西不同的社会地理的边界，进入不同的社会文化空间的概念世界，所形成的不同文化群体的不同选择，反映出译名究竟是采用异化式音译还是归化式意译，都是对西方动物知识在中国本土化历程的回应。

一、"麒麟""祖刺法"和"徂蜡"

"麒麟"，也可以写作"骐麟"，简称"麟"，是中国古人幻想出来的一种独角神兽，按照《春秋公羊传》和《尔雅》的记述，麟的形状类似鹿或獐，独角，全身生鳞甲，尾象牛。[①]《史记·司马相如传》"上林赋"："兽则麒麟。"《史记索隐》称张揖曰："雄为麒，雌为麟，其状麇身，牛尾，狼蹄，一角。"[②]以为麒麟之雄性称麒，雌性称麟。这是一种以天然的鹿为原型衍化而来的神奇动物，具有趋吉避凶的含义，尊为"仁兽""瑞兽"。中国人对麒麟的崇拜由来已久，《孟子·公孙丑》称："麒麟之于走兽"如同"圣人之于民"，"出于其类，拔乎其萃"。[③] 东汉王充《论衡·讲瑞篇》亦称："麒麟，兽之圣者也。"[④]中国古代常把"麟体信厚，凤知治乱，龟兆吉凶，龙能变化"的麟、凤、龟、龙四兽并称，号为"四灵"，而麟又居"四灵"之首。这一动物的出现，往往是与盛世联系在一起，所谓有王者则至，无王者则不至。麒麟在明清时期也是武官一品官服饰的标识，寓意"天下平易，则麒麟至也"。[⑤] 民间一般称麒麟是吉祥神宠，主太平、长寿，有麒麟送子之说。因此，古人通过麒麟引申出特殊的文化赞语，如送子麒麟、赐福麒麟、镇宅麒麟、"凤毛麟角"、"麟吐玉书"等。

早先出现在古代其他器物上的麒麟形象，或为古人根据自己的幻想创造出来的虚幻动物，原是想着能把龙的飞翔、马的奔腾和鱼鳞的坚固等优点合而为一，所以麒麟是建立在幻想基础上的，有着更多的美好寓意；或象征威猛，以符合能人志士的形象，于是一些能人志士就喜欢将麒麟通过各种方式表达出来，以此来展现自己威猛无敌的形象。

① 郭璞注，邢昺疏：《尔雅注疏》卷十"释兽"第十八。
② 《史记》卷一一七，页332。
③ 中华书局编辑部编：《十三经注疏》，页2686。
④ 王充撰：《论衡·讲瑞篇》，"诸子集成"本（七），页169。
⑤ 徐华铛：《中国神兽造型》，页43。

中国古代传说中盛世有“麒麟”出，是国泰民安、天下太平的吉兆，但是这个时代往往只是百姓心中的向往，因此，谁也没见过这种古籍中形容为鹿身、牛尾、独角神兽的模样，甚至一直有人怀疑这一动物存在的真实性。

明初郑和七下西洋，其中与“麒麟贡”有关的进献活动有七次。[①] 第一次是永乐十二年（1414）榜葛剌国（今孟加拉）新国王进贡的一头长颈鹿，引发了朝野轰动，因为中国人从未见过这一形态和习性的动物。百官们虽然稽首称贺，不过当时朝野对长颈鹿究竟属何种动物均很难确定，或称“锦麟”“奇兽”，或称“金兽之瑞”。《天妃灵应之记碑》中称“麒麟”“番名祖剌法”，系阿拉伯语“Zurāfa”的音译。郑和的随员费信所著《星槎胜览》称“阿丹国”作“祖剌法，乃‘徂蜡’之异译也”。[②] 而“徂蜡”可能是索马里语“Giri”的发音，将之与“麒麟”对应，实在是郑和及其随员或朝臣们聪明的译法，因为“麒麟”的发音接近索马里语“徂蜡”，于是形成音意合译名，堪称完美。这一动物译名可以向世人表示因为大明上有仁君，才有此瑞兽的到来。明成祖自然非常高兴，令画师沈历作麒麟图，并作《瑞应麒麟颂并序》，献上“麒麟颂”的还有杨士奇、李时勉、金幼孜、夏原吉、杨荣等大臣，《瑞应麒麟诗》汇编起来厚达16册之多。

以汉字古典词“麒麟”，来对应长颈鹿的索马里语“Giri”，这一音意合译词很反映中国文化的特点，即将动物与祥瑞之兆联系在一起，给动物赋予人事的褒贬，由此这一动物译名弥漫着中国典雅的品质，可以说是赢得了一种翻译上的诗意表达，富含情感的内涵，迎合了士大夫的期待视野，当然也是翻译者对于皇权的认可，“麒麟”的译词也成了“权力转移”中的一个例证。不过同一时期的民间似乎对此并不买账，如明人郎瑛的《七修类稿》卷四三就有“麒麟”一条称，尽管永乐十二年、十三年已经有了榜葛剌和麻林的“麒麟贡”，但成化七年（1471）常德沅江县发现了“一麟”：“形略如鹿，蹄及尾皆牛，身有鳞而额有角。人以为怪，击死，郡守知而取腊藏之库。今惟空皮，鳞亦落矣。”嘉靖六年（1553）四月在舞阳又发现一麒麟：“口吐火而声如雷，惜野人不知，亦击之死，但双角马蹄，后抬于省城，人人知也。是知麟常有，但人不识。”[③]这种滥杀祥瑞动物的做法，官方似乎也并未追责，大概是认为老百姓不识麒麟，情有可原。

二、没有雄性特征的“恶那西约”

又过了大约两百年，“麒麟”在意大利传教士利玛窦笔下，似乎有意对应着西方《圣

① 参见本书第一章。
② 赵汝适撰，杨博文校释：《诸蕃志校释》，页103—104。
③ 郎瑛撰：《七修类稿》，页448—449。

经》里的独角兽(unicorn)。利玛窦在《坤舆万国全图》印度的“马拿莫”条有如下注文:“马拿莫有兽首似马,额上有角,皮极厚,遍身皆鳞,其足尾如牛,疑麟云。”“疑麟云”一句,还被换行特别强调,表明利玛窦一方面尝试通过这种“疑麟”的瑞兽,向中国读者强调这种“额上有角”的神兽,不仅中国有,海外世界也有,自然也就有打破中国士大夫天朝独大观念的作用。[①] 不过,利玛窦通过“疑麟”想说的当然不是指长颈鹿。艾儒略的《职方外纪》卷一“印第亚”中所称:“有兽名独角,天下最少亦最奇,利未亚亦有之。额间一角,极能解毒。此地恒有毒蛇,蛇饮泉水,水染其毒,人兽饮之必死,百兽在水次,虽渴不敢饮,必俟此兽来以角搅其水,毒遂解,百兽始就饮焉。”[②]这一段文字较之利玛窦关于“独角”兽的描述要更细致,但仍易让人误解为犀牛。谢方就认为此一描述即印度独角犀牛,产于非洲及亚洲热带地区。犀的嘴部上表面生有一个或两个角,角不是真角,是由蛋白组成,有凉血、解毒、清热作用。[③] “独角兽”的名称第一次出现在《坤舆全图》上,南怀仁把这一线索给清理了出来:“亚细亚州印度国产独角兽。形大如马,极轻快,毛色黄,头有角,长四五尺,其色明,作饮器能解毒。角锐能触大狮,狮与之斗,避身树后,若误触树木,狮反啮之。”[④]南怀仁改写并增加了很多内容,“形大如马,极轻快,毛色黄,头有角,长四五尺,其色明”,明显不是指独角犀牛,南怀仁是想通过这一段描述,让读者清楚地认识欧洲文化中的独角兽(unicorn)。

长颈鹿出现在《坤舆全图》中则是一头长脖子的“恶那西约”,同时画有一位牵兽人。图文写道:“利未亚洲西亚毗心域国产兽,名‘恶那西约’。首如马形,前足长如大马,后足短,长颈。自前蹄至首,高二丈五尺余。皮毛五彩,刍畜囿中,凡人视之,则从容转身,若示人以华彩之状。”[⑤]“亚毗心域”,利玛窦《坤舆万国全图》坐落于尼罗河源头一带,西方文献里通常作 Abyssinian Empire 或 The kingdom of Abyssinia,可能与古埃塞俄比亚(antique Ethiopia)同位,今译“阿比西尼亚”,王省吾称即“埃塞俄比亚”。[⑥] 这一形象还收入乾隆时代的《兽谱》第六册第二十九图的“恶那西约”。长颈鹿(Giraffa Camelopardlis),拉丁文 panthera,波斯语为 Zurapa,阿拉伯语为 Zarafa,索马里语为 giri,“恶那西约”无法与长颈鹿的拉丁文、波斯语和阿拉伯语发音相对应,赖毓

① 关于利玛窦对类似麒麟的“独角”兽的讨论,详见本书第四章。
② [意]艾儒略原著,谢方校释:《职方外纪校释》,页 40—41。
③ 同上书,第 43 页注。
④ 类似的图文还收入《古今图书集成·博物汇编·禽虫典》第 125 卷“异兽部”(《古今图书集成》第 525 册,叶十六)。“独角兽”图文收入袁杰主编《清宫兽谱》第六册第二十图,页 384—385。该书前有王祖望所撰写的《〈兽谱〉物种考证纪要》,称“独角兽”为瑞兽(页 18)。此段又收入题名南怀仁译、杨廷筠记《广州通纪》卷四,最后一句改为“其骨锐触大狮,若误触树,角不能出,及为狮毙云”,关西大学图书馆“增田涉文库”藏本。
⑤ 《坤舆全图》整理本,页 82—83。
⑥ 《澳大利亚国家图书馆所藏彩绘本——南怀仁〈坤舆全图〉》;根据徐继畲《瀛寰志略》记载,所谓“亚毗心域”是非洲阿比西尼亚(Abyssinia)的别名,参见《瀛寰志略》,上海书店出版社,2001 年,页 248。

芝指出，“恶那西约”是 Orasius 的音译，来自格斯纳《动物志》的译法。[①] 熟悉中国古籍的南怀仁不会不知道《明史》《名山藏》《明一统志》《明四夷考》《殊域周咨录》《咸宾录》《罪惟录》等记载都称这一动物为“麒麟”，他使用 Orasius 的音译“恶那西约”，认为之前明代文献将长颈鹿这一动物译为“麒麟”，易引起误解，因此他特别改用 Orasius 的音译“恶那西约”，采用一种“陌生化”（disfamiliarization）的翻译策略，旨在追求传达原名的异国情调，在译名中采取非常用或非标准的词汇，甚至将新词和古语混用在一起。[②] 南怀仁显然对明代文献将长颈鹿索马里语 giri 译为“麒麟”不以为然，因为这一将动物与人事妄加附会的译法，抹去了异域的痕迹，甚至掩饰了这一动物的跨国性，不利于中国人对这一本土所没有的新动物本身的生物学认知，更无助于域外动物知识在华的传送。

南怀仁绘制在《坤舆全图》上的“恶那西约”，从图像上比较接近于马和鹿，如果根据汉文描述的“麇身马蹄”“鹿身”“牛尾”的话，似乎可以在译名处理出一个包含有“鹿”“马”或“牛”字眼的意译名。对于康熙和满洲贵族来说，牛、马实在太普通，译名中显然不合适加入“牛”或“马”字，而“鹿”在清代也是旗人重要的消费品，[③]这可能是南怀仁最终选择使用音译的原因。不过，南怀仁不愧是汉学家，他深深懂得中国人的伦理趣味，格斯纳《动物志》中的 Orasius 可见有雄性生殖器，南怀仁《坤舆全图》中的“恶那西约”和沈历笔下的麒麟，一直到《兽谱》中无驯兽人的非鹿非马的形象，都可见失去了这一雄性特征，这是为了适应国人伦理观念而使异域图像中国化的一个突出例证。

《坤舆全图》的图文还收入《古今图书集成·博物汇编·禽虫典》第 125 卷《异兽部》（《古今图书集成》第 525 册，叶十七）。类似文字的还收入乾隆年间编纂的《兽谱》第六册第二十九图：“恶那西约者，亚毗心域国之兽也。其马形而长颈，前足极高，自蹄至首高二丈五尺余，后足不足其半。尾如牛毛，备五色。刍畜囿中，人或视之，则从容旋转，若以华采自炫焉。”文字改编自《坤舆全图》西半球墨瓦蜡尼加洲和《坤舆图说》“异物图说”。与《坤舆全图》中的文字相比，《兽谱》加上“后足不及其半，尾如牛”一句，似乎编纂者曾亲眼目睹过长颈鹿，但图绘形象距长颈鹿甚远，形象类似长脖子马，而且没有了牵兽人，为什么做这样的改动，原因待考。[④] 汉字不是表音文字，而是表形文字，它不能直

---

① 赖毓芝：《清宫对欧洲自然史图像的再制：以乾隆朝〈兽谱〉为例》，载《“中研院”近代史研究所集刊》第 80 期（2013 年 6 月），第 1—75 页。

② 这里的分析借鉴了美国翻译理论家劳伦斯·韦努蒂在《译者的隐形》一书中对庞德诗歌的讨论，参见［美］Lawrence Venuti 著、张景华等译《译者的隐形——翻译史论》，外语教学与研究出版社，2009 年，页 14—216。参见原书 *The Translator's Invisibility: A History of Translation*, London and New York: Routledge, 1995。本章所述“异化式音译”（foreignizing translation）和“归化式意译”（domesticating translation），亦受劳伦斯·韦努蒂在《译者的隐形》一书所述“异化”和“归化”这两种二元对立的翻译策略的启发。

③ 杨春君：《民族与时尚：清代的鹿肉消费及其特征》，《安徽史学》2015 年第 3 期。

④ “恶那西约”图文，收入袁杰主编《清宫兽谱》第六册第二十九图，页 402—403。

接读出字音。为了解决读音问题，中国古人创造了用汉字本身作为注音系统的"释音""反切"等一套注音方式来解决这一问题，如用浅显的汉字来注明较难读的汉字读音，或用前一汉字声母和后一汉字韵母连读。但汉字注音的这一音译方法都需以认识相当数量的汉字作为读音的基础，且音译名难以给译词提供意义支持，因此明显不适合普通中国读者。《坤舆全图》《坤舆图说》《古今图书集成》和《兽谱》，原本都应属于民间仿效的皇家范本，但"恶那西约"的译名，却提供了一个相反的例证，即直至晚清几乎再没有被仿效，也未流行。

三、音译"支列胡""知拉夫"和"奇拉甫"

中国人再次与长颈鹿相遇是在晚清了。"长颈鹿"的译名，在晚清主要是通过欧西语文系统，如英语 Giraffe、法语 girafe、德语 Giraffe 等译入中国的。因此有"之猎猢"（1855 年）、"支列胡"（1868 年）、"知拉夫"（1876 年）、"支而拉夫"（1877 年）、"及拉夫"（1881 年）、"吉拉夫"（1886 年）、"直猎狐"（1890 年）、"奇拉甫"（1890 年）、"吉拉斐"（1897 年）、"知儿拉夫"（1899 年）、"之猎胡"（1901 年）等音译词，也有"驼豹"（1844 年）、"豹驼"（1856 年）、"长颈鹿"（1844 年）、"高脚鹿"（1876 年）、"长颈怪马"（1877 年）、"鹿豹"（1892 年）、"豹鹿"（1904 年）、"长颈高胫兽"、"刚角兽"、"长颈之兽"、"长头鹿麢"等意译名。其间，英国传教士麦都思（Walter Henry Medhurst，1796—1857）还在其所编的《英华字典》中用过"駗驙"和"麤麔"。[①] 晚清有关长颈鹿的话语体系完全改变了，很少有学者再从"瑞应"的角度来讨论这一动物了。那么，这一时期的麒麟又是如何对译英语呢？查邝其照 1868 年《字典集成》，是对应 Griffin，[②]这是希腊神话中鹰头狮身带有翅膀的怪兽。

晚清中国官方派出使团出洋，使团成员有撰写考察域外文明风俗的职责，虽多戴着有色眼镜，流于浅表，但好尚新奇，留下了不少关于珍异鸟兽的记述，其中就有关于长颈鹿的描述。同治七年（1868）八月二十二日，随美国前任驻华公使、服务于清政府蒲安臣使团出访的总理衙门章京志刚，在《初使泰西记》中写下了他参观伦敦"万兽园"的感受，称"其中珍禽奇兽，不可胜计"，有一种动物叫"支列胡"，"番语也，黄质白文如冰裂，形似鹿，短角直列，吻垂如驼，身仅五六尺，前高后下，惟其项长于身约两倍，仰食树叶，不待

① ［英］麦都思：《英华字典》（*English and Chinese Dictionary*）第 2 册，上海伦敦会印刷所，1847 年，页 644。这一译名似乎表面上既非音译，也非意译，而是从马和鹿的字形方面来考虑的，但其中是否有粤语系统音译的因素，待考。

② ［日］内田庆市、沈国威合编：《邝其照〈字典集成〉：影印与解题初版 · 第二版》，关西大学东亚文化交涉学会，2013 年，页 56。

企足。其行也，前后两左蹄与右两蹄齐起齐落”。之后又称西人“万兽园”虽博收万兽，但“博则博矣，至于四灵中，麟、凤必待圣人而出，世无圣人，虽罗尽世间之鸟兽，而不可得。……所得而可见者，皆凡物也”。[①] 志刚并不清楚西方设立动物园普及动物知识的好处，仍用盛世瑞应之说来附会，同时他也并不知道古人曾有将“支列胡”比作“麒麟”一说。

清政府出使英法的第一任公使郭嵩焘，光绪三年(1876)正月初二在游英国伦敦动物园后也写下了日记：“高脚鹿亦未巨屋，凡四圈，身长六七尺，足高八尺，颈长也七八尺，头、身斑纹皆如鹿。”[②]稍后受海关总税务司赫德委派前往美国费城参加美国建国100周年博览会的李圭，在所撰《环游地球新录》中记录了1876年闰五月，他在美国费城动物园也看到了一种“如鹿无斑，身短，顶高于身倍蓰者(西语称“支而拉夫”，《瀛环志略》谓长颈鹿)，状皆骇人”。[③] 上述几位星轺使者所记基本上是长颈鹿的外形描述，而且似乎都不知道这个动物在400前曾经被中国文化人看作是麒麟的原型。

这些使节中有两位是学者，一位是随刘瑞芬(1827—1892)使英的地理学家邹代钧，其于《西征纪程》1886年3月21日日记中，记述他参观了法国马赛动物园，称：“有兽马首鹿身，牛尾长颈，前足高于后足三分之一，有二短角，西人名为‘吉拉夫’。”但同时他也指出，徐继畬“《瀛寰志略》谓之长颈鹿，阿非利加洲及亚细亚西域皆有之。足高颈长，仅能食树上之叶，饮水必八其前足。性驯然，不畏猛兽。仰首则眼光四射，能见四方，猛兽来辄踶以拒之”。邹代钧有考据癖，称此物便是《汉书》中的“桃拔”或《后汉书》中的“符拔”，并称《明史》记载：“永乐十九年，中国周姓者往阿丹国，市得麒麟、狮子以归。麒麟前足高九尺，后六尺，颈长丈六尺，有二短角，牛尾鹿身。”又：“弘治三年，撒马儿罕贡狮子及哈剌虎。合诸书观之，则两《汉书》之符拔，《明史》所谓麒麟、哈剌虎，即今之吉拉夫。……哈剌虎，盖即吉拉夫之转音(吉之一等音为格，译西文者格、哈往往不分)。但《明史》直指为麒麟，按之《尔雅》、《说文》、《诗疏》所言，麟实一角，此二角，又不戴肉，谓之为麟，不亦诬乎！”[④]

二是清朝驻德国公使洪钧。1890年8月3日，其秘书张德彝光绪十六年六月十八日的日记《五述奇》里，记述洪钧所写的关于长颈鹿的考证，题为《奇拉甫考》：

> 万牲园中有自他洲运来之兽，原名直猎狐，又名奇拉甫。盖皆由原产之地之

---

① 志刚撰：《初使泰西记》，岳麓书社，1985年，页293、296。

② 郭嵩焘撰：《伦敦与巴黎日记》，岳麓书社，1984年，页112。

③ 李圭撰：《环游地球新录》，岳麓书社，1985年，页242。

④ 邹代均撰：《西征纪程》，岳麓书社，2010年，页117—118。辟邪神兽类总称“桃拔”或“符拔”，一角为“天禄”(鹿)，二角为“辟邪”，无角叫“符拔”。细可分三种：1. 辟邪：有翼的狮虎(有的翼狮径称“辟邪”)；2. 天禄、天鹿系麒麟一类吉祥动物；3. 桃拔、符拔或扶拔系由羚羊转化而来的神兽。

名，以还其音也。星使著有《奇拉甫考》一篇，今录之。其文曰：

奇拉甫，产阿非利加（加读格阿，切音乃叶），颈足特长。量以工部营造尺，自踵至肩九尺八寸六分，自肩至首七尺五寸二分，共高十七尺三寸八分，有昂头天外之概。自肩至尻六尺九寸五分，后足略短，故其身前仰后俯。首如马，亦如骆驼。额端双肉角耸起，鹿身牛尾，尾末垂黑毛，宛如麈尾可捉。蹄似马，而分双歧。性慈善有智，不残害生物。处丛林中，惟食其叶。人豢养之，乃饲豆粟。西人云，即中国所谓麒麟，闻者嗤其妄。案《明史》榜葛利国、麻林国、忽鲁谟斯国并贡麒麟，而阿丹国传言麒麟前足高九尺，后六尺，颈长丈六尺有二，短角，牛尾鹿身，食豆粟饼饵。形状与此正同，惟丈六尺有二，当合颈足并言。明之阿丹在天方境，即今之阿剌比，与阿非利加洲接壤，是中国史书已言之，非西人创说也。《西京杂记》云，五柞宫前梧桐楼下有石麒麟二，是秦始皇骊山墓上物，头高二丈三尺，亦与《明史》说合。窃意汉时九真贡麟，俱是此兽。阿剌比人呼为惹拉非，西人转音为奇拉甫，以英语读奇字当如直以切，法语当如日以切，德语当如格以切也。光绪庚寅夏洪钧识。[1]

文中的"奇拉甫"或"直猎狐"，即长颈鹿的西文名称 Giraffe 的音译词，洪钧指出这一音译词是从阿拉伯的"惹拉非"（Zarafa）的译名转变过来的。[2]

音译名可以说是一种异化式音译法（foreignizing translation）产生的结果，其特点是不强调通顺，融入读者较难接受的异质性用字，在于表达"他异性"，译名之异反映文化之异。正基于此，音译易导致译名地位的边缘化，"支列胡""知拉夫""奇拉甫"等音译名，大多在文献中出现一两次后，就销声匿迹，生命力有限。

四、晚清音译与意译的对抗："之猎猢""及拉夫"与"鹿豹"

即使至晚清，长颈鹿对于中国人来说，还是属于一种新奇的动物，于是有"之猎猢""支列胡""知拉夫""支而拉夫""及拉夫""吉拉夫""直猎狐""奇拉甫""吉拉斐"以及"知儿拉夫"等音译词，也有"驼豹""高脚鹿""长颈怪马""鹿豹""长颈高胫兽""刚角兽""豹驼"等意译名。显然，这是一种值得专门辨明的新动物。晚清西方传教士在介绍长颈鹿

① 张德彝：《五述奇》下，钟叔河等主编：《走向世界丛书》，岳麓书社，2016 年，页 487—488。

② 冯承钧《瀛涯胜览校注》"阿丹国"条，称伯希和《郑和下西洋考》已言此"麒麟"即非洲东岸之索马里人对长颈鹿的称呼，冯承钧云："麒麟，Somali 语 giri 之对音，即 giraffe 也。"（商务印书馆，1935 年，页 55）古籍中对长颈鹿的称呼，可以确定的，还有"徂蜡"（赵汝适《诸番志》"弼琶罗国"条，即索马里北岸的 Berbera）、"祖剌法"（费信《星槎胜览》"天方国"条）等名，可能也与阿拉伯语 Zarafa 有关。

时也可谓不遗余力，期间音译和意译不断竞逐。1855年英国传教医师合信（Benjamin Hobson，1816—1873）在《博物新编》三集上首先介绍"之猎猢"："西域有麋曰'之猎猢'，豹文而驴足，身高于人，项长八尺，自首至蹄，高逾丈五，食叶不食草，翘其首，高树可攀。卷其舌，大枝可折，目能顾后瞻前，身势易仰难俯。胎一年而子生，产于野而难捕，诚为麋类之特。"[①]由英国传教士傅兰雅（John Fryer，1839—1928）主编的《格致汇编》光绪二年十一月（1876年12月）上刊载的《格致略论》"论动物学"称："麋类之兽，如第十二图，西名'知拉夫'，乃食树叶而不食草，皆为野生者返嚼之兽门，大半分蹄，肉亦可食，间有能负重或拖车、耕地者，又有数等，其乳或油与皮毛角等为利用之物。"[②]较为详细地介绍了这一动物的利用价值。光绪七年三月（1881年4月）《格致汇编》所刊李提摩太（Timothy Richard，1845—1919）《富国养民关系》一文，在讨论"亚非利加洲"部分时也提到这一"似马非马、似牛非牛、似驴非驴、似羊非养之物，有名'及拉夫'者"。[③]

外国传教士也在不断寻找一种向中国文化归化的意译名，如光绪十八年（1892）夏季《格致汇编》刊载的佚名《兽有百种论》一文，再次介绍这种"其形类鹿，其纹似豹，故名鹿豹。其颈最长，举头至足，高约一丈八尺许，前腿甚长，后腿甚短，头有小角，角有微毛，尾短而细，尾尖有毛。周身黄，遍体黑纹。食叶不食草，翘其首高树可攀，卷其舌大枝可折。目能顾后瞻前，身势易仰难俯。胎一年而子生，产于野而难捕。举步则左右腿前后齐举，即前左与后左齐，抬前右与后右并举，行虽无甚可观，而快则跑马难追。所可喜者，其胆小而性良耳"。[④] 将长颈鹿译成"鹿豹"的还有美华书馆光绪二十五年（1899）出版的美国范约翰（John Marshall Willoughby Farnham，1829—1917）著、中国吴子翔述的《百兽集说图考》，该书分四手类、手为翅类、食虫类、食肉类、袋兽类、龈物类、无齿类、厚皮类、反刍类、泅水类十科，其中反刍类就介绍了长颈鹿，取名"鹿豹"。该书写道：

> 西名"知儿拉夫"，产于亚非利加洲，其形如鹿，其纹如豹，故以鹿豹名之。额有短角，作椎形，外里以皮，椎颠微生茸毛。其颈极长，伸之约有八尺，而自首至足，高约一丈八尺，乃兽中之至高者也。前腿极长，后腿略短，作前高后挫之状，原其故，盖因其颈甚长，长则过重，设前足不高，则不能支撑矣。其行走之式或左或右，前后并举，奔驰极速，虽快马亦难追及，以故捕捉不易。全身黄质黑章，绚烂可观，尾短而细，尾端有毛，略如小马，双目外凸，顾瞻甚便。其舌为诸兽中最奇者，形式凹凸

---

① ［英］合信：《博物新编》三集，（上海）墨海书馆，咸丰五年（1855），叶18。
② 《格致汇编》第一册，南京古旧书店，1992年影印版，页254。
③ 《格致汇编》第三册，页292。
④ 《格致汇编》第六册，页258。

不平，体质伸缩自便，有时光洁如玉，有时粗涩如锉，攀条卷叶，随意转折，灵如象鼻，虽极大树枝，亦能攀折，惟其力较象鼻为小耳。有博物士细考其舌，是为血管之旁，另生一血袋，可任意加增其血于舌，故能伸缩自如耳。此兽孕凡十有二月而生，亦反刍无角之兽类也。①

"鹿豹"意译名一度在晚清颇受欢迎。法国博学之士白耳脱保罗撰有讨论动物学、植物学、矿学、化学等的《格致初桄》，该书连载于 1898 年近代国人自办科普杂志《格致新报》，由王显理、王幼庭和朱维新同译。光绪二十四年三月十一日（1898 年 4 月 1 日）的《格致新报》第六册载有《格致初桄》第一卷"论动物类"长颈鹿的图文，使用的译名也是"鹿豹"："第七十一图乃鹿豹。高计十八尺，惟产于非洲，而非洲亦仅有此一种。"②同年四月初一（1898 年 5 月 20 日）所刊的《格致初桄》"论动物类·哺乳族"写道："返嚼之兽，乃非洲之单峰驼，亚洲之双峰驼，该处人用之如用马。又有南美洲之拉马，该处印人亦能驯服之。非洲之鹿豹，高有十八尺，他若鹿麀、淡黄鹿、麋鹿、羱羊，寒地亦用之，以为载重之兽。凡此类其角，皆实而不空，每年脱换。"③1905 年清末出国考察"五大臣"之一的戴鸿慈为首的出洋考察团来到欧洲，他在《出使九国日记》中不止一次以"鹿豹"来表述长颈鹿，如光绪三十一年（1905）二月二十五日写道："观[普鲁士国家]动物博物院，……所陈动物标本，多至不可胜计。有巨鲸、大象、鹿豹之骨。"三月十八日，他"观万生园"再次提及长颈鹿：

鹿豹一种，产自非洲，来欧数月，已数见不鲜。其状马首、牛尾、鹿身、长颈有角，西人以为中国古所谓麟者即此，此事殊难确证。因思中国古书，称龙、麟、鸾、凤诸瑞物，皆不经见。盖缘此种久已不传，亦与欧洲上古之大鸟、大兽同例（中世以后，所称龙见凤至，皆其赝者耳）。顾西人必以吾国所谓龙者、麟者为并无此物，抑亦不达之甚矣。要之，此鹿之即为麟与否，所不可知。藉曰果然，而其种流传至今，几经变迁，无论为退化，为改良，总之鹿自为鹿，必不得强名之以古代之麟，则可决也。④

表现出戴鸿慈对古代龙、麟、鸾、凤之类的说法将信将疑，同时也觉得实在不必一定要将长颈鹿这种动物与古代的"麒麟"硬联系在一起穿凿附会，反映出 19 世纪以来欧洲科学动物学知识对于这些出使大臣所产生的影响。

---

① [美]范约翰著，吴子翔述：《百兽集说图考》，美华书馆，光绪二十五年（1899），叶 32—33。
② 朱开甲、王显理主编：《格致新报》第六册，沈云龙主编：《近代中国史料丛刊》第二十四辑，文海出版社，1987 年，叶 1。
③ 同上书，叶 2。
④ 戴鸿慈：《出使九国日记》，岳麓书社，1986 年，页 399、436。

五、意译名“长颈鹿”的首创与流行

在这众多的音译名和意译名中，最终被留下来的是“长颈鹿”的意译名。意译借助汉字的表意性，望文生义，为读者所乐意接受，长颈鹿这一译名确实较之其他的音译和意译名要更形象和简洁，因此也就更合适。或以为“长颈鹿”的译名最早出现在《瀛环志略》一书中，①据新加坡学者庄钦永的考证，首创“长颈鹿”意译名的是普鲁士基督教传教士郭实猎(K. F. A Gutzlaff，1803—1851)所著《万国地理全集》，该书刊刻于1843—1844年间的宁波，在介绍南非地理概况时，该书卷二七“南亚非利加”中这样写道：

> 此地被西国人等早横巡来往者，故知其形势。……在此地虎、狮、象、兕、河马、鹿、麃，与长颈鹿，正是各兽之最高者，以及驼鸟，濯濯自在也。②

而最早使用该意译名的中国学者是徐继畬，在其1848年所著《瀛环志略》卷八“阿非利加南土”写道：

> 加不，一称岌朴(一作岌阿稳咼朴，又作好望海角)，在阿非利加极南地尽之处。东西齐平，东为印度海，西为大西洋海，南为大南海。长约二千里，广约一千里。城建达勒与良二山之麓，俗名大浪山。其地时序温和，卉木繁盛，牧场宽广，牛羊孳息，谷麦堪出粜，种葡萄，酿酒极甘。迤北半系沙漠，每风起云合，黑气迷漫。产狮、象、虎、兕、鹿、麃、河马(河马有角，可作刀柄)，又产长颈鹿与驼鸡(长颈鹿颈长于身。驼鸟似斗鸡而高大，两足似橐驼，即《汉书》所云大马爵，波斯、印度、天方一带皆有之，非独产此地也)。③

比较上述两段描述，可以见出《瀛环志略》关于南非这一动物的译名，明显是来自《万国地理全集》。

不过“长颈鹿”这一译名在晚清民国相当长的时期仍未稳定下来，竞逐还在不同类型的文献中展开。1908年颜惠庆主编的《英华大辞典》中的giraffe留下了三个意译名：“驼豹、长颈鹿、豹鹿”，并配有《驼豹图》。1917年第4期《小说画报》上刊载有《象与长颈鹿之歌舞》的漫画；1922年第一卷第四期《儿童世界》(上海)刊载“世界动物园”“长颈

---

① 黄河清：《近现代辞源》，上海辞书出版社，2010年，页82。

② [新加坡]庄钦永：《郭实猎〈万国地理全集〉的发现及其意义》，载《近代中国基督教史研究集刊》第7期(2006/2007)，页1—17；庄钦永、周清海：《基督教传教士与近现代汉语新词》，新加坡青年书局，2010年，页61。

③ 徐继畬撰：《瀛寰志略》，上海书店出版社，2001年，页260。之后1856年出版的英国传教士理雅各(James Legge，1815—1897)所编译的《智环启蒙塾课初步》第四十七课“野兽论”中也有“长颈鹿身高且驯”(The giraffe is tall and gentle)的句子。[日]沈国威、内田庆市编著：《近代启蒙的足迹》，关西大学出版部，2002年，页299。

之兽"（麒麟）称："麒麟之颈最长，生于森林中，吃树叶，雌雄常相随而行。"至 20 世纪 20 年代后长颈鹿的意译名频繁出现，可能与 1922 年商务印书馆出版的动物学百科全书《动物学大辞典》有关，该书给出了 giraffe 比较专业的解释：

> 属脊椎动物、哺乳类、有胎盘类、有蹄类、反刍偶蹄类、长颈鹿科。形略似鹿，颈甚长，故名。头顶至趾，高丈八尺，为动物中之最高者。头小，眼大，鼻孔能开闭，耳壳小，唇长而薄，上颚无门牙及犬齿，但上下颚之臼齿强大。舌细长，具钩曲之力。牝牡皆有短角一对，牡者较长，不似鹿角之年年交脱。角形如截木，外被皮肤，尖端簇生短毛。颈虽长，颈骨只有七节，与他兽同，颈上具短鬣。胸部小，四肢长，前肢尤长，肩高九尺。尾细长，尖端有丛毛。全体毛色橙赤，散列暗黑色之圆斑，腹及肢下色较淡。体长丈六乃至丈九，牝者较短。多产于非洲，性温顺，食草木之嫩牙。以四肢及颈俱长，亦适于食乔木之叶。然有时俯食于地，则分开前肢，以肢长颈短，似觉不便。步行甚速，迅于骏马。后肢善蹴，能御敌。常群游于森林，见敌即遁去。或谓此即古时之麒麟，然未易确定也。Giraffe 为阿拉伯语，即速步之义。[①]

这一意译名也进入 1928 年的《综合英汉大辞典》，该辞典将"长颈鹿"一词放在 giraffe 条解释的最前面：名词，动物，"长颈鹿、豹鹿、驼豹（其颈极长，乃兽中之身体最高者）"。[②] "长颈鹿"这一译名 1929 年 5 月 18 日第一次出现在《申报》上，并在后来各种报刊上反复出现，虽然还是有人说长颈鹿即麒麟，[③]但长颈鹿作为这一动物的正式名称，已成大势所趋。[④]

---

① 杜亚泉主编：《动物学大辞典》，香港文光图书有限公司，1987 年影印本，页 730。该书由多人合作，杜任主编。自 1917 年开始编撰，1922 年正式出版，1927 年出版第四版。全书共 250 余万字，所收录的动物名称术语，每条均附注英、德、拉丁和日文，图文并茂，正编前有动物分布图、动物界之概略等，正编后附有西文索引、日本假名索引和四角号码索引。该书与《植物学大辞典》同为中国科学界空前巨著，至今仍有影响。

② 黄士复、江铁主编：《综合英汉大辞典》，商务印书馆，1928 年 1 月初版，页 520。

③ 1931 年 4 月 1 日《申报》"自由谈·印度游记"称："见一麒麟。生平为初次此物以予考之，当即大言麒麟不算错也。英名'支拉夫'Giraffe，或译'驼豹'，盖斑纹似豹，其种类似'橐驼'，照英名解释也。但古考麒麟，牛尾，马蹄，肉角，麢耳。其形亦甚合。有人译为'长头鹿麢'，即鹿类也。其素食，道德甚高，头小颈长，可至一丈八尺。此物在一切动物中可俯视一切，又译音古语'麒麟'，即是'支拉夫'。大抵乃非洲土语耳。非洲数千成群，在电影中曾见之。大同世万国交通，故古云'王者之瑞'耳。但此物有绝技，其舌可穿针鼻，其蹄可踢倒猛虎，其踢极疾，人目不及瞬视，即到身上，其快可知。余考此物，必即麒麟也。"

④ 1979 年增订本世界书局编《英汉求解、作文、文法、辨义四用辞典》，在 giraffe 动物学词汇解释上似乎也沿袭了张世鎏等所编《求解作文两用英汉模范字典》的解释，仅仅留下了长颈鹿和麒麟两个解释，另一个解释是天文学的"麒麟座"（页 728）。而到了上海译文出版社 1978 年新一版的《新英汉词典》（第 528 页）、2007 年上海译文出版社推出的陆谷孙主编的《英汉大词典》（页 729）和商务印书馆 2002 年推出的《最新高级英汉词典》都只有"长颈鹿"一个解释，而天文学词汇则变成了"鹿豹座"。那么，麒麟又应该怎么译呢？20 世纪 20 年代，张世鎏等所编的《求解作文两用英汉模范字典》（上海商务印书馆，1929 年，页 505）仍然将麒麟来对应 giraffe，而且是唯一的一个解释；商务印书馆 1981 年推出的北京外国语学院英语系《汉英词典》编写组编的《汉英词典》（页 533）、2000 年商务印书馆的《汉英双解新华字典》（页 408）和 2015 年复旦大学出版社出版的陆谷孙主编的《中华汉英大词典》（上卷，页 494），似乎都是沿着利玛窦、南怀仁等传教士的思路，将麒麟与 unicorn 对应起来了。

六、本章小结

语言是文化的载体，词汇是构成语言的最基本单位，是语言的建筑材料。汉语在与外来文化交往过程中会产生新词，而采用接近于原语发音构成汉语谐声字译名的方法，被称为音译；利用汉语原来的构词方式，把外来语中的概念介绍进来的方法，被称为意译。翻译作为一种跨语际的阐释与表达，在语言从一地到另一地的旅行中，每一个译词作为一个不可简约的实体，它融合了文化环境中不可分化的意义或概念整体，传达了不同文化的思想、形象和感情。音译的实践多少反映着译者对异域文化的探求，而意译的实践则利用汉语原有的语言材料，对外来概念重新进行建构，反映着译者对本土文化的认同。两种译法所产生的译名都涉及如何处理文化之间的复杂关系，又多少反映了翻译过程中“还异为异”（笔者将之称为“异化式音译”）和“变异为同”（笔者将之称为“归化式意译”）的表达，两种译法包含着译者对中西两种文化资源的引述、挪用和占有，彼此为求得“生存”，争夺“领地”而不断竞逐。

在漫长和复杂的特定文化发展中，词汇的翻译、术语的确定和动物的命名，是一个具有历史性的命题。名称是用以识别某一个体或群体（人或事物）的专门称呼，或以为动物的命名相对简单，并不足以体现社会文化的含量。其实，在两种或多种文化交流中，动物译名同样承载了不同民族的思维习惯和民族心理。明清以来的“麒麟”“恶那西约”，以及“之猎猢”“支列胡”“知拉夫”“支而拉夫”“及拉夫”“吉拉夫”“直猎狐”“奇拉甫”“吉拉斐”“知儿拉夫”等音译名，以及“驼豹”“豹驼”“高脚鹿”“长颈怪马”“鹿豹”“长颈高胫兽”“刚角兽”“豹驼”“长颈鹿”等意译名之间的竞逐，无异于一场历时 600 年之久的译名之战，记录了自然史中长颈鹿这一动物是如何跨越东西不同社会地理的边界，进入不同社会文化空间的概念世界，所形成的译名选择的过程。

“麒麟”这个音意合译的译词，抹去了异域的痕迹，甚至掩饰了这一动物的跨国性，不利于域外动物知识的传送。动物译名也遵循译名的一般原则，首先是“省力原则”，即尽量选取简洁、省力的表达方式，“长颈高胫兽”就不符合简洁这一原则，这也是麦都思《英华字典》所用“駗驙”和“麟豿”这一过于复杂的用字难以流传的原因。其次是遵循动物“形象化”的原则，即能充分反映这一动物的外形特征，“高脚鹿”“刚角兽”在形象上显然不准确。相比之下，“鹿豹”和“长颈鹿”的意译名，就比较符合这一要求而得以广泛流传。动物译名的命名究竟采用怎样的方法，其间有科学社会和文化的多层因素在起作用。从永乐十二年（1414）孟加拉国贡“麒麟”至 20 世纪 20 年代“长颈鹿”命名的确立，前后持续了大约 600 年。严复有“一名之立，旬月踯躅”，而“长颈鹿”这一译名的音译和意译名的消长变化之竞逐，真有"一名之立，数百年踯躅"的意思，显示出这一中国没有的动物之命名过程中，新译名分娩的痛苦和旧译名死亡的阵痛。以"麒麟"来对应长颈鹿的索马里语"Giri"，可以说是赢得了一种译名上的诗意表达，富含情感与观念的内涵，迎合士大夫的期待视野，当然反映着译者对于皇权的认可，"麒麟"的译词也成了"权力转移"的一个例证。但这种归化式意译法（domesticating translation）所产生的音意合译名，难以彰显原名所承载的文化差异，无法给读者一种异样的阅读体验。

中国人翻译西方名物是借助于本土传统概念工具在为异域动物"命名"，而这一命名过程又恰恰使异域文化进入了中国的概念系统。无论是中国探险家和士大夫的音意合译的"麒麟"，还是西方传教士依据不同原本形成的"恶那西约"和"支列胡""知拉夫""支而拉夫""及拉夫"等音译名，或"鹿豹""驼豹""长颈鹿"的意译名，都反映出不同翻译群体对中国文化的适应和理解，也是希望通过译名能如何更为充分地向中国人传达这一动物的特点和秉性。一些译名的死亡和另一些译名的诞生，经过漫长的"和而不同"的阶段，进而取得定于一的命名地位，这一艰难的命名选择过程，反映出动物译名究竟是采用音译还是意译都是西方动物知识在中国本土化的历程。不同动物名词译法所创造的新词，包含着中国人对异域文化的丰富想象，又多与中西文化背景有着千丝万缕的深刻联系。从这种意义上或可以说，沉淀在动物译名中因时因地因人而异的复杂变化，亦可见一部浓缩的文化交流史。

第四编　动物图谱与中外知识互动

第十章

《兽谱》中的“异国兽”与清代博物画新传统

中国绘画艺术有着悠久的历史传统。我们现在所说的绘画，大多是从艺术层面上去理解的，即利用艺术性的构图及其他美学方法来表达绘画者希望表现的概念和思想。其实，“绘画”还有一个最基本的意思，即在技术层面上是一个以表面作为支撑面在其之上添加图形，进行线条和颜色的操作。这些表面可以是石版、木材、布帛、漆器和玻璃等，加上线条和颜色的可以是画笔，也可以是刀具、手指，甚至油漆喷具。同样，艺术还是一个多义词。在古代中国是指“六艺”以及术数、方技等各种技能，特指经术。[①] 其次指用一种间接的方式来表达现实生活中典型性的社会意识形态；再者指富有创造性的方式、方法，如将形象独特优美和内容丰富多彩，视为艺术性。

在相当长的时期里，学界讨论绘画史，都是在说比较狭义的绘画艺术史，即大多是指富有创造性的方式、方法，所表达形象独特优美的作品，而存量巨大、内容丰富多彩的古籍文献中的动物、植物、矿物插图，地方志中的地图、地志画，各种物品上出现的动物、植物、山水、天文等内容的设计、雕刻与绘画等，都没有进入绘画史研究者的视野。著名绘画史家聂崇正在其论文集《清宫绘画与西画东渐》一书中将历代宫廷绘画分为：1. 纪实画；2. 历史画；3. 道释画；4. 花鸟画；5. 山水画。并称清代宫廷绘画也不出以上范围。[②] 聂氏忽略未谈博物画。确实，以往一般讲中国绘画史都不离谈山水画、文人画的传统，类似元朝谢楚芳 1321 年绘制的“草虫”画的《乾坤生

---

① 语出《后汉书》卷五六列传第十六“伏湛传”：“永和元年，诏无忌与议郎黄景校定中书，五经、诸子百家、艺术。”李贤注：“艺谓书、数、射、御；术谓医、方、卜、筮。”（《后汉书》，《二十五史》第 2 册，上海古籍出版社、上海书店，1986 年，页 884）《晋书》“艺术传”序：“艺术之兴，由来尚矣。先王以是决犹豫、定吉凶、审存亡、省祸福。”（《晋书》卷九五列传第六十五“艺术传”序，页 1532）可见后汉时代艺术的范围很广，包括方术、医方、方伎等知识；晋代则主要包括占卜、方术的知识。

② 聂崇正：《清宫绘画与西画东渐》，紫禁城出版社，2008 年，页 9。

意图》，[①]我们几乎完全陌生。据刘华杰称，他读到伦敦大学艺术史与考古学教授韦陀（Roderick Whitfield）的评论，《乾坤生意图》为大英博物馆收藏之十大最珍贵中国文物之一，画面有蜻蜓、蟾蜍、蚂蚱、螳螂、蝴蝶、蜜蜂（包括蜂窝）、鸡冠花、牛皮菜、车前、竹、牵牛等生物，生动展现了大自然食物链的细节和生物的多样性，仅蝴蝶就绘有约 7 种。

博物画改变了以往读者对中国古代绘画的印象，即以为中国古代画家画出的自然对象都不够真实，都是属于抽象作品，在大自然中不能找到对应物。实际上，中国古代绘画也是多样性的，有写意也有写实。[②] 这一类以强调内容知识性与多样性而非艺术性取胜的绘画，可以称为“博物画”。刘华杰指出，此类博物画还可上溯到唐代韦銮的《芦雁图》、戴嵩的《斗牛图卷》，宋代李迪的《红白芙蓉》、黄筌的《写生珍禽图》、佚名作者的《桐实修翎图轴》等。[③] 但此类博物画，从富有独特艺术风格的角度去衡量，大多可能排不上名次，作者的知名度较低，通常不为世人知晓，甚至不署名，流传也不广，而以鸟兽虫鱼作为主题的画册更是难寻踪迹。

本章所要讨论的清代《兽谱》，属于以内容知识性与多样性而非艺术性取胜的清代宫廷博物画，清代博物画是个大论题，不是这一有限的篇幅能够处理的。笔者在时贤研究《兽谱》的基础上，[④]将《兽谱》放在 17 世纪大航海和西学东渐与知识交流的大背景下，以其异国兽为例，兼及《坤舆全图》与《古今图书集成》等文献，来分析清代博物画传统的演变。

一、博物学视野下的《兽谱》

故宫出版社 2014 年出版有故宫博物院编乾隆朝所编纂的《清宫兽谱》，让读者有幸看到这部深藏于清宫的博物画巨作。《兽谱》共 6 册，每册 30 幅，共 180 幅。每幅尺寸

---

① “生意”系“生机”之意，“乾坤生意”即大地的生机盎然。该画卷的丝质封套内写有“W. Butler”的签名和 1797 年，是最早被英国人收藏的中国画作，很可能是通过中国与东印度公司的贸易或作为礼物送给外交使者而流传到英国。19 世纪这幅画曾为托马斯·菲利浦斯爵士（Sir Thomas Phillipps，1792—1872 年）所有，1964 年，著名的书画收藏爱好者莱昂内尔·罗宾森和菲利普·罗宾森从菲利浦斯爵士的手中购得此画。

② 刘华杰：《博物学文化与编史》，上海交通大学出版社，2014 年，页 163。

③ 现藏波士顿博物馆宋徽宗赵佶（1082—1135）的《五色鹦鹉图》堪称博物画的精品，该图表现御花园内一只贡自岭表的别致鹦鹉飞鸣于杏枝间，姿态煞是可爱，鹦鹉比例适当，眼睛、羽毛、爪子表现得都非常准确。赵佶绘制的《芙蓉锦鸡图》亦属富有很高艺术水平的博物画，画面左下角为一秋菊，主画面为约呈 60 度角的两枝木芙蓉，右上角是翩翩戏飞的双蝶。前景中锦鸡依枝，是此画的主体。右边空白处用瘦金体题诗：“秋劲拒霜盛，峨冠锦羽鸡。已知全五德，安逸胜凫鹥。”刘华杰：《博物学文化与编史》，页 164。

④ 相关成果主要有袁杰《故宫博物院藏乾隆时期〈兽谱〉》（《文物》2011 年第 7 期）、赖毓芝《清宫对欧洲自然史图像的再制：以乾隆朝〈兽谱〉为例》。故宫出版社 2014 年出版有袁杰主编的《清宫兽谱》，该书前有袁杰撰写的前言和王祖望所撰《〈兽谱〉物种考证纪要》两文，对于了解该书的生产过程和资料的来龙去脉帮助甚大。

及装裱形制均相同，纵 40.2 厘米，横 42.6 厘米，绢本，设色。各开背面有裱前编号，按序编排成册，所绘各兽均能独立成幅。图册为蝴蝶装，左右对开，右为兽图，左为配有满、汉两种文字的说明，详细记录了各种瑞兽、异国兽及普通动物的形貌、秉性、产地等。《兽谱》第一幅钤“乾隆鉴赏”“乾隆御览之宝”“三希堂精鉴玺”“宜子孙”“重华宫鉴藏宝”“石渠宝笈”“石渠定鉴”“宝笈重编”“嘉庆御览之宝”“宣统御览之宝”诸印章。每册最末开钤“五福五代堂宝”“八耄念之宝”“太上皇帝之宝”三方朱方玺。图册夹板为金丝楠木制作，纵 52 厘米，横 50.5 厘米。每册的上夹板有隶书阴刻填蓝色字“兽谱”。[①] 6 册《兽谱》共收入的 180 幅兽图，大致可以分为瑞兽（包括神兽麒麟等、仁兽果然等、义兽驺虞等）107 种，约占全部种数的 59%；产于中国的现实存在的走兽，如狼、豹、虎、羊等 61 种，约占全部兽种数的 34%；外来异国兽 12 种，约占全部兽种数的 7%，其中有 2 种不属于兽类。[②]

《兽谱》的作者为余省和张为邦。余省（1692—约 1767），字曾三，号鲁亭，江苏常熟人。自幼从父余珣习画，妙于花鸟写生。乾隆二年（1737）被户部尚书并总管内务部的海望等人荐举入宫，在咸安宫画画处供职。他拜同乡蒋廷锡为师，所绘花鸟虫鱼，既承历代写生画传统，又参用西洋笔法，造型准确而富有生趣，成为宫廷画家中最得蒋氏真髓者。他在宫中留有大量的作品，《石渠宝笈》收入其作品多达 37 件，在乾隆时画画人中被列为一等。[③] 张为邦（一作维邦），生卒年不详，江苏广陵（今扬州）人。雍正初年至乾隆二十六年间（约 1723—1761）在宫中担任宫廷画师，与其父张震、其子张廷彦皆以擅绘而在清廷供职。他工绘人物、楼观、花卉，为启祥宫画画人，在宫廷中供职的时段正是意大利画家郎世宁和法兰西画家王致诚在宫中创作活跃的时期，他们的画风对于中国的宫廷画家有相当大的影响。张为邦曾随郎世宁习西画技艺，乾隆元年九月档案记载：“胡世杰传旨：着海望拟赏西洋人郎世宁，画画人戴正、张为邦、丁观鹏、王幼学，钦此。”写明张为邦等四名画家是西洋画师郎世宁的高足之一，从而能够将西洋画的技法融入创作中。清内务部造办处“各作成做活计清档”中有他“画油画”和“带领颜料进内画讫”的记载。[④] 他们俩在成功地合绘《仿蒋廷锡鸟谱》后，又按照乾隆皇帝的旨意，依照《古今图书集成》中走兽的形象及典籍记载中兽类的名目，在乾隆朝中期合绘了一套《兽谱》。

① 袁杰主编：《清宫兽谱》前言，页 6—13。
② 王祖望：《〈兽谱〉物种考证纪要》，《清宫兽谱》，页 14—21。
③ 袁杰：《故宫博物院藏乾隆时期〈兽谱〉》，《文物》2011 年第 7 期；聂崇正：《清宫廷画家余省、余稺兄弟》，《紫禁城》2011 年第 10 期。
④ 袁杰：《故宫博物院藏乾隆时期〈兽谱〉》，《文物》2011 年第 7 期；聂崇正：《清宫廷画家张震、张为邦、张廷彦》，《文物》1987 年第 12 期；另参见氏著《清宫绘画与西画东渐》，页 142、178。

在中国画题材中，兽作为一门单独的画科，虽在远古时代就以岩画的形式加以表现，但在绘画艺术史上，无论从留存作品数量，还是从创作群体以及艺术成就等方面，都无法与人物、山水、花鸟画相提并论，大多因缺少独立性而逐渐沦为其他表现题材（尤其是人物画）的一种点缀。纵观历代流传下来的数量不多的走兽画，其表现对象往往局限于与人们生活紧密相关的马、牛、羊、狗等，如唐代韩幹的《照夜白图》《牧马图》以及韩滉的《五牛图》，宋代李公麟的《临韦偃牧放图》等，独立描绘猛兽的绘画不多。而《兽谱》堪称第一次以博物画的形式，系统地描绘从瑞兽到异国奇兽共 180 种动物形象，除真实地刻画了常见的牛、羊、狗、猪、兔、狼等动物外，还描绘了犳、虎等猛兽。同时，作者还创造出《山海经》中诸多幻想出的奇异怪兽，成为中国画谱中前所未有的兽类绘画集大成者。《兽谱》绘制完成后，乾隆帝没有将之仅仅视为一套纯属观赏性的普通动物画册，而是把它与余省、张为邦所绘《仿蒋廷锡鸟谱》一样，作为供皇室了解各地区动物物种、名称、生理特征、栖息环境、育雏行为的一种博物图志加以典藏。①

清乾隆时期（1736—1795），宫廷画院非常重视创作图文并茂的，以风土人情、历史事件、苑囿风光、飞禽走兽、花卉草虫为题材的绘画作品。绘制《兽谱》即是这一时期的一项浩大的博物画创作工程，肇始于乾隆十五年（1750），于乾隆二十六年（1761）完成。乾隆皇帝敕命大学士傅恒（约 1720—1770）、刘统勋（1700—1773）、内阁中书兆惠（1708—1764）、兵部尚书阿里衮（？—1777）、军机大臣刘纶（1711—1773）、四库全书馆总裁舒赫德（1711—1777）、刑部尚书阿桂（1717—1797）、国史馆兼三通馆总裁于敏中（1714—1780）8 位在军机处担任要职的重臣，对这一知识性的博物画中的每一动物加以注释，释文不仅要用通行的汉文，还要用被视为“国语”的满文。对每一种动物的名称、习性与生活环境等都作了详细的文字说明，是一部图文复合的动物图志，其中收入的动物数量之多前所未有，可谓集前人之大成。乾隆将《兽谱》的绘制任务交给军机处负责，可见他对该书的高度重视。该图谱笔致精整工丽，刻画细腻生动，赋色古雅淡逸。同时，在中国传统绘画技法的基础上，也借鉴了西洋绘画透视学、解剖学的表现技法，通过对动物外在形态的描绘，表现出它们内在或温顺或凶猛或狡猾的种种习性。它与《仿蒋廷锡鸟谱》一样，均为皇皇巨制，代表了乾隆朝宫廷绘画在博物图谱创作上的高超水平，也是清代博物画新传统的代表。

---

① 清代乾隆、嘉庆年间所编纂的大型著录文献《石渠宝笈》，全书分初编、续编和三编，初编成书于乾隆十年（1745），共四十四卷；续编成书于乾隆五十八年（1793），共四十册；三编成书于嘉庆二十一年（1816），共二十八函。著录了清廷内府所藏历代书画藏品，收录藏品计数万件之多。分书画卷、轴、册九类，据其收藏之处如乾清宫、养心殿、三希堂、重华宫、御书房等，各自成编。《石渠宝笈·续编》第五册记有乾隆在紫禁城内重要居所重华宫的《兽谱》：“《兽谱》仿《鸟谱》为之，名目形相盖本诸《古今图书集成》。而设色则余省、张为邦奉敕摹写者也。”将之作为清宫收藏之精品加以著录。

二、《兽谱》中外来异国兽与《坤舆全图》的“异物图说”

《兽谱》中的外来异国兽共计12种，袁杰认为是采自《古今图书集成》，王祖望进一步指出主要引自《坤舆图说》而非《古今图书集成》。① 其实，《古今图书集成》中的这些异国兽是采自《坤舆图说》的“异物图说”，或可说是来自较之《坤舆图说》更早的《坤舆全图》的图文，②下面以《兽谱》的顺序对12种“异国兽”一一加以讨论。

1. “利未亚狮子”。图文见载《坤舆全图》东半球墨瓦蜡尼加洲：“利未亚洲多狮，为百兽王，诸兽见皆匿影。性最傲，遇者亟俯伏，虽饿时不噬。千人逐之，亦徐行。人不见处，反任性疾行。畏雄鸡、车轮之声，闻则远遁。又最有情，受人德必报。常时病疟，四日则发一度，病时躁暴猛烈，人不能制。掷以球，则腾跳，转弄不息。”③（图4－1）收入《兽谱》第六册第九图时略有改编：“利未亚州多狮，性猛而傲，遇者亟俯伏，虽饥不噬。人不见则疾走如风。或众逐之，徐行彳亍弗顾也。惟畏鸡鸣及车声，闻即远遁。当其暴烈难制，掷以球，辄腾跳转弄不息。说者又谓其受德必报，盖毛群之有情者。”④（图4－2）两幅图绘中的狮子，体型高大，有浓密的鬃毛，图文都明确说明是非洲狮。澳门葡萄牙当局曾经出任玛讷·撒尔达聂哈使团秘书的本多·白垒拉，从1672年起就开始积极筹划向康熙皇帝敬献礼物，1674年致函印葡总督，请求提供一头狮子，准备以葡萄牙国王的名义献给康熙。葡萄牙印度总督命令东非莫桑比克城堡司令设法捕捉了公母两头狮子，并经海路由东非运往果阿，不久公狮死去，剩下的母狮被运到澳门。1678年8月，白垒拉终于将这头母狮辗转运到了北京献给康熙。在这一策划过程中，南怀仁完成了《坤舆全图》，这段文字的编写是否与献狮有关，尚待考证。⑤

2. “独角兽”。图文见载《坤舆全图》东半球墨瓦蜡尼加洲：“亚细亚洲印度国产独角兽。形大如马，极轻快，毛色黄。头有角，约长四五尺，其色明，作饮器能解毒。角锐，能触大狮，狮与之斗，避身树后，若误触树木，狮反啮之。”⑥（图4－3）《职方外纪》卷一“印第亚”中所称：“有兽名独角，天下最少亦最奇，利未亚亦有之。额间一角，极能解毒。此地恒有毒蛇，蛇饮泉水，水染其毒，人兽饮之必死。百兽在水次，虽渴不敢饮，必俟此兽来

① 袁杰主编：《清宫兽谱》前言；王祖望：《〈兽谱〉物种考证纪要》，《清宫兽谱》，页6—21。
② 1674年比利时传教士南怀仁绘制的《坤舆全图》的文字部分与《坤舆图说》的“异物图说”大同小异，故《坤舆全图》中的动物图文亦统称“异物图说”。
③ 《坤舆全图》整理本，页96。类似图文也被《古今图书集成·博物汇编·禽虫典》第59卷“狮部”收入（《古今图书集成》第519册，叶五十五）。
④ 袁杰主编：《清宫兽谱》，页362—363。
⑤ 参见本书第六章。
⑥ 《坤舆全图》整理本，页112。

以角搅其水，毒遂解，百兽始就饮焉。”[①]类似麒麟的“独角”兽的记述出现耶稣会士的文献中可以上溯到利玛窦的《坤舆万国全图》中的一段文字，[②]此段见诸《坤舆全图》的文字，较之利玛窦关于“独角”兽的描述要更细致，但仍易让人误解为犀牛。[③] 仔细分辨，南怀仁的进一步改写增加了很多内容，“形大如马，极轻快，毛色黄，头有角，长四五尺，其色明”，明显不是指独角犀牛，而且《坤舆全图》东半球上出现的“形大如马”的形象更是毫无疑问地表示，这是欧洲文化中的独角兽(unicorn)，而传说中这一神秘的行动敏捷的动物，其外形类似白牡鹿或骏马，可能是动物界其他角马类动物生态变异的结果。(图 4－4)文字经改编亦收入《兽谱》第六册第二十图：“独角兽，产亚细亚州印度国。形如马，色黄，一角长四五尺，铦锐善触，能与狮斗。角理通明光润，作饮器能辟毒。”[④](图 4－5)

3. “鼻角”。图文见诸《坤舆全图》东半球墨瓦蜡尼加洲：“印度国刚霸亚地产兽名‘鼻角’。身长如象，足稍短，遍体皆红黄斑点，有鳞介，矢不能透。鼻上一角，坚如钢铁，将与象斗时，则于山石磨其角，触象腹而毙之。”[⑤](图 4－6)经过少许改编，收入《兽谱》第六册第二十一图：“鼻角兽，状如象而足短，身有斑文、鳞介，矢不能入。一角出鼻端，坚利如铁，将与象斗，先于山石间砺其角以触。印度国刚霸亚地所产也。”[⑥]《职方外纪》卷一“印第亚”也有关于“罢达”即双角犀牛的描述，[⑦]但两者有明显的不同，南怀仁这一段不是《职方外纪》的改写，赖毓芝认为《坤舆全图》中的“鼻角”的造型源自德国艺术家丢勒(Albrecht Dürer，1471—1528，又译杜勒)1515 年所绘的犀牛，并进一步指出《坤舆全图》上关于犀牛的文字可能来自格斯纳的《动物志》。[⑧] “刚霸亚”，《坤舆全图》标注在今天印度古吉拉特邦的坎贝(Cambay)，系音译词。“鼻角”即犀牛，是最大的奇蹄目动物，也是体型仅次于大象的陆地动物，分布在印度、尼泊尔和孟加拉的印度犀牛是亚洲最大的独角犀。所有的犀类基本上是腿短，体肥笨拙，皮厚粗糙，并于肩、腰等

---

① ［意］艾儒略原著，谢方校释：《职方外纪校释》，页 40—41。

② 关于利玛窦对类似麒麟的“独角”兽的讨论，参见本书第四章。

③ 谢方就认为此一描述即印度独角犀牛，产于非洲及亚洲热带地区。犀的嘴部上表面生有一个或两个角，角不是真角，是由蛋白组成，有凉血、解毒、清热作用。［意］艾儒略原著，谢方校释：《职方外纪校释》，页 43 注。

④ 袁杰主编：《清宫兽谱》，页 384—385。类似的图文还收入《古今图书集成·博物汇编·禽虫典》第 125 卷“异兽部”(《古今图书集成》第 525 册，叶十六)。王祖望《〈兽谱〉物种考证纪要》称“独角兽”为瑞兽(页 18)。

⑤ 《坤舆全图》整理本，页 96。

⑥ 袁杰主编：《清宫兽谱》第六册第二十一图，页 386—387。同样的文字曾收入《坤舆全图》《古今图书集成·博物汇编·禽虫典》第 125 卷“异兽部”(《古今图书集成》第 525 册，叶十六)。王祖望《〈兽谱〉物种考证纪要》一文称“鼻角兽”为“印度的独角犀牛”(页 18)。

⑦ 《职方外纪》卷一“印第亚”称：“勿搦祭亚(今译威尼斯)国库云有两角，称为国宝。有兽形如牛，身大如象而少低，有两角，一在鼻上，一在顶背间，全身皮甲甚坚，铳箭不能入，其甲交接处比次如铠甲，甲面荦确如鲨皮，头大尾短，居水中可数十日，从小豢之亦可驭，百兽俱慑伏，尤憎象与马，偶值必逐杀之，其骨肉皮角牙蹄粪皆药也，西洋俱贵重之，名为‘罢达’，或中国所谓麒麟、天禄、辟邪之类。”［意］艾儒略原著，谢方校释：《职方外纪校释》，页 41。

⑧ 赖毓芝：《从杜勒到清宫——以犀牛为中心的全球史观察》，《故宫文物月刊》344 期(2011 年 11 月)，页 68—80。

图 4—1 《坤舆全图》中的利未亚狮子

图 4—2《兽谱》中的狮子

图 4—3《坤舆全图》中的独角兽

图 4—4 格斯纳《动物志》中的独角兽

图 4—5《兽谱》中的独角兽

图 4—6 《坤舆全图》中的鼻角

图 4—7 《兽谱》中的鼻角

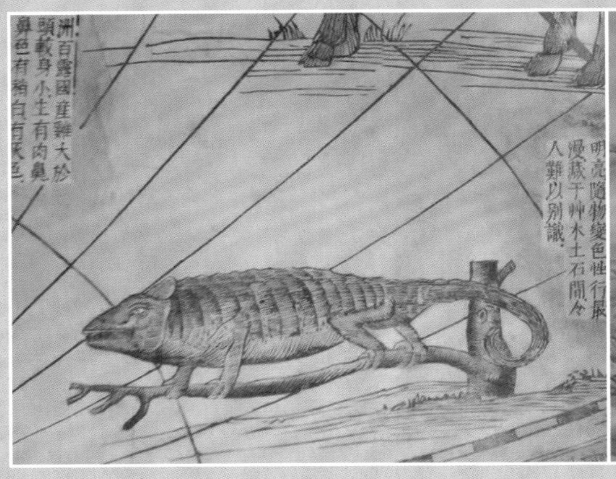

图 4—8 《坤舆全图》中的加默良

图 4—9 《兽谱》中的加默良

图 4—10《坤舆全图》中的印度国山羊

图 4—11 《兽谱》中的印度国山羊

图 4—12 《坤舆全图》中的般第狗

图 4—13 《兽谱》中的般第狗

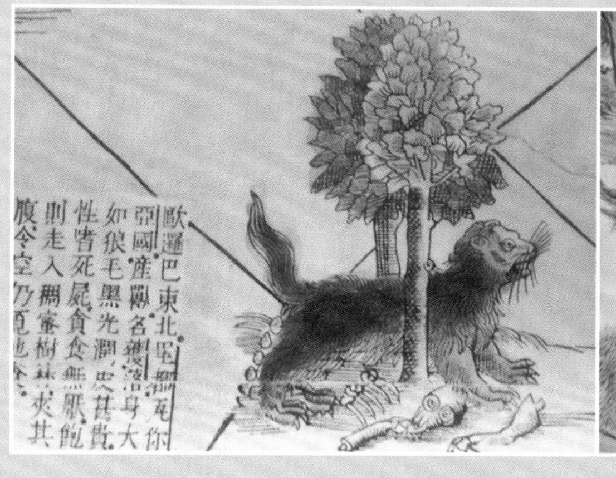

图 4—14《坤舆全图》中的获落

图 4—15《兽谱》中的获落

图 4—16《坤舆全图》中的撒辣漫大辣

图 4—17《兽谱》中的撒辣漫大辣

图 4—18 《坤舆全图》中的狸猴兽

图 4—19《兽谱》中的狸猴兽

图 4—20《坤舆全图》中的意夜纳

图 4—21《兽谱》中的意夜纳

图 4—22 《坤舆全图》中的恶那西约

图 4—23 《兽谱》中的恶那西约

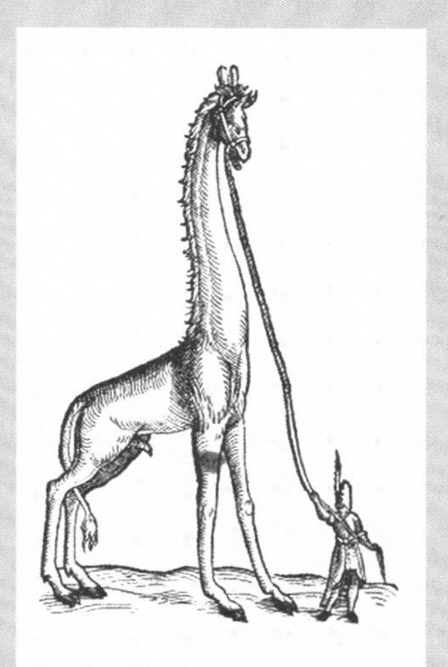

图 4—24

图 4—25

图 4—26

图 4—27

图 4—24 格斯纳《动物志》中的画像

图 4—25 传为沈度画作，藏台北故宫博物院

图 4—26 明宣宗朱瞻基（1398—1435）亲自画的《瑞应麒麟颂》，图中长颈鹿形象似乎是参照了实物来绘制的，美国宾夕法尼亚大学博物馆藏

图 4—27 清代陈璋的《瑞应麒麟颂》摹本

图 4—28 《坤舆全图》中的苏兽

图 4—29《兽谱》中的苏兽

以上插页中引用的《坤舆全图》采自河北大学历史学院整理的南怀仁《〈坤舆全图〉·〈坤舆图说〉》，河北大学出版社，2018 年。《兽谱》均采自袁杰主编《清宫兽谱》，故宫出版社，2014 年。

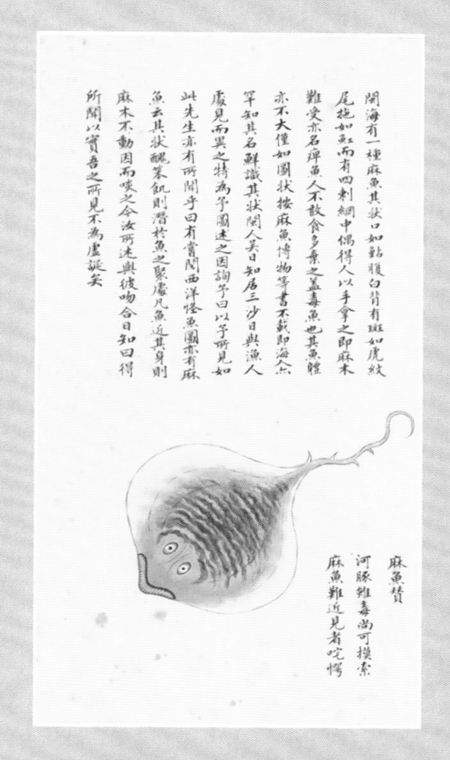

图 4—30《海错图》中的麻鱼

图 4—31《海错图》中的井鱼

图 4—32《海错图》中的飞鱼

图 4—33《海错图》中的人鱼

以上插页中引用的《海错图》均采自文金祥主编《清宫海错图》，故宫出版社，2014 年。

处成褶皱排列；毛被稀少而硬，甚或大部无毛；耳呈卵圆形，头大而长，颈短粗，长唇延长伸出；头部有实心的独角或双角（有的雌性无角），起源于真皮，角脱落仍能复生；无犬齿；尾细短，身体呈黄褐、褐、黑或灰色。[①] 犀牛有很多种，《兽谱》中描绘的主要是印度犀牛（Rhinoceros unicornis），又称大独角犀，有一个鼻角，身上的皮肤似甲胄，是仅次于白犀的大型犀牛和亚洲现存的第二大陆地动物（仅次于亚洲象），性情介乎白犀和黑犀之间。（图 4－7）宋朝赵汝适的《诸蕃志》就有记述：“犀状如黄牛，只有一角，皮黑毛稀，舌如栗壳，其性鸷悍，其走如飞，专食竹木等刺，人不敢近。猎人以硬箭自远射之，遂取其角，谓之生角。或有自毙者，谓之倒山角。角之纹如泡，以白多黑少者为上。”杨博文在校释中还指出，古代的《异物志》也有类似记述，《中国印度闻见录》称这种特殊之独角兽（Vichân）前额正中有一独角，角面有一标记，乃花纹，犹如人之肤纹。角系全黑，花纹在正中，白色。身躯较象小，色似黑，体形如水牛，力大无比，与象斗，能置象于死。皮坚似铁，能为战甲，又可制带，角能造饰玩物。[②] 而之前随郑和下西洋的马欢可能目睹过犀牛。[③] 作为《兽谱》来源的《坤舆全图》可能参考过多种中西文著述，熟悉中国古籍的南怀仁何以不用“犀”这一名称，令人不解，“鼻角”也有可能是犀牛的马来语 Badak 的译音，待考。

4. “加默良”。图文见诸《坤舆全图》西半球墨瓦蜡尼加洲：“亚细亚洲如德亚国产兽名加默良。皮如水气明亮，随物变色，性行最漫，藏于草木、土石间，令人难以别识。”[④]（图 4－8）经过少许改编，编入《兽谱》第六册第二十二图：“加默良，状似鱼而有耳，鼍尾兽足，皮如澄水明莹，能随物变色，行迟缓，常匿草木土石间，令人不能辨识。出如德亚国。”[⑤]（图 4－9）“加默良”，即变色龙，学名“避役”，利玛窦《坤舆万国全图》中译为“革马良”，[⑥]西班牙文作 Camaleón 或 camaleones，葡萄牙语作 Chameleons。“革马良”和“加默良”显然是上述西文的音译。因能根据不同的亮度、温度和湿度等因素变化体色，俗称“变色龙”。变色这种生理变化是其皮肤真皮内藏有大量精细且具强烈折光

---

① 冯祚建：“犀类”，《中国大百科全书·生物学》，页 1786。

② 赵汝适著，杨博文校释：《诸蕃志校释》，页 208—209。

③ 成书于永乐十四年（1416）、定稿于景泰二年（1451）的《瀛涯胜览》一书的“占城国条”条：“其犀牛如水牛之形，大者有七八百斤，满身无毛，黑色，俱生麟甲，纹癞厚皮，蹄有三跲，头有一角，生于鼻梁之中，长有一尺四五寸。不食草料，惟食刺树刺叶并指大干木，抛粪如染坊芦黄色。”参见马欢原著、万明校注《明钞本〈瀛涯胜览〉校注》，页 11。马欢对占城犀牛的描述，虽不足百字，却系亲眼目睹，否则不可能如此确切。陈信雄《万明〈明钞本瀛涯胜览校注〉读后》一文认为《瀛涯胜览》初稿成书于永乐十四年（1416），经多次修改后，定稿于景泰二年（1451）。《郑和研究与活动简讯》2005 年 9 月第 23 期。

④ 《坤舆全图》整理本，页 52。

⑤ 袁杰主编：《清宫兽谱》，页 388—389。类似的文字还收入《古今图书集成·博物汇编·禽虫典》第 125 卷“异兽部”（《古今图书集成》第 525 册，叶十六）。王祖望《〈兽谱〉物种考证纪要》一文称“加默良”为爬行动物，属爬行纲蜥蜴目避役科的动物，非兽类（页 18—19）。

⑥ 朱维铮主编：《利玛窦中文著译集》，页 212。

的颗粒细胞，组成白色层和黄色层，由于中枢神经支配下色素细胞和颗粒细胞的收缩和伸展，体色便能够迅速变化，并在几个小时内就能够完成脱皮。[①] 中国人通常把蜥蜴也称为“变色龙”，在中西方它并非特别珍奇的动物，早在古希腊的亚里士多德的《动物学》中就有关于蜥蜴的记述：“避役全身一般形态有似石龙子（蜥蜴）。”[②]“避役”或“变色龙”在段成式《酉阳杂俎》中已经被提及，称是南方一种神奇生物，名叫“避役”，会应十二时辰发生变化，又叫“十二辰虫”。[③] 利玛窦、南怀仁两位都对中国传统博物学文献相当熟悉，此处介绍“变色龙”何以采用音译词呢？我想或许是他们把握不准“革马良”和“加默良”在汉文中究竟应该采用“避役”还是“十二辰虫”。

5．“印度国山羊”。图文见诸《坤舆全图》西半球墨瓦蜡尼加洲：“亚细亚洲南印度国产山羊。项生两乳下垂，乳极肥壮，眼甚灵明。”[④]（图4－10）文字经改编编入《兽谱》第六册第二十三图：“山羊产亚细亚州南印度国。体肥，腯项，垂两乳如悬橐。其目灵明。角锐长而椭，髯鬣毛，尾与羊略同。”[⑤]（图4－11）两者文字对比，与《兽谱》收入的其他异国兽不同，以往基本都是作简化处理，而这里明显是进行了增补，“角锐长而椭，髯鬣毛，尾与羊略同”一句，系《兽谱》的编者所加，这样略微细致的描述，可见编纂者似乎亲眼目睹过这种山羊。《职方外纪》卷一“马路古”亦有：“又产异羊，牝牡皆有乳。”[⑥]从艾儒略、南怀仁到《兽谱》编纂者的描述，明显突出的是其奇异性，即雌雄山羊都有“两乳下垂”，“牝牡皆有乳”且“乳极肥壮”，总是让人们感到新奇。

6．“般第狗”。图文见诸《坤舆全图》西半球墨瓦蜡尼加洲：“意大理亚国有河，名‘巴铎’，入海，河口产般第狗。昼潜身于水，夜卧旱地，毛色不一，以黑为贵，能啮树木，其利如刀。”[⑦]（图4－12）经过改编，编入《兽谱》第六册第二十四图：“般第狗，出欧逻巴州意大理亚国，其地有河，名‘巴铎’河，入海处是兽生焉。昼潜于水，夜卧岸侧，锯牙啮树，其利如刀。毛色不一，黑者不易得也。”[⑧]（图4－13）金国平援引《坤舆图说》，认为“般第狗”即水獭。[⑨] 王祖望则认为“般第狗”今名河狸（海狸、海骡、水狸）。[⑩] 意大利有

---

① 司徒雅：《避役》，载《生物学通报》1963年6月30日第6期；参见赵尔宓“避役科”，载《中国大百科全书·生物学》，页67。

② ［古希腊］亚里士多德著，吴寿彭译：《动物志》，页70。

③ 《酉阳杂俎》前集卷十七“虫篇”：“南中有虫名避役，一曰十二辰虫。状似蛇医，脚长，色青赤，肉鬣。暑月时见於篱壁间，俗云见者多称意事。其首倏忽更变，为十二辰状。”段成式撰，方南生点校：《酉阳杂俎》，页169。

④ 《坤舆全图》整理本，页52。

⑤ 袁杰主编：《清宫兽谱》第六册第二十三图，页390—391。

⑥ ［意］艾儒略原著，谢方校释：《职方外纪校释》，页63。

⑦ 《坤舆全图》整理本，页52。

⑧ 袁杰主编：《清宫兽谱》，页392—393。类似的图文收入《古今图书集成·博物汇编·禽虫典》第125卷“异兽部”（《古今图书集成》第525册，叶十六）。

⑨ 金国平译：《澳门记略》，页220。

⑩ 王祖望：《〈兽谱〉物种考证纪要》，袁杰主编：《清宫兽谱》，页19。

四条河流的发音与“巴铎”的发音比较接近：布伦塔河(Brenta)、比蒂耶河(Buthier)、皮奥塔河(Piota)、普拉塔尼河(Platani)，而其中唯有河道全长174公里的布伦塔河(Brenta)，位于意大利北部，发源自特伦托东南面，最终注入亚得里亚海，符合“入海”之说，“巴铎”可能意大利语“Brenta”的音译。笔者判断可能是一种栖息在注入亚得里亚海的布伦塔河河口的河狸(beaver；Castoridae)，河狸曾在欧洲各地广泛分布。栖息在寒温带针叶林和针阔混交林林缘的河边，穴居。河狸体型肥大，身体被覆致密的绒毛，能耐寒，前肢短宽，后肢粗壮，后足趾间直到爪生有全蹼，适于划水，眼小，耳孔小，门齿异常粗大，呈凿状，能咬断粗大的树木，臼齿咀嚼面宽阔而具有较深的齿沟。营半水栖生活，夜间和晨昏活动，毛皮很珍贵。①

7.“获落”。图文见诸《坤舆全图》东半球墨瓦蜡尼加洲：“欧逻巴东北里都瓦你亚国，产兽，名‘获落’。身大如狼，毛黑光润，皮甚贵。性嗜死尸，贪食无厌，饱则走入稠密树林，夹其腹令空，仍觅他食。”②(图4-14)经过少许改编，编入《兽谱》第六册第二十五图：“获落，大如狼，贪食无厌，饱则走入密树间，夹其腹以消之。复出觅食。产欧逻巴东北里都瓦你亚国。毛黑而泽，彼土珍之。”③(图4-15)“里都瓦你亚国”，指今“立陶宛”。④ “获落”或以为是猞猁，⑤但没有展开论证，估计是根据猞猁皮毛密绒丰、十分珍贵这一条来确定的。赖毓芝依据格斯纳《动物志》的记述，指出应是貂熊。不仅“获落”图像取自该书的插图，文字也有来自该书的叙述。⑥ 貂熊别称“狼獾”“月熊”“飞熊”“熊貂”“山狗子”，拉丁文学名为Gulogulo Linnaeus，“获落”应该是Gulo的音译。身形介于貂与熊之间，貂熊栖息于亚寒带针叶林和冻土草原地带，非繁殖季节无固定的巢穴，栖于岩缝或其他动物遗弃的洞穴中。貂熊生性贪吃，其拉丁学名的原意即“贪吃”。食物很杂，喜食大型兽的尸肉或盗食猎人的猎物，包括驯鹿、马鹿一类大型食草动物的雌兽和幼仔，还捕捉狐狸、野猫、狍子、麝、小驼鹿、水獭、松鸡、鼠类等大大小小的动物，也吃蘑菇、松子或各种浆果等植物性食物。⑦貂熊皮毛珍贵，小貂熊皮光毛滑，貂熊皮至今仍是禁止非法买卖的野生动物皮毛。

---

① 马勇：“河狸科”，《中国大百科全书·生物学》，页522。清朝《香山乡土志》卷十四亦有类似记载：“般第狗亦蕃种，昼潜于水，夜卧地，能啮树木，牙利如刀。”这段话亦来自《坤舆全图》。

② 《坤舆全图》整理本，页112。

③ 袁杰主编：《清宫兽谱》，页394—395。类似的图文还收入《古今图书集成·博物汇编·禽虫典》第125卷“异兽部”(《古今图书集成》第525册，叶十六)。王祖望《〈兽谱〉物种考证纪要》一文称“获落”为“与实物相距较远的一种野生犬类”(页19)。《职方外纪》卷三“利未亚总说”称：“又有如狼状者，名大布兽。其身人，其手足専穴人墓，食人尸。”谢方认为“大布兽”可能是非洲鬣狗。[意]艾儒略原著，谢方校释：《职方外纪校释》，页105、108注。

④ 《澳大利亚国家图书馆所藏彩绘本——南怀仁〈坤舆全图〉》。

⑤ 卢雪燕：《南怀仁〈坤舆全图〉与世界地图在中国的传播》，故宫博物院编：《第一届清宫典籍国际研讨会论文集》，故宫出版社，2014年，页87—96。

⑥ 《清宫对欧洲自然史图像的再制：以乾隆朝〈兽谱〉为例》。

⑦ http://baike.baidu.com/link?url，2013年1月27日检索。

8.“撒辣漫大辣”。图文见诸《坤舆全图》西半球墨瓦蜡尼加洲：“欧逻巴洲热尔玛尼亚国兽名‘撒辣漫大辣’。产于冷湿之地，性甚寒，皮厚，力能灭火。毛色黑黄间杂，背脊黑，长至尾，有斑点。”①(图 4－16)经过改编收入《兽谱》第六册第二十六图：“撒辣漫大辣，短足，长身，色黄黑错，毛文斑斑，自首贯尾。产阴湿之地，故其性寒皮厚，力能灭火。热尔玛尼亚国中有之。”②(图 4－17)“热尔玛尼亚”，意大利语 Germania，拉丁语 Alemaña，今译日耳曼，即今德意志。“撒辣漫大辣”应为西文“蝾螈”的音译，拉丁语为 Salamander，葡萄牙语、西班牙语和意大利语均为 salamandra，又称“火蜥蜴”。蝾螈是有尾两栖动物，一般身体短小，有 4 条腿，体长大约在 15—61 厘米。霸王蝾螈体型最大，体长可达 2.3 米。蝾螈体形和蜥蜴相似，头躯略扁平，皮肤裸露，背部黑色或灰黑色，皮肤上分布着稍微突起的痣粒，腹部有不规则的橘红色斑块。将具有华美色斑的腹部对着天空，是一种警戒。在繁殖季节，有些种类的雄性蝾螈背脊棱皮膜显著隆起。四肢较发达，陆栖类的尾略呈圆柱形。有些种类在冬眠期间上陆地蛰伏，夏季多数时间在水中觅食，或在水中和岸边的潮湿地带繁殖，需要潮湿的生活环境，大部分栖息在淡水和沼泽地区。蝾螈绝大多数属种的分泌物具毒素，当遭受攻击时，会立即分泌这种致命的神经毒素。由于藏身在枯木缝隙中，当枯木被人拿来生火时，它们往往惊逃而出，有如从火焰中诞生，因而得名。所谓“皮厚，力能灭火”可能就是人们见到这些蝾螈从火中逃出来，误认为这些动物能“灭火”。③

9.“狸猴兽”。图文见诸《坤舆全图》西半球墨瓦蜡尼加洲：“利未亚洲额第约必牙国有‘狸猴兽’。身上截如狸，下截如猴，色如瓦灰，重腹如皮囊。遇猎人逐之，则藏其子于皮囊内，窟于树木中。其树径约三丈余。”④(图 4－18)经过改编收入《兽谱》第六册第二十七图：“狸猴兽，出利未亚州额第约必牙国。其体前似狸，后似猴，因以名之。毛色苍白，腹有重革如囊。猎人逐之急，则纳其子于囊而走，亦如猴之有嗛以藏食也。多窟大树中，树有径三尺余者。”⑤(图 4－19)文字较之《坤舆全图》有一些重要的改动，如“亦如猴之有嗛以藏食也”是增补的文字，而将原来“其树径约三丈余”改成“树有径三尺余者”，显然编者觉得“三丈”粗的“树径”不可信。“额第约必牙国”，今“尼日利亚”。⑥《坤舆万国全图》在位于南美洲属于巴西部分“峨勿大葛特”上有注文：“此地有兽，上半类狸，下半类猴，人足枭耳，腹下有皮，可张可合，容其所产之子休息于中。”⑦相似的文字

---

① 《坤舆全图》整理本，页 67。
② 袁杰主编：《清宫兽谱》，页 396—397。王祖望《〈兽谱〉物种考证纪要》一文称“撒辣漫大辣”属两栖类动物、蝾螈类，而非兽类（页 19）。
③ 费梁：“蝾螈科 · 蝾螈属”，《中国大百科全书 · 生物学》，页 1225—1226。
④ 《坤舆全图》整理本，页 40。
⑤ 袁杰主编：《清宫兽谱》，页 398—399。
⑥ 《澳大利亚国家图书馆所藏彩绘本——南怀仁〈坤舆全图〉》。
⑦ 朱维铮主编：《利玛窦中文著译集》，页 202。

也见之《职方外纪》，均未正式提出“狸猴兽”一名。王祖望称该兽是一种有袋类动物。[①]谢方认为这种“半类狸”“半类狐”的动物是指“负鼠”（Opossum），腹有育儿袋，为凶猛的食肉动物。[②] 赖毓芝据格斯纳《动物志》等文献，进一步确认“狸猴兽”为负鼠，由于欧洲没有有袋动物，因此，负鼠传到欧洲后冲击了欧洲人的知识边界与想象。[③]

10. “意夜纳”。图文见诸《坤舆全图》西半球墨瓦蜡尼加洲：“利未亚洲有兽名‘意夜纳’。形色皆如大狼，目睛能变各色，夜间学人声音，唤诱人而啖之。”[④]（图 4－20）经改编收入《兽谱》第六册第二十八图：“意夜纳，状似狼而大，毛质亦如之。睛无定色，能夜作人声，诱人而啖。出利未亚州。”[⑤]（图 4－21）王祖望称“意夜纳”，依据英文（hyena）之译音，判断为非洲鬣狗，[⑥]然当时西方来华耶稣会士依据的原本多非英文原本。鬣狗，拉丁文为 Hyena，西班牙语和葡萄牙语均为 hiena，“意夜纳”可能是 Hyena 或 hiena 的不准确音译。鬣狗是一种哺乳动物，体型似犬，躯体较短，生活在非洲、阿拉伯半岛、亚洲和印度次大陆的陆生肉食性动物。颈肩部背面长有鬃毛，尾毛也很长。体毛稀且粗糙，毛淡黄褐色，衬有棕黑色的斑点和花纹。成群活动，食用兽类尸体腐烂的肉为生。其超强的咬力甚至能咬碎骨头吸取骨髓，是非洲大草原上最凶悍的清道夫。[⑦] 有一种斑鬣狗经常会不停地高声咆哮，或爽朗地大笑，或低声哼哼，声音可传到几千米外，夜深人静时让人毛骨悚然。

11. “恶那西约”。图文见诸《坤舆全图》西半球墨瓦蜡尼加洲：“利未亚洲西亚毗心域国产兽名‘恶那西约’。首如马形，前足长如大马，后足短。长颈，自前蹄至首高二丈五尺余。皮毛五彩，刍畜囿中，凡人视之，则从容转身，若示人以华彩之状。”[⑧]（图 4－22）经过改编收入《兽谱》第六册第二十九图：“恶那西约者，西亚毗心域国之兽也。具马形而长颈，前足极高，自蹄至首高二丈五尺余，后足不足其半。尾如牛，毛备五色。刍畜囿中，人或视之，则从容旋转，若以华采自炫焉。”[⑨]（图 4－23）与《坤舆全图》中的文字相比，《兽谱》加上有“后足不及其半，尾如牛”一句，编纂者似乎曾亲眼目睹过长颈鹿，但图

---

① 袁杰主编：《清宫兽谱》，页 19。
② 《职方外纪》卷四“南亚墨利加”称：“苏木国有一兽名‘懒面’，甚猛，爪如人指，有鬃如马，腹垂着地，不能行，尽一月不踰百步。喜食树叶，缘树取之，亦须两日，下树亦然，决无法可使之速。又有兽，前半类狸，后半类狐，人足枭耳，腹下有房，可张可合，恒纳其子于中，欲乳方出之。”谢方认为文中的所谓的“懒面”应该为树懒（Sloth），前肢比后肢长，很少下树，行动迟缓；“半类狸”“半类狐”的动物指负鼠，腹有育儿袋，为凶猛的食肉动物。[意]艾儒略原著，谢方校释：《职方外纪校释》，页 126、128 注。
③ 《清宫对欧洲自然史图像的再制：以乾隆朝〈兽谱〉为例》。
④ 《坤舆全图》整理本，页 96。
⑤ 袁杰主编：《清宫兽谱》，页 400—401。类似的文字还收入《古今图书集成·博物汇编·禽虫典》第 125 卷“异兽部”（《古今图书集成》第 525 册，叶十六）。
⑥ 王祖望：《〈兽谱〉物种考证纪要》，袁杰主编：《清宫兽谱》，页 19。
⑦ 高耀亭：“鬣狗科”，《中国大百科全书·生物学》，页 873。
⑧ 《坤舆全图》整理本，页 82。
⑨ 袁杰主编：《清宫兽谱》第六册第二十九图，页 402—403。类似的图文还收入《古今图书集成·博物汇编·禽虫典》第 125 卷“异兽部”（《古今图书集成》第 525 册，叶十七）。

绘形象距长颈鹿甚远，原因不详。“亚毗心域”，利玛窦《坤舆万国全图》中坐落于尼罗河源头一带，西方文献里通常作 Abyssinian Empire 或 The Kingdom of Abyssinia，可能与古埃塞俄比亚(antique Ethiopia)同位，今译“阿比西尼亚”，王省吾称即“埃塞俄比亚”。[①] 这一描述显然是长颈鹿，一种生长在非洲的大型有蹄类动物，也是世界上现存最高的动物，站立时高达 6—8 米，体态优雅，花纹美丽，主要分布在非洲。[②] 不过出现在《坤舆全图》中的却是一匹长脖子的马，同时画有一位牵兽人，其中长颈鹿的形象颇类今藏台北故宫博物院的《瑞应麒麟图》中的形象，该图是由明代儒林郎翰林院修撰沈度作于永乐十二年(1414)，[③]描绘 1414 年郑和下西洋时榜葛剌国进贡的麒麟。原画上部有《瑞应麒麟颂序》，从左边缘写满到右边缘，共 24 行。沈度的画作早于 1551—1558 年间格斯纳的《动物志》，应该有其他的来源。

长颈鹿(Giraffa Camelopardalis，波斯语为 Zurapa，阿拉伯语为 Zarafa，索马里语为 giri)的拉丁文、波斯语和阿拉伯语发音，都无法与“恶那西约”相对应，赖毓芝据格斯纳《动物志》的叙述，确认“恶那西约”是 Orasius 的音译。[④]《明史》《名山藏》《明一统志》《明四夷考》《殊域周咨录》《咸宾录》《罪惟录》等记载都称长颈鹿为“麒麟”，熟悉中国古籍的南怀仁不可能不知道这些文献的记述，他特别使用 Orasius 的音译“恶那西约”，显然认为之前明代文献将长颈鹿译为“麒麟”，易引起误解，因此他特别用了 Orasius 的音译。格斯纳《动物志》中的 Orasius 可见有雄性生殖器，(图 4－24)而进入中国之后，无论是沈历笔下的麒麟，还是南怀仁《坤舆全图》中的“恶那西约”，一直到《兽谱》中无驯兽人的非鹿非马的形象，都失去了这一特征，或以为这是为了适应国人伦理观念而使异域图像中国化的一个例证。(图 4－25、图 4－26、图 4－27)

12. “苏兽”。图文见诸《坤舆全图》西半球墨瓦蜡尼加洲：“南亚墨利加洲智勒国产异兽名‘苏’。其尾长大与身相等，凡猎人逐之，则负其子于背，以尾蔽之。急则吼声洪大，令人震恐。”[⑤](图 4－28)经过改编收入《兽谱》第六册第三十图：“苏兽，茸毛尾与身等，遇人追逐则负其子于背，以尾蔽之。急则大吼，令人怖恐。产南亚墨利加州智勒国。”[⑥]

---

① 《澳大利亚国家图书馆所藏彩绘本——南怀仁〈坤舆全图〉》；据徐继畬《瀛寰志略》记载，所谓“亚毗心域”是非洲阿比西尼亚(Abyssinia)的别名(页 248)。

② 参见周嘉楠“长颈鹿”，载《中国大百科全书・生物学》，页 125—126。

③ 沈度(1357—1434)，字民则，号自乐。松江华亭(今属上海)人，曾任翰林侍讲学士。擅篆、隶、楷、行等书体，与弟沈粲皆擅长书法，藏于秘府，被称为“馆阁体”。他与弟沈炙并称“二先生”。《明史》卷二八六文苑有传。其楷书工整匀称，婉丽端庄，最适合撰写公文，诏书。故上自帝王，下至一般文人莫不效法，沈度虽入画史，但画却少见。

④ 《清宫对欧洲自然史图像的再制：以乾隆朝〈兽谱〉为例》。

⑤ 《坤舆全图》整理本，页 66。

⑥ 袁杰主编：《清宫兽谱》第六册第三十图，页 404—405。类似的图文收入《古今图书集成・博物汇编・禽虫典》第 125 卷“异兽部”(《古今图书集成》第 525 册，叶十七)。王祖望《〈兽谱〉物种考证纪要》一文称“苏兽”有很大的想象成分，近似的物种有负子习性的只有负鼠，但形态差异较大(页 20—21)。

(图 4 - 29)“智勒国”，今智利。赖毓芝称“苏”(the Su)这一动物出现在格斯纳 1553 年初版的《四足动物图谱》一书中，书中称这是一种出现在“新世界”某地区的“巨人”，格斯纳的信息来自法国皇家科学院的地方志作家 Andreas Theutus(1502—1590)，Theutus 在其著作中称自己目击了“苏”，《四足动物图谱》增订版中还收有“苏”的图像，以后这一来自新世界的动物又在欧洲自然史著作中广泛传播，从 Andreas Theutus、格斯纳到南怀仁的图文所呈现出的“苏”兽，都着意强调一种充满想象与鬼怪之感。[①]

《兽谱》中收入了《坤舆全图》的 12 种外来异国兽，两种图绘的基本思路都是强调其知识性，其中“独角兽”和“苏”属于某种想象的动物，《兽谱》中异国兽的文字，与《坤舆全图》的文字相比，属于第二层意义上的互文对话，大体上是在做文字的简化处理，也有部分内容作增补，文字的第二层改动总体上趋向于典雅。在图像表达方面，《兽谱》的图绘与《坤舆全图》相比，笔触和色彩都更加细腻，地图背景转换成中国传统山水画的特色。随着 16、17 世纪东西方博物学背后的社会语境和自然观念的变化，使用博物画来观察、描述和记录动物知识的手段，也发生着变化。《坤舆全图》和《兽谱》即反映出大航海时代西方博物学知识的传入，尤其突出反映了格斯纳《动物志》一书的影响，而该书正是西方博物学的产物，系文艺复兴时代博物学图绘中最广为人知的著作。《坤舆全图》和《兽谱》同时也显示了清代作为地方性知识的中国传统博物学与西方动物学知识的某种互动，可以说，两种图绘中的 12 种外来异国兽，是本土化的博物学知识开始与西方知识进行对话的典型实例之一。

三、西学东渐与清代博物画发展中的多元传统

中国绘画史上交互发展出了多种传统，有以宫廷为核心、文人画为主体的大传统，这些绘画以山水、人物为主要内容的文人画和历史画等，以及与之相对应的民间文化为主体的小传统，这些绘画多表现为民间的版画、年画等。其间交合着的是文人传统和工匠传统两种表达方式。中国博物画的多元性即表现在其中既有中国古代有悠久历史的花鸟画、山水画的文人传统，同时也包含着可以上溯到《诗经》《山海经》《博物志》等早期著作中动物、植物、山川的各种插图，融合了民间绘画的某些要素。而早在宋代就出现的博物画，被称为“杂画”的一种，其中既有装饰性的民间传统，又有博古通今、崇尚儒雅之文人意识。这些将图画在器物上形成的工艺品，泛称“博古”。北宋宋徽宗命大臣编绘宣和殿所藏古器，修成《宣和博古图》三十卷。后人因此将绘有瓷、铜、玉、石等古代器

① 《清宫对欧洲自然史图像的再制：以乾隆朝〈兽谱〉为例》。

物的图画，叫做“博古图”，有时以花卉、果品等装饰点缀。[①]《四库全书总目》评曰：“其书考证虽疏，而形模未失；音释虽谬，而字画俱存。读者尚可因其所绘，以识三代鼎彝之制、款识之文，以重为之核订。当时裒集之功亦不可没。”[②]传统博物画持续发展到明清两代，形成了包含了许多农具和植物插图的徐光启《农政全书》和吴继志《质问本草》一类的博物学著作，[③]也引进了西方博物学的插图，如邓玉函口授、王徵译绘的《远西奇器图说录最》收图220多幅，卷一、卷二多为简略的示意图，卷三54幅图多有依据的西国原本，均作了中国风格的改绘处理，丰富了中国博物画的传统。[④]

清代博物画散见于地图文献（如《坤舆全图》等）、类书插图（如《古今图书集成》等），也有通过专门的画谱（如《海错图》《鹁鸽谱》《仿蒋廷锡鸟谱》《鸽谱》等）来呈现，从《兽谱》中的异国兽可以见出中国博物画已开始受到西方博物画的影响。这种影响不仅体现在博物画的技法上继承了传统写实风格，同时吸收并融入西洋绘画光影技巧的某些特点，同时也表现在绘画题材和内容方面，如《兽谱》中出现了外来异国兽，从而使清代博物画在中国古代悠久的花鸟画、山水画文人传统的背景下，融合了民间绘画的某些要素，同时也吸收了西洋博物画内容和技法上的某些特点。

中国历代流传的绘画题材，以动物作为绘画主题的并不多见，即使以鸟、虫为主体，多隐喻着赞美和喜悦之情，或隐含着对现实社会的悲愤之情，那种带有极强知识性的标本式特征的创作，非常有限。清代自康熙皇帝起，开始重视和认可这种知识性的动物博物画的画谱表现形式，特别是雍正、乾隆两朝受到西方来华传教士画师郎世宁、王致诚、艾启蒙等影响，渐渐将动物作为绘画的主题。于是，清宫中国画师也开始不再仅仅将动

---

① 《宣和博古图》，宋代金石学著作，简称《博古图》。著录当时皇室在宣和殿所藏的自商至唐的铜器839件，集中了宋代所藏青铜器的精华。宋徽宗敕撰，王黼编纂。大观初年（1107）开始编纂，成于宣和五年（1123）之后。全书共三十卷。细分为鼎、尊、罍、舟、卣、瓶、壶、爵、斝、觯、敦、簠、簋、鬲、鍑及盘、匜、钟磬錞于、杂器、镜鉴等，凡二十类。每类有总说，每器皆摹绘图像，勾勒铭文，并记录器物的尺寸、容量、重量等，或附有考证。书中每能根据实物形制以订正《三礼图》之失，考订精审。其所定器名，如鼎、尊、罍、爵等，多沿用至今，对铭文考释、考证虽多有疏陋之处，但亦有允当者。参见王黼编纂、牧东整理《重修宣和博古图》，广陵书社，2010年。

② 四库全书研究所整理：《钦定四库全书总目》上，中华书局，1997年，页1528。

③ 《农政全书》第46—60卷文字和插图基本上一一抄录朱橚的《救荒本草》，但对13种植物绘图进行了精简、修饰，如羊角苗图、菱角图。撰著于1782—1784年的《本草质问》，系吴继志关于琉球群岛植物的著作，彩绘本三册，内收各种植物图谱260种。书中各药，每物一图，皆系写生，插图翔实。正文记产地、形态、花果期，后列所质询诸家之说，述其形态、功用、别名等。该书植物绘画属一流水平，如黄精、玉竹、厚朴、淫羊藿、水鸡花、荔枝、使君子、金合欢、番石榴、凤梨等，绘制精致，既科学又艺术。冲绳县立图书馆所藏《本草质问》为该书之最早版本，2013年由复旦大学出版社仿真出版。该书和吴其濬（1789—1847）的《植物名实图考》，都显示出中国古代博物学著作的这种特点。

④ 张柏春等：《传播与会通——〈奇器图说〉研究与校注》，江苏科技出版社，2008年，页126—153、169—170、176—179。还有学者将《远西奇器图说录最》的传播与明清传统图谱之学的复兴联系起来加以考察，认为“图学”是一种对于科学、实学大有裨益的新学问。以《远西奇器图说录最》为标志，传统图学开始了缓慢的复兴。当文人学士沉浸于“笔墨”中不能自拔时，在民间则存在着严重的“图像饥饿”，这也是海西法绘画能在民间找到有活力的生存空间的原因，民众会从宫廷流行样式和文人画家的趣味偏好中捕捉图像信息，然后按照自己的方式加以理解和改造。孔令伟：《风尚与思潮》，中国美术学院出版社，2008年，页54—55。

物作为人物画和风景画的陪衬,清宫收藏的不仅有地方职业画家或者宫中词臣画家的各类动物画谱,而且还令宫中的画师专门创作以动物为主题的画谱,如康熙朝的《鹁鸽谱》,乾隆朝的《仿蒋廷锡鸟谱》《兽谱》和道光朝的《鸽谱》,用这些表现走兽、飞禽、海洋生物等动物题材的博物画画谱来鉴别物种以及保存知识信息和供观赏之用。

四、本章小结

综上所述,《兽谱》属于以内容知识性与多样性而非艺术性取胜的清代宫廷博物画,长期以来尚未受到中国绘画史研究者的重视。清代乾隆时期宫廷画院非常重视以风土人情、历史事件、苑囿风光、飞禽走兽、花卉草虫为题材的博物画创作。肇始于乾隆十五年(1750)、完成于乾隆二十六年(1761)的《兽谱》,是这一时期的一项浩大的动物知识汇集和整理的博物学工程。期间,乾隆皇帝还敕命傅恒、刘统勋、兆惠、阿里衮、刘纶、舒赫德、阿桂、于敏中 8 位在军机处担任要职的重臣,对《兽谱》中的每一动物进行文字注释,反映出清朝官方对此一博物文献的高度重视,亦使这一收入动物数量之多前所未有的图文并茂的动物图志,成为集前人图绘文献之大成。这一举措固然有乾隆继承康熙皇帝,企图通过这一动物博物志来认识和理解域外的一种关怀,这是延续了《古今图书集成》百科全书式的整体展示此一时代文化的编纂思路;同时,也反映乾隆皇帝自诩为盛世,期望通过这些动物图谱来展示万方来朝的一种盛景。

晚清西力东侵,中国文化在西化的冲击下不断产生重整和重塑,中西古今互相交流,渐渐组合成一个"复合体"。其实,细细分辨,这种排斥、吸纳的过程,在清中期博物画领域已经初露端倪。在大航海时代全球动物大交流的背景下,清代博物画开始形成了与之前博物画不同的、由多种文化趣味组合成的新传统。清代博物画不仅有着中国古代悠久的花鸟画、山水画文人传统的影响,融合了民间绘画某些要素,也注重吸收西洋博物画技法上的某些特点。《兽谱》中外来的 12 种异国兽显示出来自异域的影响,这种影响既表现在绘画的题材和内容上,也显示在吸收并融入西洋绘画光影的技巧上,通过格斯纳《动物志》的"Orasius"到明宣宗笔下的"麒麟"、《兽谱》的"恶那西约",亦可见出"长颈鹿"在跨文化图像往复转译中的复杂变化。中国历代流传的绘画题材,以动物作为绘画主题的原本就不多见,即使以鸟、虫为主体,也多隐喻着赞美和喜悦之情,或隐含着对现实社会的悲愤之情,这在那种带有极强知识性和标本式特征的博物画之中,则非常有限。而以《兽谱》为代表,更是开创了将动物作为绘画主题的清代博物画新途径,融合了古今中西的多元样式,为清代博物画开创了汲取包括文艺复兴以来欧洲新知识的多种文化趣味的新传统。

第十一章
《清宫海错图》与中外海洋动物的知识及画艺

“海错”一词，是中国古代对于水族之中种类繁多的海洋生物、海产品的总称，出典于《尚书·禹贡》的“厥贡盐絺，海物惟错”，孔安国传称：“错，杂，非一种。”[①]“故宫经典”系列丛书中的最新出版的一部作品为《清宫海错图》(原书题签“海错图”，为避免歧义，下凡正文述及该书，均简称《海错图》)，书名之“错”，即多样杂陈之意。该书作者聂璜将自己在东南海滨所见、所闻、所想象的鱼、虾、贝、蟹等海物绘成图册，取名为《海错画谱》，自序中作者这样写道：“以错称海物也。”“夫错者，杂也，乱也，纷纭混淆难以品目，所谓不可测也。”[②]

根据《石渠宝笈续编》的记载，[③]《海错图》一书共有四册，前三册藏于故宫博物院，第一册有作者自题《海错图序》《观海赞》及跋文，其中有画 35 开，主要描述鱼虎、河豚、飞鱼、带鱼、海蛇、鳄鱼、人鱼等海洋鱼类。第二册 37 开，主要是鲨鱼类，如青头鲨、剑鲨、锯鲨、梅花鲨、潜龙鲨、黄昏鲨、犁头鲨、云头鲨、双髻鲨、方头鲨、白鲨、猫鲨、鼠鲨、虎鲨，其他还有海豹、海驴、海獭、海马、海蚕、海蜈蚣、海蜘蛛等。第三册 39 开，主要描述海鹅、海鸡、海鹄、火鸠、燕窝、金丝燕、海市蜃楼、珠蚌、马蹄蛏、剑蛏、巨蚶、紫菜、吸毒石、海盐、珊瑚树、石珊瑚、三尾八足神龟等。第四册藏台北故宫博物院，主要描述一些蚕茧螺、红螺、扁螺、巨螺、棕螺、白蛳、短蛳螺、铁蛳、手卷螺、鹦鹉螺、刺螺、黄螺、针孔螺、苏合螺、桃红螺、空心螺、白贝、圆底贝、云纹贝、织纹贝、金线贝、纯紫贝等。与北京故宫博物院里所藏的康熙朝《鹁鸽谱》，乾隆朝的《仿蒋廷锡鸟谱》《兽谱》和道光

---

① 阮元校刻：《十三经注疏》，页 148。

② 聂璜撰：《海错图序》，文金祥主编：《清宫海错图》，故宫出版社，2014 年，页 37。

③ 《石渠宝笈》系记录清内府收藏的绘画、书法之著录书。乾隆九年(1744)命张照等完成正编 44 卷；乾隆五十六年(1791)又命阮元等编《石渠宝笈续编》88 卷，目录 3 卷，迄乾隆五十八年(1793)成书。体例依初编以书画作品的贮存处所(如乾清宫、养心殿、三希堂、重华宫、御书房等)分辑，以备点查。嘉庆四年(1799)还有英和等编成的《三编》。参见赵国章、潘树广主编《文献学辞典》，江西教育出版社，1991 年，页 246；万依等：《清代宫廷史》，百花文艺出版社，2004 年，页 294—296。

朝的《鸽谱》不同,《海错谱》是清宫所藏5部表现海洋生物、飞禽、走兽等动物题材的画谱里,唯一一部出自民间画师之手的画谱,也是中国现存最早的一部关于海洋生物的博物学画谱。

目前除张世义、商秀清的《"清宫海错图"中的4种鱼类》(载《生物学通报》2012年第47卷第7期,第56—57页)一文外,关于该书的其他专文还有邹振环《〈海错图〉与中西知识之交流》(《紫禁城》2017年3月号,第124—131页)以及王嫣的硕士论文《博物学视域下的〈清宫海错图〉研究》(上海师范大学,2017年5月)。邹振环一文主要考察了聂璜作为民间画师创作《海错图》的特点,以及图中奇异海洋动物的欧洲知识来源。王嫣一文则从"海错"一词的范畴、写作背景、图像分析和命名方式等多个方面,讨论了聂璜绘制《海错图》的原因、化生说的影响,以及作者身份对写作动机和写作方式的影响等。其他还有一些通俗性的著述述及《海错图》,如中信出版集团2017年1月和10月、2019年10月先后出版了张辰亮的《海错图笔记》初集、二集和三集,以现代科普和美食料理方式,引经据典论证纠错,属接地气、通俗易懂的博物百科。

由于图文并茂的《海错图》具有博物学和博物画的双重性,故研究亦需从知识和画艺两个主题入手。本章首先拟在之前《〈海错图〉与中西知识之交流》一文的基础上,从博物学知识来源出发,讨论《海错图》及其作者聂璜,"麻鱼""井鱼"与《西方答问》《西洋怪鱼图》以及台北故宫博物院所藏《海怪图记》的关系,并从神话动物和想象动物的角度,分析《海错图》中的"人鱼"案例,旨在说明《海错图》究竟吸收了哪些西方的海洋动物知识,回应了哪些西方博物学著述的记述,以及与中国传统动物知识有着怎样的交流和互动;其次是通过《海错图》的图绘手法,从中西绘画对于鱼类不同艺术表现的角度,尝试讨论中西鱼类画艺的互鉴问题。

一、深藏清宫中的《海错图》

《海错图》四册总共绘"海错"371种,其中第1册73种,第2册79种,第3册86种,第4册133种。经专家的考订,前三册中可以找到与现实对应的物种有193种。全书图文并茂,图画错落排布,笔触细腻艳丽,独具匠心。画页内容丰富异常,收录的海洋生物中有威风凛凛的远洋深海鱼类,如《海错图》第二册记:

> 《说文》云:鲛鲨,海鱼。皮可饰刀。《尔雅翼》云:鲨有二种,大而长(啄)[喙]如锯者名"胡沙",小而粗者名"白鲨"。今锯鲨鼻如锯,即胡鲨也。《字汇》"鲳"但曰鱼名,疑即锯鲨也。此鲨首与身全似犁头鲨状,惟此锯为独异。其锯较身尾约长三

分之一，渔人网得必先断其锯，悬于神堂以为厌胜之物。及鬻城市，仅与诸鲨等，人多不及见其锯也。《汇苑》载鳍鱼，注云：左右如铁锯，而不言鼻之长，总未亲见，故训注不能畅论。至《字汇》则但曰鱼名，尤失考较也。渔人云：此鲨状虽恶而性善，肉亦可食。又有一种剑鲨，鼻之长与锯等，但无齿耳。以其状异，故又另图。其剑背丰而傍薄，最能触舟，甚恶。《汇苑》云：海鱼千岁为剑鱼，一名琵琶鱼，形似琵琶而喜鸣，因以为名。考《福州志》，锯鲨之外有琵琶鱼，即剑鱼也。《锯鲨赞》：海滨虾蟹，生活泥水。鲨为木作，铁锯在嘴。[①]

也有憨态可掬小鱼小蟹，如第一册：

七里香，闽海小鱼，言其轻而美也。其鱼狭长似鳝，身有方楞，白色。海人盘而以油炸之，以为宴客佳品。或以为大则海鳝，然海鳝尾尖似鞭鞘，此则尾如扇，而背有翅，其状非也。《七里香赞》：鱼不在大，有香则名。香不在多，有美则珍。[②]

球鱼，产广东海上。其形如鞠球，而无鳞翅。粤人钱一如为予图述云：其肉甚美，而纹如丝。志书不载，类书亦缺，唯《遯斋闲览》悉其状。《球鱼赞》：蹴鞠离尘，海上沉浮。齐云之客，问诸水滨。

海银鱼，产连江海中，喜食鱼虾。凡淡水所产者外，白，小，味美；海中所产者，大而黄，味稍劣。《海银鱼赞》：鱼以银名，难比白镪。贪夫羡之，望洋而想。[③]

有作为日常食用的最普通的鱼类：

《汇苑》云：鲳，一名鲳。《字汇》注：鲳，不作鲳解。《福州志》：鲳鱼之外，更有鲳鱼，又似二物矣。《汇苑》称：鲳鱼，身匾而头锐，状若锵刀，身有两斜角，尾如燕尾，鳞细如粟，骨软肉白，其味极美，春晚最肥，俗比之为娼，以其与群鱼游也。或谓：鲳鱼与杂鱼交。考《珠玑薮》云：鲳鱼游泳，群鱼随之，食其涎沫，有类于娼，故名似矣。然不解何以群鱼必随？询之渔叟，曰：此鱼鳞甲如银，在水白亮，最炫鱼目，故诸鱼喜随；且其性柔弱，尤易狎昵，而吮其涎沫，非与杂鱼交也。按：海之有鲳鱼，犹淡水之有鳊鱼也。其状略同，而阔过之，肥美正等。《字汇》注：鲳曰鲳鯸，但称鱼名而不详解。《鲳鱼赞》：态娇骨软，鱼比于娼。啖者不鲠，温柔之乡。[④]

有真实存在神采奕奕的海洋生物，如马鲛鱼、带鱼。第一册：

《汇苑》云：马鲛形似鳙，其肤似鲳而黑斑，最腥，鱼品之下。一曰社交鱼，以其

① 文金祥主编：《清宫海错图》，页 150—151。
② 同上书，页 56。
③ 同上书，页 64—65。
④ 同上。

交社而生。按:此鱼尾如燕翅,身后小翅,上八下六,尾末肉上又起三翅。闽中谓先时产者曰马鲛,后时产者曰白腹,腹下多白也。琉球国善制此鱼,先长剖而破其脊骨,稍加盐,而晒干以炙之,其味至佳。番舶每贩至省城,以售台湾。有泥托鱼,形如马鲛,节骨三十六节,圆正可为象棋。《马鲛赞》:鱼交社生,夏入网罟。鲜食未佳,差可为脯。[①]

中国科学院动物研究所的学者张世义、商秀清等,曾撰文对马鲛进行过剖析:马鲛是硬骨鱼纲鲈形目鲅科蓝点马鲛 Scomberomorus niphonius 的古名。鱼体长,侧扁,尾柄上有三隆起脊,中央脊长,其余二脊短小。有二背鳍,稍分离,第二背鳍与臀鳍同形,前部鳍条稍长,其后各有 8—9 个小鳍。体背部蓝褐色,体侧散布有不规则黑点。为海洋上层经济鱼类,游泳迅速,我国主产于黄渤海至东海北部。[②]

第一册:

带鱼,略似海鳗而薄匾,全体烂然如银鱼。市悬烈日下,望之如入武库,刀剑森严,精光闪烁。产闽海大洋。凡海鱼多以春发,独带鱼以冬发,至十二月初仍散矣。渔人借钓得之。钓用长绳,约数十丈,各缀以钓,约四五百,植一竹于崖石间,拽而张之。俟鱼吞饵,验其绳动则棹舡,随手举起。每一钓或两三头不止。予昔闻带鱼游行,百十为群,皆衔其尾。询之渔人,曰:不然也。凡一带鱼吞饵,则钩入腮不能脱,水中跌荡不止;乃有不饵者衔其尾,若救之,终不能脱。衔者亦随前鱼之势,动摇后鱼,又有欲救而衔之者,然亦不过二三尾而止,无数十尾结贯之事。浪传之言,不足信也。台湾带鱼,亦发于冬,大者阔尺许,重三十余斤。康熙十九年,王师平台湾,刘国显馈福宁王总镇大带鱼二,共六十余斤。考诸类书,无带鱼。《闽志》福兴、漳、泉、福宁州,并载是鱼。盖闽中之海产也,故浙、粤皆罕有焉,然闽之内海亦无有也。捕此多系漳、泉渔户之善水而不畏风涛者,驾船出数百里外大洋深水处捕之。是以禁海之候,偷界采捕者,无带鱼不能远出也。带鱼闽中腌浸,其味薄,其气腥,至江浙,则干燥而香美矣。……《带鱼赞》:银带千围,满载而归。渔翁暴富,蓬壁生辉。[③]

也有不少属于光怪陆离的各类口耳相传的神秘动物,如产于吕宋(菲律宾)和台湾大洋中"长丈许重百余斤"的"闽海龙鱼",[④]有"头如龙而无角"、身有金黄色鳞甲的"螭虎鱼",[⑤]还有专吃老鼠的"鼠鲇"、头生双角的潜牛、凶猛巨大的海蜘蛛、鳖身人首的海和尚。

① 文金祥主编:《清宫海错图》,页 84—85。
② 张世义、商秀清:《"清宫海错图"中的 4 种鱼类》,《生物学通报》2012 年第 47 卷第 7 期,页 56—57。
③ 文金祥主编:《清宫海错图》,页 96—97。
④ 同上书,页 109。
⑤ 同上书,页 110—111。

第一册：如“头尾全似鼠，身灰白，无鳞而有翅，嘴旁有毛，似鼠之有须”的“鼠鲇鱼”，《汇苑》一书中曾云：“海中有鱼曰鼠鲇。其尾如鼠而善食鼠。每绐鼠则揭尾于沙涂，鼠见之，以为彼且失水矣。舐其尾，将衔之，鼠鲇即转首厉齿，撮鼠入水以去，狼藉其肉，群虾亦食之，是即此鱼也。”《鼠鲇赞》称：“鱼而鼠状，无足能行。以尾囮，包藏祸心。”①

第二册：

> 南海有潜牛，牛头而鱼尾，背有翅。常入西江，上岸与牛斗。角软，入水即坚，复出。牧者策牛江上，常歌曰：“毋饮江流，恐遇潜牛。”盖指此也。《汇苑》：潜牛之外有牛鱼，似又一种也。《潜牛赞》：鱼生两角，奋威如虎。鳞中之牛，一元大武。②
>
> 海蜘蛛，产海山深僻处，大者不知其几千百年。舶人樵汲或有见之，惧不敢进。或云年久有珠，龙常取之。《汇苑》载，海蜘蛛巨者若丈二车轮，文具五色，非大山深谷不伏。游丝隘中，牵若絙缆，虎豹麋鹿间触其网，蛛益吐丝纠缠，卒不可脱，俟其毙腐乃就食之。舶人欲樵苏者，率百十人束炬往，遇丝则燃。或得皮为履，不航而涉。愚按：天地之物，小常制大。蛟龙至神，见畏于蜈蚣；虎豹至猛，受困于蜘蛛；象至高巍，目无牛马，而怯于鼠之入耳；鼍至难死，支解犹生，而常毙于蚊之一喙。物性守制，可谓奇矣。《海蜘蛛赞》：海山蜘蛛，大如车轮。虎豹触网，如系蝇蚊。③

这些或存在于海中或存在于想象中的海洋生物，通过聂璜的妙笔生花而跃然纸上，令人有置身神妙深海世界之感。书中不仅有栩栩如生的海物图画，也有聂璜对每一种生物、物产所作的细致入微的观察、考证与描述。每篇文字长短不一，并均以朗朗上口的几句赞诗作为小结。书中文字除却较为普遍的对生物产地、习性、外貌特征、烹饪方式的记述外，还有很多东南沿海一带的坊间传说与民间故事。这些来自亲身生活的感受，与画家渊博的学识、娴熟的画技结合在一起，创作出了这一兼具艺术和知识之双重价值的作品。乾隆皇帝不仅是一位艺术品的鉴赏家，同时对博物学亦有着浓厚的兴趣，《海错图》就很得乾隆皇帝欣赏，他命人在《海错图》首页上钤“乾隆御览之宝”“重华宫鉴藏宝”等玺印，以示对该书的珍重。

二、《海错图》的作者聂璜

中国古代的文人画家多乐于以兰梅竹菊、人物花鸟获取艺术上的成就，而将人生最

① 文金祥主编：《清宫海错图》，页 103。
② 同上书，页 178。
③ 同上书，页 184—185。

有活力的生涯和自己的全部创作精力，都投入到表达海洋动物的创作并有所成的画家，可谓少之又少，而这套《海错图》的作者聂璜，却属于这样一位民间画师。浩瀚的历史文献中，能够找到关于聂璜的生平记载寥寥，仅知其字存庵，号闽客，浙江钱塘人，生卒年不详，大概生于17世纪40年代，是位生物学爱好者，也是擅长工笔重彩博物画的高手。据《图海错序》所言，他大约在1667年前后起，“客台瓯儿二十载”，即在浙江台州和温州生活了二十多年后，于康熙丁卯(1687年)完成《蟹谱三十种》一书。[①] 聂璜曾云游贵州、湖北、河北、天津、云南等地，在中国南部海滨地区停留了很久，自号“闽客”，以客居福建福宁、福清、泉州等地时间为久。比较有意思的是，聂璜热衷于四处云游，他长期详细考察不同生态环境下水生物的种类、物种特征、迁徙、繁殖和习性等，去过交通不发达的云南和贵州，竟然没有到过广东和海南，似乎不好理解。王嫣推测聂璜可能出生于经商之家，应该是一位无心仕途而又无家庭负担的安逸闲散之人。[②] 康熙三十七年(1698)，聂璜将其游历东南海滨所见鱼、虾、贝、蟹等现实和传说中的水族绘图成册，即《海错图》。该书首册序文云：“时康熙戊寅(1698年)仲夏，闽客聂璜存庵氏题于海疆之钓鳌矶。”[③] 从《海错图》提到的与其有直接接触的朋友有刘子兆、李闻思、章伯舟、张汉逸、点一和尚等，这几位显然都非渔人，个别人似乎是商人，他们的共同特点就是对海洋动物有着浓厚的兴趣，或一起去海边看渔民捕捞的大章鱼，或一起到鱼市去看难得一见的怪鱼。

聂璜一生大量阅读过中外各种有关动植物的文献，在《图海错序》中写道：历史上不乏描述海洋动物的著作，“旁及海错”的有《南越志》《异物志》《虞衡志》《侯鲭志》《南州志》《鱼介考》《海物记》《岭表录》《海中经》《海槎录》《海语》《江海》等文献，虽所载“海物尤详”，但这些古今载籍多缺乏图绘。绘图本的《本草纲目》则“肖像未真”，《山海经》“所志者山海之神怪也，非志海错也，且多详于山而略于海”。计划完成一部图文并茂的海洋动物画谱，是促发聂璜著述图文版《海错图》的动机。

从《海错图序》我们可以知道，聂璜对海洋文化有很深的认识，他在序言开篇就称：“《中庸》言，天地生物不测，而分言不测之量，独于水而不及山，可知生物之多，山弗如水也明甚。江淮河汉皆水，而水莫大于海。海水浮天而载地，茫乎不知畔岸，浩乎不知津涯，虽丹嶂十寻，在天池荡漾中，如拳如豆耳。大哉海乎！”他认为：“凡山之所生，海尝兼之；而海之所产，山则未必有也。何也？今夫山野之中，若虎若豹，若狮若象，若鹿若豕，若驪若兕，若驴若马，若鸡犬，若蛇蝎，若猬若鼠，若禽鸟，若昆虫，若草木，何莫非山之所

① 文金祥主编：《清宫海错图》“前言”，页5—14。
② 王嫣：《博物学视域下的〈清宫海错图〉研究》，上海师范大学科学技术哲学硕士论文，2017年5月，页16。
③ 聂璜撰：《海错图序》，文金祥主编：《清宫海错图》，页36。“海疆之钓鳌矶”是否浙江嘉兴的“钓鳌矶”，待考。明万历十年(1582)为明隆庆进士、嘉兴知府龚勉曾手书“钓鳌矶”三字，题写在嘉兴烟雨楼南、荷花池北侧的石碑上。字体敦厚端庄，雄健有力，属“瀛州胜景”之一。

有乎？而海中鳞介等物多肖之。”[①]当然，他不可能有现代科学的生物学思想，经常是从陆上动物的情况去理解海洋动物，且受浓厚的与古人图腾崇拜密切相关的“化生说”观念的影响，该书中有大量陆上动物转变为海洋动物，以及水里的螺类动物转变为螃蟹、虾，长大转变成蜻蜓的描述：“虎鲨变虎，鹿鱼化鹿，鼠鲇诱鼠，牛鱼疗鱼，象鱼鼻长，狮鱼腮阔，鹤鱼鹤啄，燕鱼燕形，刺鱼皮猬，鳐鱼翅禽，魟鱼蝎尾，豘鱼豕心，海驩肉腴，海豹皮文，海鸡足胼，海驴毛深，海马潮穴，海狗涂行，海蛇如蟒，海蛭若螾，鲽鱼既侔鹣鹣，人鱼犹似猩猩。海树槎丫，坚逾山木；海蔬紫碧，味胜山珍。海鬼何如山鬼？鲛人确类野人。所谓山之所产，海尝兼之者如此。”[②]

聂璜在跋文中非常自负地称，“儒不识字，农不识谷，樵不识木，渔不识鱼”，儒生当然不是不认字，而是读的书实在太少，中国汉字之多，《字学正韵》中有 11 520 个字，《广韵》更是多达 26 194 字，且兼有篆、隶书等异体，关于动植物的专门名字，即使通儒也难以尽识：“儒不识字，农不识谷，樵不识木，渔不识鱼，四者非不识也，不能尽识也。”渔夫专门跟鱼打交道，自然不会不识鱼，他的意思是渔夫仅仅关心他们所捕捞的那些有限的海洋鱼类，对于不熟悉的鱼类自然茫无所知。而他数年来访求各种鱼类，绘制“海鱼种种”图画的过程中，“乃因识鱼，而并喜得识字”，因此，他识得的字为渔夫所不及，较之儒生也要更多，若鲵、鲫、鱽、鲵、鲉、鲄、鲬、鲒、鲱、鲭、鲟、鲹、鲺、鳁、鳂、鲹、鳡、鳠、鳡、鳒、鳣、鳡、鳙、鳛、鳐、鳗等鱼名。因此，他认为自己曾经“皆因求识鱼而反得识者也”，所以也坚信此书一定可以帮助读者靠着“海错一图，居今稽古”，获益匪浅。[③]

考虑到自己出生于浙江钱塘，与江甚近，但与海则稍远，于是他花了 20 多年考察东南海滨，康熙丁卯(1687 年)，他“偶于山阴道上遇舶贾杨某，三至日本，偕行三日，尽得其说，笔记其事为十八则。后复访之苏杭舶客，斟酌是非，集为《日本新话》，附入《闻见录》”。[④] 己卯(1699 年)之夏，聂璜苦于客闽年久，决定返回钱塘，考虑到沿途有平原之游，浙江、福建又多重山叠阻，遂先将行李和书籍以海船寄达四明。不巧沿途行李衣饰均为海盗所抢，及八月还杭州，使人赴宁波取原书，发现已为某人盗取一空。他发了“识字之小人甚于操刀之大盗”的感慨，于是对所剩未全的《见闻存录》(即《闻见录》)加以订辑，改称《幸存录》。[⑤] 可见他相当重视关于日本的海洋动物知识，对于船商杨某的口

① 聂璜撰：《海错图序》，文金祥主编：《清宫海错图》，页 34—35。

② 聂璜撰：《海错图序》，文金祥主编：《清宫海错图》，页 34；关于“化生说”的分析，参见王祖望《〈海错图〉物种考证纪要》，《清宫海错图》，页 15—21。

③ 聂璜撰：《海错图序》，文金祥主编：《清宫海错图》，页 38—39。

④ 同上书，页 104—105。

⑤ 聂璜撰《幸存录》不分卷，无卷次和页码，上海图书馆藏稿本，八册，索书号：线善 760301—308。册一封面又题“宣统三年辛亥七月瞻园借观”，册二封面题“怀豳庐藏，身雩题面”。

述,不仅细细笔记,还重新访问来自苏州和杭州一带赴日经商的"洋客",斟酌是否,考订异同。之后他又"客淮扬,访海物于河北、天津",又"游滇、黔、荆、豫而后,近客闽几六载,所见海物益奇而多",康熙戊寅(1698年)之夏,他"欣然合《蟹谱》及夙所闻诸海物,集稿眷绘,通为一图",即《海错图》。同时聂璜也有宏愿,即补现有通志、字书等文献中带"鱼"字旁汉字的不足:"若夫志乘之中,迩来新纂闽省通志,即鳞介条下,《字汇》缺载之字,核数已至二十之多,要皆方音杜撰,一旦校之天禄,其于车书会同之义,不相剌谬耶?"他坚信自己的这本书一定能"于群书之雠校,或亦有小补云"。①

重视实地调研和口碑文献是聂璜治学的一大特点。《海错图》第3册"吸毒石"一幅称自己寓居福宁时曾接触过天主教传教士:"吸毒石,云产南海。大如棋子而墨黑色。凡有患痈疽对口、钉疮发背诸毒,初起,以其石贴于患处,则热痛昏眩者逾一二时后,不觉清凉轻快,乃揭而(拔)[投]之(人)[入]乳中,有顷则石中迸出黑沫,皆浮于乳面,盖所吸之毒也。"他说吸毒石"难购不易得","余寓福宁,承天主堂教师万多默惠以二枚,黑而柔嫩。以其一赠马游戎,其一未试,不知其真与伪也"。② 文中提及赠送聂璜二枚吸毒石的万多默(Thomas Croquer, 1657—1729),系多明我会的传教士,1700年因为颜珰主教与康熙皇帝发生冲突,在福州遭到当地耶稣会士的排斥,之后同时被驱逐。③

《海错图》第一册"鳄鱼"一幅的文字注记中,作者详细记述了闽人俞伯康熙三十年(1691)趁其为船主的表兄刘子兆往安南贸易之便,随船前往,三月二十五日自福州出发,开船遇顺风七日抵达安南境内,二十四日进港登岸,正逢安南番王为王考作周年庆典,其中有占城国将鳄鱼作为贡品呈献安南王,安南王将鳄鱼作为焚祭的礼物。当时集聚观众达数万人,大概俞伯也无法近观,将关于鳄鱼的实地观察加上想象,为聂璜绘制了燃烧中的鳄鱼形象。聂璜以为鳄鱼颇似"神物"龙,"故绘龙者,每增火焰",并称"鳄体有生成赤光,俨类龙种",并得意地认为:"鳄身光焰,群书不载。不经目击者,取证何由详悉如此?"《鳄鱼赞》写道:"鳄以文传,其状难见。远访安南,披图足验。"虽然聂璜最终根据俞伯的描绘而将鳄鱼错绘成一美貌且四脚长有火焰之蜥蜴模样的动物,④但是聂璜重视口述资料加以整理的方法,仍值得称道。

有清一代的绘画,以康熙至乾隆朝为最盛。清代的宫廷画家,据《国朝院画录》《国朝画征录》《国朝画识》等载,与宫廷有关的画家,其数多达百人以上。康熙时期供奉内

① 聂璜撰:《海错图序》,文金祥主编:《清宫海错图》,页40—41。
② 文金祥主编:《清宫海错图》,页271。
③ 韩琦、吴旻:《礼仪之争与中国天主教徒——以福建教徒和颜的冲突为例》,《历史研究》2004年第6期。
④ 文金祥主编:《清宫海错图》,页118—119。

廷和如意馆的有焦秉贞、王原祁、王简、禹之鼎、冷枚、姚康、邹元斗、陈鹄、马文湘等，画院中的画家所作诸图，都以进呈御览为荣耀。[①] 而聂璜则是那个时代的异数，他是康熙时期罕见的不同于宫廷画师的民间画师，他身处皇朝的边缘地区且始终保持着边缘人的文化身份。这一文化身份使他在个人的艺术创作和知识叙事上，都具有并不认同官方主流意识形态和艺术表现的“民间立场”，而这一特点并未受到目前研究者的充分注意。从价值取向的角度，中国的知识人群体和艺术家群体确实可以划分为具有官方意识和民间意识的两种不同的类型，前者的知识体系大多来源于大传统，而后者的知识体系多与小传统有关。民间画师与宫廷画师最大的区别，即民间画师没有遵命创作的意识，而是艺术上的流浪者，但同时却葆有自由的灵魂。而《海错图》正是清代一位具有自由灵魂的民间画师留下的珍品。

遍览《海错图》图文，我们并不能找到聂璜任何有意将该书进呈皇帝的词句，可知在作者创作时完全没有任何进献谋名的功利之心，全然是出自对于海洋动物的兴趣，接近于我们今天所谓的纯学者。这样一位非著名的民间画师创作的作品，何以能纳入清宫收藏？故宫专家查阅《雍正四年·流水文件》有记载，雍正四年（1726）由副总管太监苏培盛交入清宫造办处，[②]称“《鱼谱》四册”，[③]可见该书应该是此时正式进入清宫，并在乾隆时期经皇家重新装裱，最后见录于《石渠宝笈续编》。[④]

三、“麻鱼”“井鱼”与《西方答问》《西洋怪鱼图》

值得特别提出的是，聂璜不仅重视本土文献，也关注海外学者的汉文著述，如泰西的《西洋怪鱼图》、艾儒略的《职方外纪》、《西方答问》等。他认为这些汉文西书“但纪者皆外洋国族，所图者皆海洋怪鱼，于江、浙、闽、广海滨所产无与也”，[⑤]表示这些汉文西书的作者西洋传教士来华后没有注意到中国沿海地区江、浙、闽、广等海滨所产的鱼类，

---

① 王梦赓：《清代院画论谈》，载支远亭主编《清代皇宫礼俗》，辽宁民族出版社，2003年，页249—255。

② 苏培盛（1673—1747），顺天府大兴县人，康熙十二年九月廿三日生，乾隆十二年七月十二日卒。官职为宫殿监督领侍。清宫造办处档案有记载：雍正藩邸近侍，深得宠信，破例赏赐当铺。甚至于庄亲王、弘历（后来登基为乾隆皇帝）等人前颇为不敬，为雍正帝所斥。雍正元年正月十七日时任懋勤殿首领太监，雍正五年八月廿二日记载中的官职变为副总管太监，此后雍正八年五月初四日直到雍正驾崩，官职为总管太监。（参见鲁琪、刘精义《清代太监恩济庄茔地》，《故宫博物院院刊》1979年第10期，页51—58）《钦定宫中现行则例》里记载乾隆曾痛斥：“苏培盛乃一愚昧无知人尔，得蒙皇考加恩，授为宫殿监督领侍，赏赐四品官职，非分已极，乃伊不知惶愧感恩，竟敢肆行狂妄！”称其“目无内务府”，见王爷时或半跪请安，或执手问询，甚至与庄亲王“并坐而谈”。皇子在圆明园观礼之时，他也不知回避，与皇子等“共食”，罪行虽不至如前朝的宦官，但其不敬之举难以容忍。[清内务府敬事房辑，乾隆钦定：《钦定宫中现行则例》，（台北）文海出版社，1979年，页16—21]

③ 中国第一历史档案馆、香港中文大学文物馆编：《清宫内务府造办处总汇》第一册，人民出版社，2005年，页728。

④ 文金祥主编：《清宫海错图》“前言”，页5—14。

⑤ 同上书，页104—105。

不能满足他强烈的求知欲。[①]

如第一册：

闽海有一种麻鱼，其状口如鲇，腹白，背有斑如虎纹，尾拖如魟而有四刺。网中偶得，人以手拿之，即麻木难受。亦名痹鱼。人不敢食，多弃之，盖毒鱼也。其鱼体亦不大，仅如图状。按：麻鱼，《博物》等书不载，即海人亦罕知其名，鲜识其状。闽人吴日知居三沙，日与渔人处，见而异之，特为予图述之。因询予曰："以予所见如此，先生亦有所闻乎？"曰："有。尝阅《西洋怪鱼图》，亦有麻鱼。云其状丑笨，饥则潜于鱼之聚处，凡鱼近其身，则麻木不动，因而啖之。今汝所述，与彼吻合。"日知曰："得所闻以实吾之所见，不为虚诞矣。"《麻鱼赞》：河豚虽毒，尚可摸索。麻鱼难近，见者咤愕。[②]（图 4－30）

麻鱼应该是水生动物中一种带电的鱼类，当年伍光建的《最新中学物理教科书·静电学》165 节就讲述过"生物之电"，介绍过一种"电鱼"："水族有生电之器。电鱼（产地中海与大西洋）之电在其头，其器有小泡，约千枚，连于大脑筋四条，鱼之上面有正电，下面有负电。电鳝之电器，自头至尾。电鳝长至五六尺者，其电甚猛。植物亦有电，根与多水之处有负电，叶有正电，人身之脑筋受扰时，或筋伸缩时，亦微生电。"[③]

另一处有"井鱼"的一段文字，不仅提到《西洋怪鱼图》，还提及《西方问答》：

井鱼，头上有一穴，贮水冲起，多在大洋。舶人常有见之者。《汇苑》载段成式云：井鱼脑有穴，每嗡水辄于脑穴蹙出，如飞泉散落海中。舟人竞以空器贮之。海水咸苦，经鱼脑穴出，反淡如泉水焉。又，《四译考》载：三佛齐海中有建同鱼，四足，无鳞，鼻如象，能吸水，上喷高五六丈。又，《西方答问》内载：西海内有一种大鱼，头有两角而虚其中，喷水如舟，舟几沉。说者曰：此鱼嗜酒嗜油，或抛酒、油数桶，则恋之而舍舟也。又，《博物志》云：鲸鱼鼓浪成雷，喷味成雨。《惠州志》亦称：鲸鱼头骨如数百斛一大孔，大于瓮。又，《本草》称：海犹脑上有孔，喷水直上。除海犹已有图外，诸说鱼头容水，予概以井鱼目之而难于图。今考《西洋怪鱼图》，内有是状，特摹临之，以资辨论。[④]（图 4－31）

① 王嫣《博物学视域下的〈清宫海错图〉研究》一文据此认为聂璜没有形成世界性知识的观念，认为外海只有怪鱼（页 11）。这是一种误解，聂璜已注意利用《职方外纪》《西方答问》等，不过这些汉文西书主要论及非中国地区的动物，笔者 2016 年 5 月 28 至 29 日曾在上海师范大学人文与传播学院主办"蓝色海洋文明与多元沿海社会"学术研讨会上，提交了论文《〈清宫海错图〉与中西海洋动物知识之交流》，关于聂璜述及当时的世界地理已有相关讨论，惜王嫣没有关注拙文稿。

② 文金祥主编：《清宫海错图》，页 84。

③ 伍光建：《最新中学物理教科书·静电学》，商务印书馆，1906 年，页 149—150。

④ 文金祥主编：《清宫海错图》，页 82—83。

“井鱼”一词可能最早来自段式成《酉阳杂俎》前集卷十七：“井鱼脑有穴，每翕水辄于脑穴蹙出，如飞泉散落海中，舟人竞以空器贮之。海水咸苦，经鱼脑穴出，反淡如泉水焉。成式见梵僧菩提胜说。”①但聂璜所引述的两段文字中却都述及《西方答问》一书，并以中文著述的记载互相印证、辩论。

《西方答问》卷首标明系意大利籍耶稣会士艾儒略(Jules Aleni，1582—1649)撰，晋江的进士蒋德璟阅，②同为耶稣会士的罗雅各布(Giacomo Rho，1593—1638)、阳玛诺(Emmanuel Diaz，1574—1659)、伏若望(João Froes，1591—1638)订，崇祯十年(1637)由晋江景教堂出版。该书分上、下两卷，上卷分国土、路程、海舶、海险、海贼、海奇、登岸、土产、制造、国王、官职、服饰、风俗、五伦、法度、谒馈、交易、饮食、医药、性情、济院、宫室、城池兵备、婚配、守贞、葬礼、丧服、送葬、祭祖；下卷分地图、历法、交蚀、星宿、年月、岁首、年号、西土诸节。开篇宣称：“敝地总名为欧逻巴，在中国最西，故谓之太西、远西、极西。以海而名，则又谓之大西洋，距中国计程九万里云。”该书如《职方外纪》一般，也将世界分为“五大州”：亚细亚、欧逻巴、利未亚(即非洲)、亚墨利加(即美洲)、墨瓦腊尼加(即大洋洲和南极洲)。“自此最西一州，名欧逻巴，亦分多国，各自一统。敝邦在其东南，所谓意大里亚是也。此州去贵邦最远，古未相通，故不载耳”。③“井鱼”一段所引《西方答问》，即取自该书的“海奇”：“西海内有一种大鱼，头有两角而虚其中，喷水如舟，舟几沉。说者曰：此鱼嗜酒嗜油，或抛酒、油数桶，则恋之而舍舟也。”④艾儒略笔下的“头有两角而虚其中，喷水如舟，舟几沉”的西海大鱼，此段文字原本可能出自瑞典的天主教神甫、地图学家和历史学家奥劳斯·马格努斯(Olaus Magnus，1490—1557)对一种名为普里斯特(physetere)的描述。普里斯特又被写成 pristes，该词也被用来称呼鲸鱼以及其他大型海洋哺乳动物；这种庞大的齿鲸也被称为 Physeter(斐瑟特)。马格努斯在 1539 年曾出版有《海图及对北域的描绘》(*Carta marina et descriptio septentrionalium terrarium ac mirabilium*，又译《海图及北欧大陆风景名胜概览》)一书，之后又完成了为海图所作的附有注释性质的拉丁文著作——《北方民族简史》(1998 年英译本题为 *Description of the Northern Peoples*)，后者将书中的 physetere 称为“喷水怪”和“利维坦”，汉译者称“普里斯特”，属于鲸鱼类的一种，长约 91 米，“极残暴之能事，会给海员带来危险，有时

① 段成式撰，方南生点校：《酉阳杂俎》，页 163。

② 蒋德璟(1593—1646)，字中葆，号八公，又号若柳，福建晋江福全人，祖籍直隶歙县，天启二年(1622)进士，改庶吉士，授编修，因不附魏忠贤，遭排斥。1642 年晋礼部尚书兼东阁大学士，1643 年改任户部尚书，晋太子少保文渊阁大学士。1644 年引罪去位。崇祯帝死后，福王监国，欲召他入阁，固辞不赴。他对天主教的认识颇为复杂，曾应黄贞之邀为反教文献《破邪集》作序。著有《敬日堂集》等多种。《明史》卷二五一“蒋德璟传”，页 8476—8477。

③ 黄兴涛、王国荣编：《明清之际西学文本：50 种重要文献汇编》第 2 册，中华书局，2013 年，页 736。

④ 同上书，页 740。

候它会高高立起,高度甚至超过船的帆桁。将之前吸入的水,从头顶如洪水般喷出。连最稳固的船舶也常常会被它淹没,海员也会因此面临着极度的危险”。① 上述《海图》一书为“普里斯特”(physetere)所配图像中,也正是描述了竖起身子的喷水怪正用头顶两孔喷水,试图攻击船只让其沉没。对付“普里斯特”的办法,马格努斯也提到采用木桶,但具体描述与艾儒略所述方法非常类似。(图 2-5)由于鲸鱼呼吸时也是在水面进行的,其鼻孔在身体的正上方,鼻孔打开吸气时,如果在水下,水就会进入鼻腔,引起窒息;呼气时由于体内气体比外界温度高,加之鼻孔外围不可避免有微量的水,所以看到鲸鱼喷水雾柱,就知道这是鲸鱼在呼气,稍后会短暂停留水面进行吸气,然后再下潜。于是,聂璜就将之与“头上有一穴,贮水冲起,多在大洋”的井鱼联系在一起。

《西方答问》和《职方外纪》两书中均无动物图像,《海错图》的图像应该另有所本。上述两段所提及的《西洋怪鱼图》,应该是《海错图》图像的一个重要来源。聂璜还声明“特临摹”《西洋怪鱼图》中的井鱼图。但笔者遍查文献,至今未见有《西洋怪鱼图》的传本。台北故宫博物院藏有一种题为《海怪图记》的作品,现存有 36 页图绘,所绘 32 张彩图全部属于西洋的怪鱼,作者不详,该书除封面有“海怪图记”和“戊辰”二字外,全书既无任何题款和钤印,亦无文字记注。所绘怪鱼采用中国传统的颜料和细腻的线条笔法,但有丰富的层次感,色彩极为明亮艳丽。2007 年 12 月台湾大学艺术史研究所的研究生 Daniel Greenberg 做了初步的研究,认为这册怪鱼图可能是内务府于 1688 年所裱订制成未具名的作品,作者虽然采用中国的画风,既不同于清代的王翚(1633—1717),也不同于服务于清宫的西洋画家郎世宁(1688—1766),图绘中所呈现出的鱼类质感,强烈地显示出其与清宫画院之间应有的关联。Daniel Greenberg 通过将其与 16 世纪以来西方百科全书的比较,指出图记所依据的原图,其中有 16 幅直接来自北京耶稣会藏瑞士博物学家康拉德·格斯纳(德语:Conrad Gesner, 1516—1565)著、1558 年问世的《动物史》(*Historia Animalium*),也有图绘来自 1660 年问世的詹思顿(Johannes Johnstone)所编的自然史百科全书,以及 1554 年出版的龙德莱(Guillaume Rondelet, 1507—1566)编纂的《洋鱼志》、1648 年出版的由马格瑞夫编辑的《巴西自然志》等著述,但《海怪图记》的作者不是完全照搬原图,而是做了不少修改。全书的作者显然不止一位,其中可能有新近抵达中国的法国耶稣会士,以及他们的中国合作

① [美]约瑟夫·尼格著,江然婷、程方毅译:《海怪:欧洲古〈海图〉异兽图考》,北京美术摄影出版社,2017 年,页 66—67。奥劳斯·马格努斯的《北方民族简史》中还指出:“战争的号角便是专治它的克星,因为它无法忍受尖锐的噪音。投掷巨大的圆桶,既可以给这怪物制造障碍,也可供它嬉戏玩耍。比起石块或铁弹丸,长枪利炮所发出的巨响,更有震慑作用,使它心生怯意。” Olaus Magnus, *Description of the Northern Peoples*, Volume III, translated by Peter Fisher and Humphrey Higgens, London: The Hakluyt Society, 1998, p.1089.参见程方毅《明末清初汉文西书中“海族”文本知识溯源——以〈职方外纪〉〈坤舆图说〉为中心》,《安徽大学学报》(哲学社会科学版)2019 年第 6 期。

助手。① 这本《海怪图记》完成于《海错图》之前，从《海错图》中的部分海鱼形象看，聂璜似乎应该读过这本图绘。至于聂璜记述的《西洋怪鱼图》是否即此本《海怪图记》，三者之间有着怎样的关联，还有待进一步考证。

四、日本人善捕的“海鳝”

描述鲸鱼的另一些文字见之《海错图》的第一册“海鳝”，聂璜特别注意到了日本的资料，注意记录来自赴日“洋客”的口述，并与苏杭赴日的船商，以及《珠玑志》《苏州府志》《事类赋》等汉文文献互相印证：

> 海鳝，《字汇》从酋不从秋。愚谓健而有力也，故曰酋劲，是以古人称蛮夷，以野性难驯为酋。今鱼而从酋，其悍可知。即今河泽泥鳝虽至小，亦倔强难死。海鳝之为海鳝，可想见矣。《字汇》惜未痛快解出。《尔雅翼》称：海鳝大者长数十里，穴居海底，入穴则海溢为潮。《汇苑》载：海鳝长者直百余里，牡蛎聚族其背，旷岁之积，崇十许丈。鳝负以游，鳝背平水则牡蛎嵂屼如山矣。又闻海人云：海鳝斗则潮水为之赤。愚按：海鳝甚大，多游外洋，即小海鳝，网中亦不易得，难识其状。闻洋客云：日本人最善捕，云其形头如犊牛而大，遍身皆蛎房攒嘬，与《汇苑》之说相符。予因得其意而图其背，欲即以此大畅海鳝之说。康熙丁卯，偶于山阴道上遇舶贾杨某，三至日本，偕行三日，尽得其说，笔记其事为十八则。后复访之苏杭舶客，斟酌是非，集为《日本新话》，附入《闻见录》，海鳝之说则绪余也。据洋客云，日本渔人以捕海鳝为生意，捐重。[日]本人数百渔船，数十只出大海，探鳝迹之所在，以药枪标之，鳝身体皆蛎房，壳甚坚，番人验背翅可容枪处，投之药枪数百枝，枪颈皆围锡球令重，必有中背翅可透肉者，鳝觉之，乃舍窠穴游去；半日仍返故处。又以药枪投之，鳝又负痛去；去而又返，又投药枪。如是者三，药毒大散，鳝虽巨，惫甚矣。诸渔人乃聚舟，以竹缏牵拽至浅岸，长数十丈不等。脔肉以为油，市之。日本灯火皆用鳝油，而伞、扇、器皿、雨衣等物皆需之，所用甚广，是以一鳝常获千金之利。惟肠可食，其脊骨则以为舂臼。其至大者灵异难捕，往往浮游岛屿间，背壳崪崒如大山。舶人不识，多有误登其上，借路以通樵汲者。取舶客之论以参载籍之所记，可谓伟观矣。夫海鳝，无鳞甲者也，狡狯之性，必故受阳和，滋生诸壳，以为一身之捍卫。尝闻山猪每啮松树，令出油，以身摩揉皮毛，胶粘滚受沙土，如是者数数，久之，其皮

① Daniel Greenberg 著，康叔娟译：《院藏〈海怪图记〉初探——清宫画中的西方奇幻生物》，载《故宫文物月刊》2007 年 12 月第 297 期，页 38—51。感谢陈拓博士提供了上述的论文和《海怪图记》的复制件。

坚厚如铁石，不但犲人刀镞不能入，即虎狼牙爪亦不能伤。观于海鱼山兽之用心自卫如此，人间勇士可忘甲胄哉？海鰌之背尝有儿鰌伏其上。海人所得之鰌，皆儿鰌也。海中大物，莫如海鰌。《珠玑薮》云长数千里，予未之信。及阅《苏州府志》，载明末海上有大鱼过崇明县，八日八夜始尽。《事类赋》所载七日而头尾尽者，居然伯仲矣。其余边海州县所志滩上死鱼长十丈不等者，不渺乎小哉？木元虚《海赋》曰：鱼则横海之鲸，突兀孤游，巨鳞刺云，洪鬣插天，头颅成岳，流血为渊。海人云：舟师樵汲，常误鱼背以为山。又云：海鰌斗则海水为之尽赤，此成岳、为渊之明验也。《海鰌赞》：海中大物，莫过于鰌。身长百里，岂但吞舟！①

据研究者考订，所谓"海鰌"实际上是黑露脊鲸 Eubalaena glacialis Borowski，隶属于鲸目露脊鲸科。体肥胖，形似鱼，长 16—18 米，重达百吨。头大，具若干瘤。口大，内有长髯，是滤食器官，头背部有两个喷气孔。"牡蛎聚族其背"，即身上有牡蛎等浮游性甲壳类等动物附着。海鰌头部多疣，鰌背"则牡蛎峍屼如山"，"旷岁之积，崇十许丈"，体色黑，腹面略淡，因此有"黑露脊鲸""脊美鲸""直背鲸""黑真鲸"等名称。② 关于海鰌的最早记述，见之南朝梁元帝萧绎所著《金楼子》："鲸鲵，一名海鰌，穴居海底。鲸入穴则水溢为潮来，鲸出穴则水入为潮退，鲸鲵既出入有节，故潮水有期。"③唐朝的航海活动主要在近海，因此《岭表录异》所记岭南海上异物异事多以小型海洋动物为主，如海虾、海镜、海蟹、蚌蛤、水母、鲎鱼的形状、滋味和烹制方法等，其中亦有过"海鰌"的记载："海鰌鱼，即海上最伟者也，其小者亦千余尺。吞舟之说，固非谬也。每岁广州常发铜船，过安南贸易。北人偶求此行，往复一年，便城斑白云。路经调黎（地名，海心有山，阻东海，涛险而急，亦黄河之西门也）深阔处，或见十余山，或出或没。篙工曰：'非山岛，鰌背也。'果见双目闪烁，鬐鬣若簸朱旗。危沮之际，日中忽雨霡霂。舟子曰：'此鰌鱼喷气，水散于空，风势吹来若雨耳。'"往来越南的旅行者多放弃海舟，取道东濒南海最南端的雷州半岛绕道而归，不惮辛苦，就为了避海鰌之难也。④ 明万历时慎懋官《华夷花木鸟兽珍玩考》称："海鰌者，长者亘百余里，牡蛎聚族其背，旷岁之积崇十许丈，鰌负以游。鰌背平水，即牡蛎峍屼水面如山矣。舶猝遇之，如当其首辄震以铳炮，鰌惊，徐徐而没，犹旋涡数里，舶头顿久之乃定，人始有更生之贺。"⑤清代有很多记载似乎都与《海错图》类似，如《广东通志·舆地志·动物》称："海鰌，大抵即长鲸也……高廉呼为'海主'，雷、

① 文金祥主编：《清宫海错图》，页 104—105。
② 陈万青等编著：《海错溯古：中华海洋脊椎动物考释》，页 164。
③ 萧绎撰：《金楼子》卷五《志怪十二》，中华书局，1985 年，页 93。
④ 刘恂撰，鲁迅校勘：《岭表录异》卷下，页 28—29。
⑤ 慎懋官：《华夷花木鸟兽珍玩考》卷一〇《鸟兽续考》，明万历刻本，叶 43。

琼谓之‘海龙翁’。”乾隆时李调元的《然犀志》卷下有：“海鰌，海鱼之最伟者，故谓之鰌，犹酋长也。有大不可限量。长数百十里，望之如连山者，俗名‘海龙翁’。”①

《海错图》这一段记述的可贵之处，是利用了海外归来“洋客”关于日本人捕鲸活动的叙述。康熙丁卯（1687 年），聂璜访问曾“三至日本”归来的船商杨某，并与他同行三日，记录了其所说的故事，将之写成笔记十八则，之后又再次访问苏杭的舶客，斟酌是非异同，增补为《日本新话》。其中就有关于日本人捕鲸鱼的记述，称日本渔人以捕鲸鱼为一种生意，经常是数百、数十只渔船出大海，寻找鲸鱼的踪迹，凡是遇到就以装有麻药的药枪刺之。称鲸鱼身体皆蛎房，因此表皮非常坚硬，日本渔人就在其背翅可容枪处，以枪颈装有锡球的麻药枪投射数百枝，这样就一定会有击中鲸鱼背翅者，鲸鱼知道自己被击中，多舍去窠穴游走，半日仍返故处，又遭到日本渔人的药枪枪击，鲸鱼又负痛离去，去而又返，如是再三。药毒在鲸鱼身体中播散，鲸鱼虽巨大，但毕竟疲惫不堪，于是渔人以竹绠牵拽鲸鱼至浅岸，鲸鱼多长数十丈不等。渔人会把鱼肉和鱼油贩卖到市场。日本人所用的灯火皆用鲸鱼油，而雨伞、扇子、器皿、雨衣等物，都以鲸鱼的鱼骨或鱼皮来制作，脊骨还可以做成舂、臼两种农具，所用非常广泛，所以，捕获一条鲸鱼常能获利千金。

日本是一个海洋渔业极为发达的国家，日本人创作的日本国字中最多的是用鱼字偏旁造字。《诗经》里鱼偏旁的汉字仅 11 个，《尔雅》收录鱼偏旁的汉字 44 个，东汉许慎的《说文解字》收录鱼偏旁的汉字 117 个，宋代刊行的《类篇》收录鱼偏旁的汉字 406 个，清代《康熙字典》收录鱼偏旁的汉字 633 个。而日本是一个食鱼民族，鱼文化极为发达，平安初期编撰的《新撰字镜》里，有鱼字的国字已收录 400 个左右。诸桥撤次编撰的《大汉和辞典》（1959 年初版）收录鱼偏旁的汉字 697 个。在发现时间约为 710—717 年之间的木简中，有很多从中国传来的汉字，如鲹、鲋、鲇、鲷等，但也有中国没有的汉字，如“鰯”（いわし，沙丁鱼），是日本最古的国字。江户幕府的御用文人新井白石在《东雅》（1717 年）里说：“鰯就是弱的意思。只要一离开水，即刻死。”贝原益轩在《日本释名》（1699 年）中则说，鰯是下贱鱼的表示。据说紫式部偷吃了鰯，留下被夫君斥为下贱之人的逸话。日本人所造的这一国字，不久也被传到了中国。新井白石认定，在中国辞书中未收入的日本鱼字旁国字有 25 个，如鳕、鳐、鰯等。② 可见，中日之间有关鱼文化的交流，在清代以后比较频繁。《海错图》第一册“海鰌”中所记载的日本渔业资料，仅仅是众多交流案例中的一个。

---

① 陈万青等编著：《海错溯古：中华海洋脊椎动物考释》，页 164—165。

② 姜建强：《这个秋天的寿司，有点寂——日本食鱼文化的一个视角》，《书城》2016 年第 11 号。

五、《海错图》中的“飞鱼”和中西“飞鱼”的对话

《海错图》中图绘注记中有多处关于“飞鱼”的记载。(图 4 - 32)

第一是“鹅毛鱼”:

《汇苑》载:东海尝产鹅毛鱼,能飞。渔人不施网,用独木小艇,长仅六七尺,艇外以蛎粉白之,黑夜则乘艇,张灯于竿,停泊海岸。鱼见灯,俱飞入艇。鱼多则急息灯,否则恐溺艇也,即名其鱼为鹅毛艇。予奇之,但以不见此鱼为恨。及客闽,访之渔人,曰:“予辈于海港取水白鱼亦用此法,然非鹅毛鱼也。”后有漳南陈潘舍曰:“此鱼吾乡亦谓之飞鱼,其捕取正同前法。其形长狭,有细鳞,背青腹白,两划水上,复有二翅,长可二寸许。其尾双岐,亦修长,以助飞势。三、四月始有,可食。腹内有白丝一团如蜘蛛,腹内物多剖弃之。其丝至夜如荧光,暗室透明。此鱼在水,腹下如有灯也。”因为予图述。按:此鱼有翅而小,不与尾齐且不赤。文鳐另是一种。《字汇·鱼部》有“鱴”字及“鮀”字,皆指是鱼也。《鹅毛鱼赞》:一盏渔灯,海岸高撑。鱼从羽化,弃暗投明。[1]

第二是“魟鱼”:

渔人称燕魟固善飞,而黄魟、青魟、锦魟亦能飞,尝试而得之网户。凡捕魟者,必察海中魟集之处下网,相去数十武,候其随潮而来,则可入我网中。有昨日布网,今日候潮绝无一魟者。因更搜缉之,则魟已遁去矣,或相去数十里不等。盖魟鱼聚水有前驱者,遇网则惊而退,乃与群魟越网飞过,高仅一二尺,远不过数十丈,仍入海游泳而去,又聚一处。渔家踪迹得之,乃移船,改网更张,遂受罗取,往往如此,是以知其能飞也。大约燕魟善飞鼓舞,青、黄、锦、鲜相继于后。取渔人之言而合之《珠玑薮》之说,似不诬矣。[2]

所谓“燕魟”又名“燕鱼”:

福州鳞介部亦称海燕。《泉州志》作海鷰,《字汇》无“鷰”字。《兴化志》云:此鱼如燕,其尾亦能螫人。福州人食味重此。此鱼黑灰色有白点者,亦有纯灰者。腹厚而目独生两旁,喙尖出而口隐其下。目上两孔是腮,甚大。能食蚶。《字汇·鱼

① 文金祥主编:《清宫海错图》,页 66—67。
② 同上书,页 138。

部》有"魽"字，疑指燕魟也。[①]

第三是"海鳐"：

> 其形如鹞，两翅长展而尾有白斑，亦名胡鳐。《尔雅翼》及《字汇》作"文鳐"，并指飞鱼，不知魟鱼中乃别有鳐鱼。鳐鱼不曰鹞而必曰鳐者，为鱼存鳐名也。此鱼红灰色，目上有白点二大块，亦有斑白点。《海鳐赞》：海马乘猎，海沟随行。海鳐一飞，海鸡群惊。[②]

"海鳐"是否与古书中的"文鳐鱼"有关呢？李时珍《本草纲目》"鳞部"第四十四卷"文鳐鱼"一条写道："生海南，大者长尺许，有翅与尾齐。群飞海上。海人候之，当有大风。《吴都赋》云'文鳐夜飞而触纶'，是矣。按西山经云：观水注于流沙，多文鳐鱼。状如鲤，鸟翼鱼身，苍文白首赤喙。常以夜飞，从西海游于东海。其音如鸾鸡。"[③]

聂璜注意到了传统中国文献中关于"飞鱼"有一个自我叙述的谱系，这个谱系最早可以上溯到《山海经》。《山海经》中的动物可以分为"各山之兽""山系之神"两类，但其中还有附着于两类之下的神奇鱼类叙述。如《山海经 · 中山经》中提到飞鱼："劳水出焉，而西流注于潏水。是多飞鱼，其状如鲋鱼。"[④]《山海经 · 西山经》也提及"文鳐鱼"："泰器之山，观水出焉，西流注于流沙。是多文鳐鱼，状如鲤鱼，鱼身而鸟翼，苍文而白首赤喙，常行西海，游于东海，以夜飞。其音如鸾鸡，其味酸甘，食之已狂，见者天下大穰。"[⑤]文鳐鱼的翅膀干脆给添加了鸟的翅膀，成为鱼鸟结合的奇异物种。文鳐在后世的海洋博物文献中也屡屡被用作飞鱼的指代。带翅膀的鱼，《山海经》中还有拥有五对鱼鳞翅膀、叫声如喜鹊一般的鳛鳛鱼，[⑥]以及鱼身鸟翅并且会发出鸳鸯鸣声的蠃鱼等，[⑦]都颇具魔幻色彩。聂璜的《海错图》所绘一幅飞鱼图，红色的飞鱼，粉色的双翼，头与身的衔接处有鬣，显然与《山海经》里的飞鱼、文鳐等文字形象有着隐秘的承递关系。成书于万历丙申(1596)年的《闽中海错疏》中有"飞鱼"的描述："头大尾小，有肉翅，一跃十余丈。"[⑧]渔民在飞鱼产卵的必经之路，设置重重叠叠的挂网以捕捉飞鱼，在古代亦有记述，如《重纂福建通志》称："飞籍鱼，疑是沙燕所化，两翼尚存。渔人夜深时悬灯以待，结阵飞入，舟力不胜，灭灯以避。"清末郭柏苍的《海错百一录》称："飞鱼，头大尾小有肉翅，

① 文金祥主编：《清宫海错图》，页 143。
② 同上书，页 141。
③ 李时珍撰：《本草纲目》第四册，页 2476。
④ 袁珂校译：《山海经校译》，页 111。
⑤ 同上书，页 29—30。
⑥ 《山海经 · 北山经》："鳛鳛之鱼，其状如鹊而十翼。鳞皆在羽端，其音如鹊。"同上书，页 58。
⑦ 《山海经 · 西山经》："蠃鱼，鱼身而鸟翼，音如鸳鸯，见则其邑大水。"同上书，页 38。
⑧ 屠本畯等撰：《蟹语 · 闽中海错疏 · 然犀志》，商务印书馆，1939 年，页 3—4、16。

善跳连跃十余丈，福州呼鲱鱼。……亦称‘燕子鱼’，又名‘海燕鱼’。”[①]这些中国学者的记述中都着重于其飞行的特点和发出的声音，并将之与“燕子”或“海燕”相联系，认为“飞鱼”“是沙燕所化”，[②]显然缺乏科学依据。这个叙述谱系也受到明清间西方耶稣会士的重视，在利玛窦、艾儒略和南怀仁撰写的地理学汉文西书中也有不少关于“飞鱼”的文字记述。[③] 最早见之利玛窦的《坤舆万国全图》，该图彩绘本第五大洲墨瓦蜡泥加上绘有犀牛、白象、狮子、鸵鸟、鳄鱼和有翼兽等陆上动物8头，各大洋里绘有不同类型的帆船，各种体姿的鲸鱼、鲨鱼等海生动物15头，其中亦有飞鱼。该图利未亚北部的大西洋海面有一段叙述：“此海有鱼善飞，但不能高举，掠水平过，远至百余丈。又有白角儿鱼，能噬之。其行水中，比飞鱼更远，善于窥影，飞鱼畏之，远遁，然能伺其影之所向，先至其所，开口待啖。”[④]文中称海滨渔民常常以“白(线)[练]为饵”，是用一种白色的挂网抓捕飞鱼，且“百发百中”。《职方外纪》和《坤舆图说》两书中接续利玛窦也有不少关于“飞鱼”的记述。汉文西书中称飞鱼长相奇特，又称“燕儿鱼”，利玛窦和艾儒略所使用的“白角儿鱼”一词，是拉丁文 Pike 音意合译名，《坤舆图说》将这种口像鸭嘴大而扁平，下颌突出，生活在北半球寒带到温带里广为分布的淡水鱼，改为意译名“狗鱼”，是非常形象的译法。聂璜在《海错图》中通过图绘的形式，回应了艾儒略等耶稣会士关于“飞鱼”的记述，两者之间有意无意地形成了某种对话。不过聂璜所制作的飞鱼图文种类，超过了耶稣会士汉文西书中的叙述，细分出“鹅毛鱼”“魟鱼”“海鳐”三种。

六、中西“人鱼”谱系中的《海错图》

“人鱼”是中西文化中不断被提到的神话动物。汉文文献中关于“人鱼”的记述特别多，最早也可以上溯到《山海经》。《山海经·西山经》称：“丹水出焉，东南流注于洛水，其中多水玉，多人鱼。”[⑤]《山海经·北山经》还记载了人鱼的特征：“决决之水出焉，而东流注于河。其中多人鱼，其状如鲦鱼，四足，其音如婴儿，食之无痴疾。”[⑥]其中的人鱼，包括鲛人、赤鱬、氐人、互人、鲵鱼等，多属人面鱼身的怪鱼，其中的鲵鱼，郭璞注：“或曰，人鱼即鲵也，似鲇而四足，声如小儿啼，今亦呼鲇为鲵。”还有俗称为娃娃鱼的大型两栖

---

① 郭柏苍撰：《海错百一录》，载《续修四库全书·子部·谱录类》，页545。
② 丘书院：《我国古书中有关海洋动物生态的一些记载》，《生物学通报》1957年12月号，页27—29。
③ 参见本书第三章。
④ 《利玛窦中文著译集》，页215。
⑤ 袁珂校译：《山海经校译》，页21。
⑥ 同上书，页66。

动物鲵鱼，即俗称为娃娃鱼的大型两栖动物。《山海经·大荒西经》还提到一种"鱼妇"："有鱼偏枯，名曰鱼妇。颛顼死即复苏。风道北来，天乃大水泉，蛇乃化为鱼，是为鱼妇，颛顼死即复苏。"[①]这一段两次重复"颛顼死即复苏"，强调似在半枯半荣之间的"鱼妇"，即似乎在冬眠之中的人鱼，一旦"复苏"归来，则有即醒来有死后复活的神力。李昉的《太平广记》卷四六八至卷四七一的"水族"五、六、七、八，都是一些"水族为人"的故事。[②] 其中特别述及古书《洽闻记》中的"海人鱼"："海人鱼，东海有之。大者长五六尺，状如人，眉目口鼻手爪头皆为美丽女子，无不具足。皮肉白如玉，无鳞，有细毛，五色轻软，长一二寸。发如马尾，长五六尺。阴形与丈夫女子无异。临海鳏寡多取得，养之于池沼。交合之际，与人无异，亦不伤人。"[③]

《海错图》第一册中也有"人鱼"：

> 人鱼，其长如人，肉黑发黄，手足、眉目、口鼻皆具，阴阳亦与男女同。惟背有翅，红色，后有短尾及胼指，与人稍异耳。粤人柳某曾为予图，予未之信。及考《职方外记》，则称此鱼为海人。《正字通》作�，云即鰕鱼，其说与所图无异，因信而录之。此鱼多产广东大鱼山、老万山海洋，人得之亦能着衣饮食，但不能言，惟笑而已。携至大鱼山，没入水去。郭璞有《人鱼赞》。《广东新语》云，海中有大风雨时，人鱼乃骑大鱼，随波往来，见者惊怪。火长有祝云："毋逢海女，毋见人鱼。"《人鱼赞》：鱼以人名，手足俱全。短尾黑肤，背鬣指胼。[④]（图4-33）

文中"人鱼，其长如人，肉黑发黄，手足、眉目、口鼻皆具……人得之，亦能着衣饮食，但不能言，惟笑而已"一段，显然是在呼应艾儒略《职方外纪》卷五《四海总说》"海族"中的人鱼描述：

> 又有极异者为海人，有二种，其一通体皆人，须眉毕具，特手指略相连如凫爪。西海曾捕得之，进于国王，与之言不应，与之饮食不尝。王以为不可狎，复纵之海，转盼视人，鼓掌大笑而去。二百年前，西洋喝兰达地(今译荷兰)曾于海中获一女人，与之食辄食，亦肯为人役使，且活多年，见十字圣架亦能起敬俯伏，但不能言。其一身有肉，皮下垂至地，如衣袍服者然，但著体而生，不可脱卸也。二者俱可登岸，数日不死。但不识其性情，莫测其族类，又不知其在海宅于何所。似人非人，良可怪。

① 袁珂校译：《山海经校译》，页272。
② 李昉等编：《太平广记》卷四六五，页4203—4232。
③ 李昉等编：《太平广记》卷四六四，页4167。
④ 文金祥主编：《清宫海错图》，页108。文中的刘同人即刘侗，明代散文家，字同人，湖北麻城人，所著《帝京景物略》一书中对西画多有赞美至辞。

有海女，上体直是女人，下体则为鱼形，亦以其骨为念珠等物，可止下血。二者皆鱼骨中上品，各国甚贵重之。①

《职方外纪》中的“人鱼”描述，给聂璜留下了极深的印象。《海错图》第二册“龙肠”又几乎全段转录《职方外纪》，称：“《职方外纪》载，西洋有海人，男女二种，通体皆人，男子须眉毕具，特手指相连如凫爪。男子赤身，女子生成有肉皮一片，自肩下垂至地，如衣袍者然。但着体而生，不可脱卸。其男止能笑而不能言，亦饮食，为人役使，常登岸为土人获之。又云一种鱼人，名海女，上体女人，下体鱼形，其骨能止下血。”②这一段文字与上述《职方外纪》的原文相比，去掉了其中“见十字圣架亦能起敬俯伏”等与天主教相关的信息。聂璜接着还以中国文献作为互证：“《汇苑》又载，海外有人面鱼，人面鱼身，其味在目，其毒在身。番王尝熟之以试使臣，有博识者食目舍肉，番人惊异之。又载东海有海人鱼，大者长五六尺，状如人，眉目、口鼻、手爪、头面无不具，肉白如玉。无鳞而有细毛，五色轻软，长一二寸。发如马尾，长五六尺。阴阳与男女无异。海滨鳏寡多取得，养之于池沼。交合之际，与人无异，亦不伤人。他如海童、海鬼更难悉数，亦不易状。……《字汇 · 鱼部》有‘魜’字，特为人鱼存名也。”③

欧洲自称目击过美人鱼的记载最早可以追溯到公元1世纪古罗马博物学家老普林尼撰写的《自然志》(*Naturalis Historia*)，其中描述过半人半鱼的生物，他将其称为涅瑞伊得斯(Nereids，代表水元素的精灵)。普林尼本人并没有亲眼见到美人鱼，但他相信美人鱼的存在，并为自己的观点提供了证据来源：奥古斯都皇帝麾下驻扎法国的军官曾记载，他在海边发现了一堆美人鱼的死尸。普林尼还记载了一种“海人”，这种生物会在夜间爬上船只，而且如果时间允许的话，还可能会把船只弄沉。西方许多艺术家从生活中取材，描绘出美人鱼的形象。哥伦布(Cristoforo Colombo，1451—1506)在航海日记中自述道：美人鱼“从海面中探出了身子，但是她们并不像传说中的那么美，因为她们的脸上具有某些男性特征”。

所谓“人鱼”一般被认为是传说的水生生物，其样貌通常是上半身为人的躯体或妖怪，下半身是鱼尾，欧洲传说中的人鱼与中国、日本传说中的人鱼，在外形上和性质上是迥然不同的。据说1531年有人在波罗的海捕获了一条人鱼，并将它送给波兰国王西吉斯蒙德作为礼物，宫廷中所有的人都曾见过，可惜人鱼仅仅活了三天。1608年英国航海家亨利 · 赫德逊也声称发现了人鱼：“今天早上，我们当中有人从甲板眺望，看见一条人鱼……从肚脐以上，她有女性般的背部和胸部。正当他们说看见她时……她潜入海

① [意]艾儒略原著，谢方校释：《职方外纪校释》，页151—152。
② 文金祥主编：《清宫海错图》，页182—183。
③ 同上。

里，他们看见她的尾巴，像海豚一样的尾巴，长着鲭鱼般的斑点。”[①]人鱼一身兼有诱惑、虚荣、美丽、残忍和绝望的爱情等多种特性，像海水一样充满神话色彩，它代表了人与水、海洋的密切关系。在中国文化中亦有关于美人鱼的描述，古代叙述海洋人鱼滥觞的《山海经》中所记人鱼凡数十见，如《山海经·海内东经》：“陵[人]鱼人面，手足，鱼身，在海中。”[②]这是后来文献指称人鱼“皆为美丽女子”的一个依据。宋代聂田所撰《徂异记》中则明确指出了人鱼的概念：“待制查道，奉使高丽，晚泊一山而止。望见沙中有一妇人，红裳双袒，髻发纷乱，肘后微有红鬣。”此段引文也见之明代类书《天中记》卷五六。[③]或以为人鱼的原型是海牛（manatee，即儒艮），一种大型水栖草食性哺乳动物。海牛可以在淡水或海水中生活，外形呈纺锤形，颇似小鲸，但有短颈，与鲸不同。海牛的尾部扁平略呈圆形，外观有如大型的桨；而儒艮的尾巴则和鲸类近似，中央分岔。这一动物给人鱼的神话故事增添了素材。

不难见出，聂璜《海错图》有关“人鱼”的描绘，既有传统文献中的原型，也留下了大航海时代之后中西知识交流的痕迹，在中西关于“人鱼”的叙述谱系中，可以说具有里程碑的意义。《海错图》不仅关注中国古典的记述，也注意吸收《职方外纪》和《坤舆图说》中的记述，在中西不同的知识背景下完成了“人鱼”知识的中西交汇。《海错图》通过对中西海洋动物知识的叙述和对话，关注两个不同地区之传统下所形成的文献，使之成为大航海时代交流背景下的产物。

七、中西鱼类绘画的差异与互鉴

依水而居、以捕鱼为生的远古先民，最早开始认识湖海中的鱼类。古人以鱼肉为食，以鱼骨为针，鱼的生与死，鱼的形色和姿态，诞生了鱼古拙、简洁的造型和奇幻怪异的图像，仰韶文化中最早的人面鱼纹的彩绘鱼艺术是这一图像造型的代表。中国历史上有过辉煌的海洋活动，不乏航海和记述海洋动物的文献，如唐朝刘恂所撰、记述岭南异物异事的《岭表录异》中就有一些海洋动物，如海虾、海镜、海蟹、蚌蛤、水母、鲎鱼的形状、滋味和烹制方法的记述，除海鳍鱼外，大多属于小型海洋动物，这与唐朝的航海活动主要在近海有关。明代嘉靖举人黄省曾撰有《养鱼经》，全书分三篇，主要记载鱼苗培育、成鱼饲养及长江下游海水鱼类和淡水鱼类的性状，反映了明代后期苏南地区的养鱼技术。第一篇“种”，叙述鱼苗培育方法，对指导人工养鱼起到了极大的推动作用。第二

① 邓海超主编：《神禽异兽》，香港艺术馆，2012 年，页 25。
② 袁珂校译：《山海经校译》，页 240。
③ 周甜甜：《中国文学作品中人鱼意象演变及其文化内涵》，《文学教育（上）》2015 年第 1 期。

篇是“法”，记述养鱼方法，包括建造鱼池、防止泛池和鱼病等。第三篇是“江海诸鱼品”，记述江南地区习见的海水、淡水鱼类。书中总结了当时的一些养鱼经验，具有实用价值。[①] 明代从知识学角度对鱼类动物进行分解和归类的代表是李时珍的《本草纲目》，该书记述属于生活在近海或江河浅水中鱼类的知识，则相对准确，如“青鱼”“鳝鱼”“鲟鱼”“乌贼鱼”等，但在深海鱼类的描述上多少混杂了古人“化生说”的成分。如该书的虫、鳞、介、禽、兽五部中的“鳞部”第四十四卷有“鳣鱼”，“出江淮、黄河、辽海深水处，无鳞大鱼”，“其小者近百斤，其大者有二三丈，至一二千斤”，或称“逆上龙门，能化而为龙也”。[②] 中国传统文献中关于大型海洋动物的记述，多混杂着浓厚的神话传说，如龙、神龟、大鲛鱼、东海大鱼、吞舟大鱼、鲸鱼、剑鱼等海族异类，很多记载掺杂着类似《广异记》《洽闻记》《述异记》等古代笔记小说传闻的描写。巨鱼之出，又多与占符灵验相比附，类似“鲸鱼死，彗星合”“海精死，彗星出”的记述在纬书中就更多了。

任何绘画的主题都有一定的内涵意义，这种意义潜藏在社会大众的意识中并进而成为民族文化的共识，形成所谓“传统”。中西鱼类图谱在造型和表现方法上有着不同的传统，西方鱼类绘画中大致可以分为三种类型：一是西画中可以上溯到公元前1500年古希腊克里特(Crete)岛上的米诺安艺术(Minoan art)中的海豚，这种造型延续到罗马和早期基督教的地板嵌石画艺术中。这是一种客观描写鱼类的追求，在18、19世纪的生物测绘图中比较流行的从外形、习性、生长地区来分类，人对鱼采取一种观望、勘察、分类、客观记录和比较分析的态度。二是把鱼视为人类的猎物，西洋艺术中鱼或作为飞腾海浪中捕猎的对象，进而成为人类的食物，这是与文艺复兴以来人为万物之主，必须有能力征服自然、控制自然，人控制世界，亦可成为世界中心的哲学观念相联系。17世纪荷兰静物画中就有不少把鱼画成市场摊位上、厨房餐桌上的食品，如1636年荷兰著名的静物画家彼德·克莱兹(Pieter Claesz，1597—1660)名画《早餐》中，鱼被切成小段，出现在餐桌上。三是把鱼类描绘成海洋中袭击船只的凶暴的食人怪物。这一源头来自《圣经》中约那(Jonah)为一条大鲸鱼吞食的故事，食人鱼的描述传统可以延续到16世纪领土跨越今荷兰西南部、比利时中北部和法国北部的布拉班特公国的彼得·布鲁格尔(Pieter Brughel，1525—1569)的铜版画《大鱼吃小鱼》。而中国鱼类绘画艺术大致可以分为两种类型：一是以公元前6000多年陕西西安半坡遗址出土的仰韶文化中的人面鱼纹彩陶盆为代表的鱼图腾艺术，而人鱼绘画一直延续至今；二是来自庄子将水中之游鱼视为可以凝想，认同自然生命的象征。不管是出自宫廷画师还是出自民间画

---

① 殷伟、任玫编著：《中国鱼文化》，文物出版社，2009年，页171。
② 李时珍撰：《本草纲目》第四册，页2457—2458。

手，出现在中国画家笔下的鱼，都是在水中戏游的有生命力的对象。以宋、元、明、清各时期图绘鲦鱼名家的传世作品为例，美国大都会艺术博物馆藏相传北宋宗室后裔赵克敻绘的《藻鱼图页》，在一湖水无波的湖水中，五尾鲦鱼在嬉水之状，时而密集，时而疏散，有昂仰，有俯首，有侧身，姿态各异，反应至敏，游速至捷，水草萍蘩随着鲦鱼的游踪之势而缓缓浮动。鲦鱼的头至背尾都用深墨作晕染，腹部留白，而鱼鳍以稍淡的墨染就，凸出圆润光滑之感。曾任州县官的刘寀有《戏藻群鱼团扇页》（故宫博物院藏），图绘五尾鲦鱼，两尾较小一前一随，两尾一仰一俯，另一尾则半隐于荇藻间，形神兼备，浑然天成。元代周东卿的《鱼乐图卷》，画有不同种类大小不一的游鱼，有桂鱼、鲤鱼、鲫鱼、花鲢鱼、游虾等，有聚有散地沉浮穿梭，其中一段是十尾鲦鱼，布局奇特，颇有意趣。九尾仅画上半身，下半身隐于水下，集群昂首，一起朝着左上方漫游；一尾以相反方向在摇曳的水草间潜游。明代江苏嘉定画手王翘（1505—1572）有《鱼藻图卷》，图绘一处浅滩边，大小不同的鲦鱼七十尾，三五一群，或悠游于清澈的湖面，或追逐回旋，或潜翔于水藻间，形态自然而生动，如流星四处闪烁。清初名家恽寿平有《落花游鱼图轴》，描绘了一片朱色花萼即将飘落水面，引来十余尾鲦鱼相互环绕，争先恐后地啄取，其中有相聚、重叠，或向或背，形态各异，生趣盎然。晚清寓居沪上的虚谷（1823—1896）的《杂画册》，其中一开是绘鲦鱼七尾，有大，有幼；有仰首，有侧身，皆成群地游翔潜底，寻觅食物。左上角是一丛静静地贴浮于水面的藻草。①

传统中国画中没有出现在餐桌上的静物死鱼，也很少有深海凶暴鱼类的图文描绘。②《海错图》所描绘的海洋动物同样具有中国传统画鱼类的这些特点，尽管《海错图》中亦有大量是表达自然生命中的鱼类，但与传统中国的人鱼图腾艺术，以及视鱼为水中之游鱼似乎略有差异。《海错图》中表现的海洋动物，比较接近于西方鱼类绘画中的第一种类型，即采取一种观望、勘察、分类、客观记录和比较分析的态度，这种把鱼作为生物来表现的方法，反而比较接近西方博物学绘画的写实传统。文艺复兴时期的西方画家注重解剖学、透视学等科学原理，并将之运用于博物学绘画之中，我们可以在法国贝隆（Pierre Belon，1517—1564）的《水生动物》（*De aquatilibus*）、朗第来（Guilaume Rondelet，1507—1566）的《海洋鱼类》（*Libri de piscibus marinis in quibus verae piscium effigies expressae sunt*，Mathias Bonhomme，Lyon，1554.）和英国学者雷约翰（John Ray，1627—1705）等人撰写记载有420种鱼类的《鱼类史》（*History of fishes*，1686）等文献中，都可以看到这一写实传统的延续。德国博物学家马库斯·布

---

① 郑威：《小鱼儿们：历代名画家笔下的鲦鱼》，《文汇报》2019年08月30日第2—4版。

② 曾堉：《郎世宁——西洋第一位〈鱼乐图〉画家》，辅仁大学主编：《郎世宁之艺术——宗教与艺术研讨会论文集》，（台北）幼狮文化事业公司，1991年，页9—20；殷伟、任玫编著：《中国鱼文化》，页7—15。

洛赫(Marcus Elieser Bloch, 1723—1799)的鱼类绘画中,就更能见出这种明暗分布形成的非常精确的造型和细致生动的精准表达。[①] 聂璜与同一时代的来华传教士有过接触,也深入阅读过不少汉文西书。通过《西洋怪鱼图》等,他对西法绘画有过比较深入的探究,所著《幸存录》第六册有"西洋画"一篇,称西儒"作画之妙,则雅俗咸知,可历数焉",着重讨论了几种不同的西洋画法:

> 一用凹凸法,凡绘彩花鸟人物,近视则平坦,远望则有高低之状,若刻画者然。一用浅深法,如画列肆长廊,内有堂宇,则两旁斜纹,外宽而内窄,人物树木,外大内小。自头门以至二门,而至堂上,以一目窥之,幽深依远,尺幅中内外,远近层次井井。一用横长法,如画秘戏,其人形皆横扁,须眉衣褶,促束难辨,包藏秽形,不知其为秘戏也。阅法以直筒圆镜对于画前,镜内照出,乃见男女交媾之形。盖圆直之光,能收扁为长故耳。至其平常所画人像,能令阿堵藏神,目光四注,须眉竖者如怒,扬者如喜,耳隆其轮,鼻丰其准。刘同人美其绘事,为中国之不及。都门常画一照墙,人视之垩壁白素,并无点墨。乃墙侧开露一隙,令人逼墙近视,则其画在墙以内,丹碧五色,伟然狮麟,炫耀可观,离墙则反不能见矣。

同时他还研究过铜版画,特别举出西国"有一种银板镂印画,纤细如毫发,非铁笔之所能镂云。西洋有一种水画化银,故画银板如刻,而印起则又不见阳文,而现阴文。疑炙银板使热,故阳面不受墨汁,而满于其渠,以厚楮辇而得之也。种种巧妙,皆古画圣思致之所不及"。[②] 聂璜细致地辨识过西方几种不同的画法:第一类为"凹凸法",即国人所谓的"明暗法";第二类"浅深法",即国人所谓的透视法,此两类属于清初流行的与传统中国画画法迥异的所谓"海西法";第三类"横长法",所绘"其人形皆横扁",这在当时中国讨论较少,应该是文艺复兴后欧洲流行的视觉幻术——畸变画(anamorphic pictures),也是来华耶稣会士用来供康熙皇帝和宫廷取乐的一类光学玩具。所谓畸变画主要分两种:一为畸变透视(perspective anamorphosis),二是镜像畸变(mirror anamorphosis)。畸变画"要么难辨真形,要么暗藏秘密,只有从特定的点和角度观赏(畸变透视画),或者从摆在特定位置的特定形状的反射镜(主要为圆锥形和圆柱形)中观看,才能认清画面的真实面目(镜像畸变图)"。[③] 他还提及一种类似光学取影暗箱(optical camera obscura)的画法,这种取影暗箱和镜像畸变,17 世纪后期耶稣会士都曾向康熙皇帝展示过。[④]

---

① [德] 马库斯·布洛赫著/绘,周卓诚、王新国校译:《布洛赫手绘鱼类图谱》,北京大学出版社,2016 年。

② 聂璜撰:《幸存录》第六册,上海图书馆藏稿本。刘侗《帝京景物略》一书中对西画多有赞美至辞。

③ 石云里:《从玩器到科学——欧洲光学玩具在清朝的流传与影响》,《科学文化评论》2013 年第 2 期,页 29—49。

④ [比利时] 南怀仁《欧洲天文学》(*Astronomia Europaea*, 1687)一书对此多有论及。南怀仁著,高华士英译,余三乐中译:《南怀仁的〈欧洲天文学〉》,大象出版社,2016 年,页 181—192;石云里:《从玩器到科学——欧洲光学玩具在清朝的流传与影响》。

综上所述，聂璜对西画有一定的认识，自己的画法既有传统线描画的特点，也明显留有西法绘画的影响。这使他的博物画既不同于蒋廷锡《鸟谱》等精美工细的宫廷之作，亦不完全雷同西方的博物画，如布洛赫竭力表现出写实特征的鱼类绘画。《海错图》所描绘的海洋动物具有中国传统画鱼类的这些特点，尽管《海错图》一书中亦有大量是表达自然生命中的鱼类，把鱼作为生物来加以客观的表现，比较接近西方博物学绘画的写实传统。可以说，聂璜既力求突破中国传统绘画不重视海洋动物的窠臼，又力求在利用海内外文献的基础上显示海洋鱼类的丰富性；同时，《海错图》在表现海错的艺术风格上，也有意识地不受当时官方主流画风所限，努力借鉴西方博物画的写实艺术，在海洋动物画艺表现上独创一格。

八、本章小结

有学者认为，中国历史上没有很出色的海洋文学和海洋文献，这一说法未必确切，明朝描绘郑和下西洋的《三宝太监下西洋通俗演义》应该算是一部比较出色的海洋小说；或以为沿海地区的画家也未能留下描绘大海的绘画，18 世纪的广州外销画画家的作品已经证明这种说法的荒谬；或以为先民对于海洋的态度是特别务实的，要么用来制盐，要么用来渔获，《海错图》的存在，清楚地证明了上述这些说法的不准确。

中西鱼类图谱在造型和表现方法上有着不同的传统，西方鱼类绘画中大致可以三种类型，即：一、客观描写鱼类的追求，对鱼采取一种观望、勘察、分类、客观记录和比较分析的态度；二、把鱼视为人类的猎物，进而成为人类的食物，这是与文艺复兴以来人为万物之主，必须有能力征服自然、控制自然，人控制世界，亦可成为世界中心的哲学观念相联系；三、把鱼类描绘成海洋中食人、袭击船只的凶暴怪物。而中国鱼类绘画艺术大致可以分为两种类型：一、视鱼为图腾艺术；二、将水中之游鱼视为可以凝想、认同自然生命的象征和有生命力的对象。传统中国画中没有出现在餐桌上的静物鱼，也很少有深海凶暴鱼类的图文描绘。《海错图》所描绘的海洋动物同样具有中国传统画鱼类的这些特点，尽管《海错图》一书中亦有大量表达自然生命中的鱼类，但与传统中国的人鱼图腾艺术，以及视鱼为水中之游鱼似乎略有差异。《海错图》中表现的海洋动物，把鱼作为生物来加以客观的表现，比较接近于西方的第一种类型，比较接近西方博物学绘画的写实传统。

作为中外文化交流结晶的《海错图》，其外来影响不仅表现在绘画题材和趣味方面，也表现在技法上，既继承了传统写实风格，同时也吸收并融入西洋绘画光影技巧的某些特点，从而体现出清代博物画在中国古代悠久的花鸟画、山水画文人传统的背景下，既融合了民间绘画的某些要素，同时也吸收了西洋博物画内容和技法上的某些优点，形成了与以往博物画特点不同的新传统。在聂璜的《海错图》中，我们可以看到聂璜一方面作为吸收多元知识的文化人，一方面作为站在中外文化边缘上的民间艺术家，其在中外知识和画艺交流、互动过程中所具有的两重“文化身份”，使他置身于清代博物学史上的特殊时空，既是沟通中外文化知识和画艺的知识人，同时也是沟通本土大传统与小传统的桥梁。

无论从中国博物学文献、海洋文献的角度，还是从图像艺术和绘画史的脉络来考察，我们都会发现《海错图》对光怪陆离的水族，有着全面、生动、细致的表现。就知识的丰富性而言，《海错图》不仅超过了“康熙百科全书”《古今图书集成》“博物汇编 · 禽虫典”的“异鱼部”，以及《闽中海错疏》《然犀志》《记海错》等记述海洋动物的文献，也超越了承载着海洋动物新知识的汉文西书《西方答问》《职方外纪》和《坤舆图说》；在《海错图》四册杰作中，许多已知的海洋动物通过“复合图文”，被细致地呈现了出来，堪称中国海错文献和海洋动物绘画史上绝无仅有之作。

全书结语

动物世界是自然世界的重要构成。万兽通灵，初民从畜养、驯服动物（如牛、羊、狗、猪的畜养，到马、骡、驴，乃至于象的驯服为畜力）到模仿动物（华佗模仿虎、鹿、熊、猿、鸟五种禽兽的运动形态制作健体强身的锻炼方法“五禽戏”，中国传统武术模仿龙、虎、豹、蛇、鹤五种拳型的“少林五形拳”等），进而欣赏、崇拜异兽（良渚文化中的“神人兽面”、仰韶文化中的“人面鱼纹”、龙凤麟龟“四灵”、明代官服上“衣冠禽兽”等），借助动物的超凡力量（如凤凰纳福、神龟禳灾、貔貅驱邪、天狗御凶等），丰富和发展了中国文化（如十二生肖民俗等）。人类作为万物之灵的自傲，过多强调了人异于禽兽，而忽视了自身也是通过动物来认识和征服自然世界的，由此人类也逐渐认识到通过动物把握与自然界保持平衡和谐的重要性。

作为兽系的“梼杌”，却有“人形”，更为“神谱”，甚而以此命名煌煌的史书。[①] 异兽本身也与人类文化的史书纠合在一起，动物史也是历史学的重要组成部分。动物史作为这一参天史学之树上一株新生的幼枝，与其他分枝相比，无论史料还是研究方法，均处于基础薄弱的阶段。中国传统的史书向来重人事而轻自然，重政治、军事，轻文化、习俗，在有限的讨论动物的资料方面，也主要从祥瑞之视角入手，缺少有系统的记述。有关动物史的信息大多是非常零星地散布在五花八门的、非常规的古籍文献之中，需要研究者运用开放的史识和史观，具备多学科的理论素养，才能在这些芜杂的史料丛林中寻找到方向。毫无疑问，中外动物文化交流史是一个有意义的学术空白，其中有很多内容需要通过学界的研究去填补。动物史的研究者不仅需要具备解读传统历史文献资料的能力，更需要具有整合和联想进而发掘隐含在史料文献字里行间文化信息的能力。

文明社会不同区域动物的传播，也成为人类文化交流史上的不朽篇章，它帮助人类去认识人与世间万兽生命的共存；人类需要动物，而且从未停止探寻不同历史区域的珍

① 朱学渊：《以“梼杌”一词，为中华民族寻根》，《文史知识》2005年第5期。

禽异兽。动物文化令世人着迷，不仅因为其多彩的生命形式，同时也因为其揭示了人类文化的深刻隐喻。理解动物，经常是探索自然和研究文化的一种方式。在思想史和文化史的研究中，动物经常作为具有说服力的比喻，如《伊索寓言》《动物庄园》等。自古至今，以动物为喻甚至成为学界熟悉的思维方式，如汉代学者扬雄就以"童牛角马"来比喻不今不古、不伦不类之事物；英国当代思想家以赛亚·伯林则将西方思想家和作家分为刺猬型和狐狸型两类，认为从文化学上来观察，刺猬大致属于封闭型的，而狐狸属于开放型的，后者更乐于互动和交流；我们会把与世隔绝的梦幻境地和逃避现实生活的世外桃源称之为"象牙塔"，而把已经逝去的，吞噬一代人青春、生命和良知的时代形容为伺伏于丛林的猛兽。人类和动物不仅在仿生学上也在精神世界互通互补，动物不仅打开了人性善良的一面，也展示了人性诡异的一面。每一种人类文化之中，都镶嵌着光怪陆离的动物文化，作为其夺目的华章之一。

明初郑和下西洋，打开了海上丝路的新局面。以 15 世纪郑和下西洋为起始点，下迄 18 世纪乾隆时期的明清中外动物文化的交流史，呈现出以下若干特征：

1. 明清中外动物交流呈现出以海路为主要渠道，渐趋形成以海上丝绸之路为重心的动物交流网络，交流的范围较之陆路为宽广。

谈起汗血马，人们就会联想到西汉张骞出使"凿空"西域开拓的陆上丝绸之路，隋唐时期横贯欧亚大陆的陆上丝绸之路由兴旺逐渐走向式微，海上丝绸之路于宋元时期逐步兴起，明初郑和下西洋，掀开了海上丝路的新局面。多线并举的陆、海丝绸之路，展现了明清时期中国与世界交往的大格局。与外部世界立体网络式的接触，外来动物亦频频现身，汉唐时代犀牛、大象、孔雀、狮子等异兽已输入中土，海上丝路则迎来了长颈鹿、狮子和大象等更多类型的异兽，这些异兽作为贡品，源源不断地进入内地，深入宫廷。蒙古人的西征，将欧亚大陆打通，陆上丝路一度空前畅达。元朝也非常重视海外贸易，波斯和阿拉伯人乃至更早的粟特人之航海传统，为郑和下西洋做了重要铺垫。15、16 世纪是全球从地域史走向世界史的重要开端，郑和下西洋率先成为欧人地理大发现的前奏。本书的开篇即是围绕郑和下西洋与明初"麒麟外交"，以及《西洋记》中的动物诠释与想象两个主题展开的，旨在阐述明朝与亚洲、非洲各国的交往，不仅是政治和经济上的，也体现了文化交往上的成就。海上丝绸之路，一般说来是指从南海穿越印度洋，抵达东非，直至欧洲的航线，是古代中国与外国交通贸易和文化交往的海上通道。但另一条海上丝绸之路的东线，则经常被忽视。这条东洋之路是与东亚各国，及日本、朝鲜、琉球之间的经济文化交流。东亚是沟通西太平洋半环贸易网的北路网络，自明初开始，是明清时期朝贡体系的核心区域，朝鲜、琉球与中国延续了长达 500 余年的宗藩关系。本书也讨论了朝鲜和日本有关"象记"与"象之旅"，即这一东亚海上丝绸之路的印迹。

换言之，明清中外知识交流的空间拓展，不仅延续了传统海上丝绸之路，并将之拓展到印度洋、东非，还在大航海时代的背景下，与东亚世界的动物知识广泛交流，正如何芳川所言：动物与动物知识的输入，扩大了中国人的眼界，开辟了多少想象的空间。[①] 不同文化语境下，人们赋予动物以特殊的认识和情感，由动物所产生不同的文化联想，也赋予动物以文化交流的意义。

2. 动物知识交流的全球化背景的形成，随着新式交通方式日益便利，动物知识交流的类型和内容也越来越广。

明清时期是中国步入全球化的开端，并逐渐进入了杂糅交错的全球化多元性的场域之中。中外动物交流史的研究，需要放在跨学科的全球化和国际化的视野下来展开，已成为当今世界的普遍认知。在15世纪全球化的大背景下，以西方天主教耶稣会士为主角，成为传输外来动物知识的主力。大航海时代之前，各个地方的文化和艺术都有不同的知识类型，每种知识产物都被区域性的各种文化、社会、政治和经济因素紧紧地捆绑在自身对应的社会之中。动物知识的生产与传播自然可以通过亲眼目睹的直接接触，但在古代个体生命活动范围有限的环境下，绝大部分的动物知识还是需要通过书本编译和个体转相传授。大航海时代之后，知识破碎的图景渐渐被打破，传统以民族国家为中心的动物史的叙述，渐趋为跨国家、跨文化的全球史的叙述所取代，中西动物知识交流与互动的局面得以改观。以西方耶稣会士为主体，通过译本和多个不同层面知识群体之间的对话与互动，引入了外来动物知识，特别是中国人比较陌生的海洋动物知识。利玛窦《坤舆万国全图》和南怀仁《坤舆全图》，突出其中所绘制的新世界的动物图文。与之相关的还有康熙朝的"贡狮"与《狮子说》一书，利类思在通过《狮子说》传播西方动物文化的同时，还旨在从基督教传播的角度切入，打破佛教文献中关于狮子与佛教的联系，通过质疑历史上陆路贡狮的可靠性，企图在中国开创基督教系统叙述狮文化的新传统。

3. 中外动物文化交流过程中的全球化和本土化特点。

在全球化影响的背景下，我们仍需要超越中西高下之分和先进与落后等二元对照的思维模式，保持全球化和本土化之间必要的张力。中外动物知识的交互影响，在全球化进程中如何保持本土文化不被淹没。无论动物知识的传送者还是接受者，在往迎拒斥之文化选择的过程中，都有面对借鉴域外知识和保存本土文化的重塑、挪用。原文本中的动物知识及动物意象，在进入异域环境之后，如何塑模、演绎和生长，甚至形成各种新的多元化的变种，是值得深入讨论的问题。外来动物知识在与中华本土动物知识的

① 何芳川：《中外文明的交汇》，香港城市大学出版社，2003年，页13。

交互对话，很快开始了本土化（在地化）的旅程。接受和借鉴外来动物知识，参与译述的西人和国人，无不通过借助中国传统文献的知识资源，在动物知识与译名方面，既使用音译，也努力使用意译，致力于“外典”与“古典”“今典”的互动，来表达对域外珍禽异兽知识系统的新认识。域外动物新知识进入国人知识视野的同时，也是通过动物译名反映一个新知识传播所经历的纷繁曲折的全球化和本土化的历程。

4. 多元性和多样性外来动物知识的输入，直接或间接地影响了中国动物图绘的变化，无论在内容上，还是形式上都呈现出独特的表达形式，给文本提供更广阔的诠释空间。

故宫出版社 2014 年推出的《鸟谱》《鹁鸽谱》《兽谱》和《海错图》4 部清代动物图谱，其中最为重要的是《兽谱》和《海错图》，正好代表了清宫画师和民间画师在动物图绘方面与外来知识所形成的互动。这些动物图谱无论在文字方面的知识性输入，还是图绘方面的艺术性表达，都呈现出极其明显的多样性和多元性特征，这是大航海时代之前的博物画所无法比拟的。16 世纪起西方传教士学者和画师的东来，带来了异域动物的新知识，也带来了西洋博物画的新技艺。明清统治者为了向世人展示其富有四海、统驭江山之气概，都指令西洋传教士在世界地图上绘制动物图像，也谕令宫廷画家及名臣共同完成动物图谱，两者都采用了“左图右文”的形式，不同符号构成的文本肌理，由卷轴的舆地地图到册页之图谱，由刊本到绘本，不同的载体意在缔造不同的观看文化，各自承载着不同的感官认知，其作用在更为有利地系列展示域外的珍禽异兽，从而产生图文诠释的丰富性。这些集艺术性和知识性为一体的地图图文和动物图谱的公布，成为研究明清两代动物图绘的新材料。《兽谱》中的“异国兽”与《海错图》里有关中外海洋动物的知识与画艺，都充分显示了中外动物知识的交流，在内容和形式上所具有的多元性和多样性，以及直接或间接的各种互动。

5. 中外动物文化交流史呈现出全球史研究的特色，亦说明了是文化差异决定了文化交流的流向。

中外动物文化交流史拓展了传统历史学的领域，成为全球史研究最好的案例。首先是必须采取宏观的视角，将具体的历史论题放到更广阔的全球史的脉络中；其次是强调动物文化交流案例所存在的相关性，动物史上交流的案例都并非孤立的个案，一定需要将之放到复杂的、互动的历史空间中来理解，避免简单化的判断；第三是既要摆脱欧洲中心主义的观念，也要放弃中国天朝中心主义支配下的朝贡模式，以迫使我们避免外交上的狂妄自大和文化上的狭隘性。中外动物文化交流史还引发了一个重要的新启示，即通常我们都同意一些论者所言，文化交流如同流水一般，是由文化势能强的一方向文化势能弱的一方灌溉。明清中外动物文化的交流，显示出的交流方式却是多元性、多样性的，不同地区动物文化的接触，决定了互相之间交流的机缘是各自的差异而非势能的强弱，是差异决定文化的流向。不仅高势能的文化区会流向低势能的文化区，低势能的文化区同样会流向高势能的文化区，郑和下西洋时期大量引进异域动物文化是一个显例。

引用文献

A

Antti Aarne and Stith Thompson, *The Types of the Folktale: a Classification and Bibliography*, (《民间故事的类型：分类和书目》) Academia Scientiarum Fennica, 1961.

[美] Alfred W. Crosby(克罗斯比), *The Columbian Exchange: Biological and Cultural Consequences of 1492*), Westport, CT: Praeger, 1973.有郑明萱译本,(台北)猫头鹰出版 2013 年二版

[美] Alfred W. Crosby(克罗斯比), *Ecological Imperialism: The Biological Expansion of Europe, 900—1900*(《生态帝国主义》), New York: Cambridge University Press, 1986.

[法] 阿里·玛扎海里著,耿昇译:《丝绸之路——中国—波斯文化交流史》,新疆人民出版社,2006 年

[美] Alain Corbin, *The Lure of the Sea: The Discovery of the Seaside in the Western World, 1750－1840*, Translated by Jocelyn Phelps, Berkeley and Los Angeles: University of California Press, 1994.(阿兰·科尔宾:《大海的诱惑:海边西方世界的发现 1750—1840》,伯克利:加利福尼亚大学出版社,1994 年)

安京:《中华象史概说》,《寻根》2004 年第 1 期

[意] 艾儒略原著,谢方校释:《职方外纪校释》,中华书局,1996 年

[意] 艾儒略:《口铎日抄》,载[比利时] 钟鸣旦(Nicholas Standaert)、杜鼎克(Adrian Dudink)编《耶稣会罗马档案馆明清天主教文献》第七册,(台北)利氏学社,2002 年

[法] 埃里克·巴拉泰等著,乔江涛译:《动物园的历史》,(台中)好读出版有限公司,2007 年

B

巴兆祥:《方志学新论》,学林出版社,2004 年

班固撰:《前汉书》,《二十五史》第 1 册,上海古籍出版社、上海书店,1986 年

[法] 保罗·科拉法乐著,刘胜华等译:《地理学思想史》,(台北)五南图书出版公司,2005 年

[美] 保罗·斯维特(Paul Sweet)著,梁丹译:《神奇的鸟类》,重庆大学出版社,2017 年

包铭新、李晓君:《"天鹿锦"或"麒麟补"》,《故宫博物院院刊》2012 年第 5 期

[日] 本村凌二著,杨明珠译:《马的世界史》,(台北)玉山社,2004 年

[意] 伯戴克(Luciano Petech), Some Remarks on the Portuguese Embassies to China in the K'ang-hsi Period(《康熙年间葡萄牙使华使团述评》),《通报》第 44 期(1956),页 227—241

C

Caroline Grigson, *Menagerie: The History of Exotic Animals in England, 1100 - 1837*, Oxford University Press, 2016.

Christopher Plumb, "Strange and Wonderful": Encountering the Elephant in Britain, 1675 - 1830, *Journal for Eighteenth-Century Studies*, 33.4(2010), pp.525 - 543.

常任侠：《论明初榜噶剌国交往及沈度麒麟图》,《南洋学报》1948 年第 5 卷第 2 期

常任侠：《明初孟加拉国贡麒麟图》,《故宫博物院院刊》1982 年第 3 期

蔡鸿生：《中外交流史事考述》,大象出版社,2007 年

蔡鸿生：《狮在华夏——一个跨文化现象的历史考察》,王宾、阿让·热·比松主编：《狮在华夏—文化双向认识的策略问题》,中山大学出版社,1993 年,页 135—150

蔡鸿生：《哈巴狗源流》,《东方文化》1996 年第 1 期

曹婉如等编：《中国古代地图集·战国—元》,文物出版社,1999 年

曹婉如等编：《中国古代地图集·清代》,文物出版社,1997 年

曹婉如等：《中国现存利玛窦世界地图的研究》,《文物》1983 年第 12 期

曹志亮：《〈诗经〉鸟意象研究》,山东师范大学硕士论文,2012 年 5 月

陈公柔、张长寿：《殷周青铜器上鸟纹的断代研究》,《考古学报》卷七四,1984 年第 3 期

陈怀宇：《动物与中古政治宗教秩序》,上海古籍出版社,2012 年初版,2020 年增订本

陈怀宇：《历史学的"动物转向"与"后人类史学"》,《史学集刊》2019 年第 1 期

陈怀宇：《动物史的起源与目标》,《史学月刊》2019 年第 3 期

陈怀宇：《从生物伦理到物种伦理：动物研究的反思》,《澳门理工学报》2020 年第 4 期

陈洪：《结缘：文学与宗教——以中国古代文学为中心》,北京师范大学出版社,2009 年

陈梦雷编：《古今图书集成》"博物汇编",中华书局,1934 年影印本

陈梦雷撰：《闲止书堂集钞》,上海古籍出版社,1979 年

陈其元撰：《庸闲斋笔记》,中华书局,1989 年

陈寿：《三国志》,《二十五史》第 2 册,上海古籍出版社、上海书店,1986 年

陈万青等编著：《海错溯古：中华海洋脊椎动物考释》,中国海洋大学出版社,2014 年

陈信雄：《万明〈明钞本瀛涯胜览校注〉读后》,《郑和研究与活动简讯》第 23 期,2005 年 9 月

陈子展转述：《诗经直解》,复旦大学出版社,1983 年

程方毅：《明末清初汉文西书中"海族"文本知识溯源——以〈职方外纪〉〈坤舆图说〉为中心》,《安徽大学学报》2019 年第 6 期

陈国栋：《东亚海域一千年：历史上的海洋中国与对外贸易》,山东画报出版社,2006 年

陈军等：《我国狼蛛科 5 种记述》,《蛛形学报》1996 年第 2 期

陈水华：《动物文物与动物文化》,载"浙江考古"微信公众号,2020 年 04 月 24 日

[加拿大] 陈忠平主编：《走向多元文化的全球史：郑和下西洋(1405—1433)及中国与印度洋世界的关系》,三联书店,2017 年

冲绳县立图书馆所藏：《本草质问》,复旦大学出版社,2013 年

崔广社：《〈四库全书总目·坤舆图说〉提要补说》,《图书馆工作与研究》2003 年第 1 期

崔广社等：《南怀仁〈坤舆全图〉的文献价值》,《河北大学学报》2006 年第 5 期

D

Daniel Greenberg 著，康叔娟译：《院藏〈海怪图记〉初探——清宫画中的西方奇幻生物》，《故宫文物月刊》2007 年 12 月第 297 期

［日］大庭脩著，徐世虹译：《江户时代日中秘话》，中华书局，1997 年

［日］大庭脩著，戚印平等译：《江户时代中国典籍流播日本之研究》，杭州大学出版社，1998 年

戴鸿慈：《出使九国日记》，岳麓书社，1986 年

［英］丹皮尔著，李珩译：《科学史及其与哲学和宗教的关系》，商务印书馆，1975 年

戴璐撰：《藤阴杂记》，北京古籍出版社，1982 年

［意］德保罗（Paolo DE TROIA）：《中西地理学知识及地理学词汇的交流：艾儒略〈职方外纪〉的西方原本》，《或问》2006 年第 11 期

［意］德保罗（Paolo DE TROIA）：《17 世纪耶稣会士著作中的地名在中国的传播》，任继愈主编：《国际汉学》第十五辑

邓海超主编：《神禽异兽》，（香港）香港艺术馆，2012 年

丁光训、金鲁贤主编，张庆熊执行主编：《基督教大辞典》，上海辞书出版社，2010 年

丁枕：《历史、文化的镜像——语义》，冯天瑜等主编：《语义的文化变迁》，武汉大学出版社，2007 年，页 20—26

东京国立博物馆：《伊能忠敬与日本图》，（东京）国立博物馆，2003 年

董少新：《形神之间：早期西洋医学入华史稿》，上海古籍出版社，2008 年

杜亚泉主编：《动物学大辞典》，文光图书有限公司，1987 年影印本

杜正胜：《古代物怪之研究——一种心态史和文化史的探索（上）》，《大陆杂志》第 104 卷第 1 期

段成式著，方南生点校：《酉阳杂俎》，中华书局，1981 年

E

Eugenio Menegon, New Knowledge of Strange Things: Exotic Animals from the West，《古今论衡》2006 年第 15 辑，页 39—48

Elizabeth Morrison ed., *Book of Beasts, the Bestiary in the Medieval World*（《异兽之书：中世纪怪兽图鉴》），The J. Paul Getty Museum/Los Angeles, 2019.

F

［意］Fillippo Mignini（菲利波 · 米涅尼）主编，*LA CARTOGRAFIA DI MATTEO RICCI*（《利玛窦的地图》），Libreria Dello Stato Istituto Poligrafico E Zecca Dello Stato, ROMA, 2013.

樊洪业：《耶稣会士与中国科学》，中国人民大学出版社，1992 年

范晔编撰：《后汉书》，《二十五史》第 2 册，上海古籍出版社、上海书店，1986 年

［美］范约翰著，吴子翔述：《百兽集说图考》，美华书馆光绪二十五年（1899）

方豪：《中西交通史》（上、下），岳麓书社，1987 年

方豪：《中西交通史》上、下册，上海人民出版社，2008 年

方豪：《中国天主教人物传》（上），中华书局，1988 年

方豪：《李之藻研究》，台湾商务印书馆，1966 年

方豪：《明清间译著底本的发现和研究》，《方豪六十自定稿》(上册)，(台北)学生书局，1962 年
房玄龄等撰：《晋书》，《二十五史》第 2 册，上海古籍出版社、上海书店，1986 年
冯承钧译：《马可波罗行纪》(沙海昂注本)，上海书店，1999 年
冯承钧校注：《瀛涯胜览校注》，商务印书馆，1935 年
冯锦荣：《乾嘉时期历算学家李锐(1769—1817)的生平及其〈观妙居日记〉》，香港中文大学中国文化研究所编：《中国文化研究所学报》1999 年第 8 期，页 269—286
冯象译：《贝奥武甫》，三联书店，1992 年
[葡] 费尔南·门德斯·平托著，金国平译注：《远游记》，澳门基金会，1999 年
[葡] 费尔南·门德斯·平托等著，王锁英译：《葡萄牙人在华见闻录》，澳门文化司署、东方葡萄牙学会、海南出版社、三环出版社，1998 年
费信撰：《星槎胜览》，中华书局，1991 年
[法] 费赖之(Louis Pfister)著，冯承钧译：《在华耶稣会士列传及书目》，中华书局，1995 年
[美] 费正清编，杜继东译：《中国的世界秩序：传统中国的对外关系》，中国社会科学出版社，2010 年
[比利时] 费坦特(Christine Vertente)：《南怀仁的世界地图》(NAN HUAI - REN'S MAPS OF THE WORLD)，《纪念南怀仁逝世三百周年(1688—1988)国际学术讨论会论文集》，(台北)辅仁大学，1987 年 12 月，页 225—231
[英] 菲立普·威金森(Philip Wilkinson)著，郭乃嘉、陈怡华、崔宏立译：《神话与传说：图解古文明的秘密》(*Myths and Legends: All Illustrated Guide to Their Origins and Meanings*)，(台北)时报文化出版企业有限公司，2010 年
[英] 傅兰雅(John Frye)主编：《格致汇编》，南京古旧书店，1992 年影印版
富察敦崇撰：《燕京岁时记》，北京古籍出版社，1981 年
傅洛叔 Fu Lo-shu, The Two Portuguese Embassies to China during the K'ang-hsi Period, T'oung pao, 43: 75 - 94(1955)[《康熙年间的两个葡萄牙使华使团》，《通报》第 43 期(1955)，页 75—94]
傅珏：《伊里安岛的极乐鸟》，《世界知识》1964 年第 5 期

G

Giulian Bertuccioli, A Lion in Peking: Ludovico Buglio and the Embassy to China of Bento Pereira de Faria in 1678, *East and West*, 26: 1 - 2, 1976, pp.223 - 240.
[荷兰] 高罗佩著，施晔译：《长臂猿考》，中西书局，2015 年
高殿均：《中国外交史》，(台北)帕米尔书店，1952 年
高怀民：《先秦易学史》，台湾商务印书馆，1975 年
高发元、王子华主编：《郑和研究在云南》，云南人民出版社，2021 年
高明：《琵琶记》，中华书局，1958 年
[日] 高田时雄：《〈广州通纪〉初探》，荣新江、李孝聪主编：《中外关系史：新史料与新问题》，科学出版社，2004 年，页 281—287
[意] 高一志：《空际格致》，吴湘相编：《天主教东传文献三编》，(台北)学生书局，1984 年
高诱注：《吕氏春秋》，“诸子集成”本(六)，上海书店，1986 年
葛承雍：《唐韵胡音与外来文明》，中华书局，2006 年

葛兆光:《宅兹中国——重建有关“中国”的历史论述》,中华书局,2011 年
葛兆光:《想象异域:读李朝朝鲜汉文燕行文献札记》,中华书局,2014 年
葛兆光:《从琉球史说起:国境内外与海洋亚洲——读村井章介〈古琉球:海洋アジアの輝ける王國〉》,《古今论衡》2020 年 6 月第 34 期,页 130—141
葛振家:《崔溥〈漂海录评注〉》,线装书局,2002 年
耿昇:《法国入华耶稣会士罗历山及其对“东京王国”的研究》,石源华、胡礼忠主编:《东亚汉文化圈与中国关系》,中国社会科学出版社,2005 年,页 261—282
[美] 根特·维泽(Günther Wessel)著,刘兴华译:《世界志》(Von Einem, der Daheim Blieb, Die Welt Zuentdecken),(台北)漫游者文化事业股份有限公司,2008 年
龚缨晏等:《关于李之藻生平事迹的新史料》,《浙江大学学报》(人文社会科学版)2008 年 5 月第 3 期
龚缨晏:《关于彩绘本〈坤舆万国全图〉的几个问题》,张曙光、戴龙基主编:《驶向东方(第一卷中英双语版)全球地图中的澳门》,社会科学文献出版社,2015 年,页 223—239
巩珍撰,向达校注:《西洋番国志》,中华书局,2000 年
[英] 贡布里奇著,范景中译:《象征的图景》,上海书画出版社,1990 年
顾起元撰:《客座赘语》,凤凰出版社,2005 年
顾卫民:《基督宗教艺术在华发展史》,上海书店出版社,2005 年
郭柏苍撰:《海错百一录》,载《续修四库全书·子部·谱录类》,上海古籍出版社,2002 年
郭郛、英国李约瑟、成庆泰合著:《中国古代动物学史》,科学出版社,1999 年
郭庆藩:《庄子集释》,“诸子集成”本(三),上海书店,1986 年
郭璞撰:《尔雅音图》,台湾商务印书馆,1977 年
郭璞注,邢昺疏:《尔雅注疏》,(台北)中华书局“四部备要”本,1977 年
郭声波:《沈括〈守令图〉与荣县〈守令图〉关系探源》,《四川大学学报》2002 年第 3 期
郭嵩焘:《伦敦与巴黎日记》,岳麓书社,1984 年
过伟:《开创中国的虎文化学——读汪玢玲〈东北虎文化学〉》,《东北史地》2010 年第 6 期

H

Hartmut Walravens, *Die Deutschland-Kenntnisse der Chinesen (bis 1870), Nebst einem Exkurs über die Darstellung fremder Tiere im K'un-Yü t'ü-shuo des P.Verbiest* (Köin: Universitätzu Köin, 1972).
韩琦、吴旻校注:《熙朝崇正集、熙朝定案(外三种)》,中华书局,2006 年
韩琦、吴旻:《礼仪之争与中国天主教徒——以福建教徒和颜的冲突为例》,《历史研究》2004 年第 6 期
韩振华:《航海交通贸易研究》,香港大学亚洲研究中心,2002 年
何芳川:《中外文明的交汇》,香港城市大学出版社,2003 年
何新华:《清代贡物制度研究》,社会科学文献出版社,2012 年
何新:《谈龙说凤——龙凤的动物学原型》,时事出版社,2004 年
[英] 合信:《博物新编》,(上海)墨海书馆,咸丰五年(1855)
[法] 洪若翰:《法国北京传教团的创始》,中国社会科学院历史研究所清史研究室编:《清史资料》第 6 辑,光明日报出版社,1988 年

洪业：《考利玛窦的世界地图》，《禹贡》第 5 卷(1936 年)第 3、4 合刊

[英] 胡司德：《古代中国的动物与灵异》(Roel Sterckx, *The Animal and the Daemon in Early China*)，奥尔巴尼：纽约州立大学出版社(State University of New York Press)，2002 年。中译本见蓝旭译，江苏人民出版社，2016 年

胡文婷：《耶稣会士利类思〈狮子说〉拉丁文底本新探》，《国际汉学》2018 年第 4 期

黄士复、江铁主编：《综合英汉大辞典》，商务印书馆，1928 年 1 月初版

黄河清：《近现代辞源》，上海辞书出版社，2010 年

黄庆华：《中葡关系史 1513—1999》(上、中、下)，黄山书社，2006 年

黄建辉：《唐诗马意象研究》，漳州师范学院硕士论文，2008 年 5 月

黄省曾著，谢方校注：《西洋朝贡典录》，中华书局，2000 年

黄时鉴、龚缨晏：《利玛窦世界地图研究》，上海古籍出版社，2004 年

黄兴涛、王国荣编：《明清之际西学文本：50 种重要文献汇编》，中华书局，2013 年

黄衷撰：《海语》，“中国南海诸群岛文献汇编之三”，(台北)学生书局，1984 年

[德] 黑格尔著，贺麟译：《小逻辑》，商务印书馆，1995 年

侯连海：《记安阳殷墟早期的鸟类》，《考古》(1989 年 10 月)265 期，页 942—947

侯甬坚等编：《中国环境史研究》第三辑《历史动物研究》，中国环境出版社，2014 年

呼延苏：《狐狸精的前世今生》，岳麓书社，2020 年

霍有光：《南怀仁与〈坤舆图说〉》，氏著《中国古代科技史钩沉》，陕西科学技术出版社，1998 年，页 176—195

霍有光：《〈职方外纪〉的地理学地位与中西对比》，《自然辩证法通讯》1995 年第 1 期

J

纪昀撰：《阅微草堂笔记》，海潮出版社，2012 年

姜鸿：《科学、商业与政治：走向世界的中国大熊猫(1869—1948)》，《近代史研究》2021 年第 1 期

姜建强：《这个秋天的寿司，有点寂——日本食鱼文化的一个视角》，《书城》2016 年第 11 号

姜乃澄、丁平主编：《动物学》，浙江大学出版社，2009 年

蒋硕：《晚清西方汉学的丰碑：晁德莅与〈中国文化教程〉》，复旦大学历史学“中国史”专业博士论文，2020 年 6 月

蒋硕：《利类思〈狮子说〉底本考》，陶飞亚、肖清和主编：《宗教与历史》2020 年第 13 辑

金国平：《〈职方外纪〉补考》，《西力东渐：中葡早期接触追昔》，澳门基金会，2000 年

金国平：《澳门记略》葡语新译本(*Breve Monografia de Macau*，Rui Manuel Loureiro 修订)，澳门文化局，2009 年

金幼孜：《金文靖集》，台湾商务印书馆编：《景印文渊阁四库全书》第 1240 册，台湾商务印书馆股份有限公司，1986 年

K

[英] 卡鲁姆·罗伯茨(Callum Roberts)著，吴佳其译：《猎杀海洋——一部自我毁灭的人类文明史》(*The Unnatural History of the Sea*)，(新北)我们出版，2014 年

康蕾：《环境史视角下的西域贡狮研究》，陕西师范大学硕士论文，2009 年 5 月
[英] 科林·哈里森(Colin Harrison)、[英] 艾伦·格林史密斯(Allan Greensmith)著，丁长青译：《鸟》(*Birds of the World*)，中国友谊出版公司，2003 年
孔令伟：《风尚与思潮》，中国美术学院出版社，2008 年

L

Berthold Laufer, *The Giraffe in History and Art*, Chicago, Field Museum of Natural History. Leaflet 27, 1928.
赖春福、张詠青、庄棣华编：《鱼文化录》，(基隆)水产出版社，2001 年
赖毓芝：《从杜勒到清宫——以犀牛为中心的全球史观察》，《故宫文物月刊》2011 年 11 月 344 期
赖毓芝：《图像、知识与帝国：清宫的食火鸡图绘》，《故宫学术季刊》2011 年冬季号第 29 卷第 2 期
赖毓芝：《清宫对欧洲自然史图像的再制：以乾隆朝〈兽谱〉为例》，《"中研院"近代史研究所集刊》2013 年 6 月第 80 期
赖毓芝：《知识、想象与交流：南怀仁〈坤舆全图〉之生物插绘研究》，董少新编《感同身受——中西文化交流背景下的感官与感觉》，复旦大学出版社，2018 年，页 141—182
郎瑛撰：《七修类稿》，上海书店出版社，2001 年
[奥地利] 雷立柏(Leopold Leeb)：《古典欧洲文化与"龙"的象征》(Classical European Culture and the Symbol of the"Dragon")，《基督教文化学刊》2009 年秋季号
[意] 利玛窦：《坤舆万国全图》，禹贡学会，1936 年影印本
[意] 利玛窦著，文铮译：《耶稣会与天主教进入中国史》，商务印书馆，2014 年
李昉等编：《太平广记》，哈尔滨出版社，1995 年
李圭撰：《环游地球新录》，岳麓书社，1985 年
李时珍撰：《本草纲目》，人民卫生出版社，1982 年
李奭学：《中国晚明与欧洲文学——明末耶稣会古典型证道故事考诠》，(台北)联经出版公司，2005 年
李奭学：《西秦饮渭水，东洛荐河图——我所知道的"龙"字欧译始末》，彭小研主编：《文化翻译与文本脉络：晚明以降的中国、日本与西方》，(台北)"中研院"中国文哲研究所，2013 年，页 191—219
李廷举、吉田忠主编：《中日文化交流史大系(8)科技卷》，浙江人民出版社，1996 年
李君文、杨晓军：《东西方动物文化内涵的差异与翻译》，《天津外国语学院学报》2000 年第 2 期
李孝聪：《欧洲收藏部分中文古地图叙录》，国际文化出版公司，1986 年
[英] 李约瑟：《中国科学技术史》第四卷"物理学及相关技术"，第三分册"土木工程与航海技术"，科学出版社、上海古籍出版社，2008 年
李兆良：《坤舆万国全图解密：明代测绘世界》，(台北)联经出版事业有限公司，2012 年
李芝岗：《中华石狮雕刻艺术》，百花文艺出版社，2004 年
[越] 黎崱著，武尚清点校：《安南志略·物产》，中华书局，2000 年
[意] 利类思：《鹰论》，陈梦雷编纂，蒋廷锡校证：《古今图书集成》，中华书局、巴蜀书社，1985 年，页 63131—63139
[意] 利类思：《狮子说》，[比利时] 钟鸣旦、杜鼎克、蒙曦编：《法国国家图书馆明清天主教文献》第四册，(台北)利氏学社，2009 年

梁章钜撰：《浪迹丛谈》，中华书局，1981 年
林东阳：《评〈南怀仁的世界地图〉》，《纪念南怀仁逝世三百周年（1688—1988）国际学术讨论会论文集》，（台北）辅仁大学，1987 年，页 233—235
林幹：《匈奴史》，内蒙古人民出版社，1979 年
［韩］林基中：《燕行录全集》，（首尔）东国大学出版社，2001 年
林梅村：《古道西风：考古新发现所见中西文化交流》，三联书店，2000 年
林瓔：《天马》，外文出版社，2002 年
［瑞典］林瑞谷（*Erik Ringmar*），Audience for a Giraffe：European Expansionism and the Quest for the Exotic（长颈鹿的观者：欧洲扩张主义和寻求异国情调的任务），*Journal of World History*，17：4，Decmeber，2006，pp.353－397.
［日］铃木信昭：《朝鲜肅宗三十四年描画入り〈坤輿萬國全圖〉考》，《史苑》2003 年 3 月第 63 卷第 2 号（通卷 170 号）
［日］铃木信昭：《朝鲜に传来した利瑪竇〈兩儀玄覽圖〉》，《朝鲜学报》2006 年第 201 辑
［日］铃木信昭：《利瑪竇〈兩儀玄覽圖〉考》，《朝鲜学报》2008 年 1 月第 206 辑
罗光：《利玛窦对中国学术思想的贡献》，《纪念利玛窦来华四百周年中西文化交流国际学术研讨会》，（台北）辅仁大学，1983 年
罗曰褧撰，余思黎点校：《咸宾录》，中华书局，2000 年
［英］W. D.罗斯著，王路译：《亚里士多德》，商务印书馆，1997 年
刘安撰，高诱注：《淮南子注》，“诸子集成”本（七），上海书店，1986 年
刘钝：《托勒密的“曷捺楞马”与梅文鼎的“三极通机”》，《自然科学史研究》1986 年第 5 卷第 1 期
刘华杰：《博物学文化与编史》，上海交通大学出版社，2014 年
刘丽华：《论〈庄子〉中动物意象的价值蕴涵》，《学术交流》2011 年第 12 期
刘潞：《从南怀仁到马国贤：康熙宫廷版画之演变》，《故宫学刊》2013 年第 1 期
刘昫等撰：《旧唐书》，《二十五史》第 5 册，上海古籍出版社、上海书店，1986 年
刘侗、于奕正撰：《帝京景物略》，北京古籍出版社，1982 年
刘文锁：《骑马生活的历史图景》，商务印书馆，2014 年
刘文泰等纂修，曹晖校注：《本草品汇精要》，华夏出版社，2004 年
刘献廷撰：《广阳杂记》，中华书局，1997 年
刘恂撰，鲁迅校勘：《岭表录异》，广东人民出版社，1979 年
刘一辰：《论中国古代白色动物崇拜的文化内涵》，《淮海工学院学报》2017 年第 12 期
刘迎胜：《古代东西方交流中的马匹》，《光明日报》2018 年 01 月 15 日 14 版
刘志雄、杨静荣：《龙的身世》，台湾商务印书馆股份有限公司，1992 年
刘志雄、杨静能：《龙与中国文化》，人民出版社，1992 年
卢雪燕：《南怀仁〈坤舆全图〉与世界地图在中国的传播》，故宫博物院编《第一届清宫典籍国际研讨会论文集》，故宫出版社，2014 年，页 87—96
陆谷孙主编：《英汉大词典》，上海译文出版社，2007 年
陆谷孙主编：《中华汉英大词典》（上卷），复旦大学出版社，2015 年
陆希言：《墺门记》，［比利时］钟鸣旦、杜鼎克、蒙曦编：《法国国家图书馆明清天主教文献》第 11 册，（台北）利氏学社，2009 年

陆益峰:《“动物外交官”活跃于国际舞台》,《文汇报》2018年6月14日第8版
罗懋登:《三宝太监西洋记通俗演义》(上、下),上海古籍出版社,1985年

M

马欢原著,万明校注:《明钞本〈瀛涯胜览〉校注》,海洋出版社,2005年
[德]马库斯·布洛赫著/绘,周卓诚、王新国校译:《布洛赫手绘鱼类图谱》,北京大学出版社,2016年
[美]玛丽娜·贝罗泽斯卡亚(Marina Belozerskaya),*The Medici Giraffe: and Other Tales of Exotic Animals and Power*(美第奇家族的长颈鹿:及其他奇异动物的故事与权力),New York: Little Brown and Co. 2006, pp.87-129
[英]麦都思:《英华字典》(*English and Chinese Dictionary*),上海伦敦会印刷所,1847年
毛宪民:《清代銮仪卫驯象所养象》,《紫禁城》1991年第3期
孟思瑶:《唐代文学中马的文化释读》,西北大学中国古代文学硕士论文,2012年6月
[英]米兰达·布鲁斯·米特福德(Miranda Bruce Mitford)、菲利普·威尔金森(Philip Wilkinson)著,周继岚译:《符号与象征》(*Signs and Symbols*),三联书店,2013年
[法]米歇尔·福柯著,莫伟民译:《词与物:人文科学的考古学》,上海三联书店,2020年
苗力田主编:《亚里士多德全集》第六卷,中国人民大学出版社,1995年

N

[比利时]南怀仁:《坤舆图说》,《景印文渊阁四库全书》第594册,(台北)商务印书馆,1983年
[比利时]南怀仁著,河北大学历史学院整理:《坤舆全图》,河北大学出版社,2018年
[比利时]南怀仁:《坤舆图说》,“丛书集成本”《坤舆图说 坤舆外纪》,商务印书馆,1937年
[比利时]南怀仁:《坤舆图说》,“中研院”傅斯年图书馆藏有标注为“康熙甲寅岁日躔娵訾之次”,即1674年的立春之次版本
[比利时]南怀仁著,高华士英译,余三乐中译:《南怀仁的〈欧洲天文学〉》(*The Astronomia Europaea of Ferdinand Verbiest, S. J*, 1687),大象出版社,2016年
[比利时]南怀仁译,杨廷筠记:《广州通纪》,日本关西大学图书馆“增田涉文库”藏本
[日]内田庆市:《中国人关于“罗得岛巨人像”的描绘》,《或问》2005年第10期
[日]内田庆市、沈国威合编:《邝其照〈字典集成〉:影印与解题初版·第二版》,大阪:关西大学东亚文化交涉学会,2013年
[日]鲇泽信太郎:《南怀仁的〈坤舆图说〉与〈坤舆外纪〉研究》,《地球》1937年27卷第6期
倪浓水:《中国古代海洋小说与文化》,海洋出版社,2012年
[美]尼可拉斯·魏德编,孙桦等译:《鱼》,(台北)知书房,2002年
聂崇正:《清宫绘画与西画东渐》,紫禁城出版社,2008年
聂崇正:《清宫廷画家张震、张为邦、张廷彦》,《文物》1987年第12期
聂崇正:《清宫廷画家余省、余稺兄弟》,《紫禁城》2011年第10期
聂璜撰:《幸存录》不分卷,上海图书馆藏抄本
钮琇撰,南炳文、傅贵久点校:《觚賸》,上海古籍出版社,1986年

P

潘贝欣：《高母羡〈辩正教真传实录〉初步诠释》，王晓朝、杨熙南主编：《信仰与社会》，广西师范大学出版社，2006 年，页 153—173

潘荣陛撰：《帝京岁时纪胜》，北京古籍出版社，1981 年

庞秉璋：《毒蜘蛛与塔兰台拉舞曲》，《大自然》1984 年第 2 期

庞红蕊：《面容与动物生命：从列维纳斯到朱迪斯·巴特勒》，《澳门理工学报》2020 年第 4 期

庞进：《呼风唤雨八千年——中国龙文化探秘》，四川教育出版社，1998 年

[法] 裴化行著，管震湖译：《利玛窦评传》，商务印书馆，1993 年

[韩] 朴趾源著，朱瑞平校点：《热河日记》，上海书店出版社，1997 年

[德] 普塔克(Poderich Ptak)编：《传统中国的海洋动物》(*Marine Animals in Traditional China*)，Wiesbaden：Harrassowitz Verlag，2010 年

[德] 普塔克(Roderich Ptak)著，罗莹译：《澳门典籍的国际化——葡语版〈澳门记略〉评述》，《澳门研究》总第 60 期，2011 年第 1 期，页 98—100

[德] 普塔克(Poderich Ptak)，Gouguo，the "Land of Dogs" on Ricci's World Map(《细说利玛窦〈坤舆万国全图〉上的"狗国"》)，*Monumenta Serica*，66.1 (2018)，pp.71 - 89

[德] 普塔克(Roderich Ptak)著，赵殿红、蔡洁华等译：《普塔克澳门史与海洋史论集》，广东人民出版社，2018 年

Q

钱锺书：《管锥编》(一)至(四)，中华书局，1979 年

钱春绮译：《尼贝龙根之歌》，人民文学出版社，1994 年

[美] 切特·凡·杜泽著，王绍祥、张愉译：《海怪：中世纪与文艺复兴地图中的海洋异兽》，北京联合出版公司，2018 年

丘书院：《我国古书中有关海洋动物生态的一些记载》，《生物学通报》1957 年 12 月号

邱铁皓：《(Jūng)船考——13 至 15 世纪西方文献中所见之"Jūng"》，《国际汉学研究通讯》2012 年 6 月第 5 期

阙维民：《伦敦版利氏世界地图略论》，北京大学历史地理中心编：《侯仁之师九十寿辰纪念文集》，学苑出版社，2002 年，页 314—325

阙维民：《南京博物院利玛窦〈坤舆万国全图〉藏本之诠注》，《历史地理研究》2020 年第 3 期

R

饶宗颐：《符号·初文与字母——汉字树》，(香港)商务印书馆，1998 年

饶宗颐：《〈畏兽画〉说》，载氏著《澄心论萃》，上海文艺出版社，1996 年

[日] 神户市立博物馆编：《古地图セレクシヨン》，2000 年

[法] 荣振华著，耿昇译：《在华耶稣会士列传及书目补编》(上、下)，中华书局，1995 年

芮传明、余太山：《中西纹饰比较》，上海古籍出版社，1995 年

S

[日] 辻原康夫著，萧志强译：《从地名看历史》，（台北）世潮出版有限公司，2004 年

[美] 萨义德著，王宇根译：《东方学》“后记”，三联书店，1999 年

[英] 赛门·加菲尔(Simon Garfield)著，郑郁欣译：《地图的历史》，（台北）马可孛罗文化，2014 年

上海辞书出版社编：《外国人名辞典》，上海辞书出版社，1988 年

上海申报馆：《申报》“自由谈·印度游记”，1931 年 4 月 1 日

上海市地方志办公室、闵行区地方志办公室编：《上海府县旧志丛书·上海县卷》，上海古籍出版社，2015 年

邵火焰：《“救人鱼”的生存智慧》，《思维与智慧》2012 年第 10 期

沈德符撰：《万历野获编》，中华书局，1997 年

沈福伟：《中国与非洲——中非关系二千年》，中华书局，1990 年

[日] 沈国威、内田庆市编著：《近代启蒙的足迹》，（大阪）关西大学出版部，2002 年

沈依安：《南怀仁〈坤舆图说〉研究》，台湾佛光大学硕士论文，2011 年 7 月

沈宇斌：《全球史研究的动物转向》，载《史学月刊》2019 年第 3 期

沈宇斌：《人与动物和环境：“同一种健康”史研究刍议》，《澳门理工学报》2020 年第 4 期

慎懋官：《华夷花木鸟兽珍玩考》，明万历刻本

[日] 狩野博幸监修，陈芬芳翻译：《江户时代的动植物图谱》，（台北）城邦文化视野股份有限公司，2020 年

[美] 史景迁(Jonathan D. Spence)，*The Memory Palace of Matteo Ricci*, New York: Viking Penguin Inc. 1984.该书 1991 年台湾辅仁大学有孙尚扬译本《利玛窦的记忆之宫》；2005 年上海远东出版社有陈恒、梅义征译本《利玛窦的记忆之宫：当西方遇到东方》；2007 年广西师范大学出版社有章可译本《利玛窦的记忆宫殿》

施爱东：《中国龙的发明：16—20 世纪的龙政治与中国形象》，三联书店，2014 年

世界书局编：《英汉求解、作文、文法、辨义四用辞典》，（香港）世界书局，1979 年增订本

司马迁撰：《史记》，《二十五史》第 1 册，上海古籍出版社、上海书店，1986 年

司徒雅：《避役》，《生物学通报》1963 年第 6 期

四库全书研究所整理：《钦定四库全书总目》（上、下册），中华书局，1997 年

石睿涵：《论〈庄子〉中动物意象的思想意蕴》，《六盘水师范学院学报》2017 年第 4 期

石云里：《从玩器到科学——欧洲光学玩具在清朝的流传与影响》，《科学文化评论》2013 年第 2 期

[日] 寺田とものり、TEAS 事务所著，林芸曼译：《龙典》，（新北）枫树坊文化出版社，2014 年

宋濂等编：《元史》，《二十五史》第 9 册，上海古籍出版社、上海书店，1986 年

宋后楣著，朱洁树、徐燕倩节译：《中国古代马画中的符号与诉说》，《东方早报·艺术评论》2014 年 1 月 27 日第 4—8 版

孙诒让撰：《墨子间诂》，“诸子集成”本（四），上海书店，1986 年

孙喆：《丰臣秀吉禁教问题研究》，东北师范大学“日本史”专业硕士论文，2018 年 5 月

T

汤开建：《明清天主教论稿二编》，澳门大学，2014 年

汤开建：《天朝异化之角：16—19世纪西洋文明在澳门》，暨南大学出版社，2016年
汤开建校注：《利玛窦明清中文文献资料汇释》，上海古籍出版社，2017年
汤开建：《明清士大夫与澳门》，澳门基金会，1998年
唐思：《澳门风物志》，第三集，澳门基金会，2004年
［英］唐纳德·F·拉赫著，周宁总校译：《欧洲形成中的亚洲》第二卷《奇迹的世纪》第一册“视觉艺术”（刘绯、温飚译），人民出版社，2013年
［美］汤姆·拜恩（Tom Baione）编著，傅临春译：《自然的历史》，重庆大学出版社，2014年
台北“故宫博物院”编：《故宫书画图录》第9册，（台北）故宫博物院，1992年
陶思炎：《中国鱼文化的变迁》，《北京师范大学学报》1990年第2期
屠本畯等撰：《蟹语·闽中海错疏·然犀志》，商务印书馆，1939年
［美］托马斯·爱尔森著，马特译：《欧亚皇家狩猎史》，社会科学文献出版社，2017年
脱脱修撰：《宋史》，《二十五史》第7、8册，上海古籍出版社、上海书店，1986年

W

［美］William John Thomas Mitchell，*Picture Theory: Essays on Verbal and Visual Representation*，Chicago：University of Chicago，1994，pp.68－70.
万明：《明代中外关系史论稿》，中国社会科学出版社，2011年
万依、王树卿、刘璐：《清代宫廷史》，百花文艺出版社，2004年
王安石：《王文公文集》，上海人民出版社，1974年
王大有：《中华龙种文化》，中国时代经济出版社，2006年
王充：《论衡》，“诸子集成”本（七），上海书店，1986年
王黼编纂，牧东整理：《重修宣和博古图》，广陵书社，2010年
王慧萍：《怪物考》，（台北）如果出版社，2012年
王笠荃：《中华龙文化的起源与演变》，气象出版社，2010年
王梦赓：《清代院画论谈》，支远亭主编：《清代皇宫礼俗》，辽宁民族出版社，2003年
王咪咪编纂：《范行准医学论文集》，学苑出版社，2011年
王圻、王思义编：《三才图会》（上、中、下册），上海古籍出版社，1988年
王先谦注：《庄子集解》，“诸子集成”本（三），上海书店，1986年
王先谦撰：《五洲地理志略》，湖南学务公所，宣统二年（1910）刻本
王先慎集解：《韩非子集解》，“诸子集成”本（七），上海书店，1986年
王贤钏、张积家：《动物文化及其辩论和思考》，《自然辩证法通讯》2010年第1期
王嫣：《博物学视域下的〈清宫海错图〉研究》，上海师范大学“科学技术哲学”硕士论文，2017年5月
［澳］王省吾：《澳大利亚国家图书馆所藏彩绘本——南怀仁〈坤舆全图〉》，《历史地理》第14辑，上海人民出版社1998年8月，页211—224
王永杰：《利玛窦、艾儒略世界地图所记几则传说考辨》，《中国历史地理论丛》2013年第3期
王子今、乔松林：《〈汉书〉的海洋纪事》，《史学史研究》2012年第4期
王曾才：《中国外交史话》，（台北）经世书局，1988年
汪启淑撰：《水曹清暇录》，北京古籍出版社，1998年

汪宁生:《释“武王伐纣前歌后舞”》,《历史研究》1981 年第 4 期
汪前进:《南怀仁坤舆全图研究》,曹婉如等编:《中国古代地图集·清代》,文物出版社,1997 年,页 106—107
[法] 魏明德:《对话如游戏——新轴心时代的文化交流》,商务印书馆,2013 年
[比利时] 魏若望编:《传教士·科学家·工程师·外交家:南怀仁——鲁汶国际学术研讨会论文集》,社会科学文献出版社,2001 年
韦明铧:《动物表演史》,山东画报出版社,2005 年
文金祥主编:《清宫海错图》,故宫出版社,2014 年
伍光建:《最新中学物理教科书·静电学》,商务印书馆,1906 年
吴莉苇:《明清传教士对〈山海经〉的解读》,《中国历史地理论丛》第 20 卷 2005 年第 3 辑
吴振棫撰:《养吉斋丛录》,北京古籍出版社,1983 年
吴自牧撰:《梦粱录》,浙江人民出版社,1984 年

X

夏原吉:《夏忠靖公集》,《北京图书馆古籍珍本丛刊·集部·明别集类》第 100 册,书目文献出版社,1998 年
向达:《唐代长安与西域文明》,三联书店,1987 年
肖清和:《天儒同异:清初儒家基督徒研究》,上海大学出版社,2019 年
萧绎撰:《金楼子》,中华书局,1985 年
谢方:《艾儒略及其〈职方外纪〉》,《中国历史博物馆馆刊》1991 年总第 15—16 期
徐海松:《王宏翰与西学新论》,黄时鉴主编:《东西交流论谭》,上海文艺出版社,2001 年
徐继畬撰:《瀛寰志略》,上海书店出版社,2001 年
徐珂编撰:《清稗类钞》,中华书局,1984 年
徐宗泽:《明清间耶稣会士译著提要》,中华书局,1949 年
[美] 薛爱华著,程章灿、叶蕾蕾译:《朱雀:唐代的南方意象》,三联书店,2014 年
许慎撰:《说文解字》,中华书局,1979 年
谢清高口述,杨炳南笔录,安京校释:《海录校释》,商务印书馆,2002 年
谢升凤:《华南地区珍稀兽类野生动物史研究述评》,《农业考古》2020 年第 1 期
谢肇淛撰:《五杂组》,上海书店出版社,2001 年
熊梦祥撰:《析津志辑佚》,北京古籍出版社,1983 年
徐华铛:《中国神兽造型》,中国林业出版社,2010 年
许秀娟:《麒麟形象的变迁与中外文化交流的发展》,《海交史研究》2002 年第 1 期

Y

Yu-chih Lai, Images, Knowledge and Empire: Depicting Cassowaries in the Qing Court, *Transcultural Studies*, No. 1 (2013), pp.7 - 100.
[古希腊] 亚里士多德著,吴寿彭译:《动物学》,商务印书馆,2010 年
严从简撰:《殊域周咨录》,中华书局,1993 年

严可均：《全三国文》，商务印书馆，1999 年
杨德渐、陈万青：《中国古代海洋动物史研究》，《青岛海洋大学学报》2000 年第 30 卷第 2 期
杨华：《〈尚书 · 牧誓〉新考》，《史学月刊》1996 年第 5 期
杨宪益：《译余偶拾》，三联书店，1983 年
杨永康：《百兽率舞：明代宫廷珍禽异兽豢养制度探析》，《学术研究》2015 年第 7 期
[美] 约瑟夫 · 尼格著，江然婷、程方毅译：《海怪：欧洲古〈海图〉异兽图考》，美术摄影出版社，2017 年
[美] 伊丽莎白 · 爱森斯坦著，何道宽译：《作为变革动因的印刷机：早期近代欧洲的传播与文化变革》，北京大学出版社，2010 年
佚名：《敬一堂志》，[比利时] 钟鸣旦、杜鼎克、王仁芳编：《徐家汇藏书楼明清天主教文献续编》第 13 册，(台北)利氏学社，2013 年
[清] 印光任、张汝霖、祝淮等：《澳门记略 澳门志略》，国家图书馆出版社，2010 年
殷伟、任玫编著：《中国鱼文化》，文物出版社，2009 年
英娜：《〈西洋记〉的文学书写与文化意蕴》，陕西理工学院“中国古代文学”专业硕士论文，2012 年
余红芳：《白法调狂象，玄言问老龙——唐诗动物骑乘意象与宗教信仰关系研究》，《成都理工大学学报》(社会科学版)2017 年第 4 期
苑利：《龙王信仰探秘》，(台北)东大图书公司，2003 年
袁杰主编：《清宫兽谱》，故宫出版社，2014 年
袁杰：《故宫博物院藏乾隆时期〈兽谱〉》，《文物》2011 年第 7 期
袁珂校译：《山海经校译》，上海古籍出版社，1985 年
袁枚撰，崔国光校点：《新奇谐——子不语》，齐鲁书社，2004 年
乐黛云、勒 · 比雄主编：《独角兽与龙——在寻找中西文化普遍性中的误读》，北京大学出版社，1995 年
[英] 约翰 · 达尔文(John Darwin)著，黄中宪译：《帖木儿之后：1405—2000 年全球帝国史》，(台湾)野人文化出版社，2010 年；中信出版社，2021 年

Z

查茂盈：《中国象文化研究》，西北农林科技大学“科学技术哲学”硕士论文，2012 年
[英] 詹姆斯 · 霍尔著，迟轲译：《西方艺术事典》，凤凰出版传媒集团、江苏教育出版社，2007 年
章文钦：《〈澳门纪略〉研究》，原载《文史》1990 年第 33 辑，中华书局；又载氏著《澳门历史文化》，中华书局，1999 年，页 271—310
张必忠：《康熙朝西洋国贡狮》，《紫金城》1992 年第 2 期
张柏春等：《传播与会通——〈奇器图说〉研究与校注》，江苏科技出版社，2008 年
张德彝：《稿本航海述奇》，北京图书馆出版社，1997 年
张华撰：《博物志》，(台北)金枫出版有限公司，1987 年
张箭：《郑和下西洋与中国动物学知识的长进》，《海交史研究》2004 年第 1 期
张箭：《下西洋所见所引进之异兽考》，《社会科学研究》2005 年第 1 期
张孟闻：《中国生物分类学史述论》，《中国科技史料》第 8 卷(1987 年)第 6 期
张瑞芳：《唐前仙道小说中的变化法术与动物意象》，《南京师范大学文学院学报》2016 年第 3 期

张世义、商秀清：《“清宫海错图”中的4种鱼类》，《生物学通报》2012年第47卷第7期
张廷玉等撰：《明史》，《二十五史》第10册，上海古籍出版社、上海书店，1986年
张维华主编：《郑和下西洋》，人民交通出版社，1985年
张伟然：《独辟蹊径 为霞满天——略述何业恒先生对中国历史地理研究的贡献》，《历史地理》第15辑，上海人民出版社，1999年；又见氏著《学问的敬意与温情》，北京师范大学出版社，2018年，页57—70
张燮撰，谢方点校：《东西洋考》，中华书局，2000年
张旭：《高贵的象征：纹章制度》，长春出版社，2016年
张之杰：《科学风情画：科学与美术的邂逅、知性与感性的交融》，台湾商务印书馆股份有限公司，2013年
张之杰：《永乐十二年榜葛剌贡麒麟之起因与影响》，《中华科技史学会会刊》2005年1月第八期，页66—72
赵春晨校注：《澳门纪略校注》，澳门文化司署，1992年
赵春晨：《岭南近代史事与文化》，中国社会科学出版社，2003年
赵国章、潘树广主编：《文献学辞典》，江西教育出版社，1991年
赵景深：《中国小说丛考》，齐鲁书社，1983年
赵启光：《天下之龙：东西方龙的比较研究》，海豚出版社，2013年
赵荣台、陈景亭：《圣经动植物意义》，上海人民出版社，2006年
赵尔巽等撰：《清史稿》，《二十五史》第11、12册，上海古籍出版社、上海书店，1986年
赵汝适撰，杨博文校释：《诸蕃志校释》，中华书局，2000年
赵秀玲：《明沈度序本〈瑞应麒麟图〉研究》，《西北美术》2017年第2期
赵翼撰：《檐曝杂记》，中华书局，1982年
赵永复：《利玛窦〈坤舆万国全图〉所用的中国资料》，《历史地理》第一辑，复旦大学出版社，1986年
［美］珍妮·布鲁斯等著，苏永刚等译：《世界动物百科全书》，明天出版社，2005年
曾玲主编：《东南亚的“郑和记忆”与文化诠释》，黄山书社，2008年
曾堉：《郎世宁——西洋第一位〈鱼乐图〉画家》，台湾辅仁大学主编：《郎世宁之艺术——宗教与艺术研讨会论文集》，(台北)幼狮文化事业公司，1991年
郑鹤声、郑一钧编：《郑和下西洋资料汇编》(上、中、下)，海洋出版社，2005年
郑彭年：《日本西方文化摄取史》，杭州大学出版社，1996年
郑闰：《〈西洋记〉作者罗懋登考略》，时平、普塔克编：《〈三宝太监西洋记通俗演义〉之研究》，Maritime Asia 23，Harrassowitz Verlag，上海郑和研究中心，2011年，页15—22
郑威：《小鱼儿们：历代名画家笔下的鲦鱼》，《文汇报》2019年08月30日第2—4版
郑一钧：《论郑和下西洋》，海洋出版社，2005年
志刚撰：《初使泰西记》，岳麓书社，1985年
中华书局编辑部编：《十三经注疏》，中华书局，1980年影印本
中国大百科全书出版社编辑部编：《中国大百科全书·生物学》，中国大百科全书出版社，1992年
中国第一历史档案馆、香港中文大学文物馆编：《清宫内务府造办处总汇》第一册，人民出版社，2005年
中国基督教协会印发：《新旧约全书》，南京爱德印刷有限公司
中国社会科学院近代史研究所翻译室编：《近代来华外国人名辞典》，中国社会科学出版社，1984年

[日] 中野美代子，刘禾山译：《从小说看中国人的思考样式》，(台北)成文出版社，1977 年
[比利时] 钟鸣旦著，香港圣神研究中心译：《杨廷筠——明末天主教儒者》，社会科学文献出版社，2002 年
《紫禁城》杂志编辑部编：《神龙别种：中国马的美学传统》，故宫出版社，2014 年
周甜甜：《中国文学作品中人鱼意象演变及其文化内涵》，《文学教育(上)》2015 年第 1 期
周振鹤：《从天下观到世界观的第一步——读〈利玛窦世界地图研究〉》，《文汇报》2004 年 11 月 6 日第 11 版
宗丽丽：《试论先秦文献中的动物文化与文化动物》，华中师范大学"历史文献学"硕士论文，2009 年
邹代均：《西征纪程》，岳麓书社，2010 年
邹逸麟、张修桂主编：《中国历史自然地理》，科学出版社，2013 年
邹振环：《晚明汉文西学经典：编译、诠释、流传与影响》，复旦大学出版社，2011 年
邹振环：《南怀仁〈坤舆格致略说〉研究》，荣新江、李孝聪主编：《中外关系史：新史料与新问题》，科学出版社，2004 年，页 289—304
邹振环：《圣保禄学院、圣若瑟修院的双语教育与明清西学东渐》，耿昇、吴志良主编《16—18 世纪中西关系与澳门》，商务印书馆，2005 年，页 321—336
邹振环：《〈七奇图说〉与清人视野中的"天下七奇"》，中国社会科学院近代史所、比利时鲁汶大学南怀仁研究中心编，古伟瀛、赵晓阳主编：《基督宗教与近代中国》，社会科学文献出版社，2011 年，页 499—529
邹振环：《〈西洋记〉的刊刻与明清海防危机中的"郑和记忆"》，《安徽大学学报》2011 年第 3 期
邹振环：《〈兽谱〉中的外来"异国兽"》，《紫禁城》2015 年第 10 期
邹振环：《郑和下西洋与明人的海洋意识——基于明代地理文献的例证》，时平主编《海峡两岸郑和研究文集》，海洋出版社 2015 年，页 12—21
邹振环：《音译与意译的竞逐："麒麟"、"恶那西约"与"长颈鹿"译名本土化历程》，《华中师范大学学报》2016 年第 2 期
邹振环：《郑和下西洋与明朝的"麒麟外交"》，《华东师范大学学报》2018 年第 2 期
邹振环：《际天极地云帆竞：作为"大航海时代"前奏的郑和下西洋》，《江海学刊》2020 年第 2 期
朱开甲、王显理主编：《格致新报》，沈云龙主编："近代中国史料丛刊"第二十四辑，文海出版社，1987 年
朱立春主编：《动物世界》，中国华侨出版社，2010 年
朱天顺：《中国古代宗教初探》，上海人民出版社，1982 年
朱维铮主编：《利玛窦中文著译集》，复旦大学出版社，2007 年
朱学渊：《以"梼杌"一词，为中华民族寻根》，《文史知识》2005 年第 5 期
[新加坡] 庄钦永：《郭实猎〈万国地理全集〉的发现及其意义》，《近代中国基督教史研究集刊》第 7 期 (2006/2007)，页 1—17
[新加坡] 庄钦永、周清海：《基督教传教士与近现代汉语新词》，(新加坡)青年书局，2010 年

后记

从小很喜欢去动物园观赏动物，也总会把母亲给我的零花钱去街头买回小鱼、小虾、蟋蟀、蚕宝宝，让它们在盆盆罐罐中生活一整个春夏。也有过将小猫、鸡雏养成大猫、大鸡的经历，圈养的六只小鸡会形成一个小社会，遇到邻居的小鸡，它们会联合起来一致对外，但内部却也有霸凌之类的事件。家里曾养过一只小黑猫，特别会逮老鼠，由于偷吃邻居家的带鱼，父母亲不得不将它投放到几公里之外的苏州河边，几个月后，浑身泥巴的小黑猫竟然找了回来，真是令人神奇。

第一次给我留下深刻印象的动物故事是日本藏原惟善执导的一部名为《狐狸的故事》(*Story of The Fox*)的纪录片。该片通过一棵生长在日本北部鄂霍次克海边老橡树的叙述，以拟人手法虚构了一对公母狐狸的经历，展现了北方狐狸一家的悲欢离合。我也喜欢看"动物世界"的电视节目，特别是非洲羚羊在狮子捕猎的追逐中穿越辽阔草原的辉煌场景，令人难忘。但从来未想到会在21世纪的第二个十年来写关于动物的学术论文，并且编著一部讨论中外动物文化交流史的论著。

海外动物史研究兴起快有30来年了，特别是最近20年，各种语言的相关著作竟如雨后春笋般层出不穷。学界讨论动物史的作品，不但试图梳理和总结动物史的内涵和外延、动物史的理论与方法，同时也对现代史学对动物的研究，以及动物文化史作为新领域出现之后的史学状况，有一种强烈的反思。在过往的学术研究中，我从来对新理论不敏感，不敢附会称自己撰写明清中外动物文化交流史的篇文，是在学界"新动物史"的这一脉络下进行的。就如同当年我撰写研究近代中国出版史和晚清中外医学交流史的学术论文，并非受海外书籍史、阅读史和医学社会史的影响。反观我做的中国翻译史和书籍出版史，也非受这些领域新理论的感召。很长时期里，一直把阅读动物文化史的图书作为研究之余的休息，坚持不把这种业余的阅读爱好转变为专业研究，进入这一新的研究领域，现在想来纯粹缘于一些偶然的因素。回想自己何以会有勇气走入一个全新的研究领域，还在于对自己多年研究的中国翻译出版史和西学东渐史，在内容上，抑或形式上，都有盘桓瓶颈渐趋自我重复的忧虑。此时可能有两种选择，一是继续深耕，使研究内部更复杂化；二是向外伸展，形成新的研究生长点，我选择的是后者，以寻找一种重临起点的新鲜感。

检视自己撰写的有关明清动物文化史的篇文，从最早发表在2013年《安徽大学学报》上的《康熙朝贡狮与利类思的〈狮子说〉》一文算起，至2020年发表在《华东师范大学学报》上《交流与互鉴：〈清宫海错图〉与中西海洋动物的知识与画艺》，七年中竟然发表了大大小小20余篇文章。除了发表在《文汇学人》《紫禁城》等报刊上带有通俗性解说的6篇文章外，正规的学术论文有十三四篇之多。朋友和学生都提醒我，可以编一本明清动物文化专题论集了。2020年因疫情闭锁在家的那些日子里，我开始清理明清动物文化史的论文，选择了其中十余篇，编制了一份明清动物文化史论集的目录。感谢复旦大学历史学系慷慨地提供了出版资助，使得编纂论著的工作得以付诸实施。

需要说明的是，收录于本书的11篇，按照时间顺序，第1篇《康熙朝贡狮与利类思的〈狮子说〉》，刊载《安徽大学学报》2013年第6期，并被《人大复印报刊资料·明清史》2014年第2期全文转载。感谢编辑张朝胜先生的热情邀约，第2篇《明末清初输入的海洋动物知识——以西方耶稣会士的地理学汉文西书为中心》，再次刊载2014年第5期的《安徽大学学报》，亦再次为《人大书报复印资料·明清史》2014年第12期全文转载。我的动物文化史研究兴许真与《安徽大学学报》有缘，2019年第4期又刊载了拙文《"化外之地"的珍禽异兽："外典"与"古典""今典"的互动——〈澳门纪略·澳蕃篇〉中的动物知识》，该文曾遭两个刊物退稿。拙文面世后，又蒙多家文摘刊物转载，有不少朋友称赞这个题目很有创意，这里应该特别感谢朝胜先生的编辑智慧。

明清中外动物文化交流史的多篇论文，是由于参与一些国际学术研讨会，并被编入会议论文集，如简明版的《利玛窦世界地图中的动物》，收录张曙光等主编《驶向东方：全球地图中的澳门》（第一卷·中英双语版）（社会科学文献出版社，2015年）；刊载于李庆新教授主编的《海洋史研究》第七辑（社会科学文献出版社，2015年）中的《殊方异兽与中西对话：〈坤舆万国全图〉中的动物图文》，以及《〈坤舆全图〉与大航海时代西方动物知识的输入》（戴龙基、杨迅凌主编的《全球地图中的澳门》第二卷，社会科学文献出版社，2017年）等若干篇，都是提交澳门科技大学主办的"全球地图中的澳门"国际学术研讨会的论文稿。题为《利类思〈狮子说〉与亚氏动物学》一文，曾收录于中山大学西学东渐文献馆主编的《西学东渐研究》第5辑（商务印书馆，2015年）；《音译与意译的竞逐："麒麟"、"恶那西约"与"长颈鹿"译名本土化历程》（《华中师范大学学报》2016年第2期），也是提交给中山大学哲学系梅谦立教授举办的国际学术研讨会的论文稿。《南怀仁〈坤舆全图〉及其绘制的美洲和大洋洲动物图文》（上海中国航海博物馆主办：《国家航海》第十五辑，上海古籍出版社，2016 年）一文，原是 2015 年 8 月 20 至 21 日提交由上海中国航海博物馆和澳门大学、奥地利萨尔茨堡大学、加拿大麦克吉尔大学等联合主办的“丝路的延伸：亚洲海洋历史与文化”国际学术研讨会的会议论文。

21 世纪初，我开始进入郑和下西洋研究，于是也关注“下西洋”时期的中外动物交流。《郑和下西洋与明朝的“麒麟外交”》和《沧溟万里有异兽：〈西洋记〉动物文本和意象的诠释》两篇，都是自己学术新聚焦的产品。前者刊载于《华东师范大学学报》2018 年第 2 期，初稿提交 2017 年 12 月 1—2 日由国际儒学联合会、斯里兰卡凯拉尼亚大学、北京外国语大学比较文明与人文交流高等研究院联合主办的“国际儒学论坛：科伦坡国际学术研讨会——海上丝绸之路的历史交往与亚非欧文明互学互鉴”，发表后为学界瞩目，先后为《中国社会科学文摘》（2018 年第 8 期）、何云峰主编《高等学校文科学术文摘》（2018 年第 3 期）、张宝明主编《历史与社会（文摘）》（2018 年第 2 期）二次文献摘要收录。这一论题，我曾在大陆和台湾多所院校和学术机构作过演讲，该文还荣获 2018 年上海市社联十大推介论文奖，算是意外收获。《沧溟万里有异兽：〈西洋记〉动物文本和意象的诠释》初稿曾提交 2018 年 5 月 5—6 日由浙江师范大学、上海海事大学、德国慕尼黑大学、《明清小说研究》杂志社等单位共同主办的“《西洋记》与海洋文化”国际学术研讨会，并在大会报告，原文首载《华中师范大学学报》2019 年第 2 期。

动物文化史这一新研究，较之自己以往的研究要更有趣味。《清代博物图绘新传统的创建——从〈坤舆全图〉到〈兽谱〉》（《南国学术》2020 年第 3 期）和《交流与互鉴：〈清宫海错图〉与中西海洋动物的知识与画艺》（《华东师范大学学报》2020 年第 3 期）两文，属于动物文化史新文献的开掘，是研究清代动物图谱《兽谱》和《海错图》与中西知识交流之间关系的新议题。感谢我少年时代的朋友王晴佳教授的不断鼓励，还将拙文译本选入他主编的英文杂志。对动物文化史研究新文献与新议题特别敏感的《文汇报》编辑单颖文、《紫禁城》的编辑刘晴和边秀玲等，由于她们热情邀约，《利玛窦地图言说的动物》《“长颈鹿”在华命名的故事》和《〈海错图〉中的神秘动物》三篇，先后刊载于 2014 年 12 月、2015 年 9 月、2016 年 7 月的《文汇学人》“新视界”；而 2015 年 10 月号、2017 年 3 月号和 2018 年 10 月号的《紫禁城》杂志，又连载了拙文《〈兽谱〉中的外来“异国兽”》《〈海错图〉与中外知识之交流》和《康熙朝西人贡狮与〈狮子说〉》。

由于本书每章均以单独成篇的论文为基础，放在同一主题下，材料难免有重复，注释亦有不统一等问题。虽然作者在成书过程中，尽己之力做了去重删繁的整理，但由于论题存在某种重合，还是很难避免部分讨论有重叠，这是需要请读者谅解的。有些篇章则因初刊时篇幅过长而被删掉的内容，此次亦尽量还原其本来的面目。感谢上海世纪出版集团出版业务部王纯和上海古籍出版社的张祎琛博士，他们不仅在最短的时间内完成了出版环节的操作，还给予我很多建设性的建议。

除了以上述及的张朝胜、孔令琴、田卫平、戴龙基、杨迅凌、梅谦立、李庆新、王纯、张祎琛、单颖文、刘晴和边秀玲诸位，还应该特别感谢有关这一论题学术演讲的组织者、邀请人和与谈人时平、汤开建、章宏伟、马西尼、德保罗、张西平、叶农、郑文惠、赖毓芝、宋刚、颜健富、谭树林、马学强、叶斌、吴韬、何沛东、薛理禹、刘永华、董少新、郭丽娜等，以及在疫情期间仙逝的梅莉教授，没有他们的热情邀稿、安排讲演和认真的编辑工作，拙著的问世还有待时日。在论著搜集资料和撰写过程中，上海图书馆的梁颖先生、黄嫣婉女史、李春博和陈拓博士等多有帮助。上述诸位朋友的帮助和贡献，当铭记不忘。

2020年全球蔓延的新冠疫情，给21世纪的人类社会带来了空前的挑战。新冠肺炎病毒的源头究竟在哪里？或以为是蝙蝠、穿山甲，或以为是果子狸、水貂，与人类密切接触的龟蛇类（西部锦龟、绿海龟、中华鳖）和宠物（哺乳类动物，包括猫、狗）也纷纷受到牵连，动物园里狮子、老虎、大猩猩亦有感染。动物作为疾病传染史的触媒又重新受到整个社会的重视。在历史研究领域，小众的动物史研究也再次以新的记忆方式进入了大众视野。所有的动物，都有着或长或短的记忆，据说记忆量为动物之首的大象，记忆可以长达60年以上。但惟有人类有史书，史学之神克里奥（Klio）之母即泰坦神摩涅莫绪涅（Mnemosyne）——记忆或回忆之神。记忆或回忆给人类带来了无穷的智慧；通过文献的回忆，人类不断探究自我，也是一个不断追溯自身历史的过程。所有的动物，都在传递生命的接力棒；惟有人类，作为万物之灵，除了生命的接力，还传递学问。

邹振环

2021年3月30日于复旦大学光华楼西主楼